全国普通高校电气工程及其自动化专业规划教材

Microcontroller Principle and Interface Technology

单片机原理及接口技术

（第2版）

段晨东◎主编　张文革　李　斌◎编著
Duan Chendong　Zhang Wenge　Li Bin

清華大学出版社
北京

内容简介

本书系统地介绍了MCS-51系列单片机的原理及接口技术。全书共分为10章。第1章为单片机概述和相关的数学基础知识。第2章介绍了单片机的内部结构和工作原理。第3章采用以例程解释指令功能的方法，详细地介绍了指令系统及指令的用法。第4～6章分别介绍了单片机的中断系统、定时器/计数器和串行口的工作原理，通过应用案例系统地讨论了它们的使用方法。第7～10章为单片机的基本应用技术，包括汇编语言程序设计、存储器扩展、基于并行接口的I/O口扩展和串行总线接口的I/O口扩展等内容，系统地介绍了常见典型程序的设计方法，阐述了存储器、键盘、显示器、I/O接口、D/A、A/D等扩展技术。为了达到强化基础、突出应用、便于自学的目的，书中提供了大量的例程和应用实例，并对其进行了较细致的论述，在每章之后设计了针对性较强的习题。

本书可作为普通高等学校和高等职业学校的电气工程及其自动化、自动化和其他相关专业的教学参考书，也可作为单片机技术的培训教材和工程技术人员的参考书。

图书在版编目(CIP)数据

单片机原理及接口技术/段晨东主编. --2版. --北京：清华大学出版社，2013(2024.3重印)
(全国普通高校电气工程及其自动化专业规划教材)
ISBN 978-7-302-32937-4

Ⅰ. ①单… Ⅱ. ①段… Ⅲ. ①单片微型计算机－基础理论－高等学校－教材 ②单片微型计算机－接口技术－高等学校－教材 Ⅳ. ①TP368.1

中国版本图书馆CIP数据核字(2013)第148150号

责任编辑：郑寅堃 薛 阳
封面设计：李召霞
责任校对：时翠兰
责任印制：丛怀宇

出版发行：清华大学出版社
网 址：https://www.tup.com.cn，https://www.wqxuetang.com
地 址：北京清华大学学研大厦A座 **邮 编**：100084
社 总 机：010-83470000 **邮 购**：010-62786544
投稿与读者服务：010-62776969，c-service@tup.tsinghua.edu.cn
质量反馈：010-62772015，zhiliang@tup.tsinghua.edu.cn
课件下载：https://www.tup.com.cn，010-83470236
印 装 者：三河市龙大印装有限公司
经 销：全国新华书店
开 本：185mm×260mm **印 张**：21.75 **字 数**：531千字
版 次：2008年7月第1版 2013年9月第2版 **印 次**：2024年3月第10次印刷
印 数：8001～8100
定 价：59.00元

产品编号：050423-03

前　言

单片机是单片微型计算机，它是针对控制与检测应用而设计的，也称为微控制器。它具有芯片体积小、集成度高、功能强、抗干扰能力强、性价比高等特点，被广泛地应用在工业自动化、仪器仪表、航空航天、消费电子、电力电子、汽车电子、计算机外设等领域。自20世纪80年代MCS-51系列单片机问世以来，经历了三十多年发展，在共享Intel公司8051内核技术的基础上，众多的半导体公司经过不断的技术更新，推出了庞大的系列兼容产品，使MCS-51系列单片机依然在各个应用领域扮演着重要的角色。

本书为普通高等学校和高等职业学校的电气工程及其自动化、自动化和其他相关专业编写，希望通过学习本书的内容，掌握MCS-51单片机的工作原理及其使用方法，掌握MCS-51单片机的硬件接口设计和汇编语言设计方法，了解单片机应用的方式和开发步骤。本书也可作为从事单片机技术开发的技术人员的参考书。

本书共分为10章，第1章为单片机概述和相关的数学基础知识。第2章介绍了单片机的内部结构和工作原理。第3章采用例程解释指令功能的方法，详细地介绍了指令系统及指令的用法。第4～6章分别介绍了单片机的中断系统、定时器/计数器和串行口的工作原理，通过应用案例系统地讨论了它们的使用方法。第7～10章为单片机的基本应用技术，包括汇编语言程序设计、存储器扩展、基于并行接口的I/O口扩展和串行总线接口的I/O扩展等内容，系统地介绍了常见典型程序的设计方法，阐述了存储器、键盘、显示器、I/O接口、D/A、A/D等扩展技术。为了兼顾强化应用和便于自学的目的，书中提供了大量的例程和应用实例，并对其进行了较细致的论述，在每章之后设计了针对性较强的习题。

本书在再版时，继承了第1版的特色，重视基础理论，强调应用能力的培养，通过例题和应用实例引导读者理解和掌握知识点，力求做到循序渐进、深入浅出、结合实际、面向应用。同时，对第1版的内容做了删减和补充：

(1) 因为Intel 8279在实际应用中使用较少，本书删除了键盘/显示器接口芯片8279的内容。

(2) C8051F系列单片机是一款高档的、基于8051内核的单片机，其结构复杂，由于篇幅限制，不能清楚地阐述它的构成和原理，因此，删除了第1版的第11章关于C8051F×××的内容。

(3) 针对目前串行总线接口技术的应用越来越广泛，重新编写了第10章，重点介绍了基于8051单片机接口模拟I^2C和SPI总线的方法及其应用。并在第3章和第9章介绍了基于单片机接口模拟芯片时序的程序设计方法和应用例程。

(4) 对第8章和第9章的内容进行了调整，删除了第8章有关EEPROM芯片28C64的内容，充实了键盘处理程序的设计例程。

(5) 重新设计了课后复习思考题，以便读者自测和复习。

在吸收近年国内外同类教材优点的基础上，经过改版，本书具有以下几个方面的特点：

(1) 例程和应用实例丰富，采用流程框图、思路说明和源代码注释多种方式解释设计方法，复习思考题覆盖知识面广，便于读者自学。

(2) 指令系统功能用实例解释,把指令的功能和用法融合在例程中,便于正确地理解和使用指令。

(3) 针对中断系统、定时器、串行口、接口技术等应用性较强的内容,总结了应用程序设计的基本步骤和框架,设计了多种应用的实例程序,便于读者掌握和理解其应用的难点和实现方法。

本书适用课时为32～72学时,并在授课的同时安排适当学时的课程实验。

本书由长安大学电子与控制工程学院的段晨东教授主编,第1～7章、第10章由段晨东编写,第9章由长安大学电子与控制工程学院的张文革高级工程师编写,第8章及附录部分由长安大学电子与控制工程学院的李斌高级工程师编写,全书由段晨东统稿。在编写过程中研究生魏文同学参与了第10章的例程设计和调试工作。研究生魏文、王慧娟、谷文婷、高精隆、李常磊、高鹏同学参与了文稿的初查和程序的测试工作,并一起完成了课后复习思考题的解答工作。另外,他们采用Proteus对书中应用部分的例程进行了模拟调试和功能验证。在本书再版编写时,长安大学电子与控制工程学院的高云霞副教授、西安工程大学的于长丰副教授提出了宝贵的意见,在此表示诚挚的谢意。作者在书中采用了部分单片机网络论坛上的例程及实现方法,由于难以在参考文献中注明,在此对其作者表示敬意。

单片机技术具有不断发展、应用性强、涉及知识面广的特点,由于作者的理论水平、实践经验和从事研究领域的局限性,书中难免存在不足和错误之处,希望读者不吝赐教。

段晨东
cdduan@chd.edu.cn
2013年6月

目 录

第1章 基础知识

1.1 计算机

计算机由运算器、控制器、存储器、输入设备和输出设备5个部分组成,如图1.1所示。迄今为止,计算机的发展经历了电子管、晶体管、集成电路、大规模及超大规模集成电路等几个阶段。随着微电子技术的发展,运算器和控制器被集成到一块芯片上,形成了微处理器(Microprocessor),20世纪70年代出现了以微处理器为核心的微型计算机(Microcomputer),它是大规模及超大规模集成电路的产物。目前,计算机向巨型化、单片化、网络化三个方向发展。巨型化的目的在于不断提高计算机的运算速度和处理能力,以解决复杂系统计算和高速数据处理的问题,如系统仿真和模拟、实时运算和处理。单片化就是把计算机系统尽可能集成在一块半导体芯片上,其目的在于计算机微型化和提高系统的可靠性,通常把这种单片计算机简称为单片机。

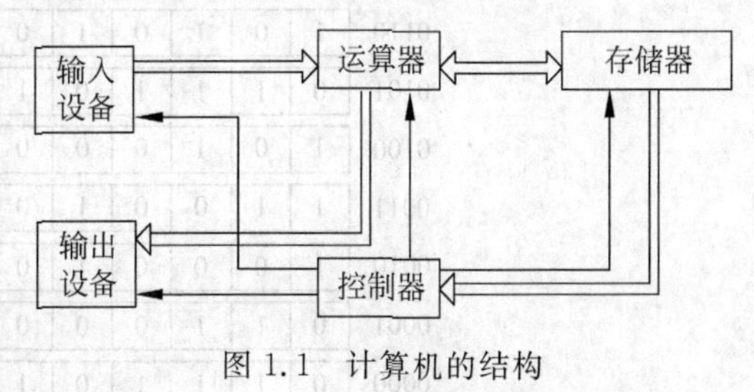

图1.1 计算机的结构

计算机是如何工作的呢?计算机是机器,它不可能主动地、自觉地完成人们指定的某一项任务。当使用计算机解决某个具体问题时,并不是把问题直接交给计算机去处理,而是采用以下方法:首先,根据人们解决问题的方案,用计算机可以"理解"的语言,编写出一系列解决这个问题的步骤(即程序);然后,将这些步骤输入到计算机中,命令计算机按照这些事先拟定的步骤顺序执行,从而使问题得以解决。编写解决问题步骤的工作就是程序设计或软件开发。

计算机严格按照程序对各种数据或者输入信息进行自动加工处理,因此,必须先把程序和数据用"输入设备"(如键盘、鼠标、扫描仪、拾音器等)送入计算机内部的"存储器"中保存,待处理完毕,还要把结果通过"输出设备"(如显示器、打印机、绘图仪、音箱等)输送出来,以便人们识别。

在计算机中,"运算器"完成程序中规定的各种算术和逻辑运算操作。为了使计算机各部件有条不紊地工作,由"控制器"理解程序的意图,并指挥各个部件协调完成规定的任务。在微型计算机中,控制器和运算器被制作在一块集成电路上,称为中央处理器或中央处理单元(Central Processing Unit,CPU)。CPU是计算机中最重要的部件,由它实现程序控制、操作控制、时序控制、数据加工、输入与输出控制、对异常情况和请求的处理等,它是计算机的大脑和心脏。

"存储器"是计算机中的记忆部件,用来存储人们编写的程序,存放程序所用的数据以及产生的中间结果。计算机之所以能够脱离人的干预而高速自动地工作,其中一个必要条件就是在计算机中有能够存放程序和数据的存储器。计算机的存储器通常为半导体存储器。半导体存储器内部含有很多个存储单元,每个单元可存放若干位二进制数。通常一个单元存放一个8位二进制数,即一个字节,每一位的状态是0或1。为了区分不同的存储单元,人们对计算机中的每个单元进行编号,通常赋予一个二进制编码,称为存储器的存储单元地址,简称为单元地址或地址,如图1.2所示。存储单元保存的8位二进制数称为单元的内容。为了便于描述,通常采用十六进制数来表示存储单元地址和内容。如图1.2中,地址为0110的存储单元的内容为二进制数10101001,表示为(06H)=A9H。在计算机中,不论是数据还是程序,它们都是以二进制数的形式存储在存储器的单元中。

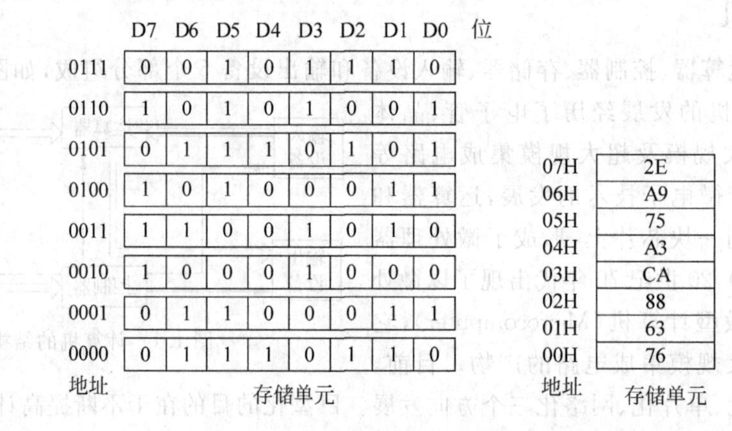

图1.2 存储单元示意图

微型计算机的存储器有两种结构形式。一种是将程序存储器和数据存储器采取统一的地址编码结构,即传统微型计算机的存储器结构,称为冯·诺依曼结构或普林斯顿结构,如以80x86CPU为核心的微型计算机和68HC11单片机。另一种是将程序存储器与数据存储器分开的地址编码结构,称为哈佛结构,如:MCS-48系列、MCS-51系列、AVR系列、PIC系列单片机采用哈佛结构。

接通电源后,CPU会自动地从存储器中取出要执行的程序代码,通过译码解析出代码所具有的功能,如果进行数据运算,则从存储器中提取运算所需要的数据,再进行运算操作,并把运算结果存储到程序指定的存储区域,结束本次操作;如果执行转移操作,则提取程序代码中的转移信息,计算出程序转移的目标地址,然后跳转。紧接着,CPU再从存储器中提取下一次要执行的代码,不断地重复上述操作过程,直到CPU的电源断开。

1.2 单片机

1.2.1 单片机的概念及特点

单片机是将计算机的CPU、存储器、输入/输出接口(Input/Output Port)、定时器/计数器(Timer/Counter)、中断(Interruption)系统等集成在一块芯片上,被称为单片微型计算机(Single Chip Microcomputer),简称单片机。单片机是针对控制与检测应用而设计的,又称微控制器(Microcontroller Unit,MCU)。另外,由于它可以很容易地被嵌入到各种仪器和现场控制设备中,因此也叫嵌入式微控制器(Embedded MCU,EMCU)。

单片机具有以下几个特点:

(1) 集成度高、功能强。在一块芯片上集成了众多的资源,芯片体积小、功能强。

(2) 具有较高的性能价格比。单片机尽可能地把应用所需的各种资源集成在一块芯片内,性能高,但价格却相对较低廉。

(3) 抗干扰能力强。单片机是面向工业测控环境设计的,抗噪声干扰能力较强。程序固化在存储器中不易被破坏;许多资源集成于一个芯片中,可靠性高。

1.2.2 单片机的发展

自20世纪70年代初期单片机问世以来,它已经历了5个发展阶段:

第1阶段(1971—1976):单片机萌芽阶段。1971年,Intel公司推出了第一块单芯片的微处理器——4位微处理器Intel 4004,它与其研发的随机存储器、只读存储器和移位寄存器等芯片,构成了第一台MCS-4微型计算机。随后Intel公司又研发了8位微处理器Intel 8008。在此期间Fairchild公司也推出了8位微处理器F8。1971年,Texas Instruments (TI)的两位工程师Gary Boone和Michael Cochran把CPU、随机存储器、只读存储器和时钟电路集成到一块芯片上,发明了第一款微控制器TMS 1000,并于1974年将其推向了市场,从此拉开了研制单片机的序幕。

第2阶段(1976—1980):初级单片机阶段。1976年,Intel公司推出了真正意义上的单片机MCS-48系列,把一个8位CPU、并行I/O口、定时器/计数器、存储器等集成到一块芯片上,代表芯片有8048、8035和8748。MCS-48系列以体积小、功能强、价格低等特点,被广泛用于计算机外设、工业控制和智能仪器仪表等领域,为单片机的发展奠定了基础。

第3阶段(1980—1983):高性能单片机阶段。这一阶段推出的高性能8位单片机,不仅存储容量和寻址范围大,而且普遍带有串行口、多级中断处理系统、多个16位定时器/计数器,有的单片机的片内还带有A/D转换接口。指令系统普遍增设了乘除法指令。在此期间,NEC发明了第一块DSP(Digital Signal Processor)单片机μPD7710,TI公司也推出了TMS32010。这个阶段的代表产品有Intel公司的MCS-51、Motorola公司的MC6801、Zilog公司的Z8、TI公司的TMS7000系列和NEC的μPD78xx等系列。

第4阶段(1983—1990):8位单片机巩固发展及16位单片机推出阶段。Intel公司在推出MCS-51系列之后,开放了8051单片机的技术,此后,Philips、Atmel、Siemens、Dallas、Analog Devices、OKI、Winbond等公司相继推出了与8051兼容的单片机。在同一时期,Motorola推出了68HC05、68HC08和68HC11系列单片机。

16位单片机工艺先进、集成度高、功能强,其代表产品有Intel公司的MCS-96系列、TI的TMS320系列、NEC的783xx系列、Motorola的68HC12、DSP56800和68HC16等系列。

第5阶段(1990—):单片机在集成度、功能、速度、可靠性等方面向更高水平发展。1993年,Microchip推出了PIC(Peripheral Interface Controller)单片机PIC16x84,首次用EEPROM代替了EPROM。同年,Atmel公司把Flash ROM技术与8051内核结合,推出了AT89系列单片机。这两种存储器的引入,诞生了在系统编程模式,加快了应用系统的开发速度。1997年,Atmel公司又研发了AVR系列的AT90XX高速8位增强型单片机,随后又推出了AVR的高档系列Atmega。与之前的8位微处理器相比,AVR微处理器具有高速运行的处理能力和功能精简的指令系统,克服了如8051采用单一累加器运算的瓶颈,支持在线编程(In Application Programming,IAP)和在系统编程(In System Programming,ISP)模式。

继16位单片机出现后不久,32位单片机系列也相继面世。32位单片机具有极高的集成度,内部采用RISC(Reduced Instruction Set Computer)结构。在采用CISC(Complex Instruction Set Computer)的微处理器和单片机中,指令系统中约有20%的指令会被反复使用,占整个程序代码的80%,而其余80%的指令却不经常使用,仅占程序代码的20%。RISC结构优先选取使用频率最高的简单指令,避免复杂指令,将指令长度固定、指令格式和寻址方式种类减少,使指令系统进一步优化。代表产品有Intel的MCS-80960、Motorola的M68300、Renesas的Super H、Freescale的S12、Maxim的MAXQ1103等系列。

1990年,ARM(Advanced RISC Machines)公司成立,ARM公司既不生产芯片也不销售芯片,它只出售芯片的技术授权。1991年,它推出了AMR6系列32位微处理器,随后VLSI、SHARP、Cirrus Logical等公司得到了授权,这些公司结合自己的优势推出了以ARM微处理器为核心的单片机。随后,ARM陆续推出了ARM7、ARM9、ARM9E、ARM10E、ARM11、SecurCore、Xscale、StrongARM等,其中ARM7、ARM9、ARM9E和ARM10为4个通用处理器系列,每个系列提供一套相对独特的性能来满足不同应用领域的需求,而SecurCore系列主要面向较高要求的应用。到目前为止,ARM的授权基本覆盖了世界上主要的微处理器和单片机芯片生产公司,这些公司通过授权共享ARM内核技术,研发了大量的满足不同需求的单片机,如STMicroelectronics的STM32、Atmel的AT91SAM、NXP的LPC13xx、Samsung的S3C24xx、Silicon Labs的SiM3C1xx等,应用于通信、汽车、航空航天、高级机器人、军事装备等领域。

自1990年至今,8位单片机系列表现出多功能、多选择、高速度、低功耗、低价格、存储容量大和I/O功能加强及结构兼容的特点,在工业控制、智能仪表等应用领域,它们在性能和价格方面有较好的兼顾,仍然是主流产品之一。

1.2.3 MCS-51系列单片机及其兼容单片机

20世纪80年代初期,Intel公司推出了MCS-51系列单片机,它包括3个基本型8031,8051,8751,以及对应的低功耗型号80C31、80C51、87C51,它们的区别仅在于程序存储器配置不同:8031片内没有程序存储器,8051片内程序存储器为4KB的只读存储器ROM,8751片内程序存储器为4KB的可编程、可改写的EPROM。MCS-51单片机片内数据存储器寻址范围为256个单元,前128个单元为内部RAM,用来存放用户的随机数;后128个单元为特殊功能寄存器区,有21个特殊功能寄存器;有4个8位并行I/O口和1个全双工串行通信口;2个16位的定时器/计数器;设置有2级中断优先级,可接受5个中断源的中断请求;具有较强的指令寻址和运算等功能,有111条指令,使用了7种寻址方式;设置了一个布尔处理器,有单独的位操作指令。8031、8751与8051是MCS-51单片机的第一代产品。

Intel公司在推出MCS-51单片机体系结构后不久,开放了8051内核技术,把MCS-51单片机迅速地推进到8051的MCU时代,形成了可满足嵌入式应用的单片机系列产品。另外,Flash ROM的使用加速了单片机技术的发展,基于Flash ROM的ISP/IAP技术改变了单片机应用系统的结构模式以及开发和运行条件;Atmel公司在8051内核基础上推出了采用Flash ROM技术的AT89C和AT89S系列单片机。另外,有的8051产品增加了一些外部接口,如A/D、PWM、WDT(看门狗监视定时器)、高速I/O口、PCA(可编程计数器阵列)、计数器的捕获/比较逻辑等,还为单片机配置了串行总线SPI或I^2C。第二代8051产品系列普遍采用了CMOS技术,被称为80C51,与第一代相比集成度高、速度快、功耗低。

第三代8051产品的单片机内核SoC(System On Chip,片上系统)化。单片机不断扩展外围功能、外围接口以及模拟数字混合电路,许多厂家以80C51为内核构成SoC单片机,ADI公司推出了ADμC8xx系列,Silicon Lab则为80C51配置了全面的系统驱动控制、前向/后向通道接口,构成了通用的SoC单片机C8051F。为了提升80C51的速度,Dallas和Philips公司改变总线速度,将机器周期从12个时钟周期缩短到4个和6个。Silicon Lab对指令运行实行流水作业,推出了CIP-51的CPU模式,指令以时钟周期为运行单位,每个时钟周期可执行1条单周期指令,与8051相比,在相同时钟下单周期指令运行速度为原来的12倍,使80C51兼容系列进入了8位高速单片机行列。第三代单片机还采用灵活的I/O口配置方法,Scenix的SX单片机系列、STC的STC12C5A等,将I/O的固定方式转变为软件设定方式。在Cygnal公司的C8051F中,则采用交叉开关以硬件方式实现了I/O端口的灵活配置。另外,第三代8051单片机普遍支持ISP编程,有的产品支持基于JTAG接口的在系统调试。

MCS-51系列单片机经历了三十多年,现在仍然是单片机低端应用的主流产品,这得益于8051的技术开放。各家公司通过共享技术,依靠自身优势创造了众多的80C51兼容产品,如我国的宏晶科技(STC)开发了丰富的80C51内核系列产品以满足不同层次应用的需求。MCS-51单片机从单片微型计算机到MCU、再到片上系统(SoC)内核的发展过程,表现了嵌入式系统硬件体系的典型变化过程,它将会以8051内核的形式延续下去。

1.2.4 单片机的应用

现在,单片机被广泛地应用到各个领域,在消费电子、汽车电子、能源与节能、工业自动化、航空航天、计算机外设等领域扮演着越来越重要的角色,具有广阔的应用前景。下面介绍一些典型的应用领域及应用特点。

(1) 消费电子。目前与人们生活相关的电子产品中,单片机控制已经取代了传统的继电器、电子器件控制电路,家用电器(如全自动洗衣机、电冰箱、空调机、微波炉、电饭煲、烤箱等)、家庭娱乐(如电视机、录像机、及其他视频音像设备等)、移动电子(移动电话、MP3、MP4、笔记本电脑、计算器、游戏机、摄像机、照相机等)、家庭医疗保健(如便携式监护仪、电子血压计等)等普遍采用单片机。

(2) 办公自动化。现代办公室中所使用的大量通信、信息设备大多数都采用了单片机,如键盘、磁盘驱动器、打印机、绘图仪、复印机、电话、传真机、考勤机、计算器等。

(3) 汽车电子。据统计,一辆中档轿车上至少有30个单片机,它们协调完成车辆的安全、传动系统、车身/底盘电子系统、电池管理、门禁、音响、导航、控制器网络管理、空调、油耗等控制。

(4) 能源与节能。从发电机运行状态监测到电网电能控制,从发电厂、输变电站到用户,设备监控、继电保护、电能质量检测与计量等都是由以单片机为核心的现场控制器和智能终端来完成的。

(5) 工业自动化领域。在工业现场,智能仪器仪表、智能传感器、现场控制器、可编程控制器(Programmable Logic Controller,PLC)等,它们都是以单片机为核心的。另外,在分布式控制系统和现场总线控制系统中,人机接口设备(Human Machine Interface,HMI)、现场数字和模拟 I/O 模块、现场总线通信模块、工业以太网接口、无线通信模块等也都是以单片机为核心的产品。

(6) 航空航天与军事领域。航空航天器的飞行姿态控制、参数显示、动力监测控制、通信系统、雷达系统、导航等以及军事领域武器系统的控制,如战机、舰船、坦克、火炮、导弹、智能武器系统等,都要用到单片机。

(7) 楼宇自动化。在楼宇自动化系统中,需要进行火灾自动检测与报警、照明控制、安全防范、建筑设备运行控制(空调、给排水设备、电梯等)、供配电等,与它们相关的设备分布在楼宇的不同区域,由不同的现场控制器分别进行实时检测和控制,另一方面,这些控制器也会把设备的状态信息通过通信网络汇总到楼宇自动化系统主机,这些现场控制器也是以单片机为核心的应用系统,同样,系统主机及其通信网络适配器也离不开单片机。

(8) 其他领域。在商业营销系统中广泛使用的电子秤、收款机、条形码阅读器、仓储安全监测系统、商场的导购电子显示系统、冷冻保鲜系统等中,也采用了单片机构成的专用系统。在医疗保健领域,医学成像设备、心电图仪、病人监护仪、脉搏血氧仪、病房呼叫系统等方面,单片机也扮演着不可或缺的角色。

单片机应用从根本上改变了传统的控制系统设计思想和方法。过去由硬件实现的控制功能,现在可以用软件方法实现,这种以软件取代硬件并能提高系统性能的控制技术,称为微控制技术。随着单片机应用领域的推广,微控制技术将发挥越来越重要的作用。另外,单片机是物联网的基础,物联网是以单片机为核心的产品网络化的一种形式,没有单片机的介入,就不会有物联网,单片机将在物联网发展中起着至关重要的作用。

1.3 计算机的数学基础

1.3.1 数制及转换

1. 数制

数制是人们利用符号来记数的方法,数制有很多种,人们常用的是十进制。由于数在机器中是以器件的物理状态来表示的,所以,一个具有两种稳定状态且能相互转换的器件就可以用来表示1位二进制数。二进制数的表示是最简单、最可靠的,另外,二进制的运算规则也是最简单的。因此,迄今为止,所有计算机都是以二进制形式存储数据、进行算术和逻辑运算的。但二进制使用起来既烦琐又容易出错,所以人们在编写程序时又经常用到十进制、十六进制或八进制。

任何一种数制都有两个要素:基数和权。基数为数制中所使用的数码的个数。当基数为 R 时,该数制可使用的数码为 $0\sim R-1$。如二进制的基数为2,可以使用0和1两个数码。

1) 十进制

十进制以10为基数,数符共有10个:0,1,2,3,4,5,6,7,8,9。计数规则是逢十进一,借一当十。

$$N_D = d_{n-1} \times 10^{n-1} + d_{n-2} \times 10_{n-2} + \cdots + d_1 \times 10^1 + d_0 \times 10^0 + d_{-1} \times 10^{-1} + \cdots + d_{-m} \times 10^{-m}$$
$$= \sum_{i=-m}^{n-1} d_i \times 10^i$$

d_i 为第 i 位的系数，可取 0～9；10^i 为第 i 位的权。显然，各位的权是 10 的幂。十进制数一般不用下标或尾注形式表示，有时也用字母 D 或 10 作为数的下标表示，也有用该数的尾部加字母 D 的表示方法，如 423.567，$(9728)_{10}$，6356D。例：

$$1234.5 = 1 \times 10^3 + 2 \times 10^2 + 3 \times 10^1 + 4 \times 10^0 + 5 \times 10^{-1}$$

2）二进制

二进制以 2 为基数，数符为：0，1。计数规则是逢二进一、借一当二。

$$N_B = d_{n-1} \times 2^{n-1} + d_{n-2} \times 2^{n-2} + \cdots + d_1 \times 2^1 + d_0 \times 2^0 + d_{-1} \times 2^{-1} + \cdots + d_{-m} \times 2^{-m}$$
$$= \sum_{i=-m}^{n-1} d_i \times 2^i$$

d_i 为第 i 位的系数可取 0，1；2^i 为第 i 位的权。二进制数中，各位的权是 2 的幂。二进制数常用字母 B 或 2 作为数的下标表示，也可用该数的尾部加字母 B 来表示。例：

$$(1101.101)_2 = 1 \times 2^3 + 1 \times 2^2 + 0 \times 2^1 + 1 \times 2^0 + 1 \times 2^{-1} + 0 \times 2^{-2} + 1 \times 2^{-3}$$

3）八进制

八进制以 8 为基数，数符有 8 个：0，1，2，3，4，5，6，7。计数规则是逢八进一，借一当八。

$$N_8 = d_{n-1} \times 8^{n-1} + d_{n-2} \times 8^{n-2} + \cdots + d_1 \times 8^1 + d_0 \times 8^0 + d_{-1} \times 8^{-1} + \cdots + d_{-m} \times 8^{-m}$$
$$= \sum_{i=-m}^{n-1} d_i \times 8^i$$

d_i 为第 i 位的系数可取 0～7；8^i 为第 i 位的权。八进制数各位的权是 8 的幂。八进制数常用字母 Q 或 8 作为数的下标表示，也可用该数的尾部加字母 Q 来表示。例：

$$(537)_8 = 5 \times 8^2 + 3 \times 8^1 + 7 \times 8^0$$

因为 $2^3=8$，八进制数有一个重要特点是每位八进制数可用 3 位二进制数表示。例如：

$$(6)_8 = (110)_2$$

4）十六进制

十六进制以 16 为基数，数符有 16 个：0，1，2，3，4，5，6，7，8，9，A，B，C，D，E，F。计数规则是逢十六进一，借一当十六。

$$N_H = d_{n-1} \times 16^{n-1} + d_{n-2} \times 16^{n-2} + \cdots + d_1 \times 16^1 + d_0 \times 16^0 + d_{-1} \times 16^{-1} + \cdots + d_{-m} \times 16^{-m}$$
$$= \sum_{i=-m}^{n-1} d_i \times 16^i$$

d_i 为第 i 位的系数可取 0～9、A～F；16^i 为第 i 位的权。十六进制数各位的权是 16 的幂。十六进制数常用字母 H 或 16 作为数的下标表示，也可用该数的尾部加字母 H 来表示。例：

$$\text{ED09.CH} = 14 \times 16^3 + 13 \times 16^2 + 0 \times 16^1 + 9 \times 16^0 + 12 \times 16^{-1}$$

因为 $2^4=16$，每位十六进制数可用 4 位二进制数表示。例如：$(A)_{16}=(1010)_2$。

十进制数 0～15 与不同进制数的对照表见表 1.1。

表 1.1 不同进制数的对照表

十进制	二进制	八进制	十六进制	十进制	二进制	八进制	十六进制
0	0000	0	0	8	1000	10	8
1	0001	1	1	9	1001	11	9
2	0010	2	2	10	1010	12	A
3	0011	3	3	11	1011	13	B
4	0100	4	4	12	1100	14	C
5	0101	5	5	13	1101	15	D
6	0110	6	6	14	1110	16	E
7	0111	7	7	15	1111	17	F

2. 数制之间的转换

1) 任意进制数转为十进制数

方法：按权展开求和。即：

$$N_R = \sum_{i=-m}^{n-1} d_i \times R^i = d_{n-1} \times R^{n-1} + d_{n-2} \times R^{n-2} + \cdots + d_0 \times R^0 + d_{-1} \times R^{-1} + \cdots + d_{-m} \times R^{-m}$$

N_R 在二进制时，$R=2$；N_R 在八进制时，$R=8$；N_R 在十六进制时，$R=16$。

例 1.1 把二进制数 1101.01 转换为十进制数。

$$(1101.01)_2 = 1 \times 2^3 + 1 \times 2^2 + 0 \times 2^1 + 1 \times 2^0 + 0 \times 2^{-1} + 1 \times 2^{-2} = (13.25)_{10}$$

例 1.2 把八进制数 236 转换为十进制数。

$$(236)_8 = 2 \times 8^2 + 3 \times 8^1 + 6 \times 8^0 = (158)_{10}$$

例 1.3 把十六进制数 C2 转换为十进制数。

$$(C2)_{16} = 12 \times 16^1 + 2 \times 16^0 = (194)_{10}$$

2) 十进制数转为二进制数

方法：对整数部分，连续地除以 2 取余，先得到的余数为整数部分的最低位(反排列)，直到商为 0，最后得到的余数是整数部分的最高位。

对小数部分，连续地乘以 2 取整，先得到的整数部分为小数部分的最高位，后得到的整数部分是小数部分的低位，直到乘积的小数部分为 0 或满足误差要求。

例 1.4 把十进制数 25.706 转换为二进制数。

把 25 和 0.706 分别转换，如图 1.3 和图 1.4 所示。则：

$$(25.706)_{10} = (11001.10110)_2 (保留 5 位小数)。$$

```
2 | 25    余数
2 | 12     1   整数最低位
2 |  6     0     ↑
2 |  3     0     |
2 |  1     1     |
    0      1   整数最高位
```

图 1.3 25 转换为二进制数的过程

```
   0.706
 ×     2     整数
   1.412      1    小数最高位
   0.412                |
 ×     2                |
   0.824      0         |
   0.824                |
 ×     2                |
   1.648      1         |
   0.648                |
 ×     2                |
   1.296      1         |
   0.296                ↓
 ×     2
   0.592      0    小数最低位
```

图 1.4 0.706 转换为二进制数的过程

以此类推，十进制数转为任意进制数的方法：对整数部分，连续地除以基数取余，直到商为0；对小数部分，连续地乘以基数取整，直到乘积的小数部分为0或满足误差要求。

3）八进制数与二进制数之间的相互转换

二进制转为八进制时，对整数部分，从最低位开始以3位为一组分组，不足3位的前面补0；对小数部分，则从最高位开始以3位为一组分组，不足3位的后面补0。然后每组以其对应的八进制数代替，排列顺序不变。

八进制转为二进制时，将每位八进制数写成对应的3位二进制数，再按原来的顺序排列起来即可。

例1.5 分别把二进制数11110100010B和八进制数6403Q转换为八进制数和二进制数。

$$11110100010B=\underset{3}{\underline{001}}\ \ \underset{6}{\underline{110}}\ \ \underset{4}{\underline{100}}\ \ \underset{2}{\underline{010}}B=3642Q$$

$$26403Q=\frac{2}{010}\ \ \frac{6}{110}\ \ \frac{4}{100}\ \ \frac{0}{000}\ \ \frac{3}{011}Q=10110100000011B$$

4）十六进制数与二进制数之间的相互转换

方法：与八进制数与二进制数之间的相互转换类似，只是按4位为一组分组即可。

例1.6 分别把二进制数11110100010B和十六进制数B59H转换为十六进制数和二进制数。

$$11110100010B=\underset{7}{\underline{0111}}\ \ \underset{A}{\underline{1010}}\ \ \underset{2}{\underline{0010}}B=7A2H$$

$$B59H=\frac{B}{1011}\ \ \frac{5}{0101}\ \ \frac{9}{1001}H=101101011001B$$

5）八进制数与十六进制数之间的相互转换

方法：通过二进制数做中间变量进行变换。

例1.7 分别把十六进制数B59H和八进制数6403Q转换为八进制数和十六进制数。

$$B59H=1011\ 0101\ 1001B=101\ 101\ 011\ 001B=5531Q$$

$$6403Q=110\ 100\ 000\ 011B=1101\ 0000\ 0011B=D03H$$

1.3.2 计算机中数的表示方法

1. 带符号数的表示

1）机器数与真值

前面提到的二进制数没有涉及符号问题，是一种无符号数。但在实际应用中，数据显然还有正、负之分，那么符号在计算机中是怎么表示的呢？计算机中二进制数的符号"＋"或"－"也用二进制数码表示，规定用二进制数的最高位表示符号：用"0"表示正数的符号"＋"；用"1"表示负数的符号"－"。由于在计算机中数据是以字节的形式存储的，数值大的数据必须用多个字节来存储。因此，本节用8位的整数倍位数来表示一个数，即以字节为基础来表示。1个字节和2个字节的二进制数在计算机中的表示如图1.5所示，图中x取0或1。图1.5(a)中，最低位为第0位，最高位为第7位；图1.5(b)中，最高位为第15位。这种最高位为符号位、其余位为数值位的表示形式称为机器数。可以看出，图1.5中的1个字节的二进制数能表示C语言中的1个字符型数据，而2个字节的形式描述了1个整型数据。

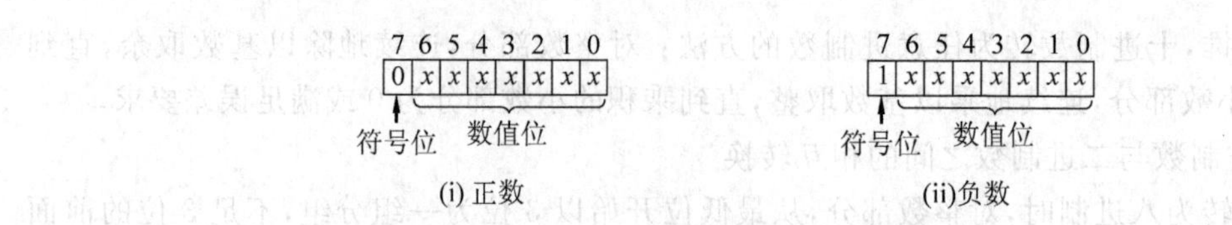

(a) 计算机中的1个字节的二进制数

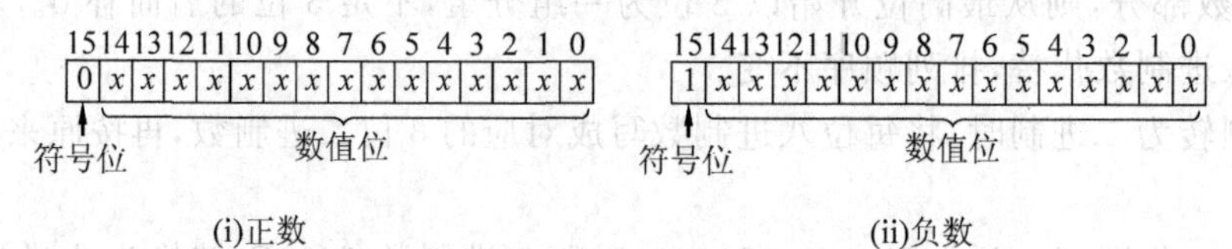

(b) 计算机中的2个字节的二进制数

图 1.5　计算机中数的表示

例 1.8　两个二进制数 $X_1=+010001B$ 和 $X_2=-1101010001B$，写出它们在计算机中的表示形式。

X_1 用 8 位表示时，$X_1=00010001B$；若用 16 位表示，则 $X_1=00000000\ 00010001B$。

X_2 的数值位多于 8 位时，显然超过 1 个字节数据描述的范围，因此，采用 16 位表示。则：$X_2=10000011\ 01010001B$。

例 1.8 中，数值位不足时，表示过程中用 0 补充。

一个数在机器中的表示形式称为机器数，而原来的实际数值称为机器数的真值。在计算机中常用的机器数有原码、反码、补码三种形式。为了方便描述，当真值为 X 时，其原码、反码、补码分别用 $[X]_{原}$、$[X]_{反}$、$[X]_{补}$ 表示。下面以 8 位二进制数为例来说明 3 种机器数及其之间的关系。

2）原码

符号位用“0”表示正数，“1”表示负数，其余各位表示真值，这种表示方法称为原码表示法。如图 1.5(a)所示。

例 1.9　两个二进制数分别为 $X_1=+1101001B$，$X_2=-101101B$，写出它们的原码。

$$[X_1]_{原}=01101001B\quad [X_2]_{原}=10101101B$$

在计算机中，0 可表示为 +0 和 −0，因此，0 在原码中有两种表示法：

$$[+0]_{原}=00000000B\quad [-0]_{原}=10000000B$$

不难看出，采用 8 位二进制数表示的原码，其最大数值为 01111111B(+127)，最小值为 1111111B(−127)。

3) 反码

(1) 正数的反码

正数的反码与原码相同，即 $[X]_{反}=[X]_{原}$。

例 1.10　已知 $X=+1101001B$，求其反码。

由题意可知 $[X]_{原}=01101001B$，则 $[X]_{反}=[X]_{原}=01101001B$。

(2) 负数的反码

负数的反码等于其原码的符号位不变，其余各位按位取反。图 1.6 为负数反码的求解过程。

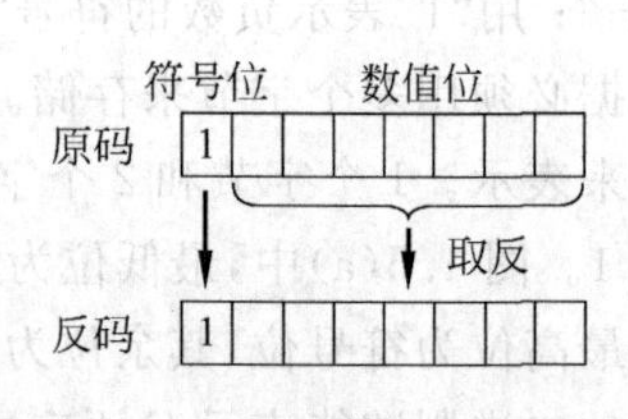

图 1.6　负数反码的求解过程

例 1.11 已知 $X=-1101001B$,求其反码。

由题意可知 $[X]_{原}=11101001B$,则反码 $[X]_{反}=10010110B$。

(3) 0 的反码

反码有 $[+0]_{反}$ 和 $[-0]_{反}$ 两种表示法。

$$[+0]_{反}=00000000B \quad [-0]_{反}=11111111B$$

显然,采用 8 位二进制数表示的反码,其最大数值为 01111111B(+127),最小值为 1111111B(−127)。

4) 补码

(1) 正数的补码

正数的补码与其原码相同。

例 1.12 已知 $X=+1101001B$,求该数的补码。

由题意可知 $[X]_{原}=01101001B$,则 $[X]_{补}=[X]_{原}=01101001B$。

(2) 负数的补码

负数的补码等于它的反码加 1。负数补码的求解过程如图 1.7 所示。

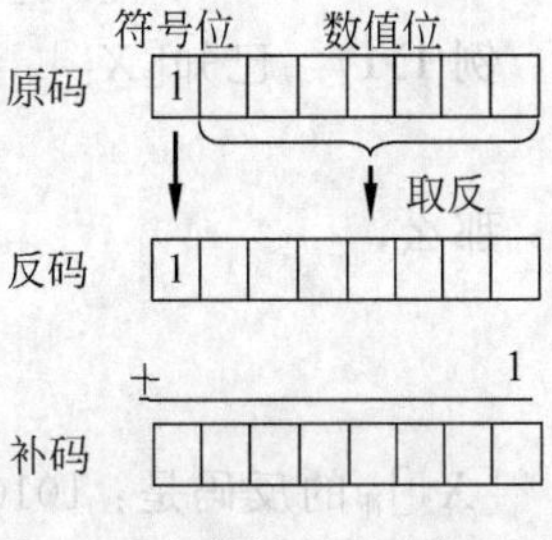

符号位 数值位

原码 1

取反

反码 1

+ 1

补码

图 1.7 负数补码的求解过程

例 1.13 已知 $X=-1101001B$,求该数的补码。

由题意可知,$[X]_{原}=11101001B$,则 X 的反码 $[X]_{反}=10010110B$

$$[X]_{补}=[X]_{反}+1=10010111B$$

(3) 0 的补码

$$[+0]_{补}=[-0]_{补}=00000000B$$

$[-0]_{补}=[-0]_{反}+1=11111111+1=00000000B$,由图 1.7 可以看出,运算中的进位被机器丢弃了。因此,0 的补码只有一种表示法。

采用 8 位二进制数表示的补码,其数值范围为 +127～−128。这是因为 $[-0]_{补}$ 在反码加 1 的过程中进位了。

综上所述,对于正数,$[X]_{原}=[X]_{反}=[X]_{补}$;对于负数,反码等于原码保持符号位不变,数值位按位取反,负数的补码为它的反码加 1。0 的原码和反码有两种表示 +0 和 −0,0 的补码只有一种。

5) 机器数真值的求取方法

(1) 正数的原码、反码、补码相同,无须转换。其真值为:用"+"代替原码的符号位 0,保留数值位。

(2) 已知一个负数的原码,其真值为:"−"代替原码的符号位 1,保留数值位。已知一个负数的反码,则先将反码的数值位按位取反,还原为该数原码,即一个负数反码的反码为该负数的原码,然后再求真值;已知一个负数的补码,那么先将补码的数值位按位取反,然后末位加 1 转换为原码,即负数补码的补码为原码,最后再求真值。

由原码的表示方式可以得到推论:一个数的绝对值等于原码的符号位清零。

例 1.14 已知 $X_1=+127, X_2=-127$,求它们的补码。

$$[X_1]_{原}=[X_1]_{补}=01111111B=7FH$$

$[X_2]_{原} = 11111111B$

$[X_2]_{反} = 10000000B$

$[X_2]_{补} = [X_2]_{反} + 1 = 10000001B = 81H$

例 1.15 已知 $X_1 = +255, X_2 = -255$,求它们的补码。

$[X_1]_{原} = [X_1]_{补} = 0000000011111111 = 00FFH$

$[X_2]_{原} = 1000000011111111 = 80FFH$

$[X_2]_{反} = 1111111100000000 = 8000H$

$[X_2]_{补} = [X_2]_{反} + 1 = 1111111100000001 = FF01H$

例 1.16 已知$[X_1]_{原} = 59H, [X_2]_{原} = D9H$,求它们的真值。

$[X_1]_{原} = 01011001B \quad X_1 = +1011001B = +89$

$[X_2]_{原} = 11011001B \quad X_2 = -1011001B = -89$

例 1.17 已知$[X_1]_{补} = 59H, [X_2]_{补} = D9H$,求它们的真值。

$[X_1]_{补} = 59H = 01011001B$

那么,

$X_1 = +1011001_B = +89$

$[X_2]_{补} = D9H = 11011001B$

$[X_2]_{补}$的反码是:10100110B,则$[X_2]_{原} = 10100111B$,可得:

$X_2 = -0100111B = -39$

例 1.18 已知 $X_1 = -25, X_2 = -11504$,按16位二进制形式求它们的补码。

$[X_1]_{原} = 10000000\ 00011001B$

$[X_1]_{反} = 11111111\ 11100110B$

$[X_1]_{补} = 11111111\ 11100111B$

$[X_2]_{原} = 10101100\ 11110000B$

$[X_2]_{反} = 11010011\ 00001111B$

$[X_2]_{补} = 11010011\ 00010000B$

2. 定点数与浮点数的表示

在计算机中,数据是以二进制的格式存储的,那小数是如何表示的呢?小数点是如何标记的呢?在计算机中,我们通常采用两种形式来存储小数:定点和浮点。所谓定点,就是将一个数分为整数部分和小数部分,小数点位置固定。浮点数是采用类似科学记数法的一种表示方法,由于在计算机中采用二进制数,它的基为2,因此,把数据用数据符号、有效位数值、阶符及阶码来表示。定点数表示的数据精度低,而浮点数表示的数据精度高。

1) 定点数

定点数即小数点位置固定的机器数。运算简便,表示范围小。如图1.8所示,数据用2字节整数和1字节小数表示,小数点位于两部分之间。实际上,小数点并没有存储在计算机的存储器中,它是虚拟的。如果是带符号的数,那么,整数部分的最高位为这个数的符号位。

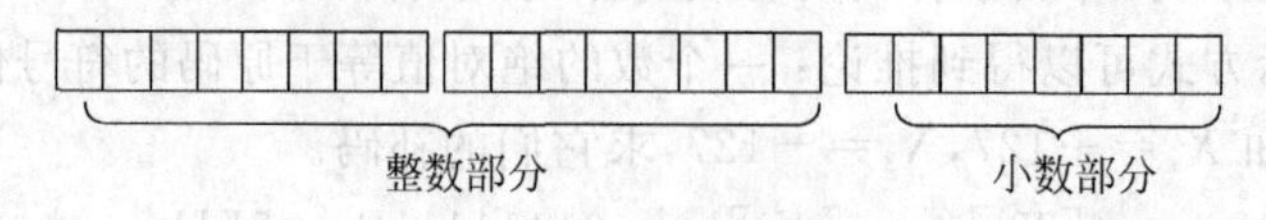

图1.8 定点数的表示

例 1.19 一个定点纯小数为 5AH。写出它的原码。

定点纯小数为 5AH,它表示为原码：00000000.01011010B。其真值为+0.0101101B。

例 1.20 用原码形式把十进制数−32.625 表示为一个字节的整数和一个字节的小数。

−32 的二进制为−100000B,0.625 的二进制为 0.101。因此,−32.625 的原码为

$$[X]_{原}=10100000.10100000B$$

其中最高位 1 是符号位。

2) 浮点数

在十进制数中,常采用科学计数法来表示一个数据,如

$$-5123.12334=-0.512312334\times10^{+4}$$

由于十进制数的基为 10,可采用 4 部分来描述这个数据：符号为"−"(简称数符),有效位为 512312334(简称尾数),阶的符号为"+"(简称阶符),阶的大小为 4(简称阶码)。因此,用数符、尾数、阶符、阶码 4 部分能正确地描述一个浮点数。显然,阶的大小不同,小数点的位置是浮动的,故称为浮点数。

类似地,二进制数也可以表示成这种科学记数法的形式,一个二进制数的浮点表示为：

$$B=\pm S\times2^{\pm J}$$

S 为尾数,J 为阶码,它们均为整数。常见的有 3 字节浮点数和 4 字节浮点数,它们的格式如图 1.9 所示。图 1.9 中,第 1 个字节的最高位为尾数的符号位,即数符,也是整个浮点数的符号位；其余 7 位为阶数,它为带符号整数,常用补码表示。第 2 个字节之后为尾数,通常是纯小数,常用原码表示。4 字节浮点数相当于 C 语言中的单精度实型数据。关于浮点数的其他表示法和运算,请查阅有关计算机应用方面的文献。

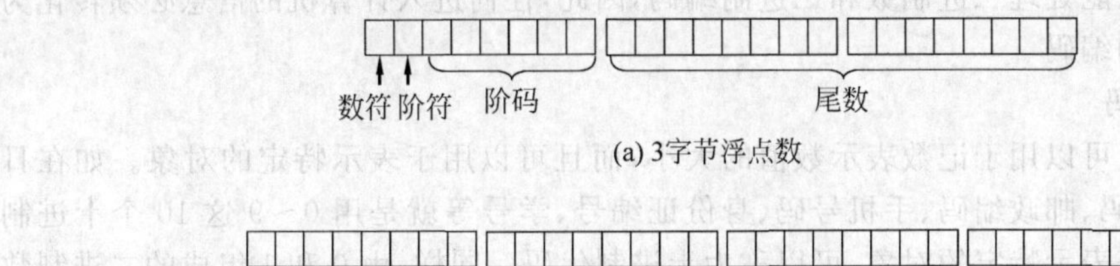

图 1.9 浮点数格式

例 1.21 求十进制数−6 的 3 字节浮点数。

(1) 把十进制数转换为二进制数：−6 转换为二进制为−110。

(2) 求阶数和尾数。出于简便的目的,此处把阶码写成十进制数的形式,则：

$$-110=(-0.110)\times2^{+3}$$

浮点数的第 1 个字节为 10000011,表示该数据为负,阶数为 0000011,即+3,而后两个字节尾数为 11000000 00000000。尾数不足 8 位的,低位用 0 补齐。

(3) 写成浮点数。−6 的 3 字节浮点数为 10000011 1100000000000000 转换成十六进制为 83 C0 00H。

例 1.22 求十进制数 31.25 的 3 字节浮点数。

(1) 首先把十进制数转换为二进制数：31.25=11111.01B。

(2) 确定阶数和尾数：11111.01＝0.1111101×2^{+5}。

则第1个字节为00000101,尾数为11111010 00000000

(3) 31.25的3字节浮点数为00000101 11111010 00000000 B,转换成十六进制数为05 FA 00H

例1.23 求十进制数－0.125的3字节浮点数。

(1) 把十进制数－0.125转换为二进制：－0.125＝－0.001B。

(2) 确定阶数和尾数：－0.001＝－0.1×2^{-2}。

阶数－2的补码为1111110,因为该数为负数,则浮点数第1字节为11111110,尾数为10000000 00000000。

(3) －0.125的3字节浮点数为：11111110 10000000 00000000 B＝FE 80 00H

例1.24 求十进制数67.234的4字节浮点数。

(1) 把十进制数67.234转换为二进制：67.234 ≈1000011.00111011 11100111 0111。

(2) 确定阶数和尾数：

1000011.00111011 11100111 0111＝0.10000110 01110111 11001110 111×2^{+7}

因为该数为正数,则浮点数第1字节为00000111,4字节浮点数尾数为3个字节,因此尾数只取前24位,即10000110 01110111 11001110。

(3) 67.234的4字节浮点数为：

00000111 10000110 01110111 11001110 B＝07 86 77 CEH

1.3.3 编码

由于计算机只能处理二进制数和二进制编码,因此,任何进入计算机的信息必须转化为二进制数或二进制编码。

1. 二进制编码

数码符号不仅可以用于记数表示数值的大小,而且可以用于表示特定的对象。如在日常生活中,电话号码、邮政编码、手机号码、身份证编号、学号等就是用0～9这10个十进制数码符号的组合来表示特定的对象,可以称为十进制代码。同样,由0和1组成的二进制数码不仅可以表示数值的大小,也可以用来表示特定的信息。这种具有特定含义的二进制数码称为二进制代码。建立这种代码与它表示的对象(如十进制数、字母、特定符号、逻辑值等)的一一对应关系的过程称为编码；将代码所表示的特定信息翻译出来称为译码,分别由编码器、译码器来实现。

计算机最重要的功能是处理信息,这些信息包括数值、文字、图形、符号、图像、声音以及模拟信号等,这些信息必须经过编码,转换为计算机能够识别和处理的二进制编码,才能被计算机存储备份、传送复制、加工分析、显示输出。

二进制编码是用预先规定的方法将数值、文字、图形、符号、图像、声音以及模拟信号等编成二进制的数码。如BCD码、ASCII码、GB2312码等标准编码,还有A/D转换、D/A转换数据与模拟信号之间的编码、字符显示的字型编码等。

2. 十进制数的4位二进制编码(BCD码)

十进制数的4位二进制编码就是用4位二进制数来表示0～9这10个十进制符号,简称为BCD码(Binary－Coded Decimal,BCD)。由于4位二进制数从0000～1111共有16种组合,而十进制只有10个数码符号,因此有很多种BCD码。如8421码、2421码等。常用的是8421BCD码。

8421BCD码是用4位二进制数的前10种组合来表示0～9这10个十进制数。这种代码每一位的权都是固定不变的，属于恒权代码。它和4位二进制数一样，从高位到低位各位的权分别是8、4、2、1，故称为8421码。其特点是每个代码的各位数值之和就是它所表示的十进制数。表1.2为十进制数与BCD码对照表。

表1.2 十进制数与BCD码对照表

十进制数	BCD码	十进制数	BCD码
0	0000	5	0101
1	0001	6	0110
2	0010	7	0111
3	0011	8	1000
4	0100	9	1001

例1.25 写出876的BCD编码。

$$[876]_{BCD}=1000\ 0111\ 0110$$

3. ASCII码

ASCII码(American Standard Code for Information Interchange, ASCII)即美国标准信息交换码(见表1.3)，用一个7位二进制数来表示一个特定的字符，可表示$2^7=128$个符号。这128个符号共分为两类：一类是图形字符，共96个；另一类是控制字符，共32个。96个图形字符包括十进制数码符号10个、大小写英文字母52个和其他字符34个。这类字符有特定的形状，可以显示在显示器上或打印在打印纸上，其编码可以存储、传送和处理。32个控制符包括回车符、换行符、退格符、控制符和信息分隔符等。这类字符没有特定的形状，其编码虽然可以存储、传送和起某种控制作用，但字符本身不能在显示器和打印机上输出。在表1.3中，上方为高3位$b_6b_5b_4$，下方为低4位$b_3b_2b_1b_0$，ASCII码为$b_6b_5b_4b_3b_2b_1b_0$，在计算机中常用一个字节表示，因此，字节编码的最高位是0。例如，0～9的ASCII码为0110000B～0111001B(30H～39H)，Z的ASCII码为1011010B(5AH)，a的ASCII码为1100001B(61H)，CR(回车符)为0001101B(0DH)，Space(空格)为0100000B(20H)。

表1.3 ASCII码表

$b_3b_2b_1b_0$ \ $b_6b_5b_4$	000	001	010	011	100	101	110	111
0000	NUL	DLE	Space	0	@	P	`	p
0001	SOH	DC1	!	1	A	Q	a	q
0010	STX	DC2	“	2	B	R	b	r
0011	ETX	DC3	#	3	C	S	c	s
0100	EOT	DC4	$	4	D	T	d	t
0101	ENQ	NAK	%	5	E	U	e	u
0110	ACK	SYN	&	6	F	V	f	v
0111	BEL	ETB	’	7	G	W	g	w
1000	BS	CAN	(	8	H	X	h	x

续表

$b_6b_5b_4$ / $b_3b_2b_1b_0$	000	001	010	011	100	101	110	111
1001	HT	EM	)	9	I	Y	i	y
1010	LF	SUB	*	:	J	Z	j	z
1011	VT	ESC	+	;	K	[	k	{
1100	FF	FS	,	<	L	\	l	|
1101	CR	GS	−	=	M	]	m	}
1110	SO	RS	·	>	N	↑	n	~
1111	SI	US	/	?	O	_	o	DEL

例 1.26 写出876的ASCII码编码。

876的ASCII编码为：0111000,0110111,0110110；写成字节形式：38H,37H,36H。

例 1.27 写出字符串“Chang'an”的ASCII码编码。

字符串的ASCII码编码为：43H,68H,61H,6EH,67H,27H,61H,6EH。

1.4 本章小结

计算机由运算器、控制器、存储器、输入设备和输出设备5个部分组成。单片机是将CPU、RAM、ROM、I/O接口、定时器/计数器、中断系统等集成在一块芯片上的计算机。它具有集成度高、性价比高、抗干扰能力强等特点。

在计算机中，信息是以二进制的形式存储、传递和处理的。计算机常用的数制有二进制、八进制、十进制和十六进制，它们之间可以相互转换。任意进制数转换为十进制数的方法是：按权展开求和。即：

$$N_R = \sum_{i=-m}^{n-1} d_i \times R^i$$

$$= d_{n-1} \times R^{n-1} + d_{n-2} \times R^{n-2} + \cdots + d_0 \times R^0 + d_{-1} \times R^{-1} + \cdots + d_{-m} \times R^{-m}$$

表示二进制时，$R=2$；表示八进制时，$R=8$；表示十六进制时，$R=16$。d_i 为 $0 \sim R-1$。

十进制数转换为其他进制数时，整数部分和小数部分采用不同的方法分别转换，整数部分连续除以基数取余，先得到的余数为整数部分的最低位，直到商为0，最后得到的是整数部分的最高位；小数部分连续地乘以基数取整，直到乘积的小数部分为0或满足误差要求。

3位二进制数可表示1位八进制数，4位二进制数可表示1位十六进制数，反之亦然。

一个数在机器中的表示形式称为机器数。在计算机中常用的机器数有原码、反码、补码3种形式。正数的原码、反码、补码相同；负数原码的最高位为符号位，其余位为数值位；负数的反码为保持其原码的符号位不变，数值位按位取反；负数的补码为它的反码加1。0的原码有两种表示形式：+0和−0，同样，它的反码也有两种形式，但0的补码只有一种表示形式。

计算机只能处理二进制数和二进制编码，因此，任何进入计算机的信息必须转化为二进制数或二进制编码。常用的编码有BCD码和ASCII码。

1.5 复习思考题

一、选择题

1. 微处理器是把( )集成到一块芯片上。

(A) 运算器和存储器 (B) 运算器和控制器
(C) 控制器和 CPU (D) 控制器和存储器

2. 计算机存储器的一段存储区域如图 1.10 所示。下面哪种叙述是不正确的?( )

(A) 地址为 2006H 单元的内容为 A0H
(B) 这个存储区域共有 8 个单元,地址范围是:2000H~2007H
(C) 地址为 28H 的单元存放 2002H
(D) 单元地址由 16 位二进制数来编码,每个单元可以存一个 8 位二进制数

地址	内容
2007H	DE
2006H	A0
2005H	BB
2004H	4E
2003H	8A
2002H	28
2001H	5F
2000H	88

图 1.10 一段存储区域

3. 下面对 CPU 工作的说法不正确的是( )。

(A) CPU 接通电源后,将自动地从存储器中取出要执行的程序代码并执行
(B) CPU 执行完一段程序后会停止工作
(C) 计算机上电后,CPU 自动执行程序,除非断电,CPU 不会停止工作
(D) 如果进行数据运算,CPU 将从存储器中提取运算所需要的数据,再进行运算操作,并把运算结果存储到指定的存储区域

4. 下面关于微控制器的叙述正确的是( )。

(A) 把中央处理器、随机存取存储器、只读存储器和输入输出接口等集成在一块芯片上的微型计算机
(B) 微控制器就是 CPU
(C) 微控制器和单片机不是一回事
(D) 微控制器就是进行微动控制的控制电路

5. 1971 年,Intel 公司推出的第一块单芯片的微处理器是( )。

(A) Intel 8008 (B) Intel 4004 (C) TMS 1000 (D) Intel 8048

6. 1974 年,首款面世的微控制器是( )。

(A) Intel 8048 (B) μPD7710 (C) Intel 4004 (D) TMS 1000

7. 十进制数转换为二进制数时,转换方法正确的是( )。

(A) 连续地除以 2 取余,先得到的余数为最低位,直到商为 0,最后得到的是最高位
(B) 连续地乘以 2 取整,先得到的整数部分为最高位,后得到的是低位
(C) 连续除以 2 取余,先得到的余数为最高位,直到商为 0,最后得到的是最低位
(D) 对整数部分,采用(A),对小数部分采用(B),然后把 2 部分结果组合在一起
(E) 对整数部分,采用(B),对小数部分采用(C),然后把 2 部分结果组合在一起

8. 二进制数转换为八进制数时,转换方法正确的是( )。

(A) 从最低位开始以 3 位为一组分组,不足 3 位的前面补 0
(B) 从最高位开始以 3 位为一组分组,不足 3 位的后面补 0
(C) 对整数部分采用(A),对小数部分采用(B),然后每组以其对应的八进制数代替

(D) 连续地除以8取余,先得到的余数为最低位

9. 十六进制数转为二进制数时,正确的方法是(　　)。

(A) 将每位数写成3位二进制数,再按原来的顺序排列起来即可

(B) 将每位数写成4位二进制数,再按原来的顺序排列起来即可

(C) 连续地除以2取余,先得到的余数为最低位,直到商为0,最后得到的是最高位

(D) 连续地乘以2取整,先得到的整数部分为最高位,后得到的是低位

10. 在计算机中,两字节数据的符号位是(　　)。

(A) 每个字节的最高位　　(B) 16位数据的最高位

(C) 符号位无法表示　　(D) 存储在另外一个单元中

二、思考题

1. 简述微型计算机的组成和工作原理。

2. 简述单片机在结构上与微型计算机的区别与联系。

3. 单片机与微处理器有什么不同?

4. 把下列十进制数转换为二进制数、八进制和十六进制数。

(1) 32 768　(2) 23.156　(3) −56.8125　(4) 59

5. 把下列二进制数转换为十进制数、十六进制数。

(1) 10001010111　(2) 10110.11101

6. 求下列数据的原码、反码、补码。(以8位表示)

(1) 73　(2) 23　(3) −1　(4) −109

7. 求下列数据的原码、反码、补码。(以16位表示)

(1) −12 137　(2) 0　(3) −1　(4) 23 679

8. 把下列十进制数转换为二进制、十六进制数,并把它们用BCD码表示。

(1) 128　(2) 7891　(3) 819　(4) 21

9. 写出下列数据的定点小数和浮点数,定点小数的小数部分为1个字节,浮点数为3字节浮点数格式。

(1) −76.25　(2) 3789　(3) −32 767　(2) 1.109375

10. 请把下列字符串用ASCII码表示。

(1) WWW.CCTV.COM

(2) Wo123_Password: 0

第2章

MCS-51 单片机结构及原理

MCS-51 系列单片机是 Intel 公司 1980 年推出的高性能 8 位单片机，典型产品有 3 种：8031、8051 和 8751。此后，Intel 公司开放了 8051 CPU 内核技术，Philips、Atmel、Siemens、Winbond、Silicon Labs、宏晶科技等公司在 8051 内核基础上推出了与 8051 兼容的单片机，人们习惯称它们为 80C51 或 8051 系列单片机（8051 Family of Microcontroller）。本章以 8051 为对象，介绍 MCS-51 单片机的结构和工作原理。

2.1 MCS-51 单片机的组成与结构

2.1.1 MCS-51 单片机的基本组成

MCS-51 系列单片机的硬件结构基本相同，主要区别在于芯片上 ROM 的形式和配置。8031 芯片上不含 ROM，8051 芯片上含有 4KB ROM，8751 芯片上含有 4KB EPROM。8051 是 MCS-51 系列单片机的早期产品之一，也是其他 8051 系列单片机的核心。8051 的基本结构如图 2.1 所示，其特点如下：

(1) 1 个 8 位的 CPU。

(2) 1 个片内时钟振荡器（on-chip Clock Oscillator）。

(3) 4KB 的片内程序存储器（on-chip Program Memory）。

(4) 128B 的片内数据存储器（on-chip Data RAM）。

(5) 4 个并行 I/O 口，具有 32 个双向的、可独立操作的 I/O 线。

(6) 2 个 16 位的定时器/计数器（Timer/Counter）。

(7) 1 个全双工的串行口（Full Duplex UART）。

(8) 5 个中断源（Interrupt），可设置成 2 个优先级（Priority Levels）。

(9) 21 个特殊功能寄存器（Special Function Register，SFR）。

(10) 具有很强的布尔处理（Boolean Processing）能力。

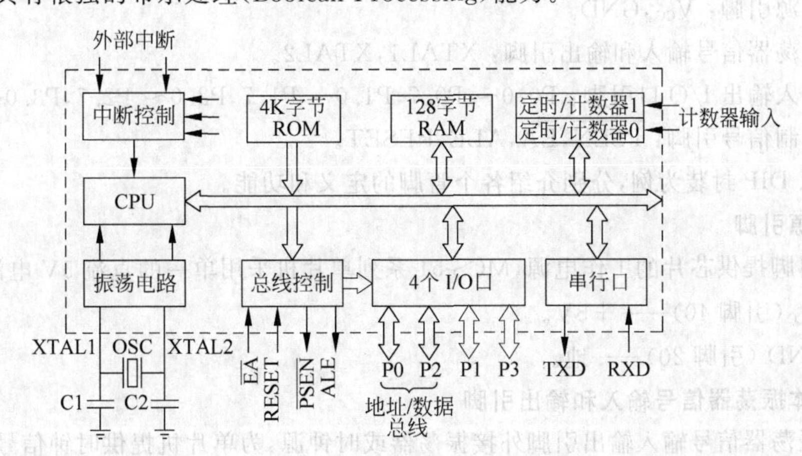

图 2.1 8051 单片机的逻辑结构

以上这些资源通过芯片内部的单一总线有机地结合在一起。

2.1.2 MCS-51 单片机的引脚与功能

MCS-51 系列单片机有多种封装形式,用 HMOS 工艺制造的单片机通常采用双列直插式(Dual In-line Package,DIP)封装,共有 40 只引脚,如图 2.2(a)所示。MCS-51 系列单片机的逻辑符号可用图 2.2(b)表示。

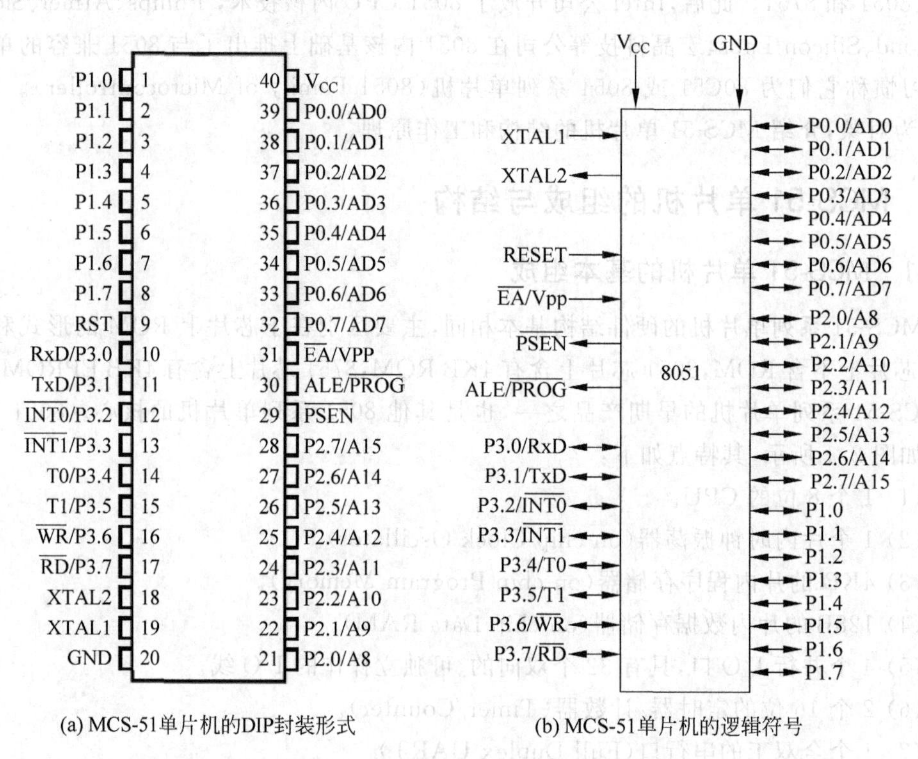

(a) MCS-51单片机的DIP封装形式　　(b) MCS-51单片机的逻辑符号

图 2.2 MCS-51 系列单片机的封装形式和逻辑符号

MCS-51 系列单片机的 40 只引脚按照功能可分为 4 类。

(1) 电源引脚：V_{CC},GND。

(2) 振荡器信号输入和输出引脚：XTAL1,XTAL2。

(3) 输入输出 I/O 口引脚：P0.0～P0.7,P1.0～P1.7,P2.0～P2.7,P3.0～P3.7。

(4) 控制信号引脚：$\overline{\text{PSEN}}$,$\overline{\text{EA}}$,ALE,RESET。

下面以 DIP 封装为例,分别介绍各个管脚的定义和功能。

1. 电源引脚

电源引脚提供芯片的工作电源,MCS-51 系列单片机采用单一的直流 5V 电源供电。

(1) V_{CC}(引脚 40)——+5V。

(2) GND (引脚 20)——地。

2. 晶体振荡器信号输入和输出引脚

晶体振荡器信号输入输出引脚外接振荡器或时钟源,为单片机提供时钟信号。

(1) XTAL1(引脚 19)——振荡器信号输入。

(2) XTAL2(引脚 18)——振荡器信号输出。

3. I/O 口线引脚

MCS-51 系列单片机共有 4 个 8 位 I/O 口,称为 P0,P1,P2,P3,共 32 只引脚。

(1) P0 口(引脚 39～32):P0.0～P0.7,8 位双向的三态 I/O 口,单片机有外部存储器或 I/O 口扩展时,作为低 8 位地址线和数据总线(AD0～AD7)使用,可以驱动 8 个 TTL(Transistor-Transistor Logical)负载。

(2) P1 口(引脚 1～8):P1.0～P1.7,8 位准双向 I/O 口,可以驱动 4 个 TTL 负载。

(3) P2 口(引脚 21～28):P2.0～P2.7,8 位准双向 I/O 口。单片机有外部存储器或 I/O 口扩展时,作为高 8 位地址线(A8～A15)使用,可以驱动 4 个 TTL 负载。

(4) P3 口(引脚 10～17):P3.0～P3.7,8 位准双向 I/O 口。P3 口的各个引脚具有第二功能(Alternate Function),定义如下:

① P3.0,P3.1 为用户提供了一个全双工的串行口。

- P3.0——RxD,串行数据的输入端,即接收端。
- P3.1——TxD,串行数据的输出端,即发送端。

② P3.2,P3.3 被定义为外部中断请求信号的输入端。

- P3.2——$\overline{\text{INT0}}$,外部中断 0 的中断请求信号输入端,低电平或下跳沿有效。
- P3.3——$\overline{\text{INT1}}$,外部中断 1 的中断请求信号输入端,低电平或下跳沿有效。

③ P3.4,P3.5 被定义为定时器/计数器的外部计数信号的输入端。

- P3.4——定时器/计数器 T0 的外部计数信号的输入端。
- P3.5——定时器/计数器 T1 的外部计数信号的输入端。

④ 当单片机扩展外部数据存储器和外部 I/O 口时,P3.6,P3.7 作为单片机 CPU 读写外部数据存储器和外部 I/O 口的控制信号。

- P3.6——$\overline{\text{WR}}$,外部数据存储器和外部 I/O 口的写控制信号,输出,低电平有效。
- P3.7——$\overline{\text{RD}}$,外部数据存储器和外部 I/O 口的读控制信号,输出,低电平有效。

4. 控制信号线

ALE(引脚 30)——地址锁存控制信号(Address Latch Enable,ALE),输出。ALE 用于锁存地址总线的低 8 位。该信号频率为振荡器频率的 1/6,可作为外部定时或时钟使用。

$\overline{\text{PSEN}}$(引脚 29)——外部程序存储器读选通信号(Program Store Enable,PSEN),输出。$\overline{\text{PSEN}}$为低电平时,CPU 从外部程序存储器的单元读取指令。

$\overline{\text{EA}}$(引脚 31)——内、外程序存储器选择控制端(External Access Enable,EA),输入。当$\overline{\text{EA}}$接地($\overline{\text{EA}}$=0)时,CPU 对程序存储器的操作仅限于单片机外部。当$\overline{\text{EA}}$接高电平($\overline{\text{EA}}$=1)时,CPU 对程序存储器的操作从单片机内部开始,并可延伸到单片机的外部。

RESET(引脚 9)——复位信号。在 RESET 引脚上保持两个机器周期以上的高电平,单片机复位。

另外,对单片机芯片含有程序存储器的产品,引脚 30 和引脚 31 为片内程序存储器的写入编程提供了所需的信号:

- ALE/$\overline{\text{PROG}}$还可作为片内程序存储器的编程脉冲输入信号。
- $\overline{\text{EA}}$/V_{PP}可作为编程电压引入端,在单片机内部程序存储器写入编程期间,通过该引脚引入编程电压。

- RESET/VPD 可作为备用电源引入端，当电源电压下降到某个给定下限时，备用电源由该引脚向芯片内部的数据存储器供电，以保证内部数据存储器的内容不丢失。

2.1.3 MCS-51 单片机的内部结构

MCS-51 单片机的内部逻辑结构如图 2.3 所示。

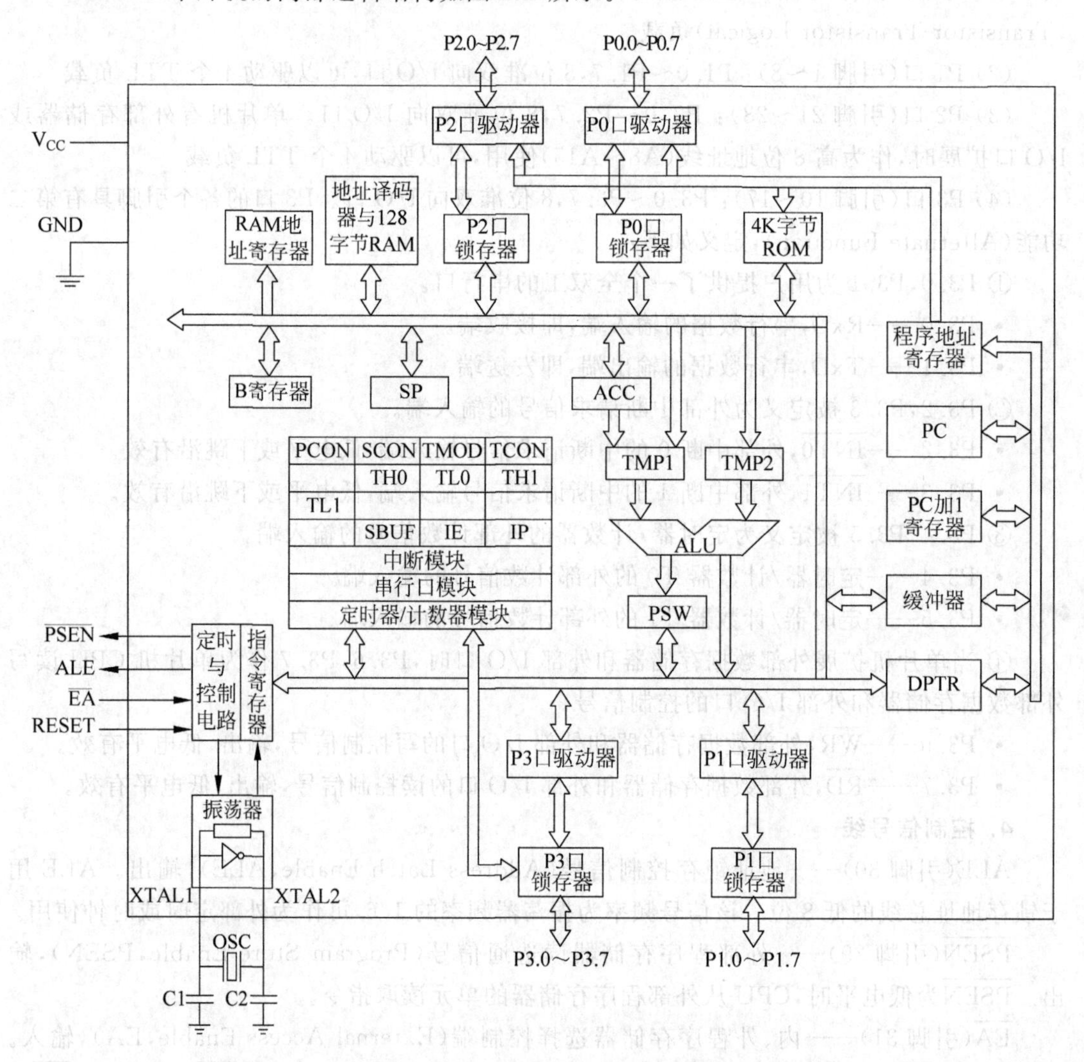

图 2.3 MCS-51 单片机的内部结构

MCS-51 单片机的各部分功能简述如下。

1. 中央处理器(CPU)

CPU 由运算器和控制器组成，它是单片机的核心，完成运算和控制操作。CPU 通过内部总线把组成单片机的各个部件连接在一起，控制它们有条不紊地工作。总线是单片机内部的信息通道，单片机系统的地址信号、控制信号和数据信号都是通过总线传送的。

1) 运算器

MCS-51 单片机的运算器为 8 位，由算术逻辑运算单元(Arithmetic and Logical Unit,

ALU)、算术累加器(Accumulator,A 或 ACC)、寄存器 B、程序状态字寄存器(Program Status Word,PSW)、暂存器 TMP1、暂存器 TMP2 等组成。它的功能是进行移位、算术运算和逻辑运算。另外,单片机的运算器还包含一个布尔(位)处理器,用来处理位操作。

MCS-51 单片机的 ALU 为 8 位,可实现两个 8 位二进制数的算术、逻辑等运算,以及累加器 A 的清零、取反、移位等操作;ALU 还具有位处理功能,它可以对位(bit)变量进行清零、置位、取反、位状态测试转移和位逻辑与、位逻辑或等操作。

TMP1 和 TMP2 为 8 位暂存寄存器用来存放参与运算的操作数。

累加器 A 是一个 8 位寄存器,用来暂存操作数及保存运算结果。在 MCS-51 单片机中,算术、逻辑和移位运算等都离不开累加器 A;另外,CPU 中的数据传送大多通过累加器 A 实现,它是单片机中最繁忙的寄存器,也是单片机的一个“瓶颈”。累加器 A 也可写成 ACC。

寄存器 B 是一个 8 位寄存器,协助累加器 A 实现乘、除法运算,也称为辅助寄存器。其他情况下,B 可作为一个寄存器使用。

程序状态字寄存器 PSW(8 位)用来存放累加器 A 在运算过程中标志位的状态,这些标志包括:奇偶标志 P,溢出标志 OV,半进位标志 AC,进位标志 Cy。另外,PSW 中的两位 RS0、RS1 用来指定 CPU 所使用的当前工作寄存器组。

MCS-51 单片机还有一个布尔处理器用来实现各种位逻辑运算和传送,并为此专门提供了一个位寻址空间。布尔处理(即位处理)是 MCS-51 单片机 ALU 所具有的一种功能。指令系统中的布尔指令集、存储器中的位地址空间以及位操作“累加器”构成了单片机内的布尔处理机。

2) 控制器

控制器由定时与控制电路、复位电路、程序计数器(Program Counter,PC)、指令寄存器、指令译码器、数据指针(Data Pointer,DPTR)、堆栈指针(Stack Pointer,SP)等组成,用来产生单片机所需的时序,控制程序自动地执行。

MCS-51 单片机的程序计数器 PC 是一个 16 位的寄存器,用来存放下一条即将执行指令的地址。CPU 每取一次机器码,PC 的内容自动加 1,CPU 执行一条指令,PC 的内容自动增加该指令的长度(指令的字节数)。CPU 复位后,PC 的内容为 0000H,它意味着程序从头开始执行。PC 的内容变化决定程序的流向,PC 的位数决定了单片机 CPU 对程序存储器的寻址范围,PC 是一个 16 位的寄存器,因此可以对 64K(2^{16}=65 536)字节的程序存储器空间进行寻址,它的位数决定了单片机程序存储器的最大容量。另外,程序计数器 PC 由 CPU 直接操作,用户编程时无权用指令对 PC 的内容进行设定。

MCS-51 单片机的指令寄存器是一个 8 位寄存器,用来存放将要执行的指令代码,指令代码由指令译码器输出,并通过指令译码器把指令代码转化为电信号——控制信号,如 ALE、$\overline{PSEN}$等。

数据指针 DPTR 是一个 16 位寄存器,用于访问外部 RAM 或外部 I/O 口,为其提供 16 位地址。也用于查表指令和程序散转指令的基地址寄存器,提供 16 位基地址。

堆栈指针寄存器 SP 为一个 8 位寄存器,用于管理堆栈,指出栈顶位置。MCS-51 单片机复位后,它的内容为 07H。

用单片机解决某个问题时,首先必须根据这个问题的解决步骤编写程序,程序中的指令序列告诉了CPU应执行哪种操作,在什么地方找到操作的数据。一旦把程序装入单片机的程序存储器,单片机上电工作后,CPU就可以按照程序事先给定的顺序逐条读取指令序列,并自动地完成取指令和执行指令的任务。其过程如下。

(1) 取指令:CPU根据PC内容所指的单元地址,从程序存储器中的某个单元中取一个字节的指令代码,并将它送入指令寄存器中,同时,PC的内容自动加1,指出存储下一个字节指令代码的单元地址。

(2) 分析指令:即解释指令或指令译码。分析指令时,CPU对指令寄存器中的指令代码进行译码分析,指出要求CPU做什么,并按一定的时序产生相应的操作命令、控制信号、读取所需的操作数。

(3) 执行指令:对操作数进行相应的运算操作,并将运算结果存放到指定的单元(或I/O口),同时,在运算过程中自动设置有关标志位(如进位标志,溢出标志)的状态。

一条指令执行结束,再取下一条指令分析执行,如此循环。在CPU执行指令时,会根据指令的功能自动产生控制信号,如从单片机外部程序存储器取指令时,产生片外程序存储器选通控制信号$\overline{PSEN}$、地址锁存信号ALE;访问外部数据存储器和外部I/O口时,产生相应的读写控制信号$\overline{RD}$和$\overline{WR}$。

单片机读取指令、分析指令和执行指令的过程中,这一系列操作都需要精确地定时,因此,需要有专用的时钟电路,以保证各种操作按一定的节拍、一定的时序工作。单片机的定时与控制电路就是用来产生CPU工作所需的时钟控制信号的。

单片机芯片内部有一个用于构成振荡器的高增益反相放大器(见图2.3),引脚XTAL1和XTAL2分别为该放大器的输入端和输出端。片内放大器和外部振荡源一起构成一个自激振荡器,再与单片机内部的时钟发生器一起构成了MCS-51系列单片机的时钟电路。有关时钟电路设计及其相关知识,将在本章2.4节详细论述。

2. 存储器(on-chip Memory)

1) 内部程序存储器(on-chip Program Memory)

MCS-51系列单片机(8031除外)的内部程序存储器由程序地址寄存器、地址译码器以及4K(4096)个单元的ROM构成,用于存放程序的机器代码和常数。每个单元为8位,存储器为只读存储器(Read Only Memory,ROM)类型,通常简称为"内部ROM"。当$\overline{EA}=1$时,CPU可以从内部ROM中取指令,当$\overline{EA}=0$时,内部ROM无效。

2) 内部数据存储器 (on-chip Data RAM)

单片机的内部数据存储器由RAM地址寄存器、地址译码器以及128个单元的RAM构成,用于存放可读写的数据。每个单元为8位,可存放1个字节的二进制数据。通常,简称为"内部RAM"。内部RAM中还提供了一个128位的位寻址空间。

3) 特殊功能寄存器(Special Function Register,SFR)

MCS-51系列单片机有21个可以寻址的特殊功能寄存器,包括单片机内的I/O口、串行口、定时器/计数器、中断系统等相关的数据寄存器(或缓冲器)以及控制寄存器和状态寄存器,用于存放相应功能部件的控制命令、状态和数据。

3. 并行口(Parallel Port)

MCS-51系列单片机有4个并行的I/O口:P0、P1、P2、P3,每个并行口有8根口线,每根口线都可以独立地用作输入或输出。并行口由锁存器和驱动器构成。在功能上,除了可以作为基本的 I/O 功能之外，P3 口的第二功能还提供了串行口、外部中断、外部计数等功能以及访问外部数据存储器和外部 I/O 口的控制信号；在扩展时，P2 口提供地址总线（Address Bus，AB）的高 8 位地址，P0 则提供地址总线的低 8 位地址和数据总线（Data Bus，AB）。

4. 串行口（Serial Port）

MCS-51 系列单片机有 1 个全双工的串行口，用于串行通信。串行口由发送缓冲器 SBUF、接收缓冲器 SBUF、移位寄存器和串行口控制逻辑等部分组成。

5. 定时器/计数器（Timer/Counter）

MCS-51 系列单片机有两个 16 位的定时器/计数器 T0 和 T1，T0 由 TH0 和 TL0 构成，T1 由 TH1 和 TL1 构成，定时器/计数器方式寄存器 TMOD 选择定时器/计数器的工作模式和方式，定时器/计数器控制寄存器 TCON 控制 T0 和 T1 的启动和停止，同时反映 T0 和 T1 的溢出状态。

6. 中断系统（Interrupt System）

MCS-51 系列单片机有 5 个中断源，分别为两个外部中断、两个定时器/计数器溢出中断、一个串行口接收/发送中断，提供两个中断优先级。对中断的控制主要依靠中断优先级寄存器 IP、中断控制寄存器 IE 和锁存中断标志的特殊功能寄存器 TCON 和 SCON 实现。

7. 总线（Bus）

不同于微型计算机的地址、数据、控制三总线结构，MCS-51 系列单片机内部采用单一的 8 位总线，单一总线承载着地址、数据、控制信息，它把芯片上所有资源与 CPU 连接，使它们在 CPU 的管理下形成有机的整体。

2.2　MCS-51 单片机的存储器

MCS-51 单片机的程序存储器和数据存储器分开设置，地址空间相互独立，它是 MCS-51 单片机构造上的一个显著特点。MCS-51 单片机的存储器地址空间可分为以下 5 类：

(1) 程序存储器，最大空间 64KB；

(2) 片内数据存储器，128 个单元；

(3) 特殊功能寄存器，共 21 个；

(4) 位寻址空间，211 位；

(5) 外部数据寄存器，最大空间 64KB。

这些资源与单片机应用的关系密切，下面介绍上述 5 类存储空间的功能。

2.2.1　程序存储器

程序存储器用来存放程序和常数，最大寻址空间为 64K 个单元，每个单元为 8 位。MCS-51 系列产品按程序存储器配置类型分为 3 类：

- 8051 芯片含有 4K 个单元的 ROM。
- 8751 芯片含有 4K 个单元的 EPROM（Erasable Programmable ROM，EPROM）。
- 8031 中无程序存储器，需要扩展程序存储器。

在实际应用中，用户既可以使用芯片内部的程序存储器，也可以使用芯片外部的程序存储器，但最大空间为 64KB，程序存储器的地址空间构成与 $\overline{\text{EA}}$ 引脚的接法有关。

(1) 对于芯片内部含有程序存储器的单片机 8051/8751,当$\overline{EA}$接高电平($\overline{EA}$=1)时,8051/8751 的程序存储器空间由片内和片外两部分组成,内部程序存储器的 4K 个单元占用地址为 0000H～0FFFH,外部可扩展 60K,地址范围为 1000H～FFFFH。单片机复位时,PC 的内容为 0000H。CPU 从片内程序存储器中取指令时,$\overline{PSEN}$为高电平。当 PC 的内容大于 0FFFH,在$\overline{PSEN}$为低电平时,CPU 自动从片外程序存储器中取指令。此时,外部程序存储器单元的地址从 P2 和 P0 口输出,P2 口输出 PC 的高 8 位,P0 口输出 PC 的低 8 位,$\overline{PSEN}$为低电平时,对应单元的内容(即指令代码)从 P0 口进入单片机。$\overline{EA}$=1 时,单片机 8051/8751 的程序存储器结构如图 2.4 所示。

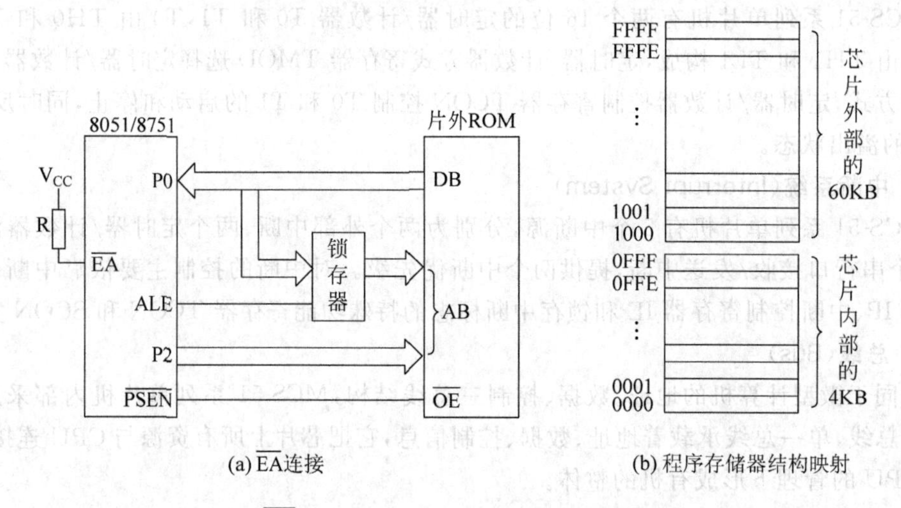

图 2.4 $\overline{EA}$=1 时的单片机 8051/8751 程序存储器结构

$\overline{EA}$接低电平($\overline{EA}$=0)时,8051/8751 的片内程序存储器被忽略(失效),8051/8751 的程序存储器空间全部由片外程序存储器组成,最大空间为 64K,地址范围为 0000H～FFFFH。单片机复位时,PC 的内容为 0000H,CPU 指向外部程序存储器。CPU 从片外程序存储器某一单元取指令时,PC 的高、低 8 位分别从 P2 和 P0 口输出,$\overline{PSEN}$为低电平时,对应单元的指令代码从 P0 口进入单片机。$\overline{EA}$=0 时的单片机 8051/8751 程序存储器结构如图 2.5 所示。

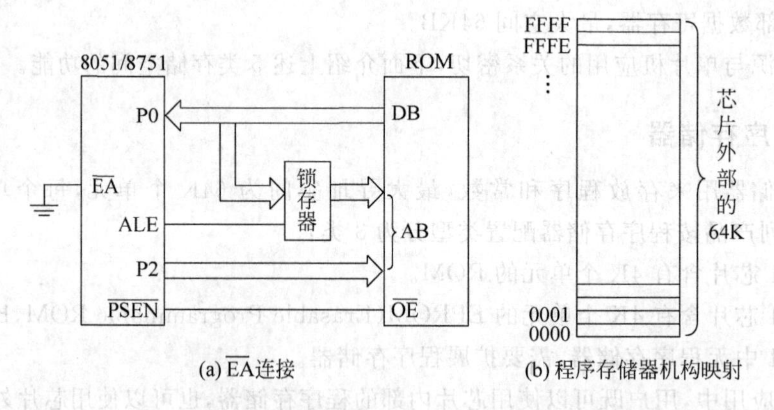

图 2.5 $\overline{EA}$=0 时的单片机 8051/8751 程序存储器结构

(2) 对于芯片内部无程序存储器的 8031，应用时必须扩展程序存储器，因此，$\overline{EA}$引脚必须接地（接低电平），它的 64K 程序存储器全部为外部的，地址范围为 0000H～FFFFH，8031 $\overline{EA}$连接方法和程序存储器结构与图 2.5 相同。

显然，只要$\overline{EA}$接地，不论什么芯片，其功能降格为 8031，芯片内部程序存储器将会失效，程序存储器空间全部由外部程序存储器提供。另外，程序存储器是由 PC 管理的，PC 的位数决定了单片机程序存储器的容量，$2^{16}=64K$，程序存储器最大容量为 64K。在实际应用中，即使程序存储器的容量小于 64K，其单元地址依然是 16 位。单片机复位后，PC 的内容为 0000H。

在 MCS-51 单片机的程序存储器中，有 5 个特殊的单元地址被定义为中断入口地址，分别为：外部中断$\overline{INT0}$入口地址 0003H、外部中断$\overline{INT1}$入口地址 0013H、定时器/计数器 T0 溢出中断入口地址 000BH、T1 溢出中断入口地址 001BH 和串行口中断入口地址 0023H，地址映射如图 2.6 所示。当 CPU 响应中断时，会自动跳转到相应的中断入口地址执行中断处理程序，因此，中断处理程序入口必须定位在上述给定的地址。如果没有使用中断，这些单元可以作为普通的程序存储器单元使用。

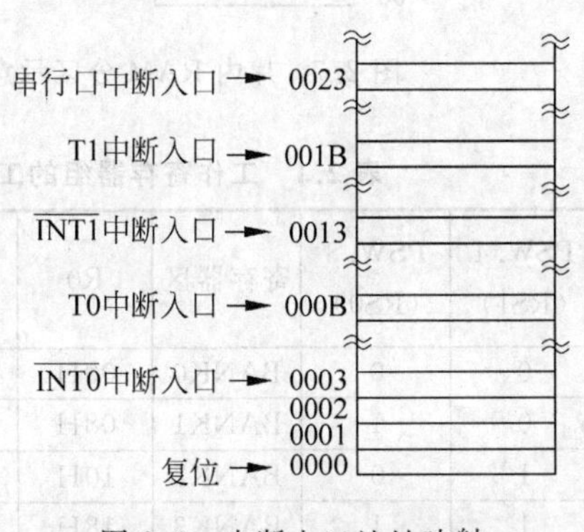

图 2.6　中断入口地址映射

2.2.2　片内数据存储器

MCS-51 系列单片机的片内数据存储器由 128 个单元构成，单元地址采用 8 位为二进制编码，地址范围为 00H～7FH，通常称它为内部 RAM，用来存储中间结果或作为数据缓冲区和堆栈区使用。

按照功能，片内 RAM 可以分为 3 个区域：

- 00H～1FH：32 个单元为工作寄存器区。
- 20H～2FH：16 个单元为位寻址区。
- 30H～7FH：80 个单元为数据缓冲区。

片内 RAM 分区示意图见图 2.7。

1. 工作寄存器区（Register Bank）（00H～1FH）

工作寄存器区也称为通用寄存器区。工作寄存器区包含 4 个工作寄存器组：BANK0，BANK1，BANK2，BANK3，如图 2.8 所示，每个工作寄存器组包含 8 个单元，每个单元被定义为一个工作寄存器。这样，每个工作寄存器组包含 8 个寄存器：R0，R1，R2，R3，R4，R5，R6，R7。工作寄存器组的工作寄存器 R0～R7 与内部 RAM 单元的对应关系见表 2.1。

虽然有 4 个工作寄存器组，但在当前时刻 CPU 只能使用 4 个工作寄存器组中的一个作为当前寄存器组，它由 PSW 的第 3 位（PSW.3，Register bank Select bit0，RS0）和第 4 位（PSW.4，Register bank Select bit1，RS1）指出（见表 2.1）。可对这两位编程来设定 CPU 的当前工作寄存器组。用软件修改 RS0 和 RS1 的状态就可任选一个工作寄存器组，这使 MCS-51 单片机具有快速现场保护功能，有利于提高程序效率和响应中断速度。

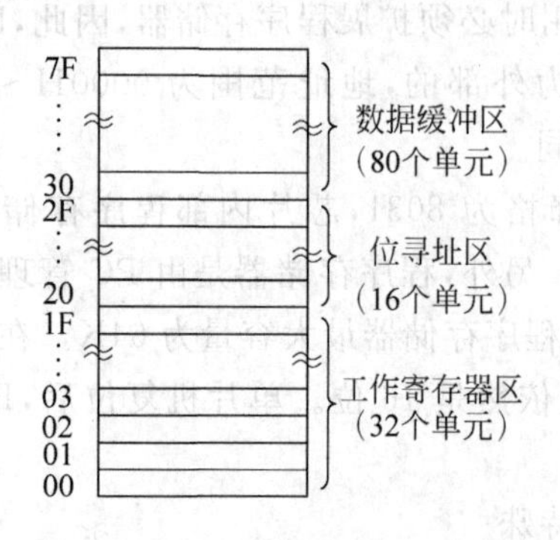

图 2.7 片内 RAM 分区示意图

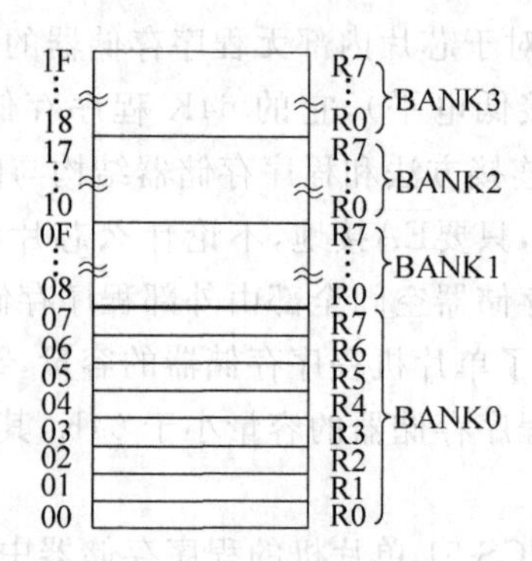

图 2.8 工作寄存器组分区

表 2.1 工作寄存器组的工作寄存器 R0～R7 与内部 RAM 单元的对应关系

PSW.4 (RS1)	PSW.3 (RS0)	寄存器区	R0	R1	R2	R3	R4	R5	R6	R7
0	0	BANK0	00H	01H	02H	03H	04H	05H	06H	07H
0	1	BANK1	08H	09H	0AH	0BH	0CH	0DH	0EH	0FH
1	0	BANK2	10H	11H	12H	13H	14H	15H	16H	17H
1	1	BANK3	18H	19H	1AH	1BH	1CH	1DH	1EH	1FH

如果程序中并没有全部使用4个工作寄存器组,那么剩余的工作寄存器组所对应的单元也可以作为一般的数据缓冲区使用。实际上,CPU 以工作寄存器方式访问当前寄存器组中的一个单元与采用地址方式访问该单元的结果是相同的,不同的是采用寄存器方式访问时的指令代码较少,可以有效地利用程序存储器空间。

单片机复位后,由于 PSW 被清零,CPU 默认 BANK0 为当前工作寄存器组,此时寄存器 R0～R7 对应 00H～07H 单元。

2. 位寻址区(Bit Addressable Area)(20H～2FH)

在内部 RAM 中,20H～2FH 这 16 个单元为位寻址区,共 16×8＝128 位。这些单元不仅有一个单元地址,而且单元中的每一位都有一个自己的位地址,CPU 可以对每一位按位地址直接操作。例如,在图 2.9 中,24H 为单元地址,其内容为 D7D6D5D4D3D2D1D0,($D_i=0,1,i=0\sim7$);每一位的位地址分别为 27H,26H,…,20H,对应状态分别是 D7,D6,…,D0。

为了表示方便,通常用单元地址和可寻址位在该单元的相对位置来表示位地址,如 24H.6,它与位地址 26H 是等价的。

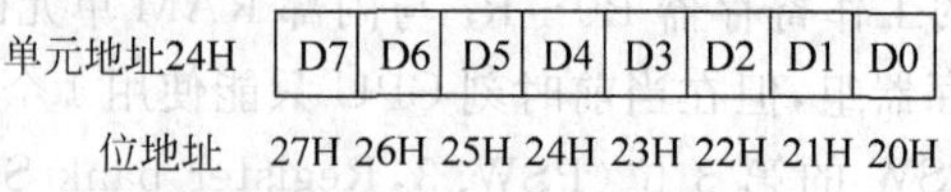

单元地址24H	D7	D6	D5	D4	D3	D2	D1	D0
位地址	27H	26H	25H	24H	23H	22H	21H	20H

图 2.9 单元地址和位地址

在内部 RAM 中,位寻址区的位地址范围为 00H～7FH。表 2.2 为位地址与单元的数位对应关系。其中 D0 为某个单元的最低位,D7 为最高位。

表 2.2　位地址与单元的数位对应关系

	D7	D6	D5	D4	D3	D2	D1	D0
2F	7F	7E	7D	7C	7B	7A	79	78
2E	77	76	75	74	73	72	71	70
2D	6F	6E	6D	6C	6B	6A	69	68
2C	67	66	65	64	63	62	61	60
2B	5F	5E	5D	5C	5B	5A	59	58
2A	57	56	55	54	53	52	51	50
29	4F	4E	4D	4C	4B	4A	49	48
28	47	46	45	44	43	42	41	40
27	3F	3E	3D	3C	3B	3A	39	38
26	37	36	35	34	33	32	31	30
25	2F	2E	2D	2C	2B	2A	29	28
24	27	26	25	24	23	22	21	20
23	1F	1E	1D	1C	1B	1A	19	18
22	17	16	15	14	13	12	11	10
21	0F	0E	0D	0C	0B	0A	09	08
20	07	06	05	04	03	02	01	00

通常可以把各种程序状态标志、位控制变量存储在位寻址区内。在使用位寻址区时，应注意以下几个方面：

(1) 在内部 RAM 中只有 20H～2FH 单元的位能进行位操作。

(2) 位寻址区的 16 个单元也可以按单元访问，当这些单元的 128 位未完全使用时，其剩余单元也可作为数据缓冲区单元使用。

3. 数据缓冲区(Data Buffer Area)(30H～7FH)

数据缓冲区作为数据缓冲、数据暂存、堆栈区使用；这些单元只能按单元访问。

堆栈是为了保护 CPU 执行程序的现场(如子程序调用、中断调用等)而在存储器中开辟出的一个“先进后出”(或后进先出)的区域。

对堆栈的操作有两种：入栈和出栈；操作规则：先进后出；堆栈由堆栈指针 SP 管理，它始终指向栈顶位置(见图 2.10)。

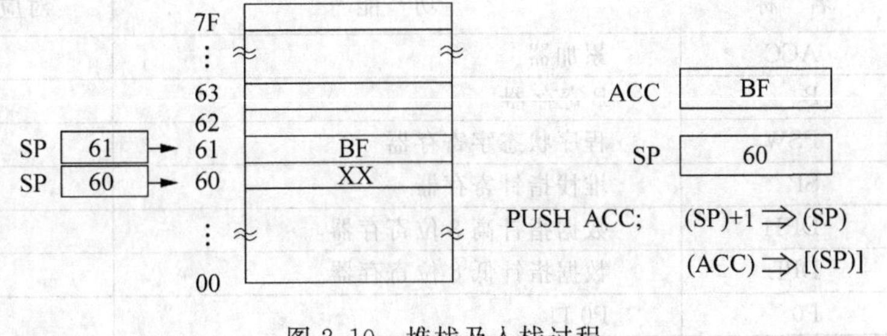

图 2.10　堆栈及入栈过程

单片机复位后，SP 的内容为 07H，这意味着堆栈区从 08H 单元开始。在理论上，内部 RAM 的区域都可以作为堆栈区。但是，在 MCS-51 单片机中，数据入栈时堆栈是向上生长的,堆栈指针SP内容先加1,然后再将数据送入SP内容指定的单元。例如在某时刻,SP内容为60H,表示为(SP)=60H,累加器ACC的内容为0BFH,把ACC内容入栈的过程如图2.10所示(图中XX表示随机数)。为了避免堆栈向上生成时覆盖所存储的有效数据和标志,一般情况下,在使用时必须修改堆栈指针SP的内容,把堆栈区设在30H单元之后的区域。

开辟堆栈的操作就是为SP内容指定一个给定的单元地址,通常采用数据传送指令,一般放置在程序开头的初始化部分。程序设计时,栈区最好设在内部RAM的末端,如"MOV SP, #60H",此时栈区为61~7FH。

2.2.3 特殊功能寄存器

MCS-51单片机内部有21个特殊功能寄存器(Special Function Register,SFR),专用于控制、管理片内算术逻辑部件、并行I/O口、串行I/O口、定时器/计数器、中断系统等功能模块的工作。每一个SFR对应一个单元,单元的地址称为该SFR的地址,共有21个单元地址,它们与内部RAM统一编址,离散地分布在范围为80H~FFH的地址空间上。因此,80H~FFH这个区间也叫做特殊功能寄存器区。这些SFR虽然占用了128单元的地址空间,但有效地址只有21个,其余单元为保留单元,是Intel公司为产品功能提升预留的空间。对于这些未定义的单元,用户使用是无效的,如果读取这些单元内容,会得到一个不确定的随机数,如果写入数据,会造成数据丢失。虽然SFR既有名称,又有地址,但是,CPU访问这些SFR只能采用直接寻址方式,即按单元地址访问的模式。编程时,在指令中对这些SFR使用名称和地址的结果是一样的。SFR地址映射表见表2.3。需要指出的是16位数据指针DPTR是由两个独立的8位寄存器DPH和DPL构成的。

21个SFR按功能可以归纳如下:

- 与CPU有关的——ACC,B,PSW,SP,DPTR(DPH,DPL)。
- 与并行I/O口有关的——P0,P1,P2,P3。
- 与串行口有关的——SCON,SBUF,PCON。
- 与定时器/计数器有关的——TCON,TMOD,TH0,TL0,TH1,TL1。
- 与中断系统有关的——IP,IE。

表2.3 特殊功能寄存器地址映射表

序 号	名 称	功 能	对应的单元地址
1	ACC	累加器	0E0H
2	B	B寄存器	0F0H
3	PSW	程序状态字寄存器	0D0H
4	SP	堆栈指针寄存器	81H
5	DPH	数据指针高8位寄存器	83H
6	DPL	数据指针低8位寄存器	82H
7	P0	P0口	80H
8	P1	P1口	90H
9	P2	P2口	0A0H
10	P3	P3口	0B0H

续表

序　号	名　称	功　能	对应的单元地址
11	IP	中断优先级寄存器	0B8H
12	IE	中断控制寄存器	0A8H
13	TMOD	定时器/计数器方式寄存器	89H
14	TCON	定时器/计数器控制寄存器	88H
15	TH0	定时器/计数器 T0 高 8 位寄存器	8DH
16	TL0	定时器/计数器 T0 低 8 位寄存器	8CH
17	TH1	定时器/计数器 T1 高 8 位寄存器	8BH
18	TL1	定时器/计数器 T1 低 8 位寄存器	8AH
19	SCON	串行口控制寄存器	98H
20	SBUF	串行口数据缓冲寄存器	99H
21	PCON	电源控制寄存器	87H

另外，21 个 SFR 中，单元地址末位为 0 和 8 的(即单元地址能被 8 整除)SFR 具有位寻址功能，共有 11 个，这些寄存器的每一位都有一个位地址，位地址映射表见表 2.4。在表 2.4 的"位地址映射"栏中，8 个方框表示寄存器的 8 位，右端为最低位，方框的上方为该位的位地址，方框中的代号为 8051 单片机定义的专用标志或标识，"—"表示未定义的保留位，空方框为表示其为通用位，用户可以随意地定义和使用。由这些 SFR 组成的位地址空间为 80～FFH。从表 2.4 可以看到一个显著的特征：一个具有位寻址功能的 SFR，它的位地址是以对应的单元地址为起始位地址而编排的。另外，在由 SFR 构成的位寻址区中，某些 SFR 的位没有定义(标识为"—")，用户是不能使用的，因此，这个位寻址区地址是不连续的。

表 2.4　SFR 的位地址映射表

序号	SFR	SFR 地址	位地址映射							
1	B	F0	F7	F6	F5	F4	F3	F2	F1	F0
2	ACC	E0	E7	E6	E5	E4	E3	E2	E1	E0
3	PSW	D0	D7	D6	D5	D4	D3	D2	D1	D0
			Cy	AC	F0	RS1	RS0	OV	—	P
4	IP	B8	BF	BE	BD	BC	BB	BA	B9	B8
						PS	PT1	PX1	PT0	PX0
5	P3	B0	B7	B6	B5	B4	B3	B2	B1	B0
			P3.7	P3.6	P3.5	P3.4	P3.3	P3.2	P3.1	P3.0
6	IE	A8	AF	AE	AD	AC	AB	AA	A9	A8
			EA	—	—	ES	ET1	EX1	ET0	EX0
7	P2	A0	A7	A6	A5	A4	A3	A2	A1	A0
			P2.7	P2.6	P2.5	P2.4	P2.3	P2.2	P2.1	P2.0

续表

序号	SFR	SFR 地址	位地址映射							
8	SCON	98	9F	9E	9D	9C	9B	9A	99	98
			SM0	SM1	SM2	REN	TB8	RB8	TI	RI
9	P1	90	97	96	95	94	93	92	91	90
			P1.7	P1.6	P1.5	P1.4	P1.3	P1.2	P1.1	P1.0
10	TCON	88	8F	8E	8D	8C	8B	8A	89	88
			TF1	TR1	TF0	TR0	IE1	IT1	IE0	IT0
11	P0	80	87	86	85	84	83	82	81	80
			P0.7	P0.6	P0.5	P0.4	P0.3	P0.2	P0.1	P0.0

下面,介绍常用的几个特殊功能寄存器。

(1) ACC 累加器是 CPU 中最繁忙的寄存器;在算术运算、逻辑运算、移位运算以及传送运算的指令中,简记为 A。

(2) B 寄存器用于乘除法运算,其他情况下,可以作为缓冲寄存器使用。

D7	D6	D5	D4	D3	D2	D1	D0
Cy	AC	F0	RS1	RS0	OV	—	P

图 2.11 PSW 各位的定义

(3) PSW 用于反映累加器 ACC 参与运算时的一些特征,另外指出当前工作寄存器组。PSW 各位定义如图 2.11 所示。

与累加器 ACC 有关的标志位有 4 个:Cy,AC,OV 和 P,在每个指令周期结束时由硬件自动生成,定义如下:

- Cy——Carry flag,进(借)位位。在运算过程中,最高位 D7 有(借)进位时,(Cy)=1,否则,(Cy)=0。
- AC——Auxiliary Carry flag,辅助进位位。用于十进制数(BCD)运算。在运算过程中,当 D3 向 D4 位(即低 4 位向高 4 位)进(借)位时,(AC)=1,否则,(AC)=0。
- OV——Overflow flag,溢出标志位。在运算过程中,对于 D6、D7 两位,如果其中有一位有进(借)位而另一位无进(借)位时,(OV)=1,否则,(OV)=0。
- P——Parity flag,奇偶校验位。运算过程结束时,如果 ACC 中 1 的个数为奇数,(P)=1,否则,(P)=0。
- F0——Flag 0,用户标志位,用户在编程时可作为自己定义的测试标志位。
- RS0、RS1——Register bank Select control bits,寄存器组选择位,用户编程时可以通过这两位设置当前工作寄存器区(见表 2.1)。

例 2.1 已知(A)=7DH,CPU 执行"ADD A,#0B5"指令后,其执行结果和 Cy,AC,OV,P 的状态是什么?

指令"ADD A,#0B5"的执行过程为:(A)+B5⇒(A),如图 2.12 所示。

指令执行后,(ACC)=32H,(Cy)=1,(AC)=1,(OV)=0,(P)=1。

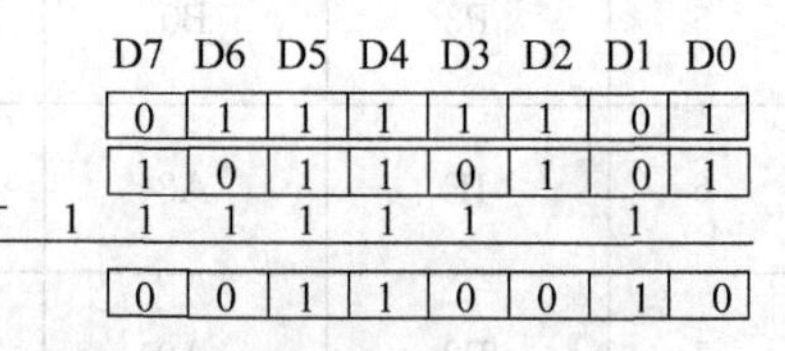

图 2.12 指令"ADD A,#0B5"执行后结果

(4) SP 是一个 8 位的堆栈指针寄存器,它始终指出栈顶的单元地址,单片机复位后,(SP)=07H。

(5) DPTR 是 16 位数据指针寄存器，包含两个独立的 8 位寄存器：DPH 和 DPL，用于访问外部数据存储器和外部 I/O 口，还可以充当基址寄存器，用来访问程序存储器。

在程序设计过程中，修改 DPTR 内容时，对 DPTR 操作和分别对 DPL、DPH 操作的效果是相同的。如设置 DPTR 内容为 569AH，可以采用

```
MOV DPTR, #569AH;
```

或：

```
MOV DPH, #56H;
MOV DPL, #9AH;
```

其他与并行 I/O 口、串行口、定时器/计数器以及与中断系统有关的 SFR，将在后面的章节中做详细介绍。

2.2.4 位寻址空间

MCS-51 单片机的位寻址空间由两部分构成：一部分是内部 RAM 位寻址区的 20H～2FH 单元的 128 位，位地址范围为 00H～7FH；另一部分是 11 个单元地址尾数为 0 和 8 的 SFR 构成的位寻址区，共 82 位，位地址范围为 80H～FFH。因此，MCS-51 系列单片机位寻址空间共有 210 个位，位地址范围为 00H～FFH。设置位寻址空间是 MCS-51 单片机的一个显著特色，它为用户实现位逻辑运算、设置测试位提供了方便。

2.2.5 外部数据存储器

MCS-51 单片机的外部数据存储器是一个独立的物理空间，外部数据存储器和外部 I/O 口共同占用这个空间，最大可以扩展到 64KB，地址范围为 0000H～FFFFH。

外部数据存储器一般由静态 RAM 构成，简称外部 RAM。图 2.13 所示为外部 RAM 和外部 I/O 口与单片机的连接以及单元地址空间结构映射。与外部 ROM 相同，外部 RAM 和外部 I/O 口地址也是由 P2 和 P0 构成的 16 位地址总线提供的，外部 RAM 和外部 I/O 口也是通过 P0 口与单片机的 CPU 交换数据信息的。当单片机写入一个字节数据到指定单元或输出口时，由 P2 口输出高 8 位地址、由 P0 口输出低 8 位地址，在 $\overline{WR}$(P3.6)为低电平时，把数据总线 P0 输出的数据信息写入(输出)到指定的单元或输出口。当把外部 RAM 指

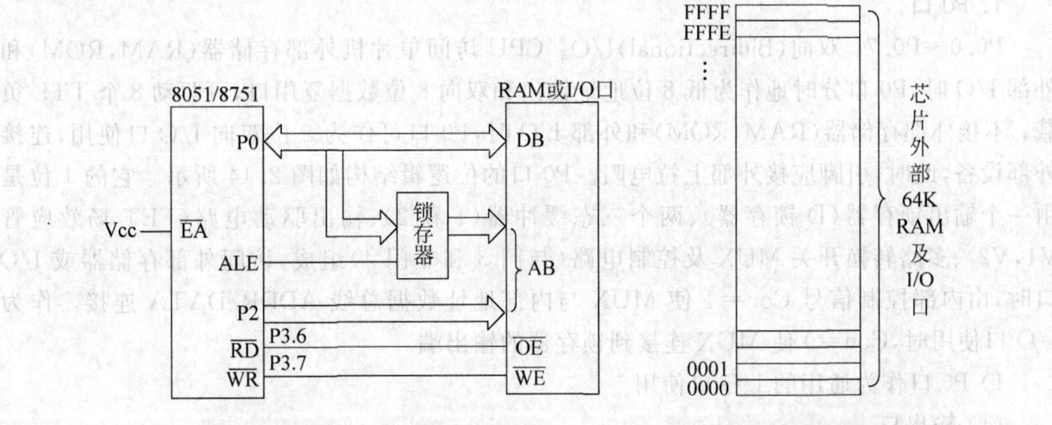

(a) 外部RAM或外部I/O口与单片机的连接　　(b) 外部RAM或外部I/O口结构映射

图 2.13　外部 RAM 或外部 I/O 口与单片机的连接以及单元地址空间结构映射

定单元内容或输入口的状态读入到CPU时，被访问对象的地址由P2口和P0口输出，在$\overline{RD}$(P3.7)为低电平时，指定单元的内容或输入口的状态经由P0口被读入(输入)到CPU。上述操作是由CPU通过指令(MOVX类指令)实现的，外部RAM单元或外部I/O口的地址一般由DPTR或R0，R1指出。

扩展外部RAM空间或I/O口的多少，由用户根据需要而定。在扩展时应注意，外部RAM和外部I/O口是统一编址的，所有的外部I/O口都要占用64KB中的地址空间，设计时应保证两者地址不冲突；对于CPU来说，访问外部I/O口和访问外部RAM单元在操作上是完全相同的，用户只有在硬件上才能辨别出来操作对象的不同。

2.3 MCS-51单片机的I/O口

MCS-51系列单片机芯片上有4个8位并行I/O口：P0，P1，P2和P3，它们在特殊功能寄存器区中有相应的地址映射，对应单元地址：P0为80H，P1为90H，P2为0A0H，P3为0B0H，它们都具有位寻址功能，即可以独立地对每位I/O口线编程。它们的功能与单片机是否扩展有关：

(1) 8051/8751不进行存储器和I/O口扩展时

P0，P1，P2和P3可以全部作为通用的I/O(General Purpose I/O)口使用，用于连接外部设备，另外，P3口具有第二功能(Alternate Function)。当P3口的引脚作为第二功能使用时，不可再作为I/O口线使用。如：P3.0和P3.1作为RXD和TXD时，它们不能作为I/O口线使用。

(2) 8031及8051/8751进行存储器和I/O口扩展时

P0作为低8位地址总线/数据总线，P2作为高8位地址总线，用于访问外部ROM、外部RAM和外部I/O口。P1作为通用的I/O口，P3可以作为通用的I/O口或第二功能使用。

2.3.1 I/O口的结构

MCS-51系列单片机的4个并行口的结构基本相同，但功能不完全相同。每个并行口包含1个锁存器(特殊功能寄存器P0～P3)、1个输出驱动器和1个输入缓冲器，见图2.3。

1. P0口

P0.0～P0.7：双向(Bidirectional)I/O。CPU访问单片机外部存储器(RAM，ROM)和外部I/O时，P0口分时地作为低8位地址输出和双向8位数据复用口，可驱动8个TTL负载；不接外部存储器(RAM，ROM)和外部I/O时，P0口可作为8位双向I/O口使用，连接外部设备，此时，引脚应接外部上拉电阻。P0口的位逻辑结构如图2.14所示。它的1位是由一个输出锁存器(D锁存器)、两个三态缓冲器(1和2)、输出驱动电路(FET场效应管V1，V2)、多路转换开关MUX及控制电路(与门3和非门4)组成，访问外部存储器或I/O口时，由内部控制信号Con=1使MUX与内部地址数据总线ADDR/DATA连接。作为I/O口使用时，Con=0使MUX连接到锁存器的输出端。

1) P0口作为通用的I/O口使用

(1) 输出口

由于不作为地址/数据总线使用，Con=0，场效应管V1截止，使MUX开关与锁存器反

向输出端 $\overline{Q}$ 相连,"写锁存器"信号施加在 D 锁存器的 CK 端。CPU 执行指令时,如"MOV P0,＃data","MOV P0, A","SETB P0.1","CLR P0.4"等,内部总线上的 1 位数据 D_x 在"写锁存器"信号有效时由 D 端进入锁存器,经锁存器的 $\overline{Q}$ 送至场效应管 V2,由于 V1 截止,V2 的漏极开路,形成了漏极开路的输出形式。如果期望 P0.x 输出 TTL 电平,应在引脚 P0.x 上外接上拉电阻,这样,若 $D_x=0$,Q=0,$\overline{Q}=1$,V2 导通,引脚 P0.x 输出低电平;若 $D_x=1$,Q=1,$\overline{Q}=0$,V2 截止,引脚 P0.x 输出高电平。

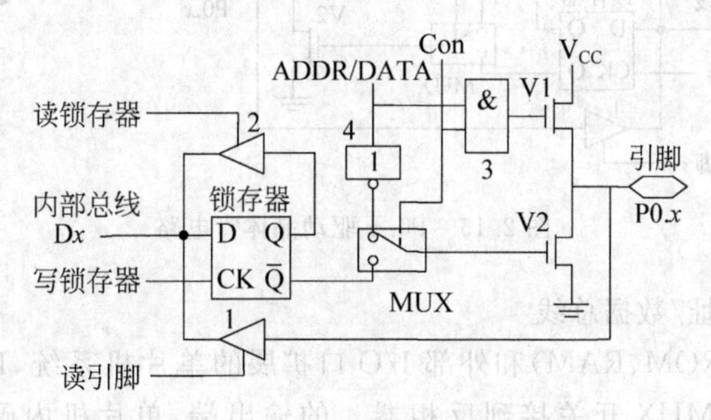

图 2.14　P0 口的位置逻辑结构

(2) 输入口

作为输入口时,CPU 需要读取的是引脚 P0.x 的状态。要正确地读取引脚 P0.x 的状态,必须使场效应管 V2 截止,然后通过缓冲器 1 使引脚 P0.x 状态到达内部总线。因为如果 V2 导通,引脚 P0.x 被强制拉成低电平,此时不管外接输入设备的状态如何,CPU 读取的状态始终为低电平,从而产生误读。因此,读取引脚 P0.x 时,必须分两步实现:首先向锁存器写 1,如执行指令:"MOV P0,＃0FFH","SETB P0.x"等,使 V2 截止,可以理解为设置I/O 口线为输入状态,然后再读引脚(如执行指令:"MOV A, P0","MOV C, P0.x"等)。

作为输入口时,Con=0,场效应管 V1 截止,且 MUX 开关与锁存器反向输出端 $\overline{Q}$ 相连。同时,设置 P0.x 为输入口时,向锁存器写 1 导致场效应管 V2 也截止,这样,P0.x 就处于悬浮状态,可以作为高阻抗输入(High-impedance Input)。如果需要为单片机输入 TTL 电平的信号,则需要外接上拉电阻。因此,作为通用的 I/O 口使用时,P0 口是一个准双向口。

(3) 读锁存器

在读锁存器时,Con=0,场效应管 V1 截止,且 MUX 开关与锁存器反向输出端 $\overline{Q}$ 相连。CPU 执行指令,如:"MOV A, P0","MOV C, P0.x"等,在"读锁存器"信号有效时,三态缓冲器 2 导通,锁存器输出 Q 端的状态经缓冲器 2 到达单片机内部总线。

(4) "读-修改-写"(Read-Modify-Write)操作

CPU 在执行"读-修改-写"类指令时,如:"ANL P0, A","INC P0","CPL P0.x"等,也能改变口线引脚和寄存器的状态。执行此类指令时,首先内部产生的"读锁存器"操作信号,使锁存器 Q 端的数据进入内部总线,在进行逻辑运算之后,运算结果又送回 P0 口锁存器并输出到引脚。

采用"读-修改-写"这种操作方式,CPU 并不直接从引脚上读取数据,而是读取锁存器 Q 端的状态,避免了错读引脚状态的情况发生。如图 2.15 电路所示,采用 P0.x 驱动晶体管 T,当向 P0.x 写 1 时,晶体管 T 导通,并把 P0.x 拉成低电平。如果此时从 P0.x 引脚读取数据,就会得到一个低电平,显然这个结果是不对的。事实上,P0.x 应该为高电平 1。如果从 D 锁存器的 Q 端读取,则得到正确的结果。

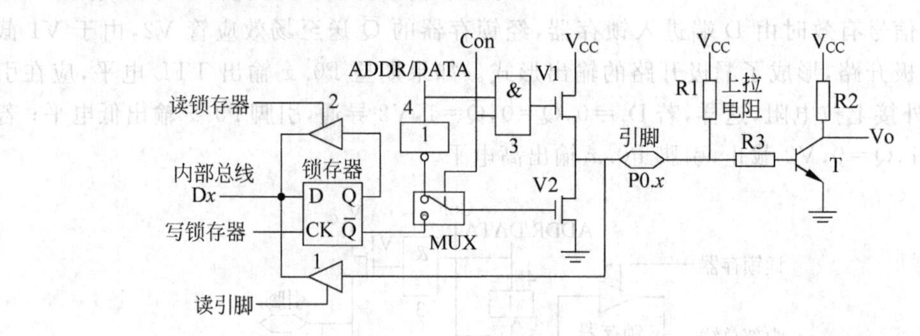

图 2.15　P0.x 驱动晶体管电路

2) P0 口作为地址/数据总线

有片外存储器(ROM、RAM)和外部 I/O 口扩展的单片机系统,P0 用作地址/数据总线。在这种情况下,MUX 开关接到反相器 4 的输出端,单片机内硬件自动使控制信号 Con=1,CPU 输出的地址/数据通过与门 3 驱动 V1,同时通过反向器 4 驱动 V2。CPU 在执行输出指令时,低 8 位地址信息和数据信息分时地出现在地址/数据总线上。P0.x 引脚的状态与地址/数据总线的信息相同。CPU 在执行输入指令时,首先低 8 位地址信息出现在地址/数据总线上,P0.x 引脚的状态与地址/数据总线的地址信息相同。然后,CPU 自动地使转换开关 MUX 拨向锁存器,并向 P0 口写入 0FFH,同时"读引脚"信号有效,数据经缓冲器 1 进入内部数据总线。可见,P0 口作为地址/数据总线使用时是一个真正的双向口。

2. P1 口

P1.0~P1.7:准双向(Quasi-bidirectional)I/O 口,作为通用的 I/O 口使用,可驱动 4 个 TTL 负载。P1 口的位逻辑结构如图 2.16 所示。它的 1 位是由一个输出锁存器、两个三态输入缓冲器(1 和 2)和输出驱动电路组成。与 P0 口不同,P1 口内部有上拉电阻。

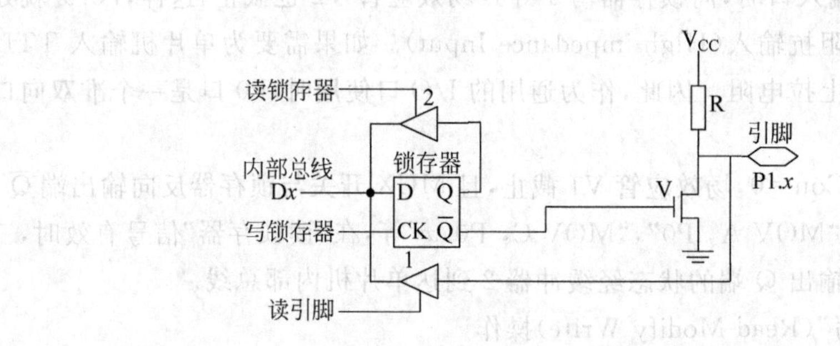

图 2.16　P1 口的位逻辑结构

1) P1 口作为输出口

CPU 执行输出指令时,若 $D_x=0$,在"写锁存器"信号有效时,$Q=0$,$\overline{Q}=1$,V 导通,引脚 P1.x 输出低电平;若 $D_x=1$,$Q=1$,$\overline{Q}=0$,V 截止,由内部上拉电阻 R 把引脚 P1.x 拉成高电平。

2) P1 口作为输入口

当用作输入时,必须先向锁存器写入 1,使场效应管 V 截止,内部上拉电阻 R 把引脚 P1.x

拉成高电平，然后，再读取引脚的状态。这样，外部输入高电平时，引脚 P1.x 状态为高电平，外部输入低电平时，引脚 P1.x 状态也为低电平，从而使引脚 P1.x 的电平随输入信号的变化而变化。当"读引脚"信号有效时，三态缓冲器 1 导通，CPU 正确地读入外部设备的数据信息。

P1 口作为输入口使用时，可以被任何 TTL 和 MOS 电路驱动。由于具有内部上拉电阻，也可以被集电极开路或漏极开路的电路驱动而不必另加电阻。

3）读锁存器

读锁存器时，在"读锁存器"信号有效时，三态缓冲器 2 导通，D 锁存器 Q 端的数据通过缓冲器 2 到达单片机内部总线。与 P0 口的 I/O 功能一样，P1 口也支持"读-修改-写"这种操作方式。

3. P2 口

P2.0～P2.7：准双向 I/O 口，可驱动 4 个 TTL 负载。当单片机系统扩展存储器时，P2 输出高 8 位地址；系统没有扩展存储器时，P2 口可以作为通用的 I/O 口使用。P2 口的位逻辑结构如图 2.17 所示。它的 1 位是由一个输出锁存器、两个三态缓冲器(1 和 2)、反相器(3)及输出驱动电路(FET 场效应管 V)、多路转换开关 MUX 组成。当作为地址总线使用时，Con＝1，地址总线 ADDR 通过 MUX 连接到引脚驱动电路；当作为 I/O 口使用时，Con＝0，把锁存器的输出端与引脚驱动电路相连。

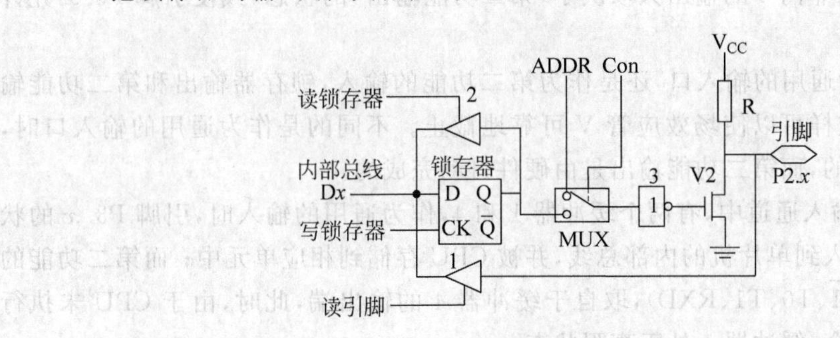

图 2.17　P2 口的位逻辑结构

(1) P2 口作为高 8 位地址总线

当单片机系统扩展存储器和 I/O 口时，CPU 访问外部存储器或 I/O 口，MUX 在控制信号 Con＝1 时，把地址总线 ADDR 连接到反相器 3，经场效应管 V 驱动，在引脚 P2.x 输出高 8 位地址信息，此时，P2 口不能作为通用的 I/O 口使用。

(2) P2 口作为通用的 I/O 口

当单片机系统不扩展存储器和 I/O 口时，P2 口可作为通用的 I/O 口。CPU 进行访问 I/O 口或读锁存器操作时，MUX 在控制信号 Con＝0 时，把锁存器 Q 端连接到反相器 3。P2 口在作为通用 I/O 口时，其使用方法与 P1 口相同。

4. P3 口

P3.0～P3.7：双功能口，除了可以作为通用的 I/O 口，它还具有特定的第二功能。在第二功能起作用时，相应引脚的 I/O 口功能不能使用。在不使用它的第二功能时，它就是通用的准双向 I/O 口，可驱动 4 个 TTL 负载。P3 口各个引脚的第二功能定义见 2.1.2 节。P3 口的位逻辑结构如图 2.18 所示。它由一个输出锁存器、三个三态缓冲器(1、2 和 4)、与非门(3)及输出驱动电路组成。

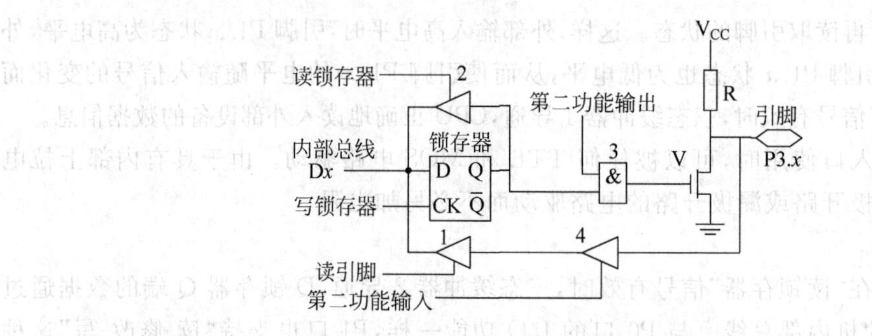

图 2.18 P3 口的位逻辑结构

当 P3 口作为第一功能——通用的 I/O 口使用时,“第二功能输出”保持为高电平,与非门 3 的输出只取决于锁存器输出 Q 的状态,此时,P3 口的工作原理和 P1,P2 口类似。作为输出时,锁存器 Q 端的状态与输出引脚的状态相同;作为输入时,也要先向锁存器写入 1,使引脚 P3.x 处于高阻输入状态,引脚 P3.x 的状态在“读引脚”信号有效时进入内部总线。

P3 口用作第二功能使用时,CPU 不能对 P3 口进行字节或位寻址,内部硬件自动将口锁存器的 Q 端置 1,与非门 3 的输出只取决于“第二功能输出”的状态,或使引脚 P3.x 允许输入第二功能信号。

P3.x 不管是作为通用的输入口,还是作为第二功能的输入,锁存器输出和第二功能输出端必须为高电平,这样可以使场效应管 V 可靠地截止。不同的是作为通用的输入口时,锁存器是由用户置 1 的,而第二功能输出是由硬件自动完成的。

在引脚 P3.x 的输入通道中,有两个缓冲器 1 和 4,作为通用的输入时,引脚 P3.x 的状态经缓冲器 4 和 1 输入到单片机的内部总线,并被 CPU 存储到相应单元中;而第二功能的输入信号($\overline{\text{INT0}}$、$\overline{\text{INT1}}$、T0、T1、RXD),取自于缓冲器 4 的输出端,此时,由于 CPU 未执行“读引脚”类的输入指令,缓冲器 1 处于高阻状态。

2.3.2 I/O 口的负载能力和接口要求

1. I/O 口的负载能力

(1) P0 口与其他口不同,输出电路没有上拉电阻。当作为通用的 I/O 口使用时,输出电路是漏极开路的,因此,需要外接上拉电阻。另外,用作输入时,应先向输出口的锁存器写 1,然后再读相应的引脚,以免发生误读。P0 用作地址/数据总线时为双向口,无须外接上拉电阻,也不需要在数据输入时先进行寄存器写 1 的操作。

P0 口的每位输出可以驱动 8 个 TTL 负载。

(2) P1,P2,P3 口的输出电路含有内部上拉电阻,口的每一位能驱动 4 个 TTL 负载,其电平与 CMOS 和 TTL 电平兼容。与 P0 口类似,在作为输入口时,必须先对相应的锁存器写 1,即进行设置输入口的操作。

2. P0～P3 口的接口要求

由于单片机 P0～P3 口线仅能提供几毫安的输出电流,当作为输出驱动通用的晶体管的基极或 TTL 电路输入端时,应在引脚与晶体管的基极之间串接限流电阻,以限制高电平输出时的电流。作为输入口,任何 TTL 或 CMOS 电路都能以正常的方式驱动单片机的

P1～P3 口。由于 P1～P3 口内部具有上拉电阻，因此，也可以被集电极开路或漏极开路的电路所驱动而无须外接上拉电阻。

2.4 MCS-51 单片机的时钟电路与时序

2.4.1 MCS-51 单片机的时钟电路

从 2.1 节可知，MCS-51 单片机芯片内部集成了一个高增益的反相放大器用于构成振荡器(Oscillator)，它为单片机提供工作时所需的时钟。这个振荡电路的输入和输出引脚分别为 XTAL1 和 XTAL2。通常可用两种形式产生时钟信号：内部方式和外部方式。

1. 内部方式

内部方式实现单片机的时钟电路时，利用单片机芯片上提供的反相放大器电路，在 XTAL1 和 XTAL2 引脚之间外接振荡源构成一个自激振荡器，自激振荡器与单片机内部的时钟发生器(Clock Generator)构成单片机的时钟电路，如图 2.19 所示。图 2.19 中，由振荡源 OSC 和两个电容 C1、C2 构成了并联谐振回路，振荡源 OSC 可选用晶体振荡器或陶瓷振荡器，频率为 1.2～12MHz，电容 C1、C2 为 5～30pF，起频率微调作用。目前，有的 8051 单片机的时钟频率可以达到 40MHz。

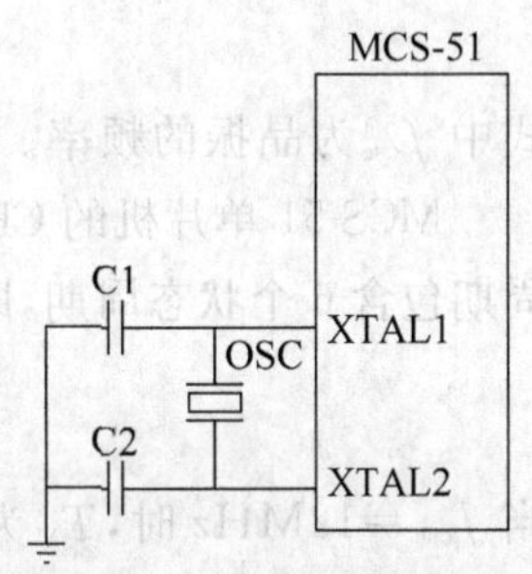

图 2.19 内部方式

在单片机应用系统中，常选用晶体振荡器(Crystal Resonator)作为外接振荡源，简称晶振。晶振的频率越高，单片机系统的时钟频率越高，运行速度越快。但是，运行速度越高，单片机对存储器的存取速度和对印刷电路板的工艺要求也越高，即要求线间的寄生电容要小。另外，晶振和电容应尽可能靠近单片机芯片安装，以减少寄生电容，更好地保证振荡器的稳定性和可靠性。

2. 外部方式

采用外部方式时，单片机的时钟直接由外部时钟信号源提供。这种方式常用于多片单片机或多 CPU 构成的系统，为了保证各个单片机或 CPU 之间的时钟信号同步，引用同一外部时钟信号源的时钟信号作为它们的时钟信号，如计算机系统中，由主 CPU 的时钟信号分频之后产生系统中其他 CPU 所需的时钟信号。MCS-51 单片机时钟电路的外部方式如图 2.20 所示。由于单片机采用的半导体工艺不同，外部时钟信号的接入方式有所区别。单片机对外部时钟信号源没有特殊的要求，但需保证脉冲宽度，一般采用频率为 1.2～12MHz 的方波信号。

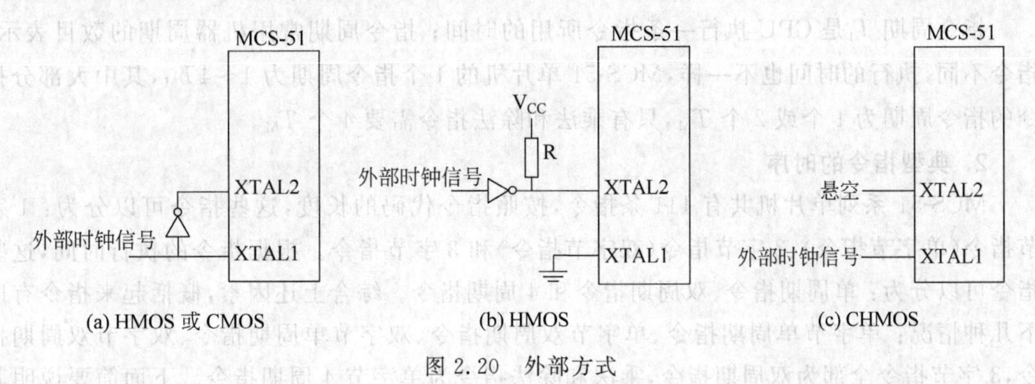

图 2.20 外部方式

2.4.2 MCS-51单片机的时序

时钟信号对于单片机的工作是十分重要的。在单片机中,一条指令可分解为若干个基本的微操作,这些微操作所对应的脉冲信号在时间上有严格的先后次序,这种次序就是单片机的时序。时序指明了单片机内部与外部相互联系必须遵守的规律,是单片机中非常重要的概念。单片机中,与时序有关的定时单位有时钟周期、机器周期、指令周期。

1. 时钟周期、机器周期、指令周期

在MCS-51单片机中,来自于外接振荡源或外部时钟信号源的振荡信号的周期称为时钟周期,记为T_{osc},在时钟电路的内部方式下,T_{osc}就是晶振的振荡周期。

在单片机内部时钟发生器把时钟信号2分频后形成了状态(State)周期T_s,即:

$$T_s = 2T_{osc} = \frac{2}{f_{osc}} \tag{2.1}$$

式中f_{osc}为晶振的频率。

MCS-51单片机的CPU完成一个基本操作所用的时间称为机器周期,记为T_M。1个机器周期包含6个状态周期,即一个机器周期由12个时钟周期构成,它是时钟信号的12分频:

$$T_M = 12T_{osc} = \frac{12}{f_{osc}} \tag{2.2}$$

当$f_{osc}=12\text{MHz}$时,T_M为$1\mu s$;$f_{osc}=6\text{MHz}$时,T_M为$2\mu s$。机器周期是MCS-51单片机时间的基本度量单位,在以后的章节中,指令的执行时间、中断的响应时间、程序的运行时间等等,都是以机器周期T_M为基本度量单位来描述的。

MCS-51单片机的1个机器周期T_M由6个状态组成,称为S1~S6,如图2.21所示。每个状态分为2相,分别称为P1相和P2相,共有12相,每相的持续时间为1个时钟周期T_{osc}。所以,一个机器周期可以依次表示为:S1P1,S1P2,S2P1,S2P2,S3P1,S3P2,S4P1,S4P2,S5P1,S5P2,S6P1和S6P2。

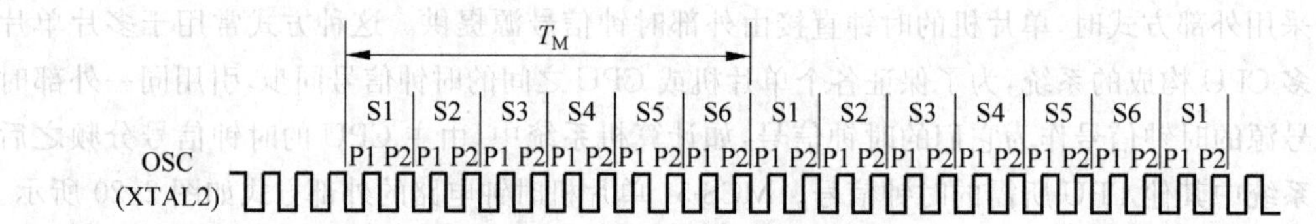

图2.21 时钟周期、机器周期与状态

指令周期T_I是CPU执行一条指令所用的时间;指令周期常用机器周期的数目表示,指令不同,执行的时间也不一样,MCS-51单片机的1个指令周期为$1\sim4T_M$,其中大部分指令的指令周期为1个或2个T_M,只有乘法和除法指令需要4个T_M。

2. 典型指令的时序

MCS-51系列单片机共有111条指令,按照指令代码的长度,这些指令可以分为:1字节指令(单字节指令)、2字节指令(双字节指令)和3字节指令。根据指令的执行时间,这些指令可以分为:单周期指令、双周期指令和4周期指令。综合上述因素,概括起来指令有以下几种情况:单字节单周期指令、单字节双周期指令、双字节单周期指令、双字节双周期指令,3字节指令全部为双周期指令,乘法和除法指令为单字节4周期指令。下面简要说明其中几个典型指令的时序。

1）单字节单周期指令

CPU 执行单字节单周期指令时，只需从程序存储器中取一次指令，在一个机器周期执行完指令。图 2.22 为 CPU 执行单字节单周期指令的时序。图中 OSC 为引脚 XTAL2 输出的时钟信号，ALE 为地址锁存信号，用来锁存低 8 位的地址信号，该信号在每个机器周期中两次有效，第一次在 S1P2 和 S2P1 期间，第二次在 S4P2 和 S5P1 期间。

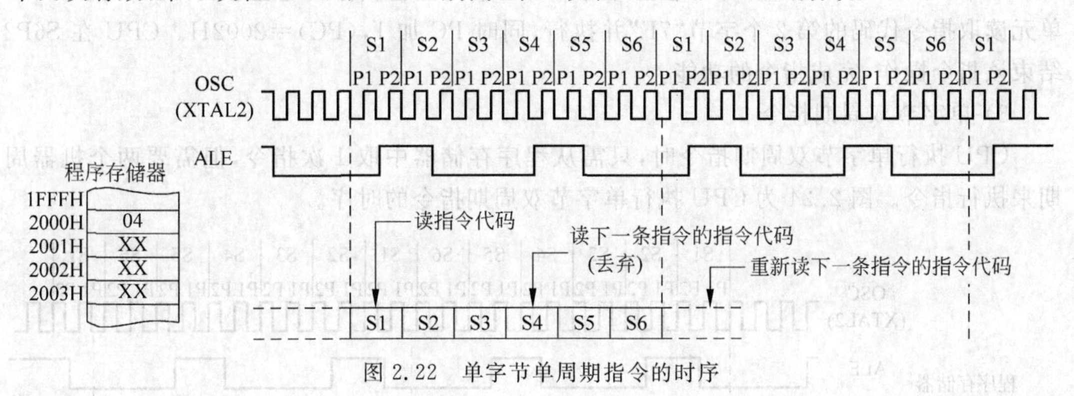

图 2.22　单字节单周期指令的时序

假设 CPU 将执行指令“INC A”，这条指令的指令代码为“04”，它存储在程序存储器的 2000H 单元中，如图 2.23 所示。

当程序计数器 PC 的内容为 2000H 时，即(PC)＝2000H，CPU 将从 2000H 单元读取指令代码，从 S1P2 开始时(ALE 的上升沿)在地址总线上输出 2000H，在 S2P1 结束(ALE 的下升沿)时锁存该地址，然后从指定单元 2000H 读取指令代码“04”送入指令译码器分析执行，同时使 PC 的内容加 1，(PC)＝2001H。此时，该指令的功能已经实现。

ALE 在 S4P2 开始时第 2 次有效，由于此时(PC)＝2001H，CPU 在地址总线上输出该地址，在 S5P1 结束时把该地址锁存到地址总线。然后从 2001H 单元读取指令代码，由于“INC A”的功能已经实现，此次读入的指令代码并不被 CPU 执行(丢弃)，且程序计数器 PC 不加 1。CPU 在 S6P2 结束“INC A”指令操作。

2）双字节单周期指令

由于 MCS-51 单片机的 CPU 是 8 位，每次只能从存储器中读取 1 个字节的数据或代码，因此，CPU 执行双字节单周期指令时，需要从程序存储器中取两次指令，在一个机器周期执行完指令。图 2.23 为 CPU 执行双字节单周期指令的时序。

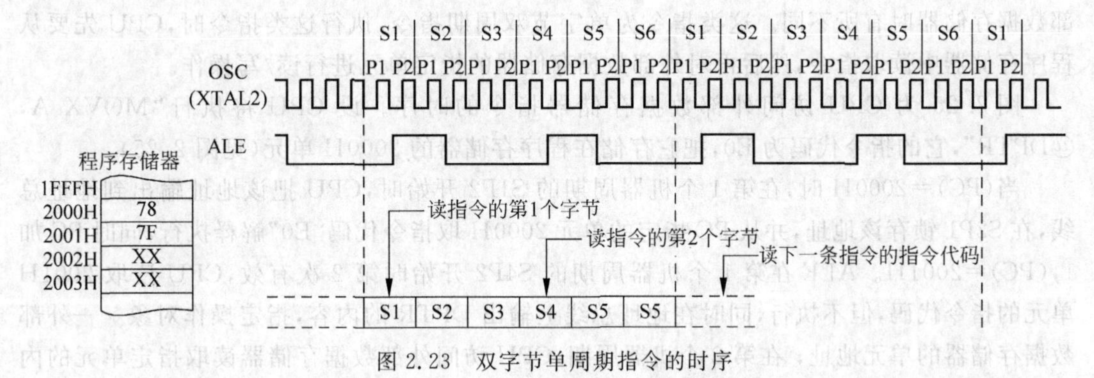

图 2.23　双字节单周期指令的时序

假设CPU将执行指令“MOV R0,#7FH”,它的指令代码为“78 7F”,该指令代码从程序存储器的2000H单元开始存放(见图2.23)。

当(PC)=2000H,CPU从2000H单元读取指令代码的第1个字节,S1P2开始时在地址总线上输出2000H,在S2P1结束时锁存地址,然后从2000H单元读取指令代码“78”送入指令译码器分析执行,同时使PC的内容加1,(PC)=2001H。ALE在S4P2开始时第2次有效,CPU在地址总线上输出该地址,在S5P1结束时把它锁存到地址总线。然后从2001H单元读取指令代码的第2个字节“7F”并执行,同时PC加1,(PC)=2002H。CPU在S6P2结束该指令操作,完成指令的功能。

3) 单字节双周期指令

CPU执行单字节双周期指令时,只需从程序存储器中取1次指令,但需要两个机器周期来执行指令。图2.24为CPU执行单字节双周期指令的时序。

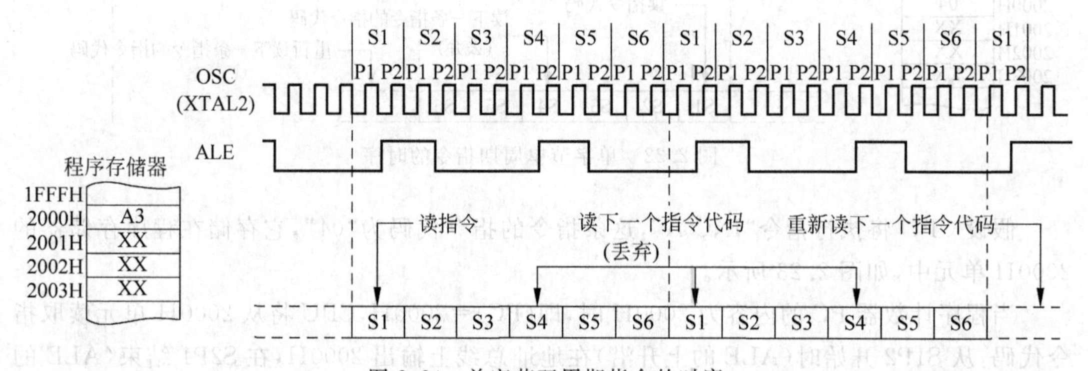

图2.24 单字节双周期指令的时序

假设CPU将执行指令“INC DPTR”,它的指令代码为“A3”,把它存放在程序存储器的2000H单元(见图2.24)。

当(PC)=2000H,CPU在S1P2开始时在地址总线上输出2000H,在S2P1结束时将该地址锁存到地址总线上,然后从2000H单元读取指令代码“A3”送入指令译码器分析执行,同时使PC的内容加1,(PC)=2001H。在随后ALE的3次有效期间,CPU在地址总线上虽然输出该地址,但读入的指令代码并不被CPU执行,且PC也不加1。CPU在第2个机器周期的S6P2结束该指令操作,完成指令的功能。

4) 单片机访问外部数据存储器指令的时序

一般情况下,每个机器周期CPU可以有两次读取指令代码的操作,但是,CPU访问外部数据存储器时有所不同。这类指令为单字节双周期指令,执行这类指令时,CPU先要从程序存储器中读取指令,然后再对外部数据存储器的指定单元进行读/写操作。

图2.25为CPU访问外部数据存储器指令的时序。设CPU将执行“MOVX A,@DPTR”,它的指令代码为E0,把它存储在程序存储器的2000H单元(见图2.25)。

当(PC)=2000H时,在第1个机器周期的S1P2开始时,CPU把该地址输出到地址总线,在S2P1锁存该地址,并从PC指定的单元2000H取指令代码“E0”解释执行,同时PC加1,(PC)=2001H。ALE在第1个机器周期的S4P2开始时第2次有效,CPU读取2001H单元的指令代码,但不执行,同时在地址总线上输出DPTR的内容,指定操作对象——外部数据存储器的单元地址;在第2个机器周期,CPU访问外部数据存储器读取指定单元的内

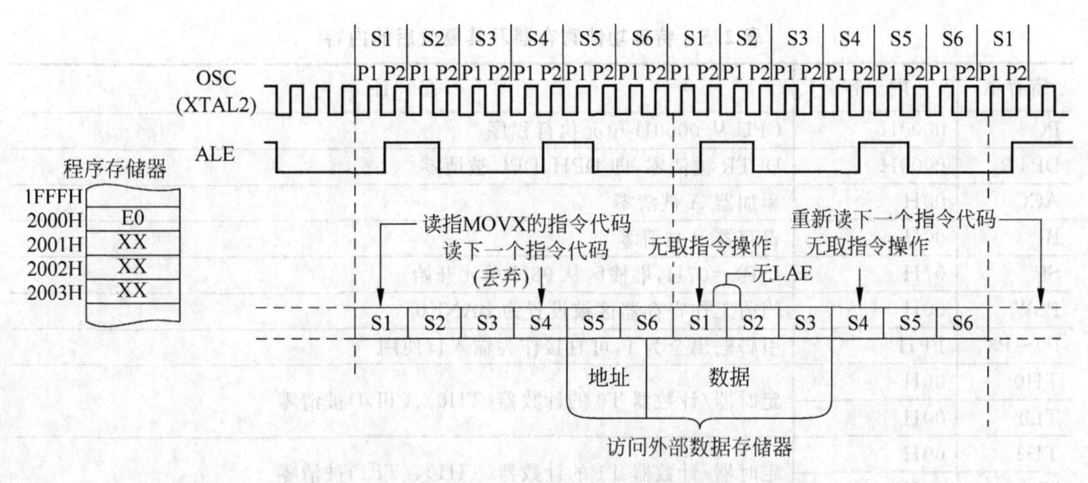

图 2.25　CPU 执行访问外部数据存储器指令的时序

容，此读取操作与 ALE 无关，故不从程序存储器读取指令代码。CPU 在第 2 个机器周期的 S6P2 时结束该指令操作，完成指令的功能。

通常，算术逻辑运算操作在 P1 相进行，而内部寄存器之间的传送操作在 P2 相进行。值得注意的是，当单片机访问外部数据存储器时，ALE 信号不是周期性的。其他情况下，ALE 是一种周期性的信号，它的频率为时钟信号的 1/6，可作为其他外设的时钟信号。

2.5　MCS-51 单片机的复位电路

2.5.1　单片机复位及复位状态

复位是单片机一个重要的工作状态。单片机开始工作时需要上电复位，运行过程中发生故障或意外情况需要强制复位等，复位的目的是使单片机及其内部的部件处于某种确定的初始状态。在振荡器运行的情况下，RESET 引脚上保持两个以上机器周期(24 个时钟周期)的高电平就可以使单片机可靠地复位，这是 MCS-51 系列单片机复位的条件。

单片机复位后，程序计数器 PC 内容为 0000H，标志着程序从头开始执行；累加器 A、B 寄存器、数据指针 DPTR 被清零；程序状态字寄存器 PSW 的内容为 00H，默认当前工作寄存器组为 BANK0；单片机在复位状态下，P0～P3 寄存器中所有的位被置 1，I/O 口 P0～P3 的锁存器内容为 0FFH，单片机内部上拉电阻使引脚保持高电平；在复位状态下，P0～P3 口可直接作为输入口使用；除了串行口数据缓冲器 SBUF 的内容不确定外，其他与定时器/计数器、中断系统、串行口有关的特殊功能寄存器(SFR)中的有效位全部被清零(SBUF 的内容不确定)。在单片机复位期间，ALE 和$\overline{PSEN}$引脚输出高电平。只要 RESET 引脚上保持高电平，单片机将循环复位。表 2.5 列出了特殊功能寄存器及其复位后的内容。其中 x 表示随机状态。

单片机上电复位后，内部 RAM 单元的内容为随机数。

在单片机工作过程中，掉电后再接通电源，所有数据会丢失。但是，在工作过程中强制复位，其内部 RAM 单元的内容不会受复位的影响，会保持复位以前的状态，同样也不会影响位于内部 RAM 的 20H～2FH 单元中的位的状态，而 SFR 中的可寻址位的状态却被遗失了。因此，程序设计时，中间变量和运算结果尽量存放在内部 RAM 中，以免由于复位而造成数据丢失。

表 2.5 特殊功能寄存器及其复位后的内容

寄存器	内容	备注
PC	0000H	CPU 从 0000H 单元执行程序
DPTR	0000H	DPTR 被清零,即 DPH、DPL 被清零
ACC	00H	累加器 A 被清零
B	00H	寄存器 B 被清零
SP	07H	(SP)=07H,堆栈区从 08H 单元开始
PSW	00H	当前工作寄存器区被设置为 BANK0
P0～P3	FFH	引脚输出全为 1,可直接作为输入口使用
TH0	00H	定时器/计数器 T0 的计数器(TH0)、(TL0)被清零
TL0	00H	
TH1	00H	定时器/计数器 T1 的计数器(TH1)、(TL1)被清零
TL1	00H	
TCON	00H	关闭定时器/计数器 T0 和 T1,把外部中断源 $\overline{INT0}$ 和 $\overline{INT1}$ 设置为电平触发方式,禁止两者中断 CPU
TMOD	00H	定时器/计数器 T0、T1 被设置为定时模式、方式 0、不受外部控制
IP	xxx00000B	全部中断源设置为低优先级
IE	0xx00000B	禁止所有中断
SBUF	不确定	随机数
SCON	00H	串行口设置为方式 0、并禁止接收
PCON	0xxxxxxxB	PCON 被清零,通信波特率不加倍

2.5.2 单片机的复位电路

MCS-51 系列单片机的复位是由外部复位电路实现的。复位电路的目的是产生持续时间不小于两个机器周期的高电平。通常,在设计时使复位电路在单片机 RESET 引脚上能够产生 1～10ms 的高电平,以保证单片机可靠地实现复位。在实际应用中,单片机通常采用两种形式的复位电路:上电自动复位电路和按钮开关复位电路。

1. 上电自动复位电路

图 2.26 为一种简单的上电自动复位电路,它是通过电容充电来实现的。在接通电源(上电)的瞬间,RC 电路充电,由于电容 C 两端的电压不能突变,在 RESET 引脚上的电压接近电源电压+5V;随着充电时间的延长,充电电流减小,RESET 引脚的电位也逐渐下降;当电容 C 两端的电压接近+5V,RESET 引脚也就被拉成低电平。在电容充电过程中,只要 RESET 引脚的高电平能够保持 1～10ms 就能使单片机有效地复位。当晶体振荡器频率选用 6MHz 时,C 取 22μF,R 取 1kΩ。

2. 按钮开关及上电自动复位电路

在单片机工作过程中,由于某种原因使单片机陷入“死机”状态,或根据需要采用强制手段使程序重新开始执行时,需要采用按钮开关复位方式。图 2.27 为按钮开关及上电自动复位电路。当按钮开关 S 按下时,+5V 电源通过按钮 S 接入电阻 R 和 R1 构成的电路网络,设计时使电阻 R1 上的分压达到高电平的阈值就可以使单片机复位。因为按动按钮开关使其闭合的时间远远大于单片机复位所用的时间。通常把上电自动复位电路和按钮开关复位电路综合在一起，这样既可以在每一次电源接通时复位系统，也可以满足强制复位的要求，如图 2.27。当晶体振荡器选用 6MHz 时，C 取 22μF，R1 取 1kΩ，R 取 200Ω 左右。单片机复位电路很多，读者可以查阅相关参考资料。

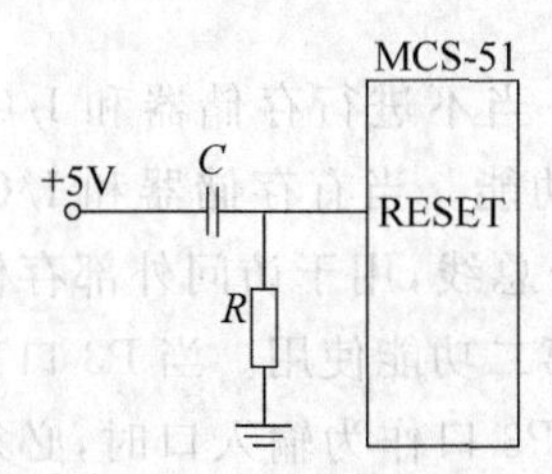

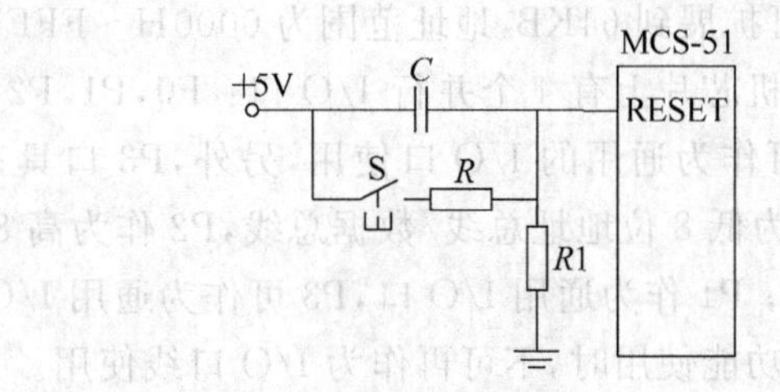

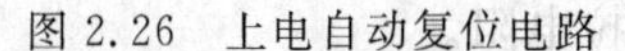
图 2.26　上电自动复位电路　　　　图 2.27　按钮开关及上电自动复位电路

在应用系统中，有的外部接口电路也需要复位，如 8155，8255 等，如果它们的复位电平和时间与单片机一致，就可以把它们的复位端与单片机的复位端相连。这时，复位电路中的元件参数需要统一考虑，以保证单片机和外围接口电路同步地、可靠地复位。如果外部接口电路的复位电平和时间与单片机不一致，就不能与单片机连接，以避免初始化程序不能正常运行，此时外围接口应采用独立的复位电路。一般来说，外围接口的复位稍慢于单片机，程序设计时在初始化程序中应安排适当的延迟时间以保证系统各部分可靠地复位。

2.6　本章小结

MCS-51 单片机是把 CPU、程序存储器、数据存储器、I/O 口、中断系统、定时器/计数器、串行口等集成在一块芯片上的计算机，这些部件通过其内部总线有机地联系在一起，在 CPU 控制和管理下有条不紊地工作。

MCS-51 单片机的引脚按照功能可分为 4 类：电源，包括 V_{CC}，GND；振荡器信号输入输出，包括 XTAL1，XTAL2；输入输出 I/O 口线，包括 P0，P1，P2，P3；控制信号，包括 $\overline{\text{PSEN}}$，$\overline{\text{EA}}$，ALE，RESET。其中，P3 口和部分引脚被定义了第二功能。

CPU 由运算器和控制器组成，它是单片机的核心，完成运算和控制功能。

程序存储器用来存放程序和常数。单片机的程序存储器地址空间构成与$\overline{\text{EA}}$的接法有关。当$\overline{\text{EA}}$=1 时，程序存储器空间由片内和片外两部分组成，单片机内部的 4K 个单元占用地址 0000H～0FFFH，外部可扩展 60KB，地址范围为 1000H～FFFFH。$\overline{\text{EA}}$=0 时，单片机片内的程序存储器被忽略，其空间全部是片外的，最大空间 64KB，地址范围是 0000H～FFFFH。

内部 RAM 由 128 个单元构成，地址范围为 00H～7FH，用于数据缓冲区和堆栈区。它分为 3 个区：00H～1FH 为工作寄存器区，20H～2FH 为位寻址区，30H～7FH 为数据缓冲区。工作寄存器区有 4 个工作寄存器组：BANK0～BANK3，每组包含 8 个寄存器：R0～R7。当前工作寄存器组由 PSW.3 和 PSW.4 指出。

单片机芯片内部有 21 个可寻址的 SFR，用于控制、管理片内逻辑部件和功能模块。CPU 对 SFR 的访问只能采用直接寻址的方式，即按单元地址访问。

单片机的位寻址空间由两部分构成：一部分为内部 RAM 位寻址区的 16 个单元（单元地址 20～2FH）的 128 位，位地址范围为 00～7FH；另一部分为单元地址尾数为 0 和 8 的

SFR所属的位构成的位寻址区,共82位,位地址范围为80~FFH。单片机的位寻址空间范围为00H~FFH。

单片机的外部数据存储器是一个独立的物理空间,它和外部I/O口共同占用这个空间,最大可扩展到64KB,地址范围为0000H~FFFFH。

单片机芯片上有4个并行I/O口：P0,P1,P2和P3。当不进行存储器和I/O口扩展时,它们可作为通用的I/O口使用,另外,P3口具有第二功能。当有存储器和I/O口扩展时,P0作为低8位地址总线/数据总线,P2作为高8位地址总线,用于访问外部存储器和外部I/O口；P1作为通用I/O口,P3可作为通用I/O口或第二功能使用。当P3口某些引脚作为第二功能使用时,不可再作为I/O口线使用。当P0~P3口作为输入口时,必须先向口写1,然后再读引脚的状态,P0作为I/O口时需要外接上拉电阻。

单片机的时钟电路有两种形式：内部方式和外部方式。CPU完成一个基本操作所用的时间为机器周期,1个机器周期包含12个时钟周期,它是振荡器信号的12分频。

复位是单片机重要的工作状态。复位目的是使单片机处于某种确定的初始状态。振荡器运行时,在RESET引脚上保持两个以上机器周期的高电平,就可以使单片机复位。复位后,PC内容为0000H,程序从头开始执行；除SP内容为07H、P0~P3的状态0FFH、SBUF内容不确定外,大部分SFR内容被清零。复位后,P0~P3口可直接作为输入口使用。在单片机工作时强制复位,内部RAM的内容不会改变,而SFR的内容被遗失了。

2.7 复习思考题

一、选择题

1. 8051单片机的CPU是(　　)。

(A) 4位　　(B) 8位　　(C) 16位　　(D) 32位

2. 8051单片机的16位定时器/计数器的个数是(　　)。

(A) 1　　(B) 2　　(C) 4　　(D) 0

3. 单片机的CPU是由(　　)组成的。

(A) 运算器和控制器　　(B) 运算器和指令寄存器

(C) 控制器和布尔处理器　　(D) 控制器和定时器

4. 在单片机中,通常把中间计算结果放在(　　)。

(A) 累加器　　(B) 控制器　　(C) 程序存储器　　(D) 数据存储器

5. MCS-51单片机的程序存储器最大地址空间为(　　)。

(A) 4KB　　(B) 8KB　　(C) 64KB　　(D) 128B

6. 程序计数器PC是用来(　　)的。

(A)存放指令　　(B) 存放正在执行的指令地址

(C) 存放下一条的指令地址　　(D) 存放上一条的指令地址

7. 对于8031来说,$\overline{EA}$引脚应该(　　)。

(A) 接地　　(B) 接高电平或电源

(C) 悬空　　(D) 不用

8. 对于8051来说,应用系统使用了其内部的程序存储器,$\overline{EA}$引脚应该(　　)。

(A) 接地　　(B) 接高电平或电源

(C) 悬空　　(D) 不用

9. $\overline{EA}$引脚接地时,单片机的程序存储器构成状况为(　)。

(A) 单片机芯片上的存储器构成　　(B) 单片机芯片之外的存储器构成

(C) 单片机芯片上和芯片之外的构成　　(D) 无法配置程序存储器

10. 8051单片机的内部RAM有(　)个单元。

(A) 4K　　(B) 128　　(C) 256　　(D) 0

11. 8051单片机的内部RAM按照功能被分成(　)个区域。

(A) 4　　(B) 3　　(C) 128　　(D) 6

12. 单片机复位后,设定CPU使用第一组BANK1工作寄存器R0～R7,其地址范围是(　)。

(A) 00H～10H　　(B) 00H～07H　　(C) 10H～1FH　　(D) 08H～0FH

13. 单片机应用程序一般存放在(　)中。

(A) RAM　　(B) ROM　　(C) 寄存器　　(D) CPU

14. 单片机上电复位后,工作寄存器R0是在(　)。

(A) BANK0区,00H单元　　(B) BANK1区,08H单元

(C) BANK0区,01H单元　　(D) BANK2区,18H单元

15. 若单片机需要使用BANK2作为当前工作寄存器组,那么,RS0,RS1应设置为(　)。

(A) 0, 0　　(B) 1, 0　　(C) 0, 1　　(D) 1, 1

16. MCS-51单片机的内部RAM位寻址区为(　)。

(A) R0～R7　　(B) 30～7FH　　(C) 20～2FH　　(D) 10～1FH

17. 下列单元和寄存器中,不具备位寻址功能的是(　)。

(A) A　　(B) 30H　　(C) 29H　　(D) P0

18. MCS-51单片机的堆栈一般设置在(　)。

(A) 外部RAM　　(B) 程序存储器

(C) 内部RAM　　(D) 特殊功能寄存器区

19. 堆栈保护数据的原则是(　)。

(A) 先进先出　　(B) 后进后出　　(C) 先进后出　　(D) 只进不出

20. MCS-51单片机有(　)个可以寻址的特殊功能寄存器。

(A) 22　　(B) 21　　(C) 32　　(D) 128

21. 进位标志Cy在(　)中。

(A) 累加器ACC　　(B) 算术逻辑处理单元ALU

(C) 程序状态字寄存器PSW　　(D) 中断控制寄存器IE

22. 下列特殊功能寄存器中,具有位寻址功能的是(　)。

(A) PC　　(B) SP　　(C) DPTR　　(D) B

23. MCS-51单片机的位寻址空间包括(　)。

(A) 程序存储器和外部数据存储器的可寻址位

(B) 4个工作寄存器区和特殊功能寄存器区的可寻址位

(C) 内部RAM和特殊功能寄存器区的可寻址位

(D) 程序存储器和内部RAM的可寻址位

24. MCS-51单片机与外部数据存储器统一编址的是(　　)。

(A) 程序存储器　(B) 内部RAM　(C) 外部I/O口　(D) 位寻址空间

25. MCS-51单片机的外部数据存储器地址空间为(　　)。

(A) 4KB　(B) 64KB　(C) 21B　(D) 128B

26. 在单片机应用系统中,P1口作为输入之前必须(　　)。

(A) 相应端口置1　(B) 相应端口清零

(C) 接低电平　(D) 外接上拉电阻

27. MCS-51单片机有(　　)个并行的I/O口。

(A) 4　(B) 2　(C) 21　(D) 1

28. P0口作为输出口使用时,必须(　　)。

(A) 相应端口置1　(B) 相应端口清零

(C) 接低电平　(D) 外接上拉电阻

29. 单片机8051的XTAL1和XTAL2引脚是为了(　　)。

(A) 外接定时器　(B) 接串行口

(C) 外接中断源　(D) 外接晶体振荡器

30. 提高单片机的晶振频率,则机器周期(　　)。

(A) 不变　(B) 变长　(C) 变短　(D) 不定

31. 8051的一个机器周期包含(　　)。

(A) 12个时钟周期　(B) 6个时钟周期

(C) 2个时钟周期　(D) 1个时钟周期

32. 当8051单片机时钟采用内部方式时,两个微调电容应选择(　　)。

(A) 100～300pF　(B) 5～30pF

(C) 不用电容　(D) 50～300pF

33. 8051单片机复位的条件是(　　)。

(A) 在RESET引脚上保持1个机器周期以上的高电平

(B) 在RESET引脚上保持1个机器周期以上的低电平

(C) 在RESET引脚上保持2个机器周期以上的高电平

(D) 在RESET引脚上保持2个机器周期以上的低电平

34. MCS-51单片机复位后,PC,ACC和SP的值为(　　)。

(A) 0000H,00H,00H　(B) 0000H,不确定,07H

(C) 0003H,00H,不确定　(D) 0000H,00H,07H

35. MCS-51单片机中,用户可以设置寄存器内容的16位寄存器是(　　)。

(A) PSW　(B) DPTR　(C) TH0　(D) PC

36. 关于8051的输入输出口,下列哪一种说法是错误的?(　　)

(A) 8051的所有口线是双向的

(B) 8051的所有口线可以独立地编程

(C) 单片机复位之后,8051所有口输出为0FFH

(D) 8051的所有口线都需要外接上拉电阻

37. 作为 P3 口第二功能，提供串行口 RxD/TxD 功能的引脚是(　　)。

(A) P3.0，P3.1　(B) P3.5，P3.6　(C) P3.0，P3.7　(D) P3.1，P3.6

38. 已知单片机内部 RAM 的 70H 单元的内容为 0EDH，A 累加器的内容为 3FH，PC 的内容为 07B2H。此时单片机被强制复位，则单元 70H，A，PC 的内容分别是(　　)。

(A) 0EDH，00H，0000H　(B) 00H，00H，0000H

(C) 不确定，不确定，0000H　(D) 00H，3FH，07B2H

39. 已知在某一时刻，单片机内部 RAM 的 20H 单元的内容为 0EDH，PSW 的内容为 3FH。此时，使单片机强制复位，则 20H.0，PSW.5 的状态分别是(　　)。

(A) 1，1　(B) 1，0　(C) 0，1　(D) 0，0

40. 单片机复位后，P2 口的状态是(　　)。

(A) 输出 0FFH，可直接作为输出口使用

(B) 输出 00H，可直接作为输出口使用

(C) 输出 0FFH，可直接作为输入口使用

(D) 输出 00H，可直接作为输入口使用

二、简答题

1. MCS-51 单片机芯片包含哪些主要逻辑功能部件？各有什么功能？

2. MCS-51 的控制总线信号有哪些？它们各起什么作用？

3. MCS-51 单片机的$\overline{EA}$信号有什么功能？在使用 8031 时，$\overline{EA}$引脚应如何处理？

4. 程序计数器 PC 的作用是什么？

5. MCS-51 单片机有哪些控制信号需要芯片引脚以第二功能的方式提供？

6. MCS-51 单片机的存储器地址空间如何划分？各个空间的地址范围和容量是多少？

7. 简述内部 RAM 的功能分区？说明各部分的使用特点。

8. 如何选择 MCS-51 单片机的当前工作寄存器组？

9. 堆栈有哪些功能？堆栈指针 SP 是多少位的寄存器？SP 的作用是什么？在应用系统程序设计时，为什么要对 SP 重新赋值？

10. MCS-51 单片机有多少个可以寻址的特殊功能寄存器？简要介绍它们的功能。

11. 在 MCS-51 单片机中，CPU 对特殊功能寄存器访问有什么特点？

12. 简单说明 MCS-51 单片机 PSW 寄存器各个标志位的意义。

13. 简述 MCS-51 单片机的位寻址空间的构成。

14. MCS-51 单片机的 P0～P3 口在结构上有何不同？在使用上各有什么特点？

15. 把 P1.4 作为输入，外接一个开关，如果要读取开关的状态，如何操作？

16. MCS-51 单片机的时钟电路有几种实现方式？请分别给出相应的电路。

17. 什么是时钟周期、机器周期和指令周期？如何计算机器周期？晶振频率为 12MHz 时，计算时钟周期、机器周期。

18. MCS-51 单片机的复位条件是什么？在应用系统设计时，实现单片机的复位有几种方法？请给出相应的电路原理图。

19. 简述 MCS-51 单片机复位后的状态。

20. MCS-51 单片机运行出错或程序进入死循环时，采用强制复位摆脱困境。在这种情况下，单片机内部 RAM 和特殊功能寄存器的状态与复位前相比有什么变化？

第3章

MCS-51单片机的指令系统

第2章介绍了MCS-51单片机的内部构造和工作原理，要在单片机硬件平台上实现期望的功能，还必须有软件的支持。计算机之所以能够完成给定的任务，是人们把事先编好的程序存入程序存储器中，通过程序指挥CPU完成规定的运算和控制任务。编制程序是为了实现某种意图而把一系列指令按照一定的规则组织起来。指令是程序的基本单元，它是控制、指挥CPU的命令。一台计算机所有指令的集合称为指令系统。指令是由计算机的硬件特性决定的，不同类型的计算机的指令系统是不兼容的。指令系统展示了计算机的操作功能，它是表征计算机性能的一个重要指标。MCS-51单片机指令系统共有111条指令，提供了多种灵活的寻址方式，指令代码短、功能强、执行快；另外，它提供了位操作指令，允许直接对位进行逻辑和传送操作，极大地方便了对逻辑变量的布尔处理。本章将介绍MCS-51单片机指令系统、寻址方式、指令的功能和使用方法。

3.1 指令格式

指令(Instruction)是人们给计算机的命令，是芯片制造厂家提供给用户使用的软件资源。一台计算机所有指令的集合称为指令系统。由于计算机只能识别二进制数和二进制编码，而对于用户来说，二进制编码可读性差，难以记忆和理解，因此，一条指令有两种表示方式：一种是计算机能够识别的机器码(二进制编码的指令代码)——机器语言(Machine Language)，一种是采用人们容易理解和记忆的助记符(Mnemonics)形式——汇编语言(Assembly Language)。汇编语言便于用户编写、阅读和识别，但不能直接被计算机识别和理解，必须汇编成机器语言才能被计算机执行。汇编语言可以汇编为机器语言，机器语言也可以反汇编为汇编语言，它们之间一一对应。汇编和反汇编可以由编译系统自动完成，也可以由用户通过人工查表的方法手工完成。在本章主要介绍指令的汇编语言形式。

MCS-51单片机的指令由标号、操作码、操作数和注释4部分组成，格式如下：

[标号：]　操作码助记符 [操作数]；[注释]

(1) 标号：表示该指令代码的第一个字节所在单元地址。标号由用户自行定义，必须是英文字母开头。在汇编语言程序中，标号可有可无。程序由编译系统汇编或手工汇编时，把标号替换成该指令代码的第一个字节所在单元地址。

(2) 操作码助记符：规定指令所执行的操作，描述指令的功能。在指令中不可缺少。

(3) 操作数：参与操作的数据信息。

(4) 注释：用户对指令的操作说明，便于阅读和理解程序。注释部分可有可无。

编制程序时，一般标号后带冒号(：)，与操作码助记符之间应有空若干个空格；助记符和操作数用空格隔开；如果指令中包含多个操作数，操作数之间用逗号(,)隔开；注释与指令之间采用分号(；)隔开，一般情况下，在程序中，分号(；)之后的一切信息均为说明注释部分，编译系统汇编时不予处理。

下面为一段汇编语言程序：

```
【标号】        【助记符】      【操作数】        【注释】
START :         MOV             A，  ＃20H；      把数 20H 送入累加器 A 中
                INC             A；               (A)加一
```

MCS-51 单片机汇编语言指令有以下几种形式：

(1) 没有操作数，如：RET，RETI，NOP。

(2) 有一个操作数，如：INC A，DEC 20H，CLR C，SJMP NEXT。

(3) 有两个操作数，如：MOV R7，＃DATA；ADD A，R0；DJNZ R2，LOOP。

(4) 有三个操作数，如：CJNE A，＃20H，NEQ。

从机器语言的指令代码长度来看，MCS-51 单片机汇编语言指令有以下 3 种形式：

(1) 单字节指令：指令机器代码为一个字节，占用一个单元。如：

```
INC DPTR            (指令机器代码：A3)
ADD A, R7           (指令机器代码：2F)
```

(2) 双字节指令：指令机器代码为两个字节，占用两个单元。如：

```
SUBB A, 2BH         (指令机器代码：95 2B)
ORL C, /27H         (指令机器代码：A0 27)
```

(3) 三字节指令：指令机器代码为三个字节，占用三个单元。如：

```
MOV 20H, ＃00H      (指令机器代码：75 20 00)
LJMP  2000H         (指令机器代码：02 20 00)
```

3.2　MCS-51 单片机的寻址方式

所谓寻址方式(Addressing Mode)就是 CPU 执行指令时获取操作数的方式。寻址方式的多少是反映指令系统优劣的主要指标之一。寻址方式隐含在指令代码中，寻址方式越多，灵活性越大，指令系统越复杂。MSC-51 单片机提供了 7 种不同的寻址方式：立即寻址、直接寻址、寄存器寻址、寄存器间接寻址、变址寻址、位寻址和相对寻址。

1. 立即寻址方式

立即寻址方式也称为立即数(Immediate Constants)寻址。立即寻址方式是在指令中直接给出了参与运算的操作数，CPU 直接从指令中获取操作数。这种由指令直接提供的操作数叫立即数，它是一个常数。指令中操作数前面加有"＃"号，它的作用是告知汇编系统，其后是一个常数。例如，如图 3.1 所示，"MOV A，＃20H"表示把立即数 20H 送入累加器 A 中。

2. 直接寻址方式

直接寻址方式(Direct Addressing)是在指令中给出了参与运算的操作数所在单元的地址或所在位的位地址，操作数存储在指定的单元或位中。例如，"MOV A ，20H"表示把 20H 单元的内容送到累加器 A 中，如图 3.2 所示。

图 3.1　立即寻址方式　　　　图 3.2　直接寻址方式

直接寻址方式可以访问3种地址空间：

(1) 内部RAM：00～7FH。

(2) 21个特殊功能寄存器，对这些特殊功能寄存器CPU只能采用直接寻址方式。

(3) 位寻址空间。

3. 寄存器寻址方式

寄存器寻址(Register Addressing)方式是在指令中指出了参与运算的操作数所在的寄存器，操作数存储在寄存器中。例如，"MOV A，R0"表示把工作寄存器R0中的数送到累加器A中，如图3.3所示。

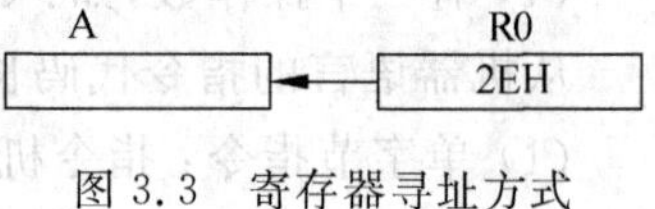

图3.3 寄存器寻址方式

寄存器寻址方式中的寄存器位工作寄存器R0～R7、DPTR、累加器A、寄存器B(仅在乘除法时)和布尔累加器C。

4. 寄存器间接寻址方式

寄存器间接寻址(Indirect Addressing)方式是在指令中用地址寄存器指出存放操作数的单元地址。地址寄存器(Address Register)的内容是操作数所在单元的地址。操作数是通过指令中给出的地址寄存器内容间接得到的。在指令中，作为地址寄存器的寄存器只有R0,R1,DPTR,表示为@R0,@R1,@DPTR。

例如：已知PSW的内容是00H，寄存器R0的内容为41H，指令"MOV A，@R0"是把地址寄存器R0的内容41H作为操作数所在单元地址，把该单元中的内容5AH送到累加器A中，如图3.4所示。

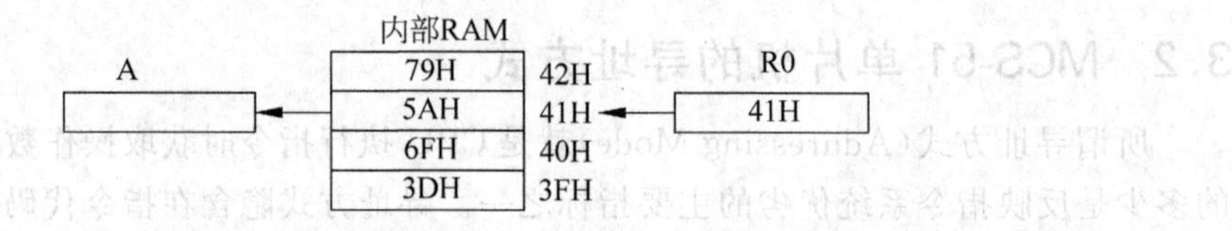

图3.4 对内部RAM单元的寄存器间接寻址

例如：采用指令"MOVX A，@DPTR"把外部RAM的4001H单元的内容送到累加器A中。如图3.5所示，它是由DPTR的内容指出要访问的外部RAM单元地址4001H。

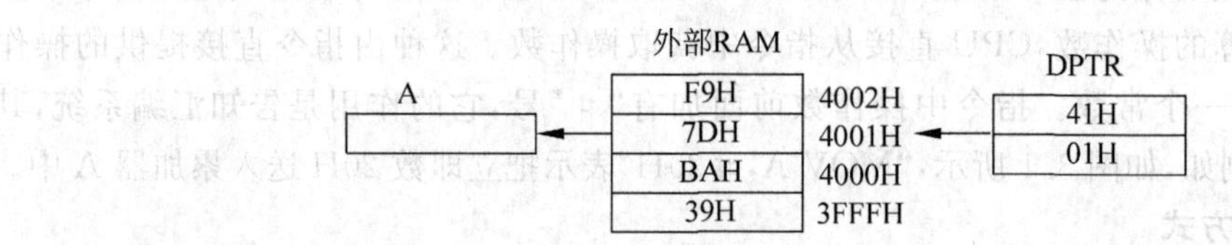

图3.5 对外部RAM单元的寄存器间接寻址

寄存器间接寻址方式的寻址范围如下。

(1) 内部RAM：00H～7FH，由地址寄存器@R0和@R1指出操作数所在单元的地址。

(2) 外部RAM和外部I/O口：0000H～FFFFH，由16位地址寄存器@DPTR指出操作数所在单元或I/O口的地址，也可由8位地址寄存器@R0和@R1指出操作数所在单元的低8位地址，此时，高8位地址由P2口提供。

另外，还有一个隐含的8位地址寄存器SP，用于与堆栈操作相关的指令，由SP内容间接指出操作数所在单元的地址。

5. 变址寻址方式

变址寻址(Indexed Addressing)方式也称为基址寄存器加变址寄存器间接寻址方式，存放操作数单元的地址为基址寄存器和变址寄存器二者内容之和。变址寻址方式中，操作数所在单元的地址以基址寄存器与变址寄存器内容之和的形式在指令中指出。这种寻址方式只适用于程序存储器。在MCS-51单片机中，只有两个16位寄存器DPTR和PC可以作为基址寄存器，而可作为变址寄存器的只有累加器A。从程序存储器中读取操作数的指令有两种：

```
① MOVC A , @A + DPTR;
② MOVC A , @A + PC;
```

基址寄存器PC或DPTR与累加器A两者内容相加得到的16位地址作为操作数所在单元的地址，把该地址对应单元的内容取出送给累加器A。

另外一种变址寻址方式的指令用于程序散转指令。在这种情况下，程序转移的目标地址(Destination Address)由基址寄存器DPTR与累加器A内容之和确定，把二者内容之和传送给程序计数器PC，使程序执行的顺序发生改变，从而实现程序转移。指令如下：

```
JMP @A + DPTR;
```

6. 位寻址方式

位寻址(Bit Addressing)方式是在指令中指出了参与运算的操作数(一位)所在的位的位地址或位寄存器(仅有位累加器C)。位寻址方式是MCS-51单片机特有的一种寻址方式。

在指令中位地址通常以下列几种形式之一表示：

(1) 被操作位用直接位地址表示：

```
CLR  07H;     MOV  22H, C
```

(2) 被操作位用该位在单元或特殊功能寄存器的相对位置表示，常用点操作符方式：

```
SETB  ACC.6 ;     ANL  C, 25H.5
```

(3) 被操作位用特殊功能寄存器中规定的位名称表示：

```
CPL  RS0 ;     JBC  TF0, OVER;
```

位寻址方式的适用范围为MCS-51单片机的位寻址空间。

实际上，如果位寻址方式在指令中指出参与操作的位的位地址时，可以理解为直接寻址方式；而在指令中指出参与操作的位所在的位寄存器(位累加器C)时，可以认为是寄存器寻址方式。

7. 相对寻址方式

相对寻址(Relative Addressing)方式是在指令中给出了程序转移的目标地址与当前地址之间的相对偏移量。它是为解决程序转移而专门设置的，用于控制转移类指令。相对偏移量为一个字节的补码，在指令代码中用rel表示，取值为－128～＋127，相对偏移量rel大于0则程序向下转移，偏移量rel小于0则程序向上转移。程序转移的目标地址为当前地址

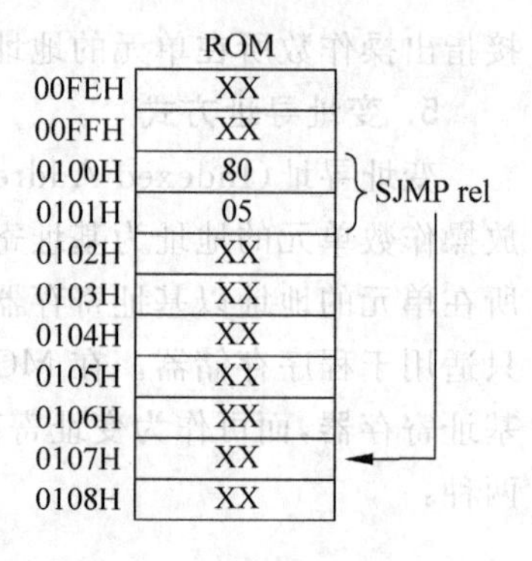

图 3.6 相对寻址方式

与偏移量 rel 之和，该值送给程序计数器 PC，则程序转移到目标地址处执行。

如指令“SJMP rel”，其对应的机器码为“80 rel”，如图 3.6 所示。当“SJMP rel”被 CPU 取走后，PC 指向 0102H 单元，假设 rel＝05H，CPU 执行该指令计算出的目标地址是：

(PC)＋ rel＝0102H ＋05H＝0107H

则 CPU 把该地址赋给 PC，这样程序就转移到 0107H 处。

在程序设计时，通常在 SJMP 指令之后以标号或单元地址的形式给出目标地址，在程序汇编时，偏移量 rel 由汇编系统自动算出。下面一段程序是带有条件判别的程序，程序汇编后，被存储在程序存储器 0200H 开始的区域。在本程序中，如果进位 Cy 的状态为 1，则需要程序转移到 CARRY 处执行。程序中“JC　CARRY”的指令代码存储的起始地址为 0204H，指令代码中给出的偏移量为 03H，JC 指令代码为 2 字节，则 CPU 取走该指令后，(PC)＝0204H＋02H＝0206H；该指令执行后，CPU 计算出的目标地址是(PC)＝0206H＋03＝0209H。程序会转移到 0209H 单元执行，即标号 CARRY 处，与程序设计意图是一致的。

【标号】	【指令】	【注释】	【单元地址】	【指令代码】
MYPROG:	MOV A, 20H;	取 20H 单元内容到 A	0200H	E5　20
	ADD A, 30H;	两个单元内容相加	0202H	25　30
	JC　CARRY;	有进位时，转移	0204H	40　03
	MOV 20H, A;	存结果	0206H	F5　20
	RET;		0208H	22
CARRY:	SETB 28H.0;	标志位置 1	0209H	D2　40
	…		020BH	…

3.3 指令系统分析

3.3.1 指令的分类

MCS-51 指令系统中共有 111 条指令。

按指令代码的字节数划分，可分为三类：

(1) 单字节指令(49 条)

(2) 双字节指令(45 条)

(3) 三字节指令(17 条)

按指令执行的时间划分，可分为三类：

(1) 单机器周期指令(64 条)

(2) 双机器周期指令(45 条)

(3) 4 机器周期指令(2 条)

按指令功能进行划分，可分 5 大类：

(1) 数据传送类指令(29 条)

(2) 算术运算类指令(24 条)

(3) 逻辑运算类指令(24 条)

(4) 控制转移类指令(17 条)

(5) 位操作类指令(17 条)

在本章将按指令功能详细介绍 MCS-51 单片机的指令系统,主要以汇编语言指令为主,指令的机器码(指令代码)请查阅附录的 MCS-51 单片机指令及其指令代码表。为了说明指令的功能,下面定义一些在汇编指令中用到的符号和字段:

- R*n*:*n*=0～7,表示当前工作寄存器的 8 个工作寄存器 R0～R7。
- @R*i*:*i*=0,1;表示作为地址寄存器的工作寄存器 R0 和 R1。
- direct:表示一个单元地址,8 位二进制数,取值范围为 00H～FFH。它可表示内部 RAM 的单元地址(00H～7FH)或特殊功能寄存器(SFR)的地址(80H～FFH)。
- data:表示一个 8 位二进制常数,取值范围:00H～FFH。
- data16:表示一个 16 位二进制常数,取值范围:0000H～FFFFH。
- addr16:表示一个 16 位单元地址,取值范围:0000H～FFFFH。
- addr11:表示一个 11 位单元地址,取值范围:000 0000 0000B～111 1111 1111B。
- bit:表示一个位地址,8 位二进制数,取值范围为 00H～FFH,bit 可表示内部 RAM(20H～2FH)或是特殊功能寄存器(SFR)中的可寻址位的位地址。
- rel:表示偏移量,8 位带符号二进制数,补码,取值范围在－128～＋127 之间。
- (direct):表示由地址 direct 指定的寄存器或单元的内容。
- [(AddReg)]:表示由地址寄存器 AddReg 内容所指定的存储单元的内容。
- LABEL:程序中指定的标号。

在 MCS-51 单片机系统中,除了 16 位寄存器(PC 和 DPTR)和布尔累加器 C(位处理器)之外,单元或寄存器内容为 8 位二进制数,数值范围为 00H～FFH,不管它属于内部 RAM、外部 RAM、特殊功能寄存器,还是程序存储器。存储在位寻址空间上的信息称为状态,一位的状态有两种取值:0 和 1。另外,由于在指令中常采用十六进制数表示单元地址或常数,若以 A～F 打头表示一个十六进制数时,在指令中采用前面加 0 的方式以区别于字符,如 0AAH。

3.3.2 数据传送指令

数据传送(Data Transfers)类指令共有 29 条,是 MCS-51 单片机指令系统中种类最多、程序中使用最频繁的一类指令。数据传送类指令分为以下 5 种类型:

(1) 通用传送指令;

(2) 堆栈操作指令;

(3) 交换指令;

(4) 访问程序存储器的指令;

(5) 访问外部 RAM 的指令。

1. 通用传送指令

通用传送指令的助记符为 MOV,指令的一般形式为:

```
MOV  目的操作数,源操作数
```

指令的功能是把源操作数送给目的操作数,源操作数保持不变。除非是PSW作为目的操作数,执行指令一般不影响标志位Cy,AC,OV;但累加器A作为目的操作数时,将会对奇偶校验位P产生影响。这类指令操作在单片机内部RAM或特殊功能寄存器区。下面分别以累加器A、工作寄存器R0~R7、某一个单元为目的操作数,介绍这类指令的功能。

1) 以A为目的操作数的传送指令

```
MOV   A,源操作数;
```

源操作数复制给累加器A,表示为:源操作数→(A),"→"表示数据的传递方向。有以下4种形式:

```
MOV   A,Rn            ;(Rn)→(A),n = 0～7
MOV   A,direct        ;(direct)→(A)
MOV   A,@Ri           ;[(Ri)]→(A),i = 0,1
MOV   A,#data         ;data→(A)
```

如:

```
MOV   A,R2            ;(R2)→(A),把寄存器R2的内容复制给累加器A.
MOV   A,30H           ;(30H)→(A),把内部RAM地址为30H单元的内容复制给累加器A.
MOV   A,@R0           ;[(R0)]→(A),把地址寄存器R0的内容指定的内部RAM单元内容复制
                      ;给累加器A.也就是把内部RAM的一个单元的内容送给累加器A,该单
                      ;元的地址是由地址寄存器R0的内容指定的
MOV   A,#0A6H         ;把常数0A6H存放在累加器A中
```

2) 以工作寄存器Rn为目的操作数的传送指令

```
MOV     Rn,源操作数;
```

源操作数送给工作寄存器Rn,n=0～7,有3种形式:

```
MOV   Rn,A            ;(A)→(Rn),n = 0～7
MOV   Rn,direct       ;(direct)→(Rn),n = 0～7
MOV   Rn,#data        ;data→(Rn),n = 0～7
```

如:

```
MOV   R0,A            ;(A)→(R0),把累加器A的内容送到寄存器R0中
MOV   R3,30H          ;(30H)→(R3),把内部RAM的30H单元的内容复制给寄存器R3
MOV   R7,#36H         ;36H→(R7),把常数36H存放在寄存器R7中
MOV   R1,#30          ;30→(R1),把十进制数30送到R1中,(R1) = 1EH
MOV   R6,#01101100B   ;把二进制数01101100B送到R6中,(R6) = 6CH
```

3) 以直接地址为目的操作数的传送指令

```
MOV     direct,源操作数;
```

把源操作数送到指定单元direct中,这是通用传送指令中操作形式最为丰富的一组指令,支持任意两个单元之间的数据传送。这组指令有5种形式:

```
MOV   direct,A        ;(A)→(direct)
MOV   direct,Rn       ;(Rn)→(direct),n = 0～7
MOV   direct,direct1  ;(direct1)→(direct)
```

```
MOV  direct,@Ri          ;[(Ri)]→(direct),i=0,1
MOV  direct,#data        ;data→(direct)
```

如：

```
MOV  30H,A               ;(A)→(30H),把累加器 A 的内容复制给内部 RAM 为 30H 的单元
MOV  P1,R2               ;(R2)→(P1),把 R2 的内容从 P1 口输出
MOV  38H,60H             ;(60H)→(38H),把 60H 单元的内容复制给 38H 单元
MOV  TL0,@R1             ;[(R1)]→(TL0),把 R1 内容指定单元的内容送到计数器 TL0 中
MOV  58H,#36H            ;36H→(58H),把常数 36H 写入内部 RAM 的 58H 单元
MOV  PSW,#00011000B      ;把 00011000B 写入 PSW
```

需要指出的是，CPU 访问 SFR 只能采取直接寻址方式，因此，上述指令中对 P1 和 TL0 的访问可以写成下列形式：

```
MOV  P1,R2 → MOV 90H, R2
MOV  TL0,@R1 → MOV 8CH, @R1
MOV  PSW,#00011000B → MOV 0D0H, #00011000B
```

不管哪种形式，汇编时它们的指令代码是相同的。对于编程者来说，第一种使用 SFR 名称的形式更方便。

4) 以间接地址为目的操作数的传送指令

```
MOV  @Ri,源操作数;
```

这是一组以某一个单元为目的操作数传送指令，与上一组指令不同的是，单元地址不是直接给出的，而是由地址寄存器 R0 或 R1 的内容间接给出的，有三种形式：

```
MOV  @Ri,A               ;(A)→[(Ri)],i=0,1
MOV  @Ri,direct          ;(direct)→[(Ri)],i=0,1
MOV  @Ri,#data           ;data→[(Ri)],i=0,1
```

如：

```
MOV  @R0,A               ;(A)→[(R0)],把 A 的内容送给地址寄存器 R0 内容指定的单元
MOV  @R1,36H             ;(36H)→[(R1)],把 36H 单元的内容送给另一个单元,该单元
                         ;的地址由地址寄存器 R1 内容指定
MOV  @R0,SBUF            ;SBUF→[(R0)],把串行口接收缓冲器 SBUF 的内容送给地址寄存
                         ;器 R0 内容指定的单元
MOV  @R0,#0D6H           ;给地址寄存器 R0 内容指定的单元设置常数 0D6H
```

例 3.1　已知(PSW)＝ 00H,(A)＝11H,(20H)＝22H,分析下列程序的执行结果。

```
MOV  R0,A ;
MOV  R1,20H;
MOV  R2,#33H;
```

分析：(PSW)＝ 00H 意味着当前工作寄存器组为 BANK0,R0～R7 对应 00H～07H 单元。程序分析如下：

```
MOV  R0,A                ;(A)→(R0),则(R0)=11H
MOV  R1,20H              ;(20H)→(R1),则(R1)=22H
MOV  R2,#33H             ;33H→(R2),则(R2)=33H
```

执行结果为：(R0)＝(00H)＝11H，(R1)＝(01H)＝22H，(R2)＝(02H)＝33H。

例3.2 已知(PSW)＝00H，(A)＝11H，(00H)＝22H，(01H)＝36H，(36H)＝33H，(33H)＝44H，分析下列程序的执行结果。

```
MOV  30H,A;
MOV  31H,R0;
MOV  32H,33H;
MOV  34H,@R1;
MOV  35H,＃55H；
```

分析：因为(PSW)＝ 00H，则当前工作寄存器组为BANK0，R0～R7对应00H～07H单元，所以(R0)＝22H，(R1)＝36H，程序分析如下：

```
MOV  30H,A          ;(A)→(30H),(30H) = 11H
MOV  31H,R0         ;(R0)→(31H),(31H) = 22H
MOV  32H,33H        ;(33H)→(32H),(32H) = 44H
MOV  34H,@R1        ;[(R1)]→(34H),即[36H]→(34H),则(34H) = 33H
MOV  35H,＃55H      ;(35H) = 55H
```

因此，(30H)＝11H，(31H)＝22H，(32H)＝44H，(34H)＝33H，(35H)＝55H。

例3.3 在内部RAM中，30H单元的内容为40H，40H单元的内容为10H，当前从P1口输入数据11001010B，分析下列程序的执行结果：

```
MOV  R0,＃30H;
MOV  A,  @R0;
MOV  R1,  A；
MOV  B,  @R1;
MOV  @R1, P1;
MOV  P2,  P1；
```

分析如下：

```
MOV  R0,＃30H       ;30H→(R0),(R0) = 30H
MOV  A,  @R0        ;[(R0)]→(A),即[30H]→(A),(A) = 40H
MOV  R1,  A         ;(A)→(R1),(R1) = 40H
MOV  B,  @R1        ;[(R1)]→(B),即[40H]→(B),(B) = 10H
MOV  @R1, P1        ;(P1)→[(R1)],即(P1)→[40H],(40H) = 11001010B = 0CAH
MOV  P2,  P1        ;(P2) = 0CAH
```

执行结果：(30H)＝40H，(R0)＝30H，(R1)＝40H，(A)＝40H，(B)＝10H，(40H)＝0CAH，(P2)＝0CAH。

例3.4 设计程序把单片机P1口引脚当前的状态从P3口输出。

```
MOV  P1,＃0FFH      ;P1口全写1,置P1口为输入
MOV  A,P1           ;读取P1口引脚的状态
MOV  P3,A           ;从P3口输出
```

也可用下面的程序实现：

```
MOV  P1,＃0FFH      ;P1口全写1,置P1口为输入
MOV  P3,P1          ;读取P1口引脚的状态,并从P3口输出
```

5）十六位数据传送指令

```
MOV   DPTR,＃data16       ;data8～15→(DPH),data0～7→(DPL).
```

这是MCS-51单片机指令系统中唯一的一条设置16位二进制常数的指令。该指令操作等同于分别对DPH和DPL的操作：

```
MOV   DPH,＃data8～15
MOV   DPL,＃data0～7
```

两种实现方法的区别在于：前者为三字节指令，指令周期为两个机器周期，而后者为两条指令共三个字节，需要4个机器周期才能执行完毕。如：

```
MOV   DPTR,＃2368H        ;(DPTR) = 2368H;(DPH) = 23H,(DPL) = 68H,
MOV   DPTR,＃35326        ;(DPTR) = 35326 = 89FEH
```

在使用通用数据传送指令时，应注意以下几点：

(1) 通用数据传送指令不支持工作寄存器R0～R7之间的数据直接传送。如把R2的内容传递给R5，但可以采用下面的方法实现：

```
MOV   40H, R2
MOV   R5, 40H
```

如果知道此时CPU使用的当前工作寄存器组，可用传送指令实现。假设当时的RS0＝0，RS1＝1，则R2和R5的地址分别是12H和15H，把R2的内容传递给R5可以采用：

```
    MOV  15H, R2
或  MOV  R5, 12H
```

(2) 通用数据传送指令不支持工作寄存器R0～R7内容直接传送给由地址寄存器内容指定的单元，或由地址寄存器内容指定单元的内容送给工作寄存器R0～R7，如果在程序中需要这样的数据传送，可以采用其他方式间接实现。例如：把地址寄存器R1内容指定的单元内容传送给工作寄存器R5，可以采用：

```
MOV   A, @R1
MOV   R5, A
```

把R7内容送给地址寄存器R0内容指定的单元，可以用下面的方法：

```
MOV 30H, R7
MOV   @R0, 30H
```

(3) 数据传送指令中，地址寄存器只有R0和R1可以担当，其他工作寄存器无此功能。

(4) 虽然MCS-51单片机由两个16位的寄存器：PC和DPTR，但只有DPTR用户可以用指令方式直接设置其内容。

2. 堆栈操作指令

堆栈是在内部RAM中开辟的一个先进后出(后进先出)的区域，用来保护CPU执行程序的现场，如CPU响应中断和子程序调用时的返回地址、重要单元和寄存器的内容等。其中重要单元和寄存器的内容采用堆栈操作指令完成。在保护时，先把它们传送到堆栈区暂时保存,待需要时再从堆栈区取出送回原来的单元和寄存器。堆栈的操作有两种：入栈和出栈。

1）入栈指令

```
PUSH  direct;
```

入栈指令的功能是把指定单元 direct 的内容压入堆栈,指令执行时不影响标志位 Cy, AC,OV,P。CPU 操作过程如下：

(1) (SP)+1→(SP),修改堆栈指针；

(2) (direct)→[(SP)],指定单元 direct 的内容入栈,即把该单元的内容送到由堆栈指针 SP 内容所指的单元。

例 3.5 把内部 RAM 的 60H 单元入栈。

```
MOV   SP,   #70H          ;(SP) = 70H,栈区开辟在 71H 开始的内部 RAM 区域
PUSH  60H                 ;(SP) + 1→(SP),则(SP) = 71H;
                          ;(60H)→[(SP)],则(60H)→(71H),60H 单元内容被保存到栈
                          ;区的 71H 单元中,60H 单元的内容没有改变
```

例 3.5 的程序的执行过程如图 3.7 所示。

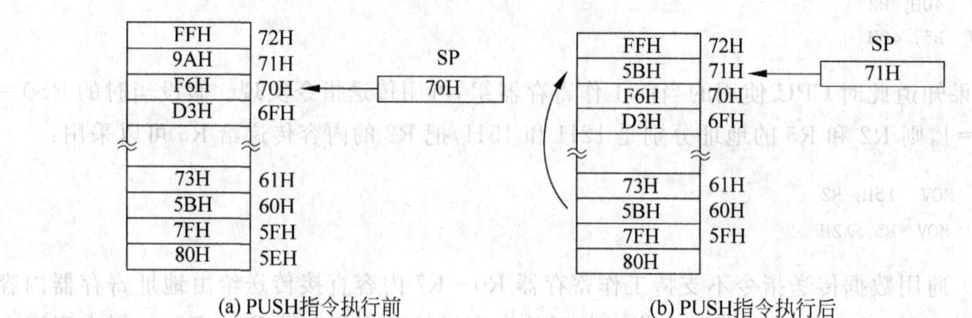

图 3.7 PUSH 指令的执行过程

2）出栈指令

```
POP   direct
```

出栈指令的功能是把堆栈中由(SP)所指单元的内容传送到指定的 direct 单元。指令执行时不影响标志位 Cy,AC,OV,P。CPU 操作过程如下：

(1) [(SP)]→(direct),出栈,把堆栈中由(SP)所指单元的内容传送到 direct 单元。

(2) (SP)−1→(SP),修改堆栈指针。

例 3.6 把存储在堆栈区 71H 单元的内容恢复到内部 RAM 的 60H 单元。

```
MOV   SP,   #71H          ;(SP) = 71H,目前的栈顶为 71H 单元
POP   60H                 ;出栈,[(SP)]→(60H),即(71H)→(60H)
                          ;修改栈顶指针(SP) - 1→(SP),(SP) = 70H
```

上述程序的执行过程如图 3.8 所示。

在使用堆栈时,应注意以下几点：

(1) PUSH 和 POP 指令的操作数必须是单元地址。PUSH 指令中指定的单元地址是

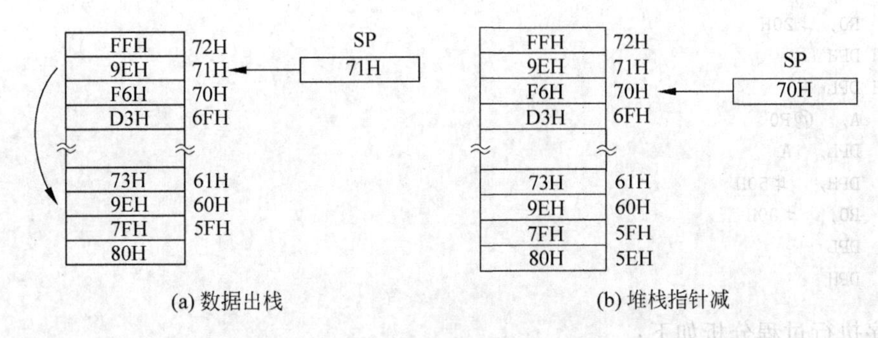

(a) 数据出栈　　　　(b) 堆栈指针减

图 3.8　POP 指令的执行过程

被保护单元的地址(源操作数),指令隐含了目的操作数;而 POP 指令中指定的单元地址是内容要恢复的单元地址(目的操作数),指令隐含了源操作数。

(2) MCS-51 单片机的堆栈建在内部 RAM 中,单片机复位后,(SP)=07H,从 08H 单元开始的区域均为栈区。在应用系统中,一般把栈区开辟在内部 RAM 的 30H~7FH 这一区域,栈区最好靠近内部 RAM 的末端,以避免堆栈向上增长时覆盖有效数据。

(3) 在使用堆栈操作指令时,入栈指令 PUSH 和出栈指令 POP 应成对出现,保护指定单元内容时,必须遵循先进后出的原则,否则,单元内容在出栈恢复时会发生改变。

(4) MCS-51 单片机不支持对工作寄存器 R0~R7 直接使用堆栈操作指令。如果要用堆栈操作保护寄存器 Rn(n=0~7)的内容,可对该工作寄存器对应的单元操作。如当 RS1 和 RS0 为 10 时,把 R5 的内容入栈,可用“PUSH 15H”;出栈用“POP 15H”即可恢复 R5 的内容。

例 3.7　已知(30H)=11H,(31H)=22H,分析下列程序段的执行过程。

```
MOV  SP, ＃60H
PUSH 30H
PUSH 31H
POP  ACC
POP  B
```

程序段执行过程分析如下:

```
MOV  SP, ＃60H          ;开辟栈区
PUSH 30H                ;(SP) + 1→(SP),30H 单元内容进栈 61H 单元
PUSH 31H                ;(SP) + 1→(SP),31H 单元内容进栈 62H 单元,(SP) = 62H
POP  ACC                ;[(SP)]→(ACC),栈顶 62H 单元内容弹出到累加器 ACC,
                        ;(SP) - 1→(SP),(SP) = 61H
POP  B                  ;[(SP)]→(B),栈顶 61H 单元内容弹出寄存器 B,
                        ;(SP) - 1→(SP),(SP) = 60H
```

在例 3.7 中,对 A 和 B 寄存器操作时,两者是以特殊功能寄存器的形式出现的,因为对特殊功能寄存器 CPU 只能采用直接寻址方式,因此,并不与堆栈操作指令的要求矛盾。

例 3.8　设当前堆栈指针 SP 的内容为 70H,20H 单元的内容为 0FFH。下列程序执行后,DPTR 的内容是多少?

```
MOV  DPTR,  ＃0123H
```

```
MOV  R0, #20H
PUSH DPH
PUSH DPL
MOV  A,   @R0
MOV  DPL,  A
MOV  DPH,   #50H
MOV  R0,   #00H
POP  DPL
POP  DPH
```

程序执行过程分析如下：

```
MOV  DPTR, #0123H        ;(DPTR) = 0123H
MOV  R0, #20H            ;(R0) = 20H
PUSH DPH                 ;(SP) + 1→(SP),(SP) = 71H,DPH的内容入栈,则(71H) = 01H
PUSH DPL                 ;(SP) + 1→(SP),(SP) = 72H,DPL的内容进栈,则(72H) = 23H,
                         ;此时,DPTR的内容全部入栈保护
MOV  A,   @R0            ;[(R0)]→(A),即[20H]→(A),(A) = 0FFH
MOV  DPL,  A             ;(DPL) = 0FFH
MOV  DPH,   #50H         ;(DPH) = 50H,此时,(DPTR) = 50FFH
MOV  R0,   #00H          ;(R0) = 00H
POP  DPL                 ;恢复DPTR内容.[(SP)]→(DPL),即[72H]→(DPL),
                         ;则(DPL) = 23H.(SP) - 1→(SP),(SP) = 71H
POP  DPH                 ;[(SP)]→(DPH),即[71H]→(DPH),则(DPH) = 01H
                         ;(SP) - 1→(SP),(SP) = 70H.此时,(DPTR) = 0123H,内容恢复
```

在例3.8中,在DPTR内容入栈保护之后,DPTR被释放,对它进行了其他操作,操作完成之后,又采用出栈操作恢复了DPTR内容。这种方法常用于子程序模块中。由于单片机中,存储单元和寄存器是唯一的,如果在子程序中使用了相同的资源,但又不希望子程序运行时影响这些资源在调用之前的状态,在进入子程序时首先把它们入栈保护,释放资源,待调用子程序结束时,再利用出栈操作把它们恢复到子程序调用之前的状态,使调用前后它们保持相同的状态。如果交换DPH和DPL出栈的顺序,结果会是什么呢?

例3.9 利用入栈和出栈操作,实现30H单元与31H单元的内容交换。

```
PUSH 30H;
PUSH 31H;
POP  30H;
POP  31H;
```

3. 交换指令

这是一组需要累加器A参与完成的指令,数据交换在内部RAM存储单元与累加器A之间或累加器A的高低4位之间进行,可以实现整个字节或半个字节的数据交换。

1) 字节交换指令

```
XCH  A,源操作数;
```

将源操作数与A累加器的内容互换,源操作数必须是工作寄存器、SFR或内部RAM的存储单元。这组指令有三种形式:

```
XCH  A,Rn                ;(A)↔(Rn),n = 0～7
```

```
XCH  A,direct           ;(A)↔ (direct)
XCH  A,@Ri              ;(A)↔ [(Ri)],i = 0,1
```

例 3.10　已知(A)=11H,(R7)=22H,执行指令:

```
XCH  A,R7               ;把工作寄存器 R7 的内容与累加器 A 的内容互换
```

执行结果:(A)=22H,(R7)=11H。

例 3.11　已知(A)=11H,(20H)=22H,执行指令:

```
XCH  A,20H              ;把指定单元 20H 的内容与累加器 A 的内容互换
```

执行结果:(A)=22H,(20H)=11H。

例 3.12　已知(R0)=20H,(20H)=33H,(A)=22H,执行指令:

```
XCH  A,@R0              ;把由地址寄存器 R0 内容指定的 20 单元的内容与累加器 A 的内容互换
```

执行结果:A=33H,(20H)=22H。

例 3.13　将内部 RAM 的 20H 单元的内容与 40H 单元的内容交换。

方法一:

```
MOV  A,20H
XCH  A,40H
MOV  20H,  A
```

方法二:

```
MOV  A,20H
MOV  20H,40H
MOV  40H,A
```

2) 半字节交换指令

```
XCHD  A,@Ri             ;(A)0~3↔ [(Ri)]0~3,i = 0,1
```

把指定单元内容的低 4 位与累加器 A 的低 4 位互换,而二者的高 4 位保持不变,如图 3.9 所示。

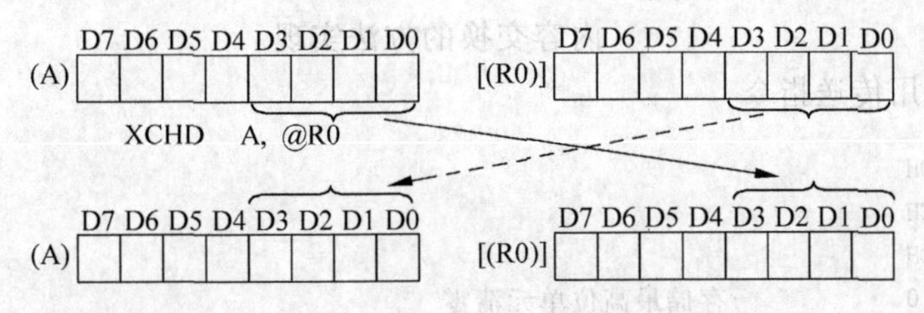

图 3.9　XCHD A,@R0 指令执行过程

例 3.14　已知 (R0)=20H,(20H)=33H,(A)=22H,执行指令:

```
XCHD A,@R0
```

结果:(A)=23H,(20H)=32H。

例3.15 编程实现把内部RAM的20H单元的内容低4位与R7单元的内容低4位交换。

程序如下：

```
MOV  R0,  #20H
MOV  A,  R7
XCHD A,  @R0          ;20H单元内容的低4位与累加器A的低4位互换
MOV  R7,  A           ;累加器A内容送R7,完成题目要求
```

3）高低4位互换指令

```
SWAP A                ;(A)0~3 ↔ (A)4~7。
```

将累加器A的高4位和低4位互换，如图3.10所示。只有累加器A能够实现高4位和低4位互换。

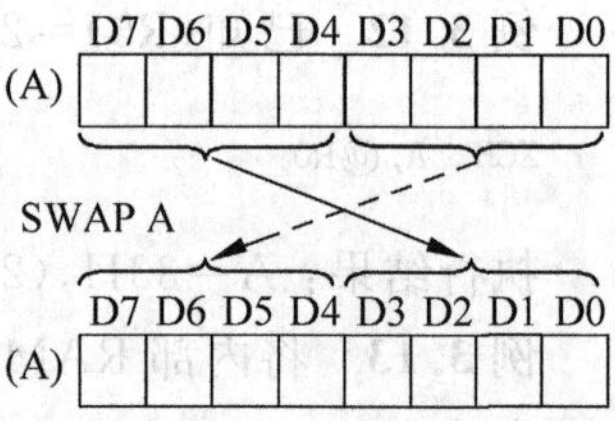

SWAP A

D7 D6 D5 D4 D3 D2 D1 D0

(A)

图3.10 SWAP A执行过程

例3.16 已知(A)=5BH，执行指令：

```
SWAP A
```

结果：(A)=B5H。

例3.17 把内部RAM存储单元7BH的内容高低4位互换。

```
MOV  A,  7BH
SWAP A
MOV  7BH,  A
```

例3.18 8位十进制数以压缩BCD码的形式依次存储在内部RAM以2BH单元开始的区域中，先存高位，设计程序把该数右移2位(即除以100)，并存储在原来的位置。

分析：十进制数右移2位，相当于这个数除以100，假设 $X=12345678$，右移2位后，$X=123456$，移位前后存储在内部RAM中的映射如图3.11所示。显然，可以采用数据传送的方式实现上述要求，也可以采用单元内容交换的方法实现。

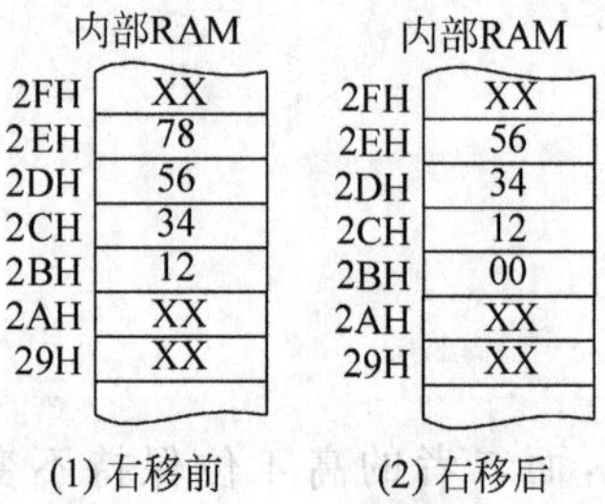

内部RAM (1)右移前		内部RAM (2)右移后	
2FH	XX	2FH	XX
2EH	78	2EH	56
2DH	56	2DH	34
2CH	34	2CH	12
2BH	12	2BH	00
2AH	XX	2AH	XX
29H	XX	29H	XX

图3.11 X右移前后存储单元的内容

方法一：采用传送指令

```
MOV  2EH, 2DH
MOV  2DH, 2CH
MOV  2CH, 2BH
MOV  2BH, #0          ;存储最高位单元清零
```

方法二：采用交换指令

```
CLR  A
XCH  A, 2BH
XCH  A, 2CH
XCH  A, 2DH
```

```
XCH  A, 2EH
```

这两种方法的区别是：第一种方法在程序存储器中需要12个单元存储指令代码，执行时需要8个机器周期，而后者只需要9个单元，执行时间为5个机器周期。

4. 访问程序存储器的数据传送指令

MCS-51单片机的程序存储器主要用于存放程序指令代码(Code)，还可用来存放程序中需要的常数。这些常数存储在程序存储器的一个区域，由若干个连续单元构成，通常称为表或表格(Table)。因此，访问程序存储器的数据传送指令也叫查表(Lookup Table)，它的功能是从程序存储器某个单元读取一个字节的常数。指令有两种形式：

```
MOVC A,@A+DPTR        ;[(A)+(DPTR)]→(A),常数所在存储单元的地址由 DPTR 和累加
                      ;器 A 的内容之和确定
MOVC A,@A+PC          ;(PC)+1→(PC),CPU 取指令代码;[(A)+(PC)]→(A),常数所在
                      ;存储单元的地址由程序计数器 PC 和累加器 A 的内容之和确定
```

例3.19 采用查表方法获取一个数$x(0\leqslant x\leqslant 15)$的平方值。

首先在程序存储器中建立一个$0\leqslant x\leqslant 15$的平方表，定义从5000H开始的连续16个单元中分别存有0～15的平方值。x存放在累加器A中，x取值为00H～0FH。程序执行后，得到x的平方值在累加器A中。分别用上述两种指令设计查表程序。

(1) 采用“MOVC A,@A+DPTR”指令

```
MOV  DPTR,#5000H      ;表的首地址送 DPTR
MOVC A,@A+DPTR        ;查表获得的值送累加器 A
RET                   ;返回
ORG  5000H            ;0≤x≤15 的平方表从 5000H 存放
 DB 00H               ;0²,DB: Define a byte,伪指令,在此定义 5000H 单元的内容是常
                      ;数而非指令代码,在程序中起说明作用
  DB 01H              ;1²存放在 5001H 单元
  DB 04H              ;2²存放在 5002H 单元
  …
  DB 0E1H             ;15² = 225,存放在 500FH 单元
```

说明：若(A)=00H，程序执行后，[(A)+(DPTR)]→(A)，即(00+5000)=(5000H)→(A)，则(A)=00H。若(A)=02H，则[(A)+(DPTR)]→(A)，即(5002H)→(A)，(A)=04H。

实际上，如果平方表放在程序存储器的其他地方，如存放在3700H，只要在程序中修改表的首地址，“MOV DPTR,#3700H”，程序运行的结果是相同的。

(2) 采用“MOVC A,@A+PC”指令

由于这条指令执行时，其结果与PC有关，为了分析方便，把每条指令及其代码同时给出，程序从程序存储器的1000H单元开始存放，同样，x存放在累加器A中，x取值为00H～0FH。程序执行后得到x的平方值在累加器A中。

```
【标号】     【指令】          【注释】               【单元地址】    【指令代码】
CHECKUP:    INC A             ;(A)的内容+1          1000H          04
            MOVC A,@A+PC      ;(PC)+1→(PC),         1001H          83
                              ;[(A)+(PC)]→(A)
            RET               ;返回                 1002H          22
            DB 00H            ;0²                   1003H          00H
```

```
        DB 01H          ;1²              1004H        01H
        DB 04H          ;2²              1005H        04H
        …                                             …
        DB 0E1H         ;15²             1012H        0E1H
```

说明：如果(A)=02H时，执行此程序，首先(PC)=1000H，由于“INC A”为单字节指令，(PC)+1→(PC)，则(PC)=1001H，CPU取指令代码04，解释执行后(A)被加1，其内容变为03H。接着，由于(PC)=1001H，(PC)+1→(PC)，则(PC)=1002H，CPU取代码83解释执行：[(A)+(PC)]→(A)，即[03+1002]→(A)，则(A)的内容为04H，即2的平方。

请分析一下，如果去掉指令“INC A”，执行的结果正确吗？从程序代码在程序存储器中的存储位置来看，查表指令与平方表首地址之间有1个字节的偏移量，给累加器加1正是为了弥补这个偏移量而设置的。如果没有加1处理，执行结果是不对的。

MCS-51单片机中从程序存储器中获取常数只有通过累加器A，虽然上述两条指令的功能是相同的，但二者在使用时查表的范围是不一样的。

(1) “MOVC A,@A+DPTR”指令中，累加器A和DPTR的内容用户可以通过指令直接设定。16位数据指针DPTR为基址寄存器，取值范围为0000H～0FFFFH，也就是说常数表可以放置在程序存储器64K空间的任何位置，而且表的最大长度可以接近64K。

(2) “MOVC A,@A+PC”是以程序计数器PC作为基址寄存器，该指令的执行结果与PC的内容有关，指令执行时PC的内容无法用传送指令指定，只有累加器A是可改变的，它取值范围为00H～0FFH。因此，使用这条指令时，常数表必须紧跟该指令存放，且长度不能大于256个字节。

5. 访问外部RAM和外部I/O口的数据传送指令

MCS-51单片机系统中，扩展的外部RAM和外部I/O口是统一编址的，CPU访问外部RAM和外部I/O口时使用相同的指令，助记符为MOVX。CPU访问外部RAM和外部I/O口时采用间接寻址方式，外部RAM单元地址或外部I/O口地址由地址寄存器的内容指出，其中DPTR,R0,R1可作为地址寄存器，因此，有两种形式的指令。

1) 以DPTR为地址寄存器的访问外部RAM和外部I/O口的指令

(1) 读(输入)指令

```
MOVX  A,@DPTR        ;[(DPTR)]→(A);
```

在读控制信号$\overline{RD}$为0时，把DPTR内容指出的外部RAM单元的内容或外部I/O口的状态读到累加器A中。DPTR内容指出16位地址，寻址范围为0000H～0FFFFH，即64K。CPU执行读外部数据存储器和外部I/O口指令的时序如图3.12所示。CPU读数据时，单元地址分别由P0和P2口输出，P0输出DPL(低8位地址)，P2输出DPH(高8位地址)。

例3.20 把外部RAM的2000H单元的内容存入单片机内部RAM的30H单元。

```
MOV   DPTR, #2000H ;把外部RAM单元的地址放入DPTR
MOVX  A,  @DPTR    ;把外部RAM单元存储的数据读入CPU
MOV   30H, A       ;存储读取的数据到30H单元
```

(2) 写(输出)指令

```
MOVX  @DPTR,A       ;(A)→[(DPTR)];
```

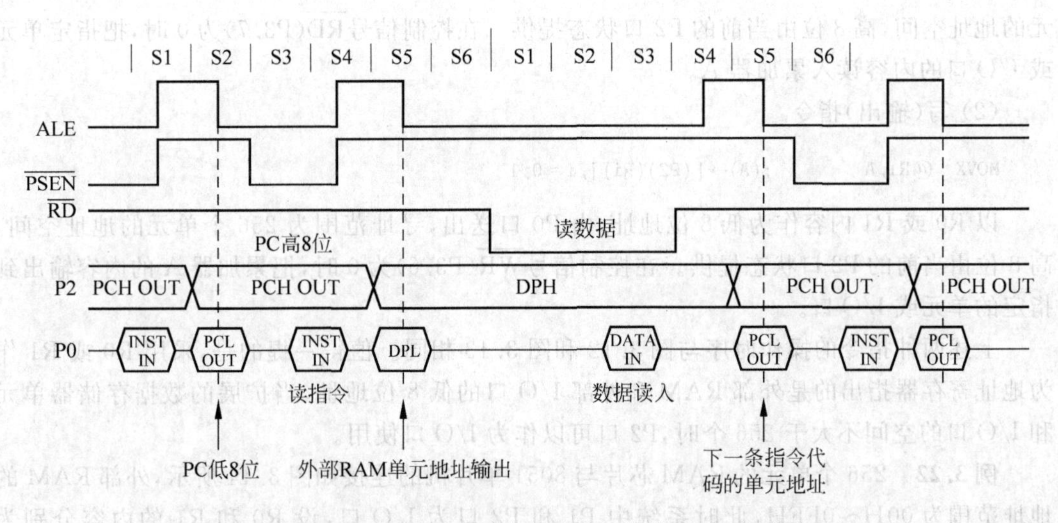

图 3.12 CPU 执行读外部数据存储器和外部 I/O 口指令的时序

在写控制信号 $\overline{WR}$ 为 0 时，把单片机累加器 A 的内容输出到 DPTR 内容指出的外部 RAM 单元或外部 I/O 口，DPTR 内容指出 16 位地址，寻址范围为 0000H～0FFFFH，即 64K。CPU 执行写外部数据存储器和外部 I/O 口指令的时序如图 3.13 所示。

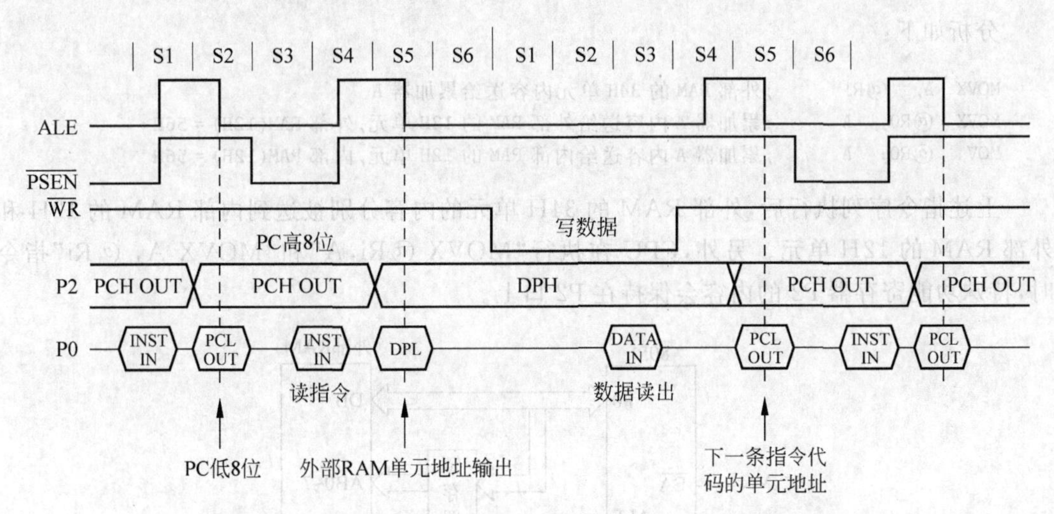

图 3.13 CPU 执行写外部数据存储器和外部 I/O 口指令的时序

例 3.21 把单片机内部 RAM 的 20H 单元的内容转存到外部 RAM 的 8000H 单元。

```
MOV   DPTR,   #8000H     ;把外部 RAM 单元的地址放入 DPTR
MOV   A,      20H        ;从内部 RAM 的 20H 单元读取要写入的数据
MOVX  @DPTR,     A       ;把数据写到外部 RAM 的 8000H 单元
```

2) 以 R0 和 R1 为地址寄存器的访问外部 RAM 和外部 I/O 口的指令

(1) 读(输入)指令

```
MOVX  A,@Ri          ;[(P2)(Ri)]→(A),i = 0,1
```

以 R0 或 R1 内容作为低 8 位地址，由 P0 口送出，寻址范围为 00H～0FFH，即 256 个单

元的地址空间,高8位由当前的P2口状态提供。在控制信号$\overline{RD}$(P3.7)为0时,把指定单元或I/O口的内容读入累加器A。

(2) 写(输出)指令

```
MOVX  @Ri,A        ;(A)→[(P2)(Ri)],i=0,1
```

以R0或R1内容作为低8位地址,由P0口送出,寻址范围为256个单元的地址空间,高8位由当前的P2口状态提供。在控制信号$\overline{WR}$(P3.6)为0时,把累加器A的内容输出到指定的单元或I/O口。

上述两种指令的操作时序与图3.12和图3.13相同。值得一提的是,采用R0或R1作为地址寄存器指出的是外部RAM和外部I/O口的低8位地址,当扩展的数据存储器单元和I/O口的空间不大于256个时,P2口可以作为I/O口使用。

例3.22 256个单元的RAM芯片与8051单片机的连接如图3.14所示,外部RAM的地址范围为00H～0FFH,此时系统中P1和P2口为I/O口,设R0和R1的内容分别为12H和34H,外部RAM的34H单元的内容为56H,分析下列指令序列的执行结果。

```
MOVX  A,  @R1
MOVX  @R0,  A
MOV   @R0,  A
```

分析如下:

```
MOVX  A,  @R1       ;外部RAM的34H单元内容送给累加器A
MOVX  @R0,  A       ;累加器A内容送给外部RAM的12H单元,外部RAM(12H)=56H
MOV   @R0,  A       ;累加器A内容送给内部RAM的12H单元,内部RAM(12H)=56H
```

上述指令序列执行后,外部RAM的34H单元的内容分别被送到内部RAM的12H和外部RAM的12H单元。另外,CPU在执行"MOVX @Ri,A"和"MOVX A,@Ri"指令时,特殊功能寄存器P2的内容会保持在P2口上。

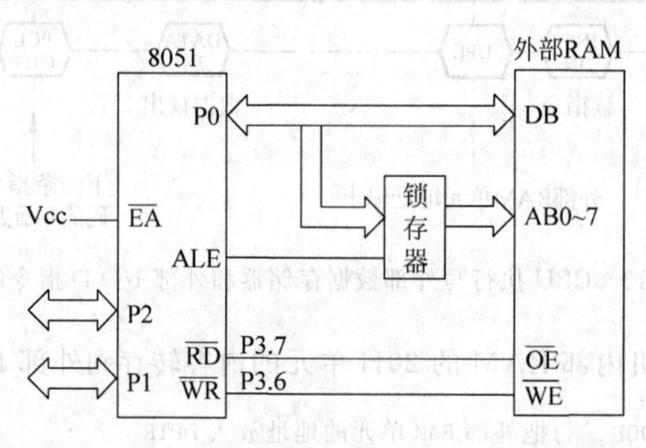

图3.14 外部RAM芯片与8051单片机的连接

CPU对外部RAM和外部I/O口的读写必须通过累加器A,外部RAM和外部I/O口的地址为16位,内部RAM的地址为8位,不属于同一个地址空间,它们之间不能直接进行数据传送。另外,读写控制信号$\overline{RD}$和$\overline{WR}$仅在执行MOVX时才会有效,系统中没有对外部RAM和外部I/O口读写时,P3.6和P3.7可作为I/O口使用。

3.3.3 算术运算指令

算术运算类指令(Arithmetic Instruction)共有24条,实现加、减、乘、除、加1、减1及十进制调整等运算。MCS-51单片机指令系统仅提供两个单字节无符号二进制数的算术运算,带符号或多字节二进制数的算术运算,需要通过设计算法把它们转化为单字节无符号二进制数的算术运算才能实现。

1. 加法指令

1) 不带进位位的加法指令

不带进位的8位二进制数加法指令的一般形式:

```
ADD    A,源操作数      ;(A) + 源操作数→(A)
```

这组指令实现两个无符号的8位二进制数加法运算,运算结果存储在累加器A中,运算过程影响标志位Cy,AC,OV,P,有以下4种指令形式:

```
ADD    A,#data        ;(A) + data→(A)
ADD    A,Rn           ;(A) + (Rn)→(A),n = 0～7
ADD    A,direct       ;(A) + (direct)→(A)
ADD    A,@Ri          ;(A) + [(Ri)]→(A),i = 0,1
```

加法指令执行过程与标志位之间的关系如图3.15所示;若最高位D7在运算过程中产生进位,则(Cy)=1;若低半字节(低4位)在运算过程中向高半字节(高4位)进位时,则(AC)=1;D6与D7两位在运算过程中其中一位有进位,而另一位没有,则(OV)=1,否则,(OV)=0。运算结果(A)中1的个数为偶数,(P)=0,否则,(P)=1。

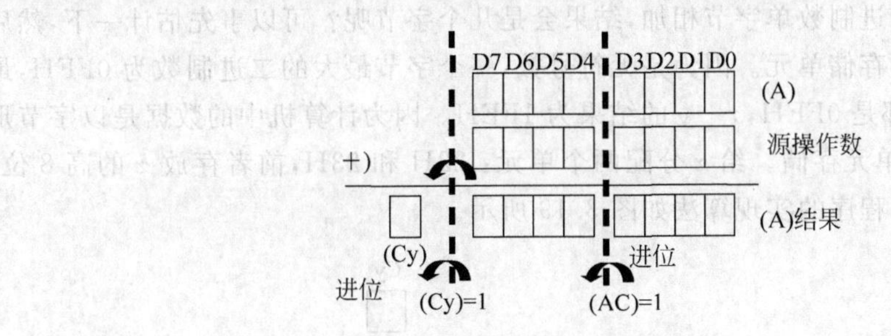

图3.15 加法指令执行过程与标志位之间的关系

例3.23 设(A)=0C3H,(20H)=0AAH,执行指令"ADD A,20H",执行过程如图3.16所示。则(A)=6DH,(Cy)=1,(OV)=1,(AC)=0,(P)=1。

例3.24 单字节二进制加法。已知x存放在20H单元,y存放在21H单元,求$z=x+y$(设z小于0FFH)。

图3.17是两个单字节相加的过程,程序如下:

```
MOV    A,20H
ADD    A,21H
MOV    22H,A          ;结果存在22H单元
```

```
  1100 0011
+ 1010 1010
-----------
1 0110 1101
```

图 3.16 例 3.23 的执行过程

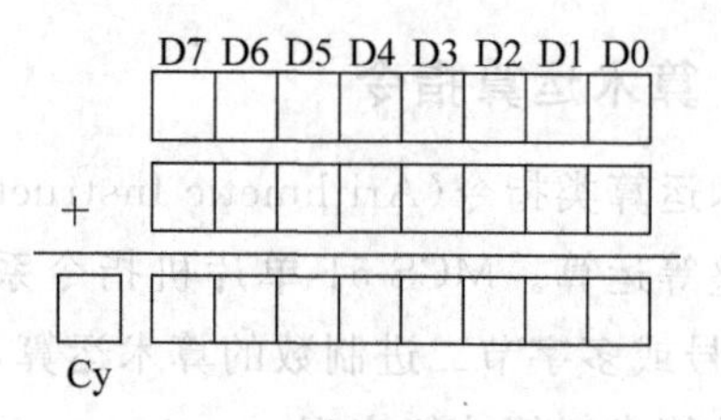

图 3.17 两个单字节相加的过程

2）带进位位的加法指令

8 位二进制带进位位加法指令的一般形式：

```
ADDC  A,源操作数      ;(A) + 源操作数 + (Cy)→(A)
```

这组指令实现两个无符号的 8 位二进制数的加法运算，并且在运算时，把当前的进位位 Cy 的状态计入运算结果，运算结果存储在累加器 A 中，运算过程影响标志位 Cy，AC，OV，P，有以下 4 种指令形式：

```
ADDC  A,#data       ;(A) + data + (Cy)→(A)
ADDC  A,Rn          ;(A) + (Rn) + (Cy)→(A),n = 0～7
ADDC  A,direct      ;(A) + (direct) + (Cy)→(A)
ADDC  A,@Ri         ;(A) + [(Ri)] + (Cy)→(A),i = 0.1
```

例 3.25 设(A)＝0C3H，(20H)＝0AAH，(Cy)＝1，执行指令“ADDC A，20H”，执行过程如图 3.18 所示。则(A)＝6EH，(Cy)＝1，(OV)＝1，(AC)＝0，(P)＝1。

例 3.26 单字节二进制加法：已知 x 存放在 20H 单元，y 存放在 21H 单元，求 $z=x+y$。

两个任意的 8 位二进制数单字节相加，结果会是几个字节呢？可以事先估计一下，然后给计算结果分配适度的存储单元。因为是无符号数，一个字节最大的二进制数为 0FFH，最小为 00H。如果 x,y 都是 0FFH，$x+y$ 的结果为 1FEH。因为计算机中的数据是以字节形式存放的，所以需两个单元存储。给 z 分配两个单元：22H 和 23H，前者存放 z 的高 8 位，后者存储 z 的低 8 位。程序的实现算法如图 3.19 所示。

```
  1100 0011
  1010 1010
+         1
-----------
1 0110 1110
```

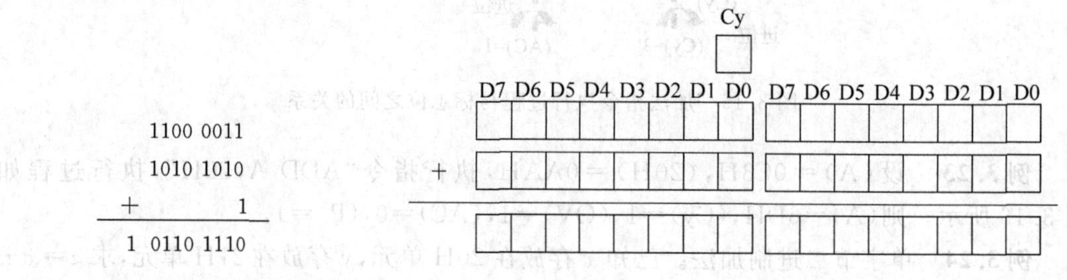

图 3.18 例 3.25 的执行过程

图 3.19 两个单字节相加实现算法

程序如下：

```
MOV   A,   20H
ADD   A,   21H
MOV   23H,   A          ;和的低 8 位
MOV   A,   #00
```

```
ADDC  A,   #00        ;处理进位
MOV   22H,  A         ;和的高8位
```

3）加1指令

加1(Increment)指令是把指定单元或寄存器的内容加1，指令的一般形式为：

```
INC   源操作数        ;源操作数+1→源操作数
```

这组指令有以下形式：

```
INC   A               ;(A)+1→(A),该指令执行时,不影响标志Cy、AC和OV
INC   Rn              ;(Rn)+1→(Rn),n=0～7.该指令执行时,不影响标志位
INC   direct          ;(direct)+1→(direct),该指令执行时,不影响标志位
INC   @Ri             ;[(Ri)]+1→[(Ri)],i=0,1.该指令执行时,不影响标志位
INC   DPTR            ;(DPTR)+1→(DPTR),该指令执行时,不影响标志位
```

例3.27 设R0的内容为7EH，内部RAM的7EH和7FH单元的内容分别为0FFH和40H，P1口的内容为55H，执行下列指令后，R0，P1，7EH和7FH单元的内容分别是多少？

```
INC   @R0
INC   R0
INC   @R0
INC   7FH
INC   P1
```

分析：

```
INC   @R0             ;[(R0)]+1→[(R0)],即[7EH]+1→[7EH],所以,(7EH)=00H
INC   R0              ;(R0)+1→(R0),所以,(R0)=7FH
INC   @R0             ;[(R0)]+1→[(R0)],即[7FH]+1→[7FH],所以,(7FH)=41H
INC   7FH             ;(7FH)+1→(7FH),所以,(7FH)=42H
INC   P1              ;(P1)+1→(P1),(P1)=56H
```

程序执行结束后，(R0)＝7FH，(P1)＝56H，(7EH)＝00H，(7FH)＝42H。

例3.27中，(7EH)＝0FFH，该单元内容加1变成了00H，这种现象称为上溢。类似地，(DPTR)＝0FFFFH时，“INC DPTR”指令执行后，DPTR内容为0000H。在程序中使用INC类指令时，应注意上溢现象。

在例3.27中，对P1口进行加1操作“INC P1”时，CPU进行了三步操作：第一，读P1寄存器；第二，P1寄存器加1计算，写P1寄存器和引脚输出；第三，P1寄存器内容刷新、引脚状态重置。指令执行改变了P1口的输出状态和对应的SFR的内容。因此，用INC类指令对P0，P1，P2，P3口操作时，参与运算的是I/O口对应的寄存器的内容，而不是来自于引脚的状态，但最终的运算结果将从I/O口的引脚输出，并修改对应寄存器的内容。

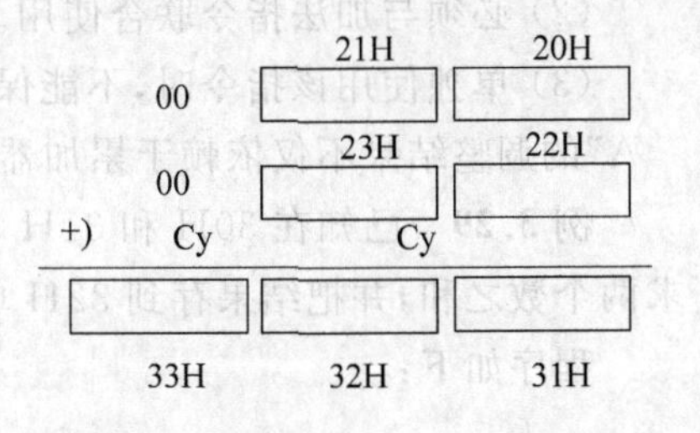

图3.20 两个双字节相加实现算法

例3.28 双字节二进制加法。

双字节加法的算法如图3.20所示，设x存放在21H，20H单元（高8位在21H单元），y存放在23H，

22H单元,$z=x+y$存放在33H,32H,31H单元。程序如下:

```
MOV   R0,   #20H      ; 指向被加数的低8位
MOV   R1,   #22H      ;指向加数的低8位
MOV   A,    @R0
ADD   A,    @R1
MOV   31H,  A         ;结果的低8位
INC   R0              ;修改单元地址
INC   R1
MOV   A,    @R0
ADDC  A,    @R1
MOV   32H,  A         ;结果的中8位
MOV   A,    #00
ADDC  A,    #00       ;处理进位
MOV   33H,  A         ;结果的高8位
```

4) 十进制加法调整指令

十进制数采用BCD码表示时,用4位二进制编码来表示1位十进制数,采用紧凑格式存储,一个单元可存放两位十进制数,通常叫做压缩BCD码格式(Packed-BCD format)。在MCS-51单片机中,不论是不带进位的加法指令,还是带进位的加法指令,它们仅支持两个8位二进制数的运算。两个十进制数相加时也必须借助于加法指令实现,用二进制数的加法运算法则处理BCD码的加法运算,但其运算结果会产生错误。如计算十进制99与23之和,它们的压缩BCD码分别是10011001和00100011,在单片机中它们相加的计算过程如图3.21所示。加法指令执行结果为10111100B,即0BCH,显然"B"和"C"不是十进制数的数符,运算结果是不正确的。因此,必须对上述结果进行调整。十进制加法调整指令的功能就是在用加法指令完成BCD码加法运算之后,对运算结果进行处理,把运算结果转换为BCD码形式。指令如下:

```
  1001 1001
+ 0010 0011
-----------
  1011 1100
```

图3.21 BCD码99与23相加的运算过程

```
DA    A;
```

CPU执行"DA　A"的流程如图3.22所示。若$(A)_{0\sim3}>9$或(AC)=1,则(A)+06H→(A);若$(A)_{4\sim7}>9$或(Cy)=1,则(A)+60H→(A),指令执行时影响标志位Cy,AC,OV和P。使用"DA　A"指令时,必须注意以下几点:

(1) 该指令的前提是进行了两个2位十进制数(BCD码)的加法,需要对加法运算的结果进行调整,使结果变为十进制数,即将累加器A中的和调整为BCD码。

(2) 必须与加法指令联合使用。

(3) 单独使用该指令时,不能保证累加器A中的数据正确地转换为BCD码,因为"DA　A"的调整结果不仅依赖于累加器A的内容,而且与标志位Cy和AC的状态有关。

例3.29 已知在30H和31H单元中分别存储两个BCD码表示的十进制数19和53。求两个数之和,并把结果存到32H单元。

程序如下:

```
MOV   A, 30H    ;(A) = 19H
```

```
ADD   A,   31H      ;(A) = 19H + 53H = 6CH
DA    A             ;十进制调 A = 72H
MOV   32H,  A       ;(32 H) = 72H
```

例 3.30 两个 4 位十进制数相加。

十进制数在计算机中以 BCD 码存储，一个单元可以存储一个 2 位十进制数，即两个 BCD 码，存储 4 位十进制数需两个单元。实现算法如图 3.23 所示。

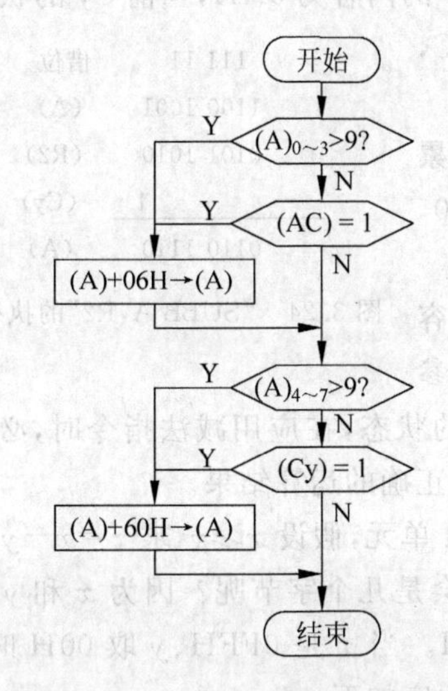

图 3.22 CPU 执行“DA A”的流程

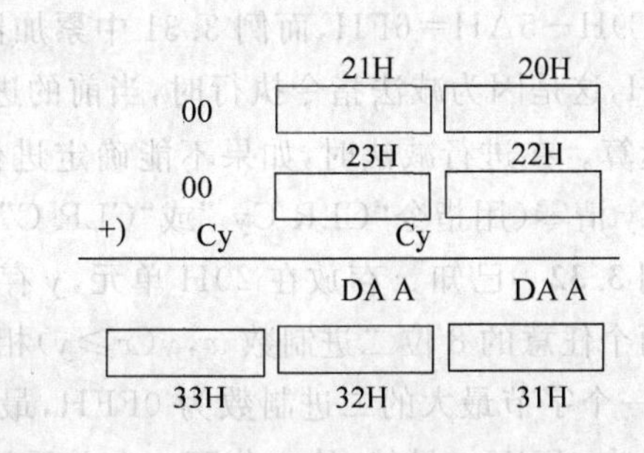

图 3.23 两个 4 位十进制数相加

程序如下

```
MOV   R0,   #20H    ;指向被加数的低 2 位
MOV   R1,   #22H    ;指向加数的低 2 位
MOV   A,    @R0
ADD   A,    @R1
DA    A
MOV   31H,   A      ;结果的低 2 位；十个位
INC   R0            ;修改单元地址
INC   R1
MOV   A,    @R0
ADDC  A,    @R1
DA    A
MOV   32H,   A      ;结果的中 2 位；十百位
MOV   A,    #00
ADDC  A,    #00     ;处理进位
MOV   33H,   A      ;结果的高 2 位，最高 2 位无须调整，其结果只有 00 或 01 两种可能
```

2. 减法指令

1）带借位的减法指令

MCS-51 单片机没有不带借位的减法指令，带借位的减法指令一般形式：

```
SUBB  A,源          ;(A) - 源 - (Cy)→(A)
```

这组指令是把两个无符号的 8 位二进制数相减后，再减去当前的借位位 Cy 的状态，运算结果在累加器 A 中；指令执行时影响标志位 Cy,AC,OV,P。指令有以下 4 种形式：

```
SUBB  A,#data      ;(A)-data-(Cy)→(A)
SUBB  A,Rn         ;(A)-(Rn)-(Cy)→(A)
SUBB  A,direct     ;(A)-(direct)-(Cy)→(A)
SUBB  A,@Ri        ;(A)-[(Ri)]-(Cy)→(A)
```

例 3.31 设累加器 A 的内容为 0C9H,寄存器 R2 的内容为 5AH,当前 Cy 的状态为 1,执行指令"SUBB A,R2"后,累加器 A 和标志位 Cy,AC,OV,P 的状态如何？

```
  111 11      借位
  1100 1001   (A)
  0101 1010   (R2)
 -        1   (Cy)
 ----------
  0110 1110   (A) 差
```

图 3.24 "SUBB A,R2"的执行过程

指令"SUBB A,R2"的执行过程如图 3.24 所示。累加器 A 的内容为 6EH,(Cy)=0,(AC)=1,(OV)=0,(P)=1。

0C9H－5AH＝6FH,而例 3.31 中累加器 A 的内容为 6EH,这是因为减法指令执行时,当前的进位位 Cy 参与了运算。在进行减法时,如果不能确定进位位 Cy 的状态,在应用减法指令时,必须对进位位 Cy 清零(用指令"CLR Cy "或"CLR C"),以保证正确的运算结果。

例 3.32 已知 x 存放在 20H 单元,y 存放在 21H 单元,假设 $x \geqslant y$,求 $z=x-y$。

两个任意的 8 位二进制数 $x,y(x \geqslant y)$ 相减,结果会是几个字节呢？因为 x 和 y 是无符号数,一个字节最大的二进制数为 0FFH,最小为 00H。当 x 是 0FFH、y 取 00H 时,$x-y$ 的结果为 0FFH。显然,给 z 分配一个单元足够了。程序如下：

```
MOV   A, 20H
CLR   C            ;借位位清零
SUBB  A, 21H
MOV   20H,  A      ;差存放在 20H 单元
```

2）减 1 指令

减 1 指令的一般形式：

```
DEC   源           ;源操作数-1→源操作数
```

源操作数必须是一个寄存器或存储单元,有以下 4 种形式：

```
DEC   A            ;(A)-1→(A),该指令执行时,不影响标志 Cy,AC 和 OV
DEC   Rn           ;(Rn)-1→(Rn),n=0～7,该指令执行时,不影响标志位
DEC   direct       ;(direct)-1→(direct),该指令执行时,不影响标志位
DEC   @Ri          ;[(Ri)]-1→[(Ri)],i=0, 1,该指令执行时,不影响标志位
```

若原来寄存器或单元的内容为 00H,减 1 运算后,其内容变为 0FFH,即向下溢出。与 INC 类指令类似,对 I/O 口操作时,参与减 1 运算的是 I/O 口对应的寄存器的内容,而不是来自于引脚的状态,但最终的运算结果将从 I/O 口的引脚输出,并修改寄存器的内容。

例 3.33 设 R0 的内容为 7EH,内部 RAM 的 7DH 和 7EH 单元的内容分别为 00H 和 40H,P1 口寄存器的内容为 55H,执行下列指令后,R0,P1 和 7EH 单元的内容分别是多少？

```
DEC   @R0
DEC   R0
```

```
DEC   @R0
DEC   7EH
DEC   P1
```

分析：

```
DEC   @R0          ;[(R0)] - 1→[(R0)],即[7EH] - 1→[7EH],所以,(7EH) = 3FH
DEC   R0           ;(R0) - 1→(R0),所以,(R0) = 7DH
DEC   @R0          ;[(R0)] - 1→[(R0)],即[7DH] - 1→[7DH],所以,(7DH) = 0FFH
DEC   7EH          ;(7EH) - 1→(7EH),所以,(7EH) = 3EH
DEC   P1           ;(P1) - 1→(P1),(P1) = 54H
```

上述指令执行后，(R0)＝7DH，(7EH)＝3EH、(P1)＝54H，P1 口输出 54H。

例 3.34　双字节二进制减法：x 存放在 20H，21H 单元（高 8 位在 20H 单元），y 存放在 22H，23H 单元（高 8 位在 22H 单元），$x \geqslant y$，求 $z=x-y$。

双字节二进制减法算法如图 3.25 所示。程序如下：

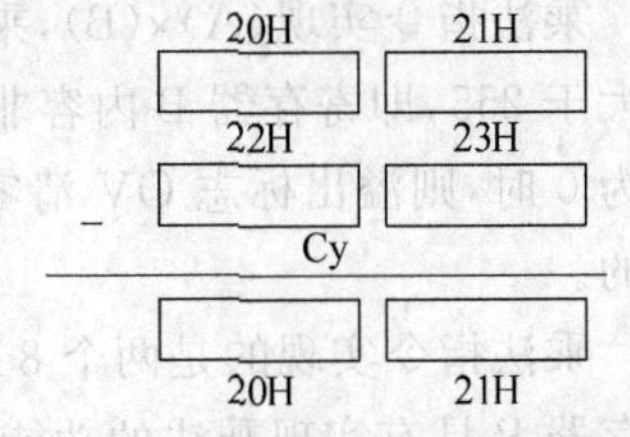

图 3.25　双字节二进制减法算法

```
MOV   R0,  #21H    ;指向被减数的低 8 位
MOV   R1,  #23H    ;指向减数的低 8 位
MOV   A,   @R0
CLR   Cy
SUBB  A,   @R1
MOV   @R0,  A      ;存结果的低 8 位
DEC   R0           ;修改单元地址
DEC   R1
MOV   A,   @R0
SUBB  A,   @R1
MOV   @R0,  A      ;存结果的高 8 位
```

例 3.35　2 位十进制数减法。

MCS-51 单片机没有十进制数减法指令。为了实现十进制数减法，引入十进制数补码，采用补码相加的方法实现。例如：

$$67-34=67+[-34]_{补}$$

在二进制求反码时，数符 1 的反码为 0，0 的反码为 1。按照这样的规律类比，十进制时，数符 0 的反码为 9，1 的反码为 8，2 的反码为 7，……，9 的反码为 0，那么，

$$[-34]_{反}=65$$

$$[-34]_{补}=[-34]_{反}+1=66$$

这样，$67-34=67+[-34]_{补}=67+66=133$，如果将最高位丢弃，运算结果是准确无误的。实际上，2 位十进制数的补码还可以采用另外一种简捷的方法，如：

$$[-34]_{补}=100-34=66$$

上述过程还可以写成：

$$[-34]_{补}=100-34=99-34+1=65+1=66$$

进一步也可写成：

$$[-34]_{补}=99+1-34\Rightarrow 9A-34=66$$

通过以上分析，可以得到 2 位十进制数减法的算法。设 2 位十进制数 x 和 y 分别为被减数和减数，$x \geqslant y$，差为 z，那么：

$$z = x - y = x + [-y]_{补} = x + 100 - y = x + 99 + 1 - y \Rightarrow x + 9\text{A} - y$$

这个算法分两步,第一步是求补码,实质上是一个二进制数减法,第二步是十进制数加法。程序如下:

```
MOV   A,   #9AH
CLR   C              ;清进位位
SUBB  A,   R5        ;减数 y 存放在 R5 中,求出的补码在累加器 A 中
ADD   A,   R4        ;被减数 x 存放在 R4 中
DA    A              ;调整十进制数加法运算的结果
MOV   R6,  A         ;差 z 存放在 R6 中
```

3. 乘法指令

```
MUL   AB ;
```

乘法指令实现(A)×(B),乘积的高8位存储在寄存器B中,低8位在累加器A中,若乘积大于255,即寄存器B内容非0时,则溢出标志OV置1;若乘积小于255,即寄存器B内容为0时,则溢出标志OV清零。不论在哪种情况下,乘法指令执行结束时,Cy总是被清零的。

乘法指令实现的是两个8位无符号二进制数相乘,结果是两个字节。只有累加器A和寄存器B具有实现乘法的功能,其他寄存器和单元不能直接实现。

例 3.36 已知(A)=4EH,(B)=5DH,执行指令“MUL AB”后的结果是:(B)=1CH,(A)=56H,(OV)=1,(Cy)=0。

例 3.37 已知 x 存放在 20H 单元,y 存放在 21H 单元,求 x×y。

```
MOV   A,   20H       ;取被乘数 x
MOV   B,   21H       ;取乘数 y
MUL   AB
MOV   22H,  A        ;乘积的低 8 位
MOV   23H,  B        ;乘积的高 8 位
```

例 3.38 已知 x 存放在 R2 和 R3 中,高8位在 R2 中,y 存放在 R1,求 x×y,乘积结果存在 R4,R5,R6 中。

图 3.26 是从多位十进制数乘法类比推理得到的多字节乘以单字节的实现算法。多字节乘法算法与手算十进制数乘法的方法是相同的,只不过用一个字节代替了十进制数的一位。

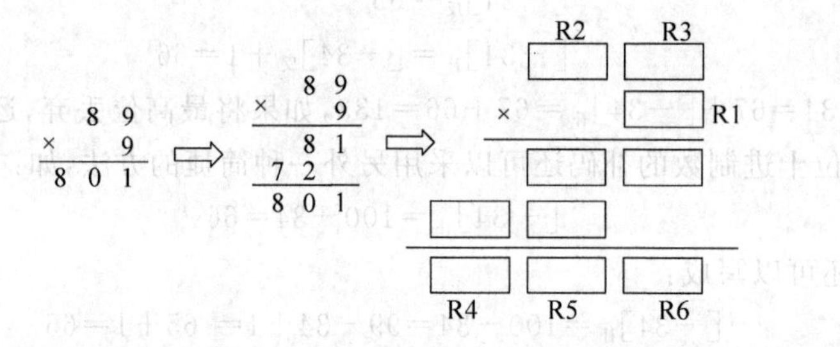

图 3.26 多字节乘以单字节的实现算法

程序如下:

```
MOV   A,   R3        ;x 的低 8 位
```

```
MOV   B,  R1        ;乘数 y
MUL   AB
MOV   R6,  A        ;乘积的低 8 位
MOV   R5,  B        ;暂存中间结果
MOV   A,  R2        ;x 的高 8 位
MOV   B,  R1        ;乘数 y
MUL   AB
ADD   A,  R5        ;求乘积的中 8 位
MOV   R5,  A        ;存储乘积的中 8 位
MOV   A,  #00
ADDC  A,  B         ;计算乘积的高 8 位,把中 8 位运算产生的进位计入高 8 位
MOV   R4,  A        ;存储乘积的高 8 位
```

4. 除法指令

```
DIV   AB
```

除法指令实现累加器 A 内容除以寄存器 B 的内容。指令执行后,商在累加器 A 中,余数在寄存器 B 中。若除数寄存器 B 的内容为 0,则标志 OV 置 1；若寄存器 B 的内容不为 0,则标志 OV 清零；除法指令执行后,Cy 被清零。

除法指令实现的是两个 8 位无符号的二进制数相除,商和余数也是 8 位无符号二进制整数。只有累加器 A 和寄存器 B 具有实现除法的功能,其他寄存器和单元不能直接实现。

例 3.39　已知(A)＝11H,(B)＝04H,执行指令"DIV AB"后的结果是：(B)＝01H,(A)＝04H,(Cy)＝0,(OV)＝0。

例 3.40　已知 x 存放在 20H 单元,y 存放在 21H 单元,求 x/y。

```
MOV   A,  20H       ;取被除数 x
MOV   B,  21H       ;取除数 y
DIV   AB
MOV   22H,  A       ;商存在 22H 单元
```

例 3.41　把 R7 中的二进制数转换为十进制数,并以压缩 BCD 码的格式存放到 R4 和 R5 中。

一个字节无符号二进制数的取值范围为 00H～0FFH,对应的十进制数为 0～255,以二进制数 0FEH 为例,它除以 100,商即为其十进制数的百位"2",余数为 36H(54)。然后,余数再除以 10,由本次运算的商和余数就可以得到其十进制数的十位和个位。压缩 BCD 码存储格式是用一个单元存储 2 位十进制数,组装上述运算得到的十进制数各位,结果为：百位"02"存在 R4 中,十位与个位"54"存在 R5 中。程序如下：

```
MOV   A,  R7        ;取被转换的二进制数
MOV   B, #100       ;
DIV   AB            ;被转换数除以 100,商为百位数
MOV   R4,  A        ;转换的百位数存到 R4
MOV   A,  B         ;取余数
MOV   B,  #10       ;
DIV   AB            ;被余数除以 10,商为十位数,余数为个位数
SWAP  A             ;
ADD   A,  B         ;变换成压缩 BCD 码格式
```

```
MOV   R5,  A          ;十进制数的十位、个位
```

例 3.42 4位十进制数以压缩BCD码的形式存储在R4和R5中，高位在R4中，把该数转化为分离式BCD码的形式，存储在30H单元开始的区域。

BCD码是十进制数符的4位二进制编码，如23，它的压缩BCD码是0010 0011，写成分离式BCD码形式，即用一个字节表示一位十进制数，其结果是0000 0010，00000011。因此，一个字节的压缩BCD码分离方法是：用该字节除以16，商为该字节高位对应的BCD码，余数为该字节低位对应的BCD码。程序如下：

```
MOV   R0,#30H         ;设置分离式BCD存储区首地址，千位
MOV   A,R4            ;取千、百位分离
MOV   B,#10H
DIV   AB
MOV   @R0,A           ;存千位
INC   R0              ;修改存储单元地址
MOV   @R0,B           ;存百位
INC   R0              ;修改存储单元地址
MOV   A,R5            ;取十位、个位分离
MOV   B,#10H
DIV   AB
MOV   @R0,A           ;存十位
INC   R0
MOV   @R0,B           ;存个位
```

3.3.4 逻辑运算指令

逻辑运算指令可以完成与、或、异或、清零、求反和左右移位等操作。

1. 由累加器A实现的逻辑操作指令

1) 累加器A清零指令

```
CLR   A
```

把累加器A的内容清零，只影响标志位P。与“MOV A，#00H”的执行结果相同。

2) 累加器A取反指令

```
CPL   A
```

累加器A的内容按位取反，不影响任何标志位。

例 3.43 设(A)=56H (01010110B)，执行命令“CPL A”，结果为A9H(10101001B)。

3) 累加器A循环左移指令

```
RL    A
```

把累加器A的内容循环左移1位，最高位移入最低位，指令操作不影响标志位。操作如图3.27所示，当(A)≤07FH时，左移1位相当于(A)乘以2。

例 3.44 若(A)=33H，(Cy)=1，则执行指令“RL A”后，(A)=66H，(Cy)=1。

4) 累加器A带进位位循环左移指令

```
RLC   A
```

把累加器 A 的内容连同进位位 Cy 左移 1 位，累加器 A 的最高位移入进位位 Cy，而 Cy 原来的内容被移入累加器 A 的最低位，如图 3.28 所示。该指令每次只移动 1 位，影响标志位 Cy 和 P。

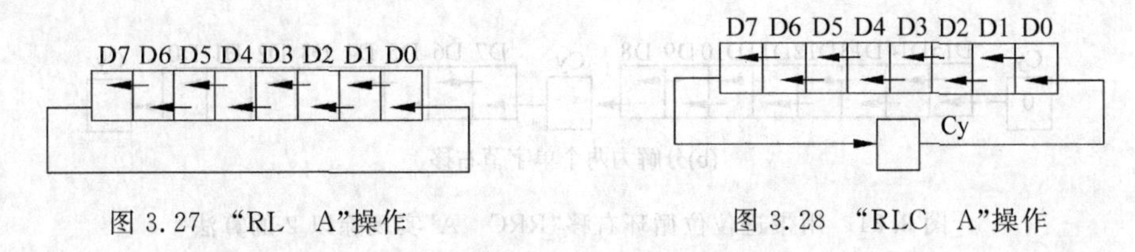

图 3.27 “RL A”操作　　图 3.28 “RLC A”操作

如若(A)＝33H，(Cy)＝1，则执行指令“RLC A”后，(A)＝67H，(Cy)＝0。

例 3.45 设 x 存在于 33H 单元中，采用移位指令求 2x。

在二进制中，最低位补 0 左移一位，其结果为原数的 2 倍。程序如下：

```
MOV   A,  33H        ;取 x
CLR   Cy
RLC   A
MOV   20H,  A        ;结果的低 8 位
CLR   A;
RLC   A              ;处理进位
MOV   21H,  A        ;结果的高 8 位
```

5）累加器 A 循环右移指令

```
RR    A
```

把累加器 A 的内容右移 1 位，最低位移入最高位，如图 3.29 所示，该指令操作不影响任何标志位，当(A)为偶数时，右移 1 位相当于(A)除以 2。

若(A)＝33H，(Cy)＝1，则执行指令“RR A”后，(A)＝99H，(Cy)＝1。若(A)＝38H，(Cy)＝1，则执行指令“RR A”后，(A)＝1CH，(Cy)＝1，累加器 A 的内容是原来的一半。

6）累加器 A 带进位位循环右移指令

```
RRC   A
```

累加器 A 的内容连同进位位 Cy 被右移 1 位，最低位移入 Cy，而 Cy 原来的状态被移入累加器 A 的最高位，如图 3.30 所示。指令执行时影响标志位 Cy 和 P。

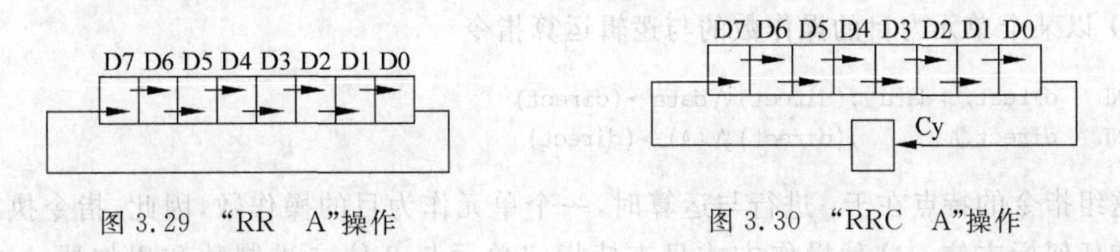

图 3.29 “RR A”操作　　图 3.30 “RRC A”操作

例 3.46 多字节二进制数除以 2。

在二进制中，最高位补 0 右移一位，其结果为原数的 1/2。图 3.31 是用指令“RRC A”实现 16 位二进制数除以 2 的算法。因为“RRC A”仅能实现 8 位右移，因此，需要将多字节分解成多个单字节。

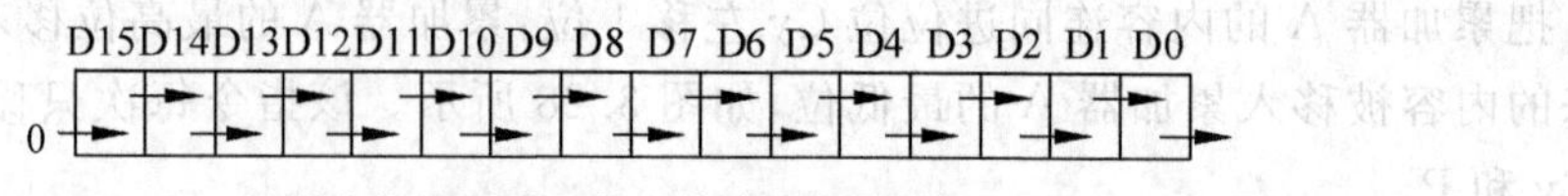

(a)最高位补0右移一位，其结果为原数的1/2

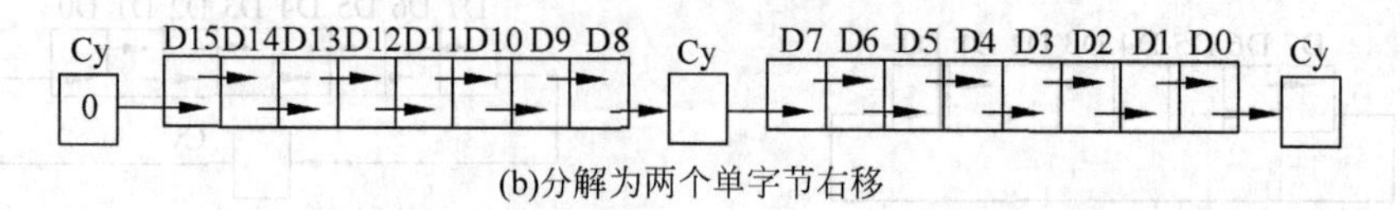

(b)分解为两个单字节右移

图3.31 用带进位位循环右移"RRC A"实现除以2的算法

设二进制数存放在R5和R6中,结果仍存放在原处,程序如下:

```
MOV    A,  R5         ;高8位
CLR    C
RRC    A
MOV    R5,  A         ;商的高8位
MOV    A,  R6         ;低8位
RRC    A
MOV    R6,  A         ;商的低8位
```

实际上,程序执行完后,(Cy)为余数。

2. 与逻辑运算指令

与逻辑运算指令的一般形式为:

```
ANL    目的操作数,源操作数;
```

这组指令实现两个8位二进制数的与运算,除了累加器A可作为目的操作数,单元也可以作为目的操作数。

1) 以累加器A为目的操作数的与逻辑运算指令

```
ANL    A,#data        ;(A)∧data→(A)
ANL    A,Rn           ;(A)∧(Rn)→(A), n=0～7
ANL    A,direct       ;(A)∧(direct)→(A)
ANL    A,@Ri          ;(A)∧[(Ri)]→(A), i=0,1
```

这是两个8位二进制数相与的运算,运算结果存储在累加器A中,由于与运算不产生进位,这4条指令执行时仅影响标志位P。

2) 以某个单元为目的操作数的与逻辑运算指令

```
ANL    direct,#data   ;(direct)∧data→(direct)
ANL    direct,A       ;(direct)∧(A)→(direct)
```

这组指令的特点在于:进行与运算时,一个单元作为目的操作数,因此,指令执行时不会影响任何标志位。这种操作方式只支持指定单元与8位二进制数和累加器A之间的运算。

设d_i(i=7～0)为8位二进制数的1位数,进行与运算时:

$$d_i \land 0 = 0$$

$$d_i \land 1 = d_i$$

因此，与运算常用于使某些位清零，实现屏蔽操作。如果要屏蔽某位，就把该位和0相与，要保留，则和1相与。

例3.47　设累加器A的内容为0CBH(11001011B)，30H单元的内容为0AAH(10101010B)，执行指令“ANL A,30H”后，累加器A的内容是多少？

指令执行过程如图3.32所示，累加器A的内容为8AH。

```
  1100 1011  (A)
^ 1010 1010
  1000 1010  (A)
```

图3.32　“ANL　A,30H”的执行过程

例3.48　在单片机应用系统中，希望把从P1口读取的数据的0,3,5,6位状态保留，其他位状态屏蔽。

根据题意，保留P1口的0,3,5,6位的状态的屏蔽码为01101001B，程序如下：

```
MOV   P1, #0FFH            ;P1口全写1,设置为输入状态
MOV   20H, P1              ;把从 P1 口地区的状态存入 20H 单元
ANL   20H, #01101001B      ;屏蔽无用位,保留 0,3,5,6 位
```

例3.49　在单片机应用系统中，希望保留P1口的0,3,5,6位状态，其他位状态屏蔽。

```
ANL   P1, #01101001B       ;屏蔽无用位,保留 0,3,5,6 位,运算结果写入 P1 寄存器并从 P1 输出
```

上述指令执行时，首先读取P1寄存器的状态，再进行与运算，然后再把运算结果写入寄存器P1，并从P1口输出，P1.1，P1.2，P1.4，P1.7被清零了，输出低电平。

例3.50　已知2位十进制数以压缩BCD码格式存放在30H单元，把2位数分开，以分离BCD码形式分别存放在两个单元20H和21H中。

设21H,20H单元分别存十位数和个位数的BCD码，根据题目要求，程序如下：

```
MOV   A,   30H
ANL   A,   #0F0H           ;取十位
SWAP  A                    ;把 BCD 码转移到低 4 位
MOV   21H,   A             ;存十位的 BCD 码
MOV   A,   30H
ANL   A,   #0FH            ;取个位
MOV   20H,   A             ;存个位的 BCD 码
```

3. 或逻辑运算指令

或逻辑运算指令的一般形式为：

```
ORL   目的操作数,源操作数
```

这组指令实现两个8位二进制数的或运算，除了累加器A可作为目的操作数，单元也可以作为目的操作数。

1) 以累加器A为目的操作数的或逻辑运算指令

```
ORL   A,#data              ;(A)∨data→(A)
ORL   A,Rn                 ;(A)∨(Rn)→(A),n=0～7
ORL   A,direct             ;(A)∨(direct)→(A)t
ORL   A,@Ri;               ;(A)∨[(Ri)]→(A),i=0,1
```

这是两个8位二进制数相或的运算，运算结果存储在累加器A中，由于或运算不产生进位，指令执行时仅影响标志位P。

2) 以某个单元为目的操作数的或逻辑运算指令

```
ORL    direct,#data         ;(direct)∨data→(direct)
ORL    direct,A             ;(direct)∨(A)→(direct)
```

这组指令在进行或运算时，一个单元作为目的操作数，指令执行时不会影响任何标志位。这种操作方式只支持指定单元与8位二进制数和累加器A之间的运算。

设 d_i (i=7～0)为8位二进制数的1位数，进行或运算时：

$$d_i \vee 0 = d_i$$
$$d_i \vee 1 = 1$$

因此，或运算常用于使某些位置1，实现置位操作。如果要使某位置位，就把它与1相或。

例 3.51 设累加器A的内容为0D3H，把它的低4位置1。

```
ORL    A,#0FH
```

执行过程见图3.33，指令执行后A的内容为0DFH。

```
  1101 0011    (A)
∨ 0000 1111    0FH
  1101 1111    (A)
```

图 3.33 "ORL A,#0FH"的执行过程

例 3.52 把累加器A的低4位由P1口的低4位输出，并且保持P1口的高4位不变。

根据题目要求，程序如下：

```
ANL    A, #00001111B        ;提取A的低4位
MOV    R7,  A               ;暂存A的低4位
MOV    A,  P1               ;读取P1口
ANL    A,  #11110000B       ;保留P1高4位,屏蔽低4位
ORL    A,  R7               ;合并
MOV    P1,  A               ;输出
```

例 3.53 2位用ASCII表示的十进制数分别存放在40H和41H单元，41H单元存放十位数，把它们转换成2位BCD码，并以压缩BCD码格式存放在40H单元。

十进制数符0～9的ASCII码为30H～39H，因此，只要屏蔽它的高4位就可以得到该数符的BCD码。程序如下：

```
ANL    40H,  #0FH           ;屏蔽个位ASCII码的高4位,得到个位的BCD码
MOV    A,  41H
ANL    A,  #0FH             ;屏蔽高位ASCII码的高4位,得到十位的BCD码
SWAP   A                    ;把十位数的BCD码转移到高4位
ORL    40H,  A              ;组装压缩BCD码格式的2位数,并存到40H单元
```

4. 异或逻辑运算指令

异或逻辑运算指令的一般形式为：

```
XRL    目的操作数,源操作数
```

这组指令实现两个8位二进制数的异或运算，除了累加器A可作为目的操作数，单元也可以作为目的操作数。

1) 以累加器A为目的操作数的异或逻辑运算指令

```
XRL    A,#data              ;(A)⊕data→(A)
XRL    A,Rn                 ;(A)⊕(Rn)→(A),n=0～7,
```

```
XRL   A,direct            ;(A)⊕(direct)→(A)
XRL   A,@Ri;              ;(A)⊕[(Ri)]→(A),i=0, 1
```

这是两个8位二进制数的异或运算，运算结果存储在累加器A中，由于异或运算不产生进位，因此，指令执行时仅影响标志位P。

2）以某个单元为目的操作数的异或逻辑运算指令

```
XRL   direct,#data        ;(direct) ⊕data→(direct)
XRL   direct,A            ;(direct) ⊕(A)→(direct)
```

这组指令把一个单元作为目的操作数，指令执行时不会影响任何标志位。这种操作方式只支持指定单元与8位二进制数和累加器A之间的运算。

设d_i(i=7～0)为8位二进制数的1位数，进行异或运算时：

$$d_i \oplus 0 = d_i$$

$$d_i \oplus 1 = \overline{d_i}$$

因此，异或运算常用于使某些位取反。如果某位与1相异或，就把该位取反；与0相异或，则可以保持该位原来的状态不变。

例3.54 累加器A的内容为0C3H(11000011B)，寄存器R0的内容为0AAH，执行指令“XRL A, R0”，累加器A的内容是多少？

指令执行过程如图3.34所示，累加器A的内容为69H。

```
  1100 0011    (A)
⊕ 1010 1010    (R0)
-----------
  0110 1001    (A)
```

图3.34 “XRL A,R0”的执行过程

例3.55 已知一个负数的原码存放在30H单元，求它的补码。

负数求补码的步骤是：先求该数的反码，然后反码加1。求反码可以采用以下3种方法：

(1) 采用异或指令，最高位与0异或以保留符号位，数值位与1异或取反。

(2) 采用取反指令，所有位均取反，然后最高位置1以实现保持符号位不变的目的。

(3) 采用算术方法，先把负数取绝对值，即最高位清零，然后用0FFH减去它。

综上所述，求存储在30H单元负数补码的程序如下：

程序1：

```
MOV   A,   30H
XRL   A,   #01111111B     ;求反码：保留符号位，数值位按位取反
ADD   A,   #01            ;补码 = 反码 + 1
MOV   30H,  A             ;存补码
```

程序2：

```
MOV   A,   30H
CPL   A                   ;求A的各位全部取反
ORL   A,   #10000000B     ;恢复符号位
ADD   A,   #01H           ;补码 = 反码 + 1
MOV   30H,  A             ;存补码
```

程序3：

```
ANL   30H, #01111111B ;求绝对值
```

```
MOV   A, #0FFH
CLR   C
SUBB  A, 30H                 ;求反码
ADD   A, #01H                ;求补码
MOV   30H,  A                ;存补码
```

例 3.56 已知单片机应用系统外部 RAM 的一个单元 80FDH,在应用程序中需要把该单元的第 5 位取反,第 6 位和第 4 位置 1,第 3 位和最低位清零。

80FDH 是单片机外部 RAM 的一个单元,要修改该单元的内容,必须把它的内容读入单片机,修改完成后,再写入原单元。用异或指令把第 5 位取反的异或码为 00100000B(20H);用与指令把第 3 位和最低位清零,相与码为 11110110B(0F6H);用或指令把第 6 位和第 4 位置 1,相或码为 01010000B(50H)。程序如下:

```
MOV   DPTR, #80FDH
MOVX  A,@DPTR               ;读 80FDH 单元的内容
XRL   A, #20H               ;第 5 位取反
ANL   A, #0F6H              ;第 3 位和最低位清零
ORL   A, #50H               ;第 6 位和第 4 位置 1
MOVX  @DPTR,A               ;输出
```

3.3.5 位操作指令

在硬件上,MCS-51 单片机的布尔处理是一个完整的系统,它包括位处理器、位寻址空间、可以位寻址的 I/O 口等。在位处理时,位累加器 C 借用了 PSW 的进位位 Cy,位寻址空间由内部 RAM 的 128 位(位地址 00H~7FH)和特殊功能寄存器区的可寻址位(位地址为 80H~FFH)提供。另外,所有的 I/O 口线都是可以位寻址的,每根口线可以当作独立的口使用。位操作指令支持对位的直接操作,包括位传送、位逻辑运算以及位控制转移指令,为逻辑处理提供了一种高效的方法,可使逻辑电路软件化,减少系统中元器件的数量,提高系统可靠性。本节介绍位传送和位运算指令,位控制转移指令将在 3.3.6 节介绍。

1. 位数据传送指令

```
MOV   C,bit                 ;(bit)→(C)
MOV   bit,C                 ;(C)→(bit)
```

位传送指令仅支持某 1 个指定位 bit 与布尔处理器 C 之间的状态传送,两个位之间不能直接进行状态传送,必须通过 C 来进行。

例 3.57 已知(Cy)=1,P3 口为输入,当前状态为 11000101B,P1 口为输出,先前写入的数据为 35H(00110101B),执行下列程序:

```
MOV   P1.3,  C
MOV   C,  P3.3
MOV   P1.2,  C
```

结果为:(Cy)=0,(P1)=39H (00111001B),P3 口状态保持不变。

例 3.58　把单片机内部 RAM 中的标志位状态从 P1.2 引脚输出，设标志位存储在 28H.0 位。

程序如下：

```
MOV   C,  28H.0              ;取标志位的状态
MOV   P1.2,  C               ;输出,P1.2 的状态取决于标志位的状态
```

2. 位修正指令

1）清零

```
CLR   C                      ;0→(C)
CLR   bit                    ;0→(bit)
```

这组指令把位累加器 C 或指定位 bit 的状态清零。因为 C 是 PSW 的最高位 Cy，也可用“CLR Cy”指令清零。

2）置位

```
SETB  C                      ;1→(C)
SETB  bit                    ;1→(bit)
```

这组指令把位累加器 C 或指定位 bit 的状态置 1。

3）取反

CPL　C　　　　　　;$(\overline{C})\rightarrow(C)$

CPL　bit　　　　　;$\overline{(bit)}\rightarrow(bit)$

这组指令是把位累加器 C 或指定位 bit 的状态取反，操作如图 3.35，功能上相当于非门。

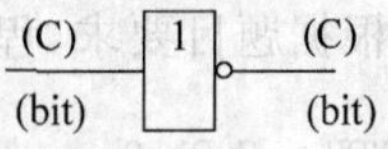

图 3.35　取反指令的功能

3. 位逻辑运算指令

1）位逻辑与运算指令

```
ANL   C,bi                   ;(C)∧(bit)→(C)
```

该指令把位累加器 C 与指定位 bit 的状态相与，运算结果存储在 C 中。指令操作如图 3.36 所示。

ANL　C,/bit　　　　;$(C)\wedge\overline{(bit)}\rightarrow(C)$

该指令把位累加器 C 与指定位 bit 的非状态相与，运算结果存储在 C 中。指令中斜杠线“/”表示对指定位 bit 的状态逻辑取反。指令的操作形式如图 3.37 所示。值得注意的是，指令执行并不改变指定位 bit 的状态。

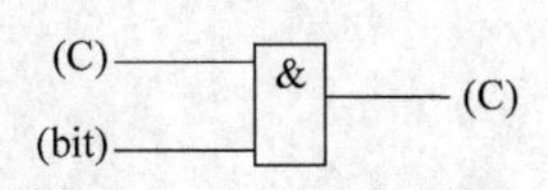

图 3.36　“ANL　C,bit”指令功能

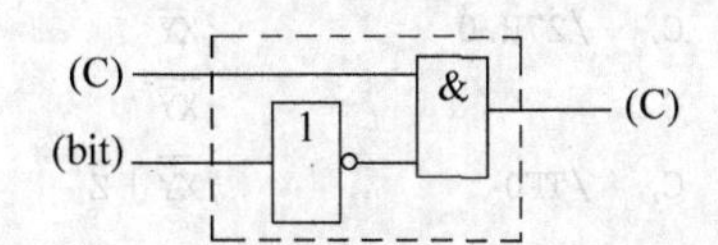

图 3.37　“ANL　C,/bit”指令功能

在与运算指令中，只有C能做该指令的目的操作数，两个位的状态不能直接相与。

例 3.59 当且仅当(P1.0)=1，(ACC.7)=1和(OV)=0时，把进位位Cy置1。

根据题目要求，程序如下：

```
MOV   C,P1.0          ;把引脚 P1.0 的状态送入位累加器 C 中
ANL   C,ACC.7         ;累加器 C 状态与 ACC.7 相与
ANL   C,/OV           ;当(OV) = 0、(P1.0) = 1、(ACC.7) = 1 时,(C) = 1
```

2）位逻辑或运算指令

```
ORL   C,bit           ;(C) ∧ (bit)→(C)
```

该指令把C与指定位bit的状态相或，运算结果存储在C中。指令操作如图3.38所示。

```
ORL   C,/bit          ;(C) ∧ ( / bit)→(C)
```

该指令把C与指定位bit的非状态相或，运算结果存储在位累加器C中，指令的执行不改变指定位bit的状态。指令操作如图3.39所示。

图3.38 “ORL C,bit”指令功能　　图3.39 “ORL C,/bit”指令功能

在或运算指令中，同样只有C能做目的操作数，两个位的状态是不能直接相或的。

例 3.60 当(P1.0)=1或者(ACC.7)=1或者(OV)=0时，把进位位Cy置1。

根据题目要求，程序如下：

```
MOV   C,P1.0          ;把引脚 P1.0 的状态送入位累加器 C 中
ORL   C,ACC.7         ;累加器 C 状态与 ACC.7 相或
ORL   C,/OV           ;当(OV) = 0 或(P1.0) = 1 或(ACC.7) = 1 时,(C) = 1
```

例 3.61 已知逻辑表达式：$Q=U(V+W)+\overline{X\overline{Y}}+\overline{Z}$，设$U$为P1.1，$V$为P1.2，$W$为P1.3，$X$为27H.1，$Y$为27H.0，$Z$为TF0，$Q$为P1.5。采用位操作指令实现该逻辑表达式。

根据逻辑表达式可得图3.40所示的电路，它也是程序设计的框图，框图设计时考虑了指令和逻辑门电路的关系。程序如下：

```
MOV   C,   P1.2       ;取 V
ORL   C,   P1.3       ;(V + W)
ANL   C,   P1.1       ;U(V + W)
MOV   20H.0,  C       ;暂存中间结果 U(V + W)于 20H 单元的第 0 位
MOV   C,   27H.1      ;取 X
ANL   C,   /27H.0     ;XȲ
CPL   C               ;¬(XȲ)
ORL   C,   /TF0       ;¬(XȲ) + Z̄
ORL   C,   20H.0      ;U(V + W) + ¬(XȲ) + Z̄
MOV   P1.5,  C        ;输出
```

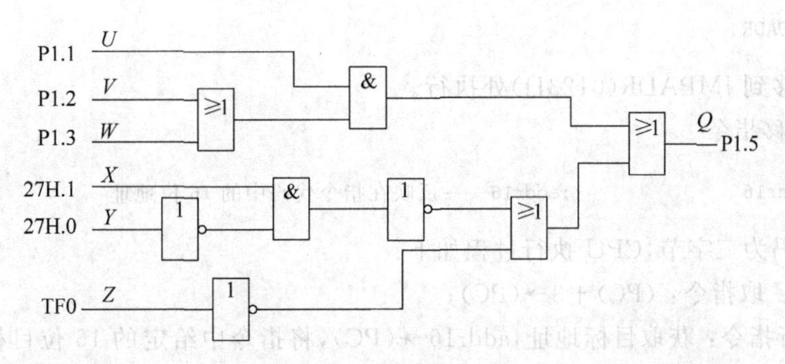

图 3.40 程序设计框图

3.3.6 控制转移指令

在工程应用中，自上而下的顺序模式程序只能实现一些简单的、用途有限的功能；通常程序总是伴随着逻辑判断，由判别结果决定下一步做什么。逻辑判断有两种结果：条件成立或条件不成立，这样，程序就有两种执行顺序。另外，为了实现某种意图，在程序中需要强制 CPU 转移到指定的模块去执行程序，改变程序执行的顺序。改变程序执行顺序是由控制转移指令实现的。MCS-51 单片机提供了丰富的控制转移指令，包括无条件转移指令、条件转移指令、循环控制转移指令以及调用返回指令。

CPU 执行程序时，执行顺序何时改变、如何转移、转移到何处等是由程序规定的，是用户意图的反映。了解指令功能和 CPU 执行过程有利于把这些指令合理、正确地运用于程序，实现设计意图。因此，本节除了介绍指令功能及其执行过程外，还介绍它们在程序中的使用方式和方法。

1. 无条件转移类指令

CPU 在执行程序的过程中，碰到该类型指令将“无条件”地根据指令的类型改变 PC 的内容，从而实现转移。共有 4 种不同类型，分别叙述如下：

1) 转移指令

```
AJMP  addr11              ;addr11——反映在指令代码中的 11 位地址
```

指令代码为两字节，CPU 执行过程如下：

(1) CPU 取指令：(PC)＋2→(PC)；

(2) 执行指令：获取目标地址并转移，$(PC)_{15\sim11}$ 作为目标地址的高 5 位，addr11→$(PC)_{10\sim0}$ 作为目标地址的低 11 位。即将 16 位目标地址送给 PC，程序转移到目标地址处执行。

该指令在指令代码中仅提供 11 位转移地址，因此，CPU 执行程序的转移范围为本条指令上下 2KB 的空间。CPU 执行程序时碰到该指令会立即转移到目标地址处。在程序中，该指令的使用方式为：

```
AJMP  LABEL
```

LABEL 在编程时指定目标标号或目标地址，要求程序无条件地转移到 LABEL 处。设标号 JMPADR 代表程序存储器单元地址 0123H，执行下列指令：

```
AJMP  JMPADR
```

程序转移到JMPADR(0123H)处执行。

2) 长转移指令

```
LJMP  addr16              ;addr16——反映在指令代码中的16位地址
```

指令代码为三字节,CPU执行过程如下:

(1) CPU取指令:(PC)+3→(PC);

(2) 执行指令:获取目标地址,addr16→(PC),将指令中给定的16位目标地址addr16送给PC,程序转移到目标地址addr16处执行。

CPU执行程序时,碰到该指令立即转移到指令指定的目标地址处执行程序。该指令提供16位转移地址,转移范围为64KB。该指令直接指出了要转移到的16位目标地址,因此,CPU可以转移到程序存储器64KB地址空间的任何单元。在程序中该指令的使用方式为:

```
LJMP LABEL
```

程序转移到标号LABEL处。

例3.62 长转移指令应用

```
…
INC   A
…
LJMP  LOOP1               ;无条件转移到LOOP1处执行程序
```

3) 短转移指令

```
SJMP  rel                 ;rel——反映在指令代码中的转移相对偏移量,补码
```

指令代码为两字节,CPU执行过程如下:

(1) CPU取指令:(PC)+2→(PC);

(2) 执行指令:获取目标地址并转移,(PC)+ rel→(PC)作为目标地址送给PC,程序转移到目标地址处执行。

指令代码中给定的转移相对偏移量rel为8位二进制补码,因此,该指令的转移范围是本条指令上方最远128B,下方最远127B。在程序中该指令的使用方式为:

```
SJMP  LABEL
```

程序转移到指定的标号LABEL处。

例3.63 短转移指令的应用

(1) 程序向下转移。在下面的程序中,CPU执行完第一条传送指令后,转移到LOOP2处,而不执行指令"INC A"。

```
START:    MOV A,  #00H
LOOP1:    SJMP LOOP2          ;程序转移到LOOP2处执行
          INC A
          …
LOOP2:    RL A
```

(2) 程序向上转移。在下面的程序中,CPU 执行完左移指令后,又返回到 LOOP1 处,周而复始地执行累加器 A 加 1 和左移的操作,程序进入了死循环。

```
START:   MOV A, #00H
LOOP1:   INC A
         RL A
LOOP2:   SJMP LOOP1    ;程序转移到 LOOP1 处执行
         …
```

在编程时,上述 3 种指令的功能是相同的,其功能与高级语言中的 GOTO 语句类似。3 条指令的区别在于它们的转移范围:LJMP 指令的转移范围为 64KB,可以转移到程序存储器的任何地方,AJMP 指令的转移范围为该指令上方和下方 2KB,而 SJMP 指令为本指令上方 128B、下方 127B。编程时只需在指令的助记符 LJMP、AJMP、SJMP 之后以标号或 16 位地址的形式指定目标地址,汇编系统在汇编时会把正确的目标地址格式添加在指令的指令代码中。如果给出的目标地址超出所用指令的转移范围,汇编系统会提示错误信息,用较大转移范围的指令替换原来的指令即可。

值得一提的是,目前大多数汇编系统支持"JMP LABEL"形式,它不是 MCS-51 的标准指令,是 LJMP/AJMP/SJMP 的一般形式,汇编系统汇编时会按照默认的指令方式(3 种指令中的一种)汇编程序,并把正确的目标地址格式添加在指令的指令代码中。

4) 间接转移指令

```
JMP   @A + DPTR
```

指令代码为 1 字节,CPU 执行过程如下:

(1) CPU 取指令:(PC)+1→(PC);

(2) 执行指令:获取目标地址并转移,(DPTR)+(A)→(PC) 作为目标地址送给 PC,程序转移到目标地址处执行。

该指令转移到的目标地址是由累加器 A(8 位无符号数)和数据指针 DPTR(16 位无符号数)的内容相加形成的。它可以根据运算结果(累加器 A 的内容)的不同,把程序转移到不同的位置,执行不同功能的程序,具有多分支转移功能,即散转功能,又叫散转指令。该指令执行时,不改变累加器 A 和 DPTR 的内容,也不影响任何标志位。

例 3.64 设应用系统的操作键盘上定义了 5 个功能键:FUN0~FUN4,它们对应的键值分别为 00H~04H,FUN0 按下时,执行处理程序 P_FUN0,FUN1 按下时,执行处理程序 P_FUN1,以此类推,如图 3.41 所示。

"JMP @ A + DPTR"具有散转功能,类似于高级语言的 CASE 或 SWITCH 语句,它可以根据变量或表达式的值,使程序转移到指定的标号处。

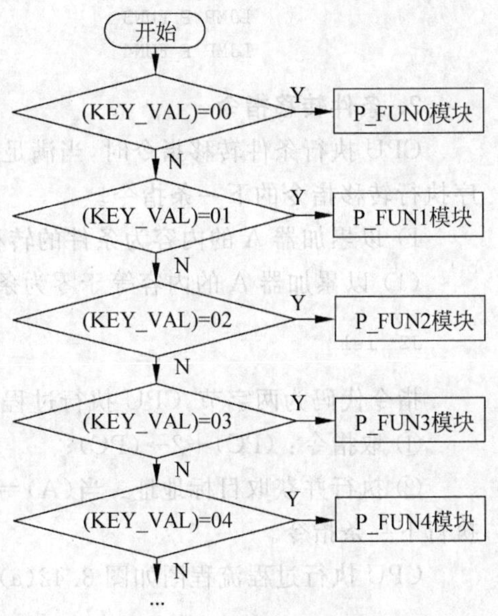

图 3.41 例 3.64 的执行过程流程图

设键按下后,键值存放在KEY_VAL单元,采用AJMP指令使程序转移到指定处理程序,为了便于分析,把指令代码与程序一起给出,程序从0200H单元开始存放。程序如下:

```
【地址】 【指令代码】 【标号】      【指令】                 【注释】
0200H    90 02 27                  MOV DPTR,#JMP_TABLE      ;设置转移表首地址
0203H    E5 40                     MOV  A, KEY_VAL          ;KEY_VAL 为 40H
0205H    23                        RL   A                   ;AJMP 指令代码为双字节,因
                                                            ;此键值乘以 2
0206H    73                        JMP @ A + DPTR
0207H    61 00       JMP_TABLE:    AJMP  P_FUN0             ;P_FUN0 模块入口地址为 0300H
0209H    81 00                     AJMP  P_FUN1             ;P_FUN1 模块入口地址为 0400H
020BH    A1 00                     AJMP  P_FUN2             ;P_FUN2 模块入口地址为 0500H
020DH    C1 00                     AJMP  P_FUN3             ;P_FUN3 模块入口地址为 0600H
020FH    E1 00                     AJMP  P_FUN4             ;P_FUN4 模块入口地址为 0700H
```

上述程序在运行过程中动态地确定程序转移的分支。设计程序时,事先把需要散转的分支建成一个由转移指令组成的表格,分支的选择由键值确定。由于AJMP指令代码为两字节,在检索分支时,把键值乘以2使程序能够正确地转移到指定的分支。

也可以采用LJMP指令使分支转移的范围更大一些,由于LJMP指令为三字节,计算转移目标地址时,键值应乘以3。程序如下:

```
                MOV   DPTR, #JMP_TABLE      ;设置转移表首地址
                MOV   A, KEY_VAL            ;KEY_VAL 内容为键值
                RL    A
                ADD   A, KEY_VAL            ;LJMP 指令代码为三字节,键值乘以 3
                JMP   @ A + DPTR
JMP_TABLE:      LJMP P_FUN0                 ;P_FUN0 模块入口
                LJMP P_FUN1                 ;P_FUN1 模块入口
                LJMP P_FUN2                 ;P_FUN2 模块入口
                LJMP P_FUN3                 ;P_FUN3 模块入口
                LJMP P_FUN4                 ;P_FUN4 模块入口
```

2. 条件转移指令

CPU执行条件转移指令时,当满足给定条件时,程序转移到目的地址处执行;否则,顺序执行转移指令的下一条指令。

1) 以累加器A的内容为条件的转移指令

(1) 以累加器A的内容等于零为条件的转移指令

```
JZ  rel
```

指令代码为两字节,CPU执行过程如下:

① 取指令:(PC)+2→(PC);

② 执行并获取目标地址:当(A)=0时,(PC)+rel→(PC),转移;当(A)≠0时,顺序执行下一条指令。

CPU执行过程流程图如图3.42(a)所示。编写程序时,该指令的使用方式为:

```
JZ  LABEL
```

编程使用方式的流程图如图3.42(b)所示。

(2) 以累加器 A 内容不等于零为条件的转移指令

```
JNZ   rel
```

指令代码为两字节,CPU 的执行过程如下:

① 取指令:(PC)+2→(PC);

② 执行并获取目标地址:当(A)≠0 时,(PC)+rel→(PC),转移;当时(A)=0,顺序执行下一条指令。

CPU 执行指令的流程图如图 3.43(a)所示。编写程序时,它的使用方式为:

```
JNZ  LABEL
```

编程使用方式的流程图如图 3.43(b)所示。

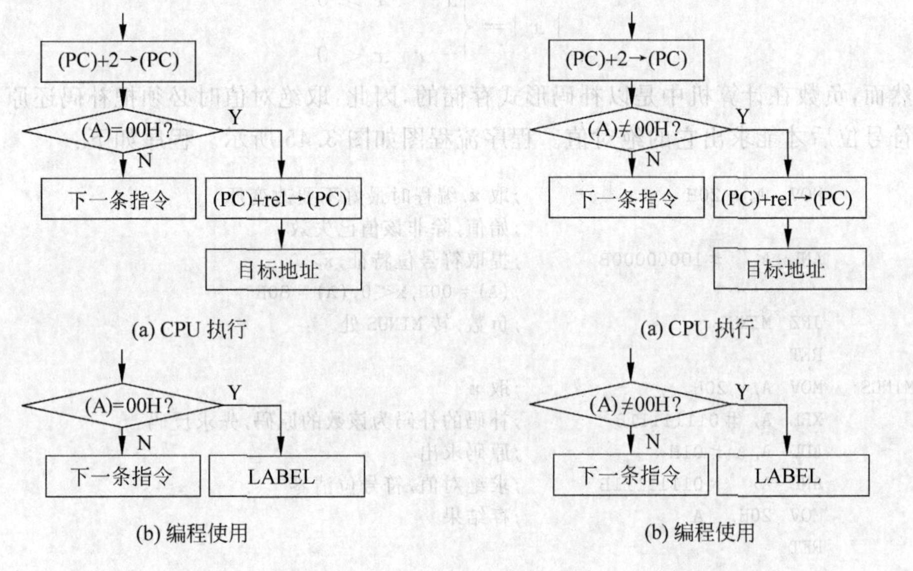

图 3.42　JZ 指令的流程图　　图 3.43　JNZ 指令的流程图

例 3.65　设无符号数 x 存放于 20H 单元,y 存放于 21H 单元,比较两个数 x、y 是否相等,若相等置标志位 F0 位为 1,否则,F0 清零。

解:比较两个数是否相等,最简单的方法是把两个数相减,若差为 0,则二者相等,否则,不相等。上述方法的程序流程图见图 3.44,程序如下:

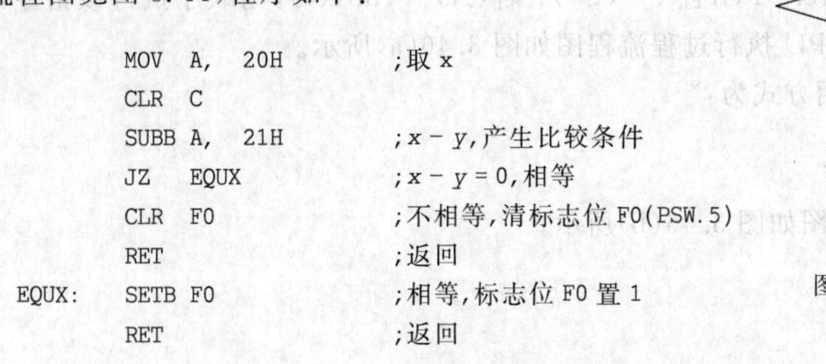

```
        MOV  A,  20H         ;取 x
        CLR  C
        SUBB A,  21H         ;x - y,产生比较条件
        JZ   EQUX            ;x - y = 0,相等
        CLR  F0              ;不相等,清标志位 F0(PSW.5)
        RET                  ;返回
EQUX:   SETB F0              ;相等,标志位 F0 置 1
        RET                  ;返回
```

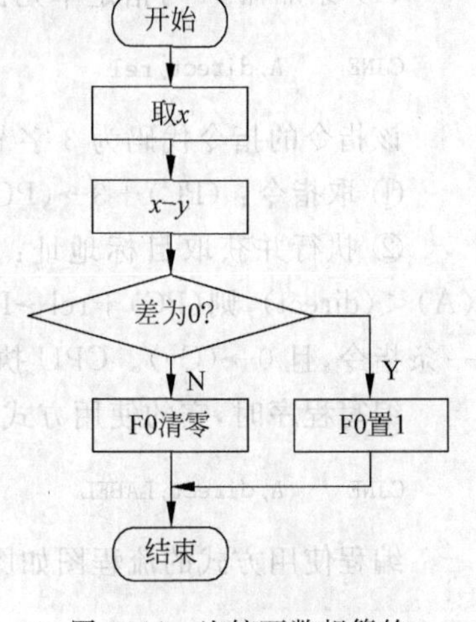

图 3.44　比较两数相等的程序流程图

例 3.65 也可以用 JNZ 指令实现，此时的判断条件是差不为0。这两种指令的判别对象为 A 的内容，判断条件是 A 的内容为 0 或不为 0，程序设计时，建立判断条件的途径如下：

(1) 数据传送，累加器 A 作为目的操作数的指令。

(2) 算术运算，加、减、乘、除指令。

(3) 逻辑运算，与累加器 A 有关的与、或、异或指令。

(4) 移位指令，与累加器 A 有关的移位指令。

例 3.66 一个数 x 以补码形式存放于 20H 单元，求这个数的绝对值后，仍然存放在 20H 单元。

解：取绝对值的运算可以表示为：

$$|x| = \begin{cases} x & x \geqslant 0 \\ -x & x < 0 \end{cases}$$

然而，负数在计算机中是以补码形式存储的，因此，取绝对值时必须把补码还原为原码，清除符号位后才能求出它的绝对值。程序流程图如图 3.45 所示。程序如下：

```
        MOV  A, 20H          ;取 x,编程时最好不要改变原
                             ;始值,除非该值已失效
        ANL A,   #10000000B  ;提取符号位特征,x≥0,
                             ;(A) = 00H,x<0,(A) = 80H
        JNZ  MINUS           ;负数,转 MINUS 处
        RET
MINUS:  MOV  A,  20H         ;取 x
        XRL  A, #01111111B   ;补码的补码为该数的原码,先求反码
        ADD  A,   #01H       ;原码求出
        ANL  A,   #01111111B ;求绝对值,符号位清零
        MOV  20H,  A         ;存结果
        RET
```

2) 比较转移指令

(1) 累加器 A 与指定单元比较的转移指令

```
CJNE    A,direct,rel
```

该指令的指令代码为 3 字节，CPU 执行过程为：

① 取指令：(PC)+3→(PC)；

② 执行并获取目标地址：若(A)>(direct)，则(PC)+rel→(PC)，且 0→(Cy)；若(A)<(direct)，则(PC)+rel→PC，且 1→(Cy)；若(A)=(direct)，则顺序执行该指令的下一条指令，且 0→(Cy)。CPU 执行过程流程图如图 3.46(a)所示。

编写程序时，它的使用方式为：

```
CJNE    A,direct,LABEL
```

编程使用方式的流程图如图 3.46(b)所示。

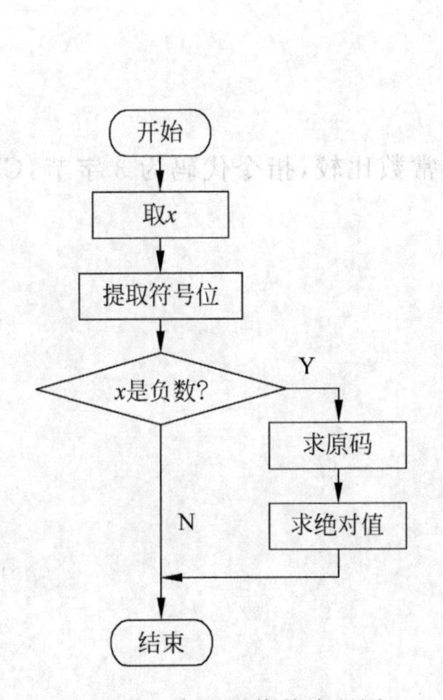

图 3.45 求绝对值的流程图

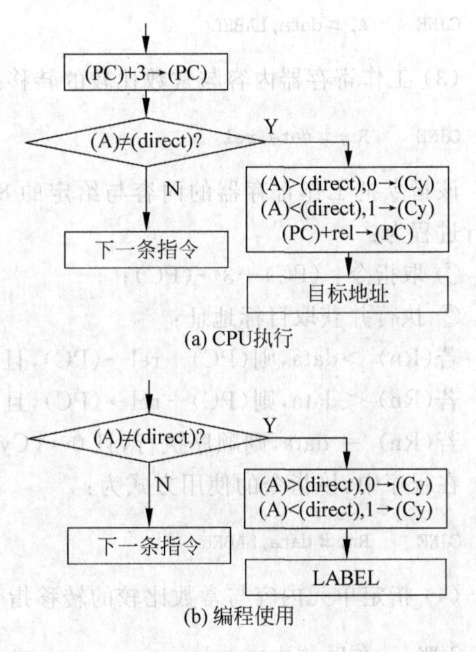

图 3.46 "CJNE A,direct,ret"指令的流程图

这条指令支持累加器A与指定单元的内容之间的比较,若二者不相等则转移,并且通过标志位Cy的状态指出了两个操作数的大小信息;如果二者相等,则顺序执行程序。比较的结果不传送,即不影响累加器A和指定单元的内容,但是指令执行时影响标志位Cy。

重新用CJNE指令实现例3.65,程序如下:

```
        MOV A,   20H
        CJNE A,  21H,  NEQ          ;比较 x 和 y,不相等转移到 NEQ
        SETB F0
        RET
NEQ:    CLR  F0
        RET
```

下列3种指令与前面介绍的比较指令的功能相似,不同的是它们支持工作寄存器或存储单元与给定的常数进行比较。

(2) 累加器A的内容与常数比较的转移指令

```
CJNE    A,#data,rel
```

该指令把累加器A的内容与给定的8位二进制常数比较,指令代码为3字节,CPU执行过程为:

① 取指令:(PC)+3→(PC);

② 执行并获取目标地址:

若(A)> data,则(PC)+rel→(PC),且0→(Cy);

若(A)< data,则(PC)+rel→(PC),且1→(Cy);

若(A)= data,则顺序执行,且0→(Cy)。

在程序中使用方式为:

```
CJNE    A, #data, LABEL
```

(3) 工作寄存器内容与常数比较的转移指令

```
CJNE    Rn, #data, rel
```

该指令把工作寄存器的内容与给定的8位二进制常数比较，指令代码为3字节，CPU执行过程为：

① 取指令：(PC)+3→(PC)；

② 执行并获取目标地址：

若(Rn) >data，则(PC)+rel→(PC)，且 0→(Cy)；

若(Rn) <data，则(PC)+rel→(PC)，且 1→(Cy)；

若(Rn) = data，则顺序执行，且 0→(Cy)。

在程序中，该指令的使用方式为：

```
CJNE    Rn, #data, LABEL
```

(4) 指定单元内容与常数比较的转移指令

```
CJNE    @Ri, #data, rel          ;i = 0,1
```

该指令把地址寄存器指定的内部RAM单元的内容与给定的8位二进制数比较。指令代码为3字节，CPU执行过程为：

① 取指令：(PC)+3→(PC)；

② 执行并获取目标地址：

若[(Ri)] >data，则(PC)+rel→(PC)，且 0→(Cy)；

若[(Ri)] <data，则(PC)+rel→(PC)，且 1→(Cy)；

若[(Ri)] =data，则顺序执行，且 0→(Cy)。

在程序中的使用方式为：

```
CJNE    @Ri, #data, LABEL        ;i = 0,1
```

例 3.67 从内部RAM的30H单元开始连续存储有20个无符号8位二进制数。统计这一组数据中00H的个数，结果存入60H单元。

CJNE类比较指令实现两个无符号的8位二进制数的比较，分析题目要求，得到的程序流程图如图3.47所示。程序如下：

```
        MOV  A,    #20           ;数据长度
        MOV  60H,   #00H         ;统计个数清零
        MOV  R0,   #30H          ;设置数据块首地址
NEXT:   CJNE @R0, #00H, GOON     ;逐个取单元并比较
        INC  60H                 ;统计单元内容为00H的个数
GOON:   INC  R0                  ;修改地址
        DEC  A                   ;数据长度减1
        JNZ  NEXT                ;比较完否?
        RET
```

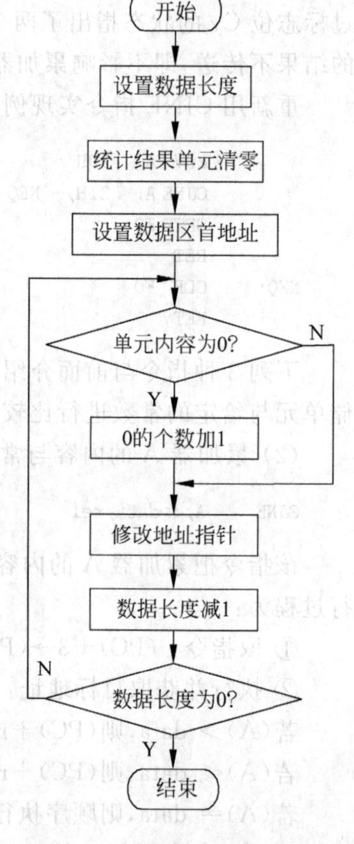

图3.47 例3.67的程序流程图

例 3.68 x 和 y 以补码形式分别存储在 R0 和 R1 中，求：

$$y=\begin{cases}1 & x>0\\0 & x=0\\-1 & x<0\end{cases}$$

0 的补码为 00H，负数的补码最高位为 1，正数的补码最高位为 0，根据题意，程序的设计流程框图如图 3.48 所示。

```
            CJNE R0,   #00,   NON_ZERO          ;x 是否为 0
            MOV  R1, #00                        ;x = 0,  y = 0
            RET
NON_ZERO:   MOV  A,   R0                        ;取 x
            ANL  A,   #10000000B                ;提取符号位信息
            CJNE A,   #80H,   GT0               ;x 是否大于 0
            MOV  R1, #0FFH                      ;x<0, y = -1, -1 的补码为 0FFH
            RET
  GT0:      MOV  R1, #01H                       ;x>0, y = 1,
            RET
```

3）以进位位 Cy 状态为判别条件的转移指令

(1) 以 Cy 状态是 1 为判别条件的转移指令

```
JC   rel
```

该指令的指令代码为 2 字节，CPU 执行过程为：

① 取指令：(PC)＋2→(PC)；

② 执行并获取目标地址：若(Cy)＝1，则(PC) ＋rel→(PC)；若(Cy)＝0，则顺序向下执行。

CPU 执行过程流程图如图 3.49(a) 所示。

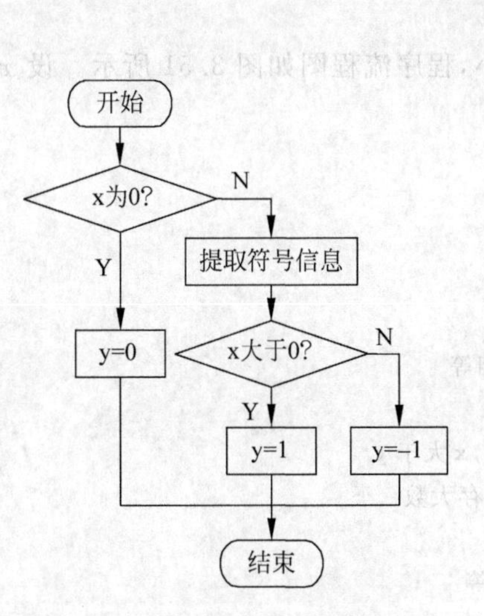

图 3.48 例 3.68 的程序的流程框图

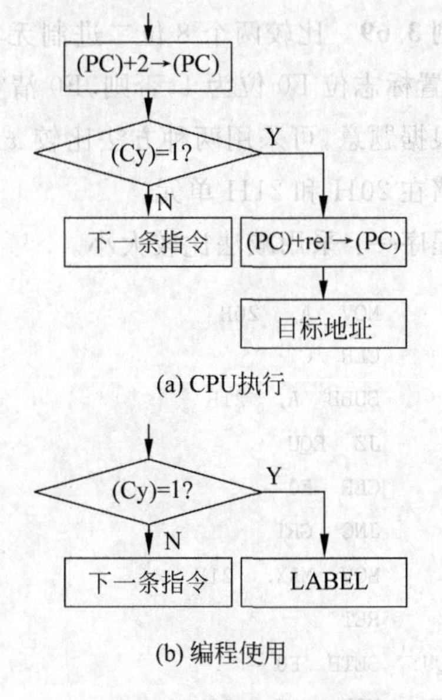

图 3.49 JC 指令的流程图

该指令在程序中的使用方式为：

```
JC  LABEL
```

编程使用方式的流程图如图3.49(b)所示。

(2) 以Cy状态是0为判别条件的转移指令

```
JNC  rel
```

该指令的指令代码为2字节，CPU执行过程为：

① 取指令：(PC)+2→(PC)；

② 执行并获取目标地址：

若(Cy)=0，则(PC)+rel→(PC)；

若(Cy)=1，则顺序向下执行。

CPU执行过程流程图如图3.50(a)所示。

该指令在程序中的使用方式为：

```
JNC  LABEL
```

编程使用方式的流程图如图3.50(b)所示。

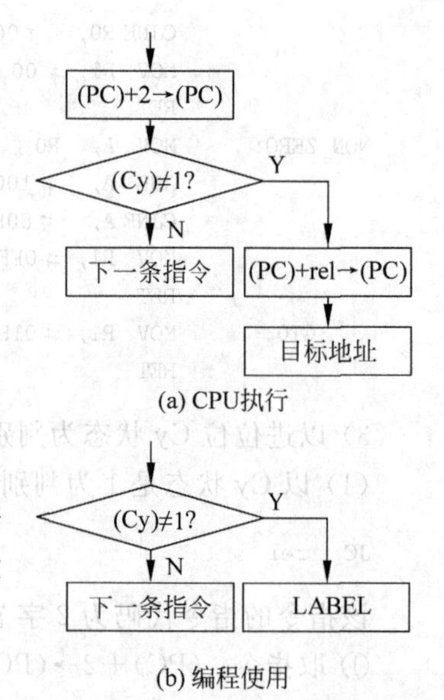

图3.50 JNC指令的流程图

以上两种以进位标志Cy的状态为判断条件，满足条件则转移到目标地址处。在程序设计时，建立判断条件的途径如下：

(1) 位传送：MOV C，bit。

(2) 算术运算(加、减法指令)：ADD/ADDC/SUBB。

(3) 带进位移位的指令：RLC A，RRC A。

(4) 位逻辑运算：与、或运算。

例3.69 比较两个8位二进制无符号数x、y的大小，并将大数存放在MAX单元，若相等，置标志位F0位为1，否则，F0清零。

根据题意，可采用两种方法比较x、y的大小，程序流程图如图3.51所示。设x和y分别存储在20H和21H单元。

程序一：采用减法比较大小。

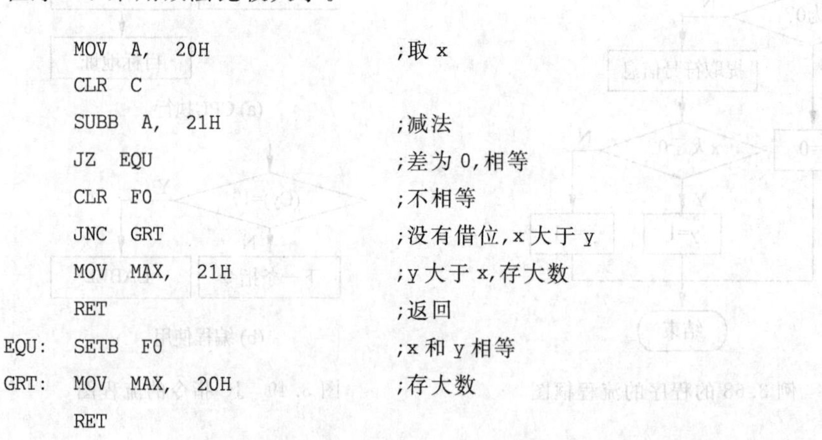

```
        MOV  A,  20H             ;取x
        CLR  C
        SUBB  A,  21H            ;减法
        JZ  EQU                  ;差为0,相等
        CLR  F0                  ;不相等
        JNC  GRT                 ;没有借位,x大于y
        MOV  MAX,  21H           ;y大于x,存大数
        RET                      ;返回
EQU:    SETB  F0                 ;x和y相等
GRT:    MOV  MAX,  20H           ;存大数
        RET
```

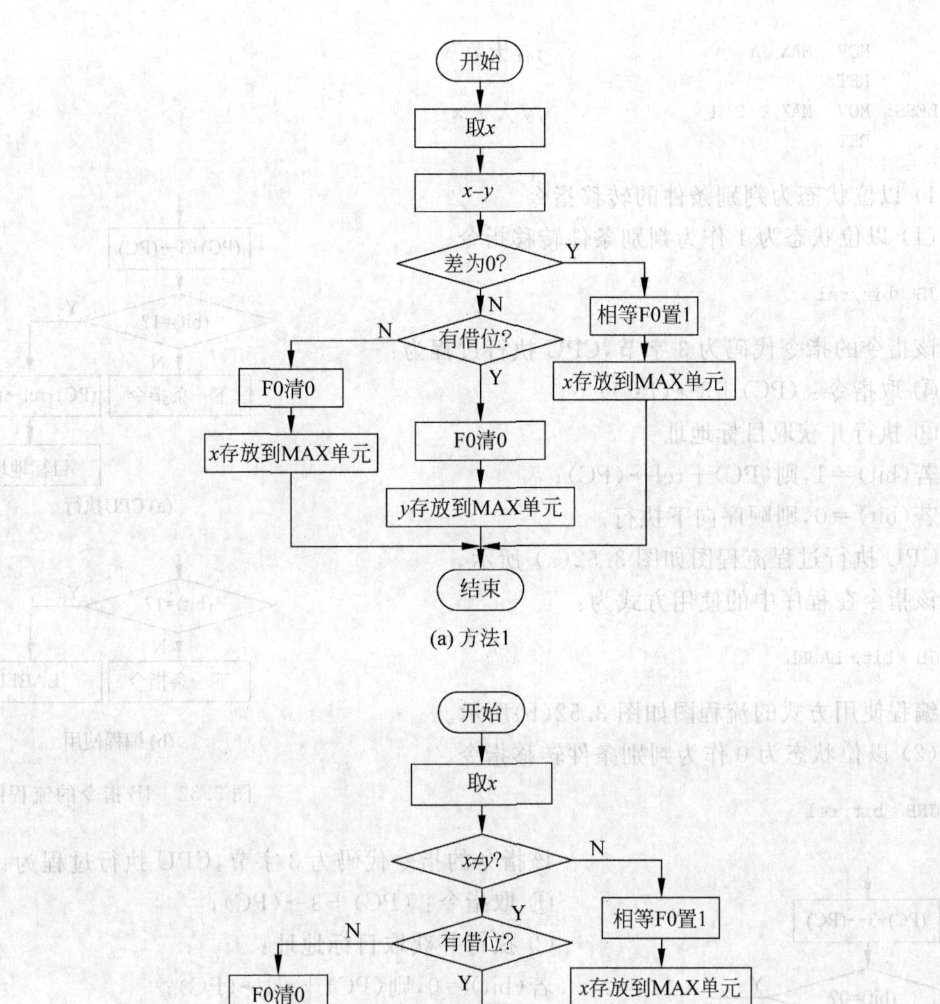

(a) 方法1

(b) 方法2

图 3.51　JB 指令的流程图

程序二：采用比较指令。

```
        MOV  A,  20H            ;取 x
        CJNE  A,  21H,  NEQ     ;比较 x 和 y 是否相等
        SETB  F0                ;相等
        MOV  MAX, A             ;存大数
        RET                     ;返回
NEQ:    CLR  F0                 ;不相等, F0 清零
        JC LESS                 ;(Cy) = 1, y 大于 x
```

```
      MOV  MAX, A                    ;存大数
      RET
LESS: MOV  MAX,  21H                 ;y大于x
      RET
```

4）以位状态为判别条件的转移指令

(1) 以位状态为1作为判别条件转移指令

```
JB  bit,rel
```

该指令的指令代码为3字节,CPU执行过程为:

① 取指令:(PC)+3→(PC);

② 执行并获取目标地址:

若(bit)=1,则(PC)+rel→(PC);

若(bit)=0,则顺序向下执行。

CPU执行过程流程图如图3.52(a) 所示。

该指令在程序中的使用方式为:

```
JB  bit, LABEL
```

编程使用方式的流程图如图3.52(b)所示。

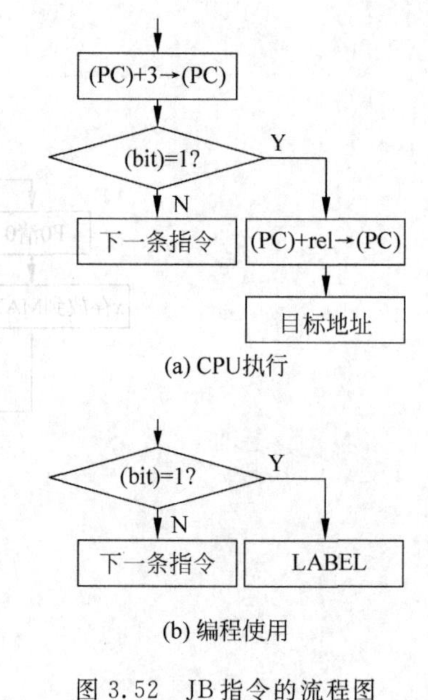

图3.52 JB指令的流程图

(2) 以位状态为0作为判别条件转移指令

```
JNB  bit,rel
```

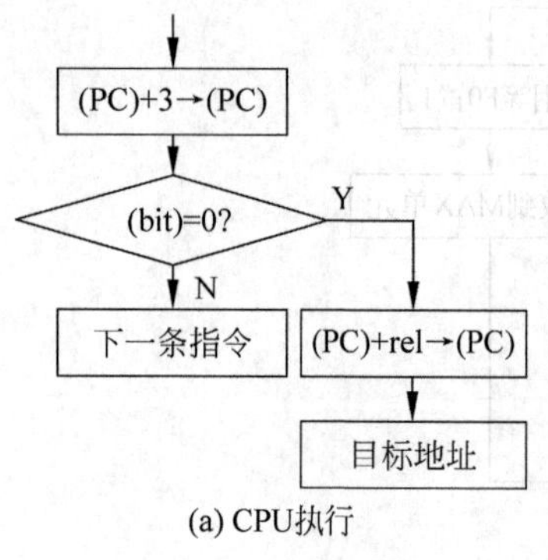

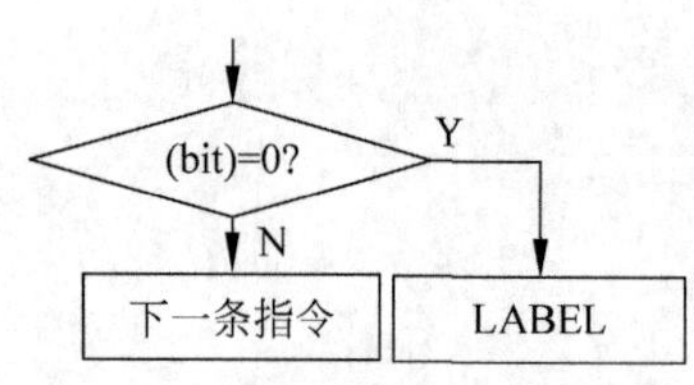

图3.53 JNB指令的流程图

该指令的指令代码为3字节,CPU执行过程为:

① 取指令:(PC)+3→(PC);

② 执行并获取目标地址:

若(bit)=0,则(PC)+rel→(PC);

若(bit)=1,则顺序向下执行。

CPU执行过程流程图如图3.53(a)所示。

该指令在程序中的使用方式为:

```
JNB  bit, LABEL
```

编程使用方式的流程图如图3.53(b) 所示。

例3.70 利用标志位实现控制键的多重定义。单片机应用系统如图3.54所示。在系统运行过程中,要求按下按钮S,电机M启动,再次按下它时,电机M停机,能够重复实现。

用20H.7位的状态标记电机的状态,(20H.7)为0,电机处于停机状态,反之,电机处于开机状态。程序设计流程图如图3.55所示,程序如下:

```
SETB  P1.0                ;置P1.0为输入口
CLR  P1.3                 ;关电机
CLR  20H.7                ;电机为停机状态
```

```
NO_PRESS:   JB   P1.0,  NO_PRESS      ;判断开关 S 是否按下
            JNB  20H.7, ON;           ;P1.0 为低电平,S 按下,电机启动
            CLR  P1.3                 ;(20H.7) = 1,电机在运转,则停机
            CLR  20H.7                ;更改电机运行状态: 停机
            SJMP NO_PRESS             ;等待 S 按下启动
ON:         SETB P1.3                 ;电机启动,(P1.3) = 1,KA 得电,电机启动运行
            SETB 20H.7                ;更改电机运行状态: 启动
            SJMP NO_PRESS             ;等待 S 按下停机
```

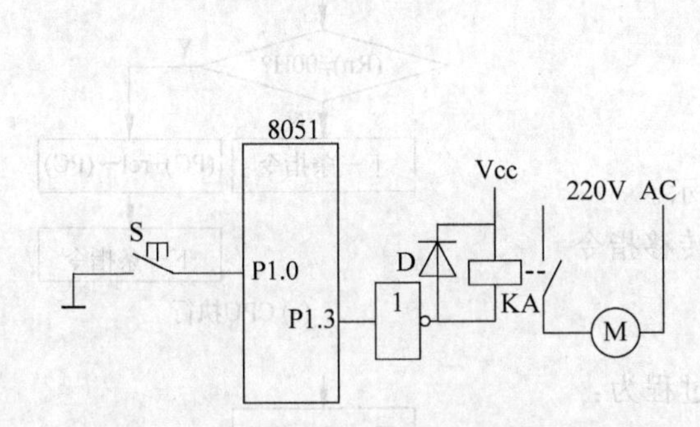

图 3.54　MCS-51 应用系统

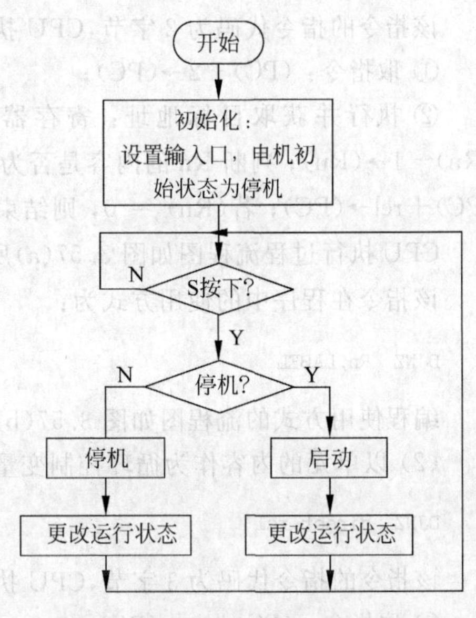

图 3.55　例 3.70 的程序设计流程图

(3) 判别位状态并清零的转移指令

```
JBC  bit,rel
```

该指令的指令代码为 3 字节,CPU 执行过程为:

① 取指令:(PC)+3→(PC);

② 执行并获取目标地址:

若(bit)=1,则 bit 位被清零,(PC)+rel→(PC);

若(bit)=0,则顺序向下执行。

该指令执行时,位状态测试和清零一起完成;指令执行完毕,测试位 bit 的状态总为 0。CPU 执行过程流程图如图 3.56(a) 所示。

该指令在程序中的使用方式为:

```
JBC  bit, LABEL;
```

编程使用方式的流程图如图 3.56(b) 所示。

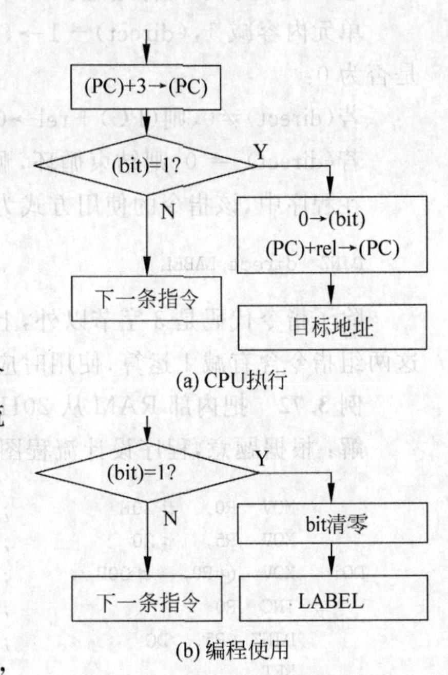

图 3.56　JBC 指令的流程图

例 3.71　已知累加器 A 的内容为 56H(01010110B),执行下列指令序列:

```
JBC  ACC.3, LABEL1
JBC  ACC.2, LABEL2
```

程序将转移到LABEL2处,并且累加器A的内容变为52H(01010010B)。

5) 循环控制转移指令

(1) 以工作寄存器内容作为循环控制变量的转移指令

```
DJNZ  Rn,rel                    ;n = 0～7
```

该指令的指令代码为2字节,CPU执行过程为:

① 取指令:(PC)+2→(PC);

② 执行并获取目标地址:寄存器Rn的内容减1,(Rn)−1→(Rn);判断Rn的内容是否为0,若(Rn)≠0,则(PC)+rel→(PC);若(Rn) = 0,则结束循环,顺序执行。

CPU执行过程流程图如图3.57(a)所示。

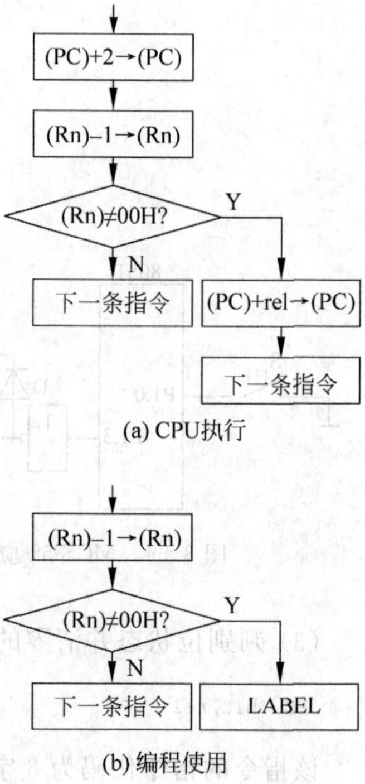

该指令在程序中的使用方式为:

```
DJNZ  Rn,LABEL
```

编程使用方式的流程图如图3.57(b)所示。

(2) 以单元的内容作为循环控制变量的转移指令

```
DJNZ  direct,rel
```

该指令的指令代码为3字节,CPU执行过程为:

① 取指令:(PC)+3→(PC);

② 执行并获取目标地址:

单元内容减1,(direct)−1→(direct);判断单元内容是否为0:

若(direct)≠0,则(PC)+rel→(PC);

若(direct) = 0,则结束循环,顺序执行。

在程序中,该指令的使用方式为:

```
DJNZ  direct,LABEL
```


图3.57 DJNZ指令的流程图

除了指令代码是3字节以外,上述指令的执行过程和编程使用方式与前一条指令相同。这两组指令含有减1运算,使用时应注意循环控制变量的下溢现象。

例3.72 把内部RAM从20H单元开始的20个单元清零。

解:根据题意,程序设计流程图如图3.58所示。程序如下:

```
      MOV  R0,  #20H        ;设置数据区首地址
      MOV  R5,  #20         ;数据个数
DO:   MOV  @R0,  #00H       ;单元内容清零
      INC  R0               ;修改地址指针
      DJNZ R5,  DO          ;循环结束否?否,继续清零
      RET
```

例 3.73　把外部数据 RAM 中的从 ADDRESS_X 单元开始存储的 LEN 个字节数据块传送到内部数据 RAM。在内部 RAM 中数据块从 BUFFER 单元开始存放。

解：根据题目要求，程序设计流程图如图 3.59 所示，程序如下：

```
           MOV  DPTR,  #ADDRESS_X      ;源数据块首地址
           MOV  R0,   #BUFFER          ;目的存储区首地址
           MOV  20H, #LEN              ;数据长度
TRANSFER:  MOVX A,   @DPTR             ;取数据
           MOV  @R0,  A                ;存数据
           INC  DPTR                   ;修改源地址指针
           INC  R0                     ;修改目的地址指针
           DJNZ 20H, TRANSFER          ;传送结束?
           RET                         ;返回
```

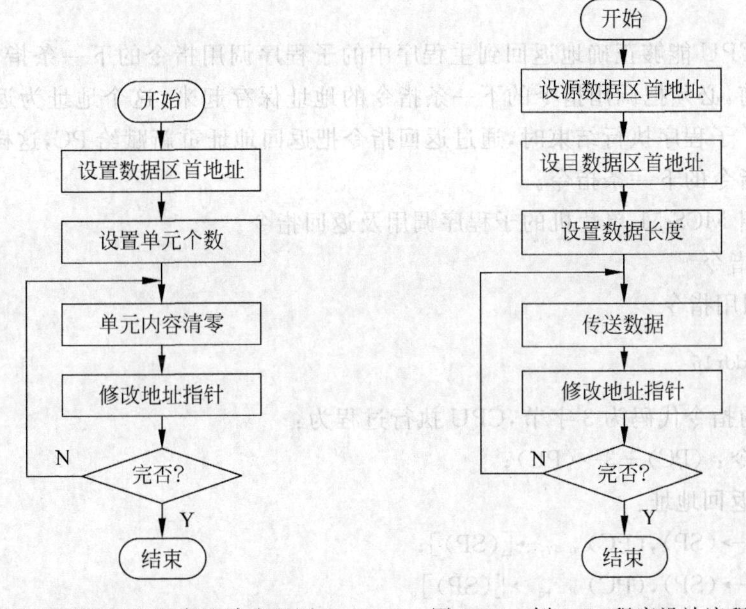

图 3.58　例 3.72 程序设计流程图　　　图 3.59　例 3.73 程序设计流程图

3. 子程序调用及返回指令

在程序设计中，经常会遇到某种相同的计算和操作需要进行多次，除了参与运算的数据不同之外，其他完全相同。这种相同的程序段，如果每用一次编写一次，既麻烦，又使程序变得冗长而杂乱。冗长的程序不仅浪费了程序存储器的存储空间，而且增加了程序出错的概率。为了克服上述缺点，程序设计采用子程序(Subroutine)的概念，把程序中多次使用的程序段独立出来，单独编成一个程序，使其标准化，存储起来以备需要时调出使用，这样的程序称为子程序。与子程序相对的是主程序(Main Routine)，它是使用子程序的程序。主程序使用子程序称为调用。

主程序调用子程序是通过调用指令实现的。CPU 在执行主程序的过程中，遇到子程序调用指令，它将转移去执行子程序，当子程序执行结束后，再返回主程序，从子程序调用指令的下一条指令开始继续向下执行。由子程序返回到主程序是通过子程序中的一条指令——返回指令实现的。主程序调用和子程序返回过程如图 3.60 所示。

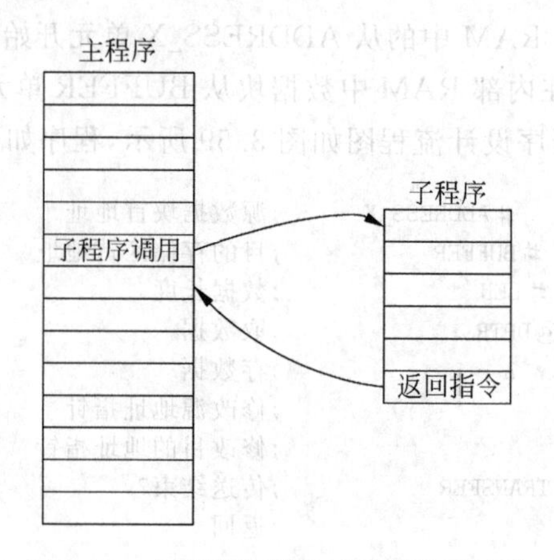

图 3.60 主程序调用和子程序返回过程

为了使 CPU 能够正确地返回到主程序中的子程序调用指令的下一条指令,在 CPU 调用子程序之前,必须把调用指令的下一条指令的地址保存起来,这个地址为返回地址,被保护在堆栈中。子程序执行结束时,通过返回指令把返回地址重新赋给 PC,这样 CPU 将执行子程序调用指令的下一条指令。

下面介绍 MCS-51 单片机的子程序调用及返回指令。

1) 调用指令

(1) 长调用指令

```
LCALL   addr16
```

该指令的指令代码为 3 字节,CPU 执行过程为:

① 取指令:(PC)+3→(PC);

② 保护返回地址:

$(SP)+1\rightarrow(SP)$,$(PC)_{0\sim7}\rightarrow[(SP)]$;

$(SP)+1\rightarrow(SP)$,$(PC)_{8\sim15}\rightarrow[(SP)]$。

取子程序入口地址,调用子程序:addr16→(PC)。

由于指令给出的是 16 位地址,该指令转移范围为整个程序存储器空间,即 64KB。在程序中,该指令的使用方式为:

```
LCALL  SUBROUTINE
```

标号 SUBROUTINE 是子程序名,或者是子程序的入口地址,一般是指主程序转入子程序时要执行的第一条指令所在单元的地址。

(2) 短调用指令

```
ACALL   addr11
```

该指令的指令代码为 2 字节,CPU 执行过程为:

① 取指令:(PC)+2→(PC);

② 保护返回地址:

$(SP)+1\rightarrow(SP)$,$(PC)_{0\sim7}\rightarrow[(SP)]$;

$(SP)+1 \rightarrow (SP)$，$(PC)_{8\sim15} \rightarrow [(SP)]$。

获取子程序入口地址：addr11→$(PC)_{0\sim10}$，$(PC)_{11\sim15}$不变，构成子程序的入口地址，调用子程序。

在ACALL的指令代码中给出11位地址，该指令的转移范围为本条指令上下2KB。在程序中，该指令的使用方式为：

```
ACALL  SUBROUTINE
```

子程序调用指令ACALL，LCALL在改变PC内容的方式上与转移指令AJMP、LJMP是一样的，因此也可分别称其为短调用和长调用。它们的区别在于指令ACALL、LCALL在实现调用前，先把下一条指令的地址推入堆栈保存，以便执行子程序返回指令RET时能找到返回地址，实现正确返回。而转移指令AJMP、LJMP指令不需要保护返回地址。

值得一提的是，目前大多数汇编器支持"CALL SUBROUTINE"形式，它不是MCS-51的标准指令，而是LCALL/ACALL的一般形式，汇编时，汇编系统将按照默认的指令方式汇编程序，并把正确的目标地址格式添加在指令的指令代码中。

2）返回指令

(1) 子程序返回指令

```
RET
```

该指令的指令代码为1字节，CPU执行过程为：

① 取指令：$(PC)+1 \rightarrow (PC)$

② 从堆栈中取返回地址：

$[(SP)] \rightarrow (PC)_{8\sim15}$，$(SP)-1 \rightarrow (SP)$

$[(SP)] \rightarrow (PC)_{0\sim7}$，$(SP)-1 \rightarrow (SP)$

返回指令的功能是：控制程序从当前执行的子程序返回到主程序本次调用指令(ACALL/LCALL)的下一条指令处。CPU执行RET的目的就是要从堆栈中取出这条指令的地址，该地址称为返回地址。

在程序中，该指令的使用方式为：

```
RET
```

在程序设计时，子程序的最后一条指令必须是RET，它标志子程序结束。

下面简要介绍子程序及子程序调用的一些相关知识。

子程序是为了实现一些公用功能而编写的程序。子程序具有通用性，它既可以被一个程序多次调用，也可以被多个不同的程序调用。另外，子程序可以存储在程序存储器的任何地方。主程序调用子程序时，事先应该把子程序需要的有关参数存放在约定的位置(存储单元、寄存器、可寻址位)，子程序执行时，从约定位置取得运算所需的参数，当子程序执行完毕后，将执行结果也存入事先约定的位置，返回主程序后，主程序就可以从约定位置上取得所需要的结果，这个过程称为参数传递。

为了便于调用，编写子程序时，一般应提供以下信息。

- 子程序名称，即入口地址或标号。
- 子程序功能描述。

• 输入输出参数,也称为子程序的入口条件和出口条件。

• 子程序中所用寄存器、存储单元和可寻址位。

• 子程序中所调用的其他子程序。

另外,有时还包含该子程序的调用示例。

主程序对子程序调用时,一般包括以下几个步骤:保护现场,调用子程序,恢复现场。由于主程序每次调用子程序的工作是事先安排的,根据实际情况,有时保护现场和恢复现场的步骤可以省略。

例 3.74 编写内部 RAM 多个单元清零的子程序,并把从 20H 单元开始的 20 个单元清零。

解:根据例 3.72 的思路,编写一个内部 RAM 多个单元清零的子程序。

① 子程序入口条件:R0 中存放待清零的内部 RAM 区首地址,R2 中存放待清零的单元个数。

② 出口条件:无。

③ 子程序功能:把从固定起始单元开始的多个单元清零。

程序如下:

```
CLR_RAM:    MOV  @R0,  #00H          ;单元内容清零
            INC  R0                  ;修改地址指针
            DJNZ  R2,  CLR_RAM       ;循环结束否?否,继续清零
            RET
```

主程序:

```
            MOV  R0,   #20H          ;设置数据区首地址
            MOV  R2,   #20           ;单元个数
            ACALL  CLR_RAM
            RET
```

(2) 中断返回指令

```
RETI
```

该指令的指令代码为 1 字节,CPU 执行过程为:

① 取指令:(PC)+1→(PC)

② 从堆栈中取返回地址:

$[(SP)]\to(PC)_{8\sim15}$,(SP)−1→(SP)

$[(SP)]\to(PC)_{0\sim7}$,(SP)−1→(SP)

在程序中的使用方式为:

```
RETI
```

该指令专用于中断处理程序,是中断处理结束的标志。每一个中断处理程序的最后一条指令必须是 RETI 指令。RETI 指令与 RET 指令的区别在于 RETI 指令在实现中断返回的同时,重新开放中断使 CPU 能够接收同优先级的另外一个中断请求。在应用系统中不包含中断处理时,二者的作用是相同的。关于 RETI 指令的使用,将在第 4 章再做介绍。

4. 空操作指令

```
NOP
```

该指令的指令代码为 1 字节,CPU 执行过程为:

取指令:(PC)+1→(PC)

这是一条单字节指令,执行时间(指令周期)为 1 个机器周期(T_M)。该指令执行时,不做任何操作(即空操作),仅将程序计数器 PC 的内容加 1,使 CPU 指向下一条指令继续执行程序。这条指令常用来产生一个机器周期的时间延迟。

例 3.75 一个能延时 1s 的软件延时子程序。假设系统的晶体振荡器频率为 6MHz。

```
DELAY:  MOV R2, #250         ;指令周期为 1TM
DELY1:  MOV R3, #250         ;1TM
DELY2:  NOP                  ;1TM
        NOP                  ;1TM
        NOP                  ;1TM
        NOP                  ;1TM
        NOP                  ;1TM
        NOP                  ;1TM
        DJNZ  R3,  DELY2     ;指令周期为 2TM
        DJNZ  R2,  DELY1     ;指令周期为 2TM
        RET                  ;指令周期为 2TM
```

由于晶振的频率为 6MHz,则 $T_M=2\mu s$,总延时时间为:

$$T=T_M+[250\times(2T_M+6\times T_M)+3T_M]\times 250+2T_M=1001\text{ms}\approx 1\text{s}$$

例 3.76 一个单片机应用系统采用串行方式给外围芯片发送数据,先发低位,每次传送一个字节,发送数据的时序如图 3.61 所示。请用编程模拟实现图 3.61 的时序。设片选信号 CS 为 P1.0,时钟信号 CLK 为 P1.1,数据输出 DAT 为 P1.2。

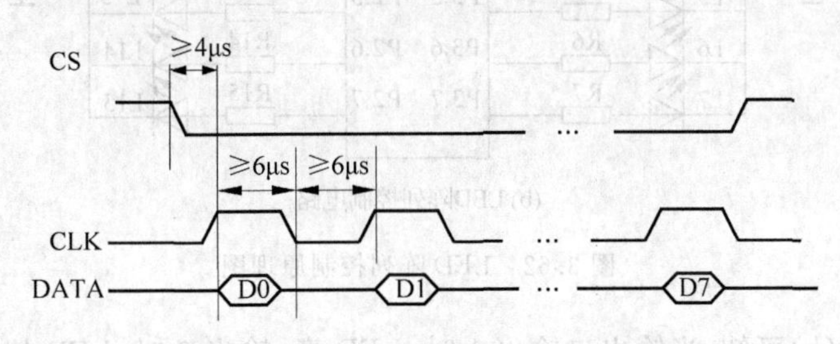

图 3.61 单片机应用系统发送数据的时序

发送数据的时序可以采用延时方法来实现。单片机执行指令需要时间,执行指令能起到延时的作用。在发送数据时,先从数据的最低位开始,因此采用“RRC A”指令把需要发送的位移入 Cy 中,然后由 Cy 传递给 P1.2(DAT)输出。下面是数据发送子程序,调用该子程序时,待发送的数据放在累加器 A 中。应用系统晶振频率为 12MHz。

```
SENDBYTE:  CLR  CLK          ;初始化 CLK
           CLR DAT           ;初始化 DAT
           CLR CS            ;CS = 0,准备传送数据
           MOV R5, #08       ;发送数据位数
```

```
CONT:   SETB CLK        ;1TM, 此指令执行结束,CLK = 1
        MOV A,R6        ;1TM
        RRC A           ;1TM
        MOV R6,A        ;1TM
        MOV DAT,C       ;1TM
        NOP             ;1TM,
        CLR CLK         ;1TM,CLK = 1 的维持时间为 6TM, 此指令执行结束,CLK = 0
        NOP             ;1TM,
        NOP             ;1TM,
        NOP             ;1TM,
        DJNZ R5,CONT    ;1TM,CLK = 0 已维持时间为 5 TM
        SETB CS         ;CS = 1,传送结束
        RET
```

例 3.77 LED阵列的灯位以图3.62(a)的方式布置,图3.62(b)为LED阵列控制电路原理图。工作时,要求LED从右向左逐个点亮并保持,阵列中所有的LED全亮后保持一段时间后,从左向右依次逐个熄灭,如此循环。系统晶振频率为12MHz。

(a) LED灯位布置

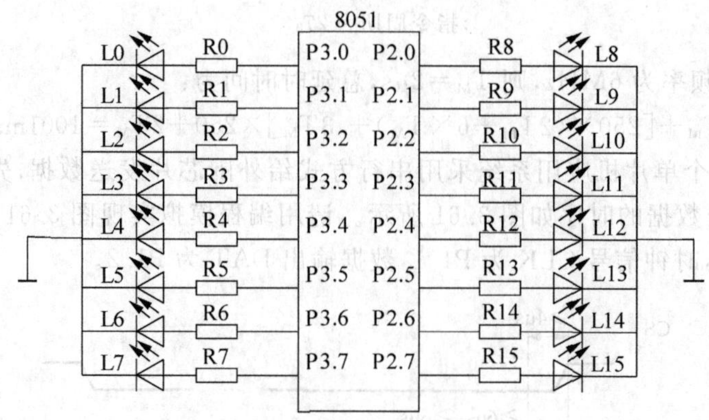

(b) LED阵列控制电路

图 3.62 LED阵列控制原理图

根据图3.62(b)可知,当输出口输出1时,LED亮,输出0时,LED熄灭。LED阵列从右向左依次点亮时,可采用"RLC A"指令,令Cy为1,每移入一次Cy的状态,向左点亮一个LED,当所有LED全亮时,输出口P2和P3输出全为1,即可停止左移,进入保持阶段。从左向右熄灭LED的实现过程与点亮相似。程序流程图见图3.63。

用R2和R3分别存储P3和P2口的控制码,程序如下:

```
START:  MOV R2,#00H     ;初始状态,自右向左
        MOV R3,#00H
REDO:   SETB C          ;置1,逐个点亮
        MOV A,R2
        RLC A
        MOV R2,A
```

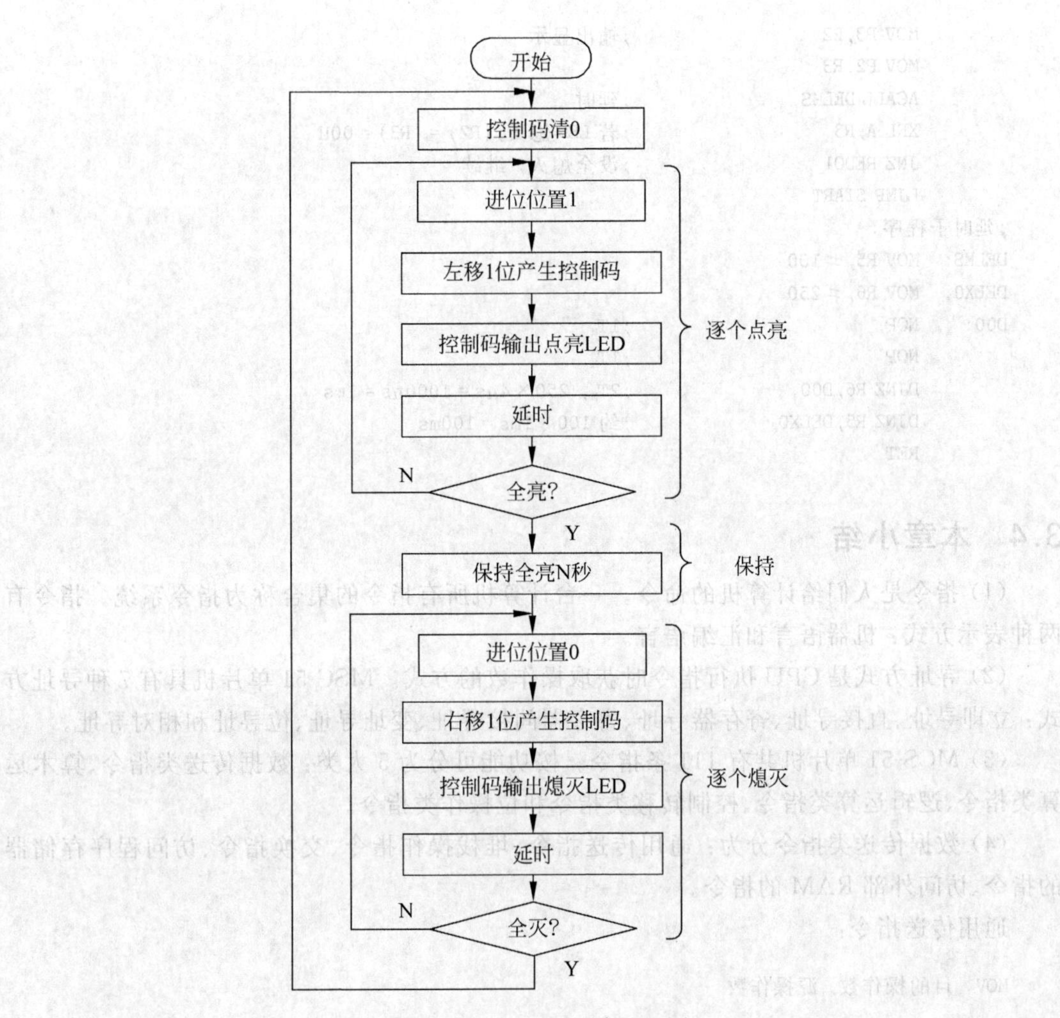

图 3.63　例 3.77 程序流程图

```
        MOV A,R3
        RLC A
        MOV R3,A                ;移位,产生控制码
        MOV P3,R2               ;输出显示
        MOV P2,R3
        ACALL DELMS             ;延时
        XRL A,R2                ;若 LED 全亮,(R2) = (R3) = 0FFH
        JNZ REDO                ;没全亮,继续
        MOV R7,#50;
HOLD:   ACALL DELMS             ;保持全亮延时,约 5s
        DJNZ R7,HOLD
REDO1:  CLR C                   ;逐个熄灭
        MOV A,R3
        RRC A
        MOV R3,A
        MOV A,R2
        RRC A
        MOV R2,A                ;移位产生控制码
```

```
        MOV P3,R2               ;输出显示
        MOV P2,R3
        ACALL DELMS             ;延时
        XRL A,R3                ;若LED熄灭,(R2) = (R3) = 00H
        JNZ RED01               ;没全熄灭, 继续
        LJMP START
;延时子程序:
DELMS:  MOV R5,#100
DELX0:  MOV R6,#250
D00:    NOP                     ;1TM
        NOP                     ;1TM
        DJNZ R6,D00             ;2TM, 250×4μs = 1000μs = 1ms
        DJNZ R5,DELX0           ;约 100×1ms = 100ms
        RET
```

3.4 本章小结

(1) 指令是人们给计算机的命令。一台计算机所有指令的集合称为指令系统。指令有两种表示方式：机器语言和汇编语言。

(2) 寻址方式是CPU执行指令时获取操作数的方式。MSC-51单片机具有7种寻址方式：立即寻址、直接寻址、寄存器寻址、寄存器间接寻址、变址寻址、位寻址和相对寻址。

(3) MCS-51单片机共有111条指令。按功能可分为5大类：数据传送类指令、算术运算类指令、逻辑运算类指令、控制转移类指令和位操作类指令。

(4) 数据传送类指令分为：通用传送指令、堆栈操作指令、交换指令、访问程序存储器的指令、访问外部RAM的指令。

通用传送指令：

```
MOV  目的操作数, 源操作数
```

作为目的操作数的可以是寄存器(累加器A,工作寄存器R0～R7)、特殊功能寄存器和内部RAM的存储单元,其中内部RAM存储单元的地址在指令中有两种方式：直接给出单元地址,或者由地址寄存器@R0或@R1间接指出。除了寄存器(累加器A,工作寄存器R0～R7)、特殊功能寄存器和内部RAM的存储单元可作为源操作数外,还有8位二进制常数。

单片机有一条十六位二进制常数的操作指令：

```
MOV DPTR, #data16
```

堆栈操作指令有两种：

```
PUSH/POP direct
```

MCS-51单片机的交换指令有字节交换、半字节交换和一个字节高低4位互换三种形式,完成交换必须有累加器A参与。

① 字节交换指令：

```
XCH  A,源操作数
```

实现累加器A与指定寄存器或单元(直接和间接指出)的内容进行交换。

② 半字节交换指令：

```
XCHD  A,@Ri
```

只能实现累加器 A 与地址寄存器@R0 或@R1 间接指出的存储单元的低 4 位互换。

③ 高低 4 位互换指令：

```
SWAP  A
```

它是累加器 A 独有的一种运算，把 A 的内容高 4 位和低 4 位互换。

MCS-51 单片机访问数据存储器或外部 I/O 口只能通过累加器 A 实现，被访问的存储单元或外部 I/O 口的地址必须通过地址寄存器间接给出。有两种操作：

```
读(输入): MOVX  A,源操作数        ; 源操作数为@DPTR、@Ri
写(输出): MOVX  目,A              ;目的操作数为@DPTR、@Ri
```

MCS-51 单片机访问程序存储器也只能通过累加器 A 实现，仅有读操作。CPU 读取程序存储器某个单元的内容的(查表)指令为：

```
MOVC  A,  @A+PC
MOVC  A,  @A+DPTR
```

前者在使用时，常数表应紧跟该指令，最大长度不大于 256B，后者常数表可以放在程序存储器的任何地方。

(5) MCS-51 单片机支持两个无符号的 8 位二进制数的算术运算：

① 加、减运算指令

```
                            ┌#data  8 位二进制常数
ADD                         │Rn  工作寄存器
ADDC    A,源操作数; 源操作数┤direct  内部 RAM 单元或 SFR
SUBB                        └@Ri  地址寄存器指定的内部 RAM 单元
```

② 乘、除运算指令：MUL/DIV　AB

③ 十进制数(BCD 码)加法调整指令：DA A

以上运算必须有累加器 A 参与，指令执行影响标志位。

④ 加、减 1 指令

```
                        ┌累加器 A
INC                     │Rn  工作寄存器
DEC  源操作数; 源操作数┤direct  内部 RAM 单元或 SFR
                        └@Ri  地址寄存器指定的内部 RAM 单元
```

使用时应注意上溢和下溢现象。另外，还有 1 条十六位二进制数加 1 指令：INC DPTR。

(6) 逻辑运算指令可以分成两类：

一类是针对累加器 A 的逻辑操作指令：

① 清零：CLR A

② 取反：CPL A

③ 左、右移位：RL/RLC A；RR/RRC A。

另一类为逻辑运算指令：与、或、异或。它们的指令格式为：

```
                                    ┌#data   8位二进制常数
ANL                                 │Rn    工作寄存器
ORL   A,  源操作数; 源操作数 ┤direct   内部RAM单元或SFR
XRL                                 └@Ri   地址寄存器指定的内部RAM单元
ANL
ORL   direct,   源操作数; 源操作数 ┌#data   8位二进制常数
XRL                                   └A   累加器
```

通常,与运算用于屏蔽,或运算用于置位,而异或运算用于取反。

(7) 控制转移指令改变了程序的执行顺序,MCS-51单片机的控制转移指令有无条件转移指令、条件转移指令、循环控制转移指令、子程序调用及返回指令。

无条件转移指令包含 LJMP/AJMP/SIMP　LABEL,它们的功能相同,转移范围不同。

条件转移指令根据判别条件有以下4组:

① 以累加器A的内容为判别条件: JZ/JNZ　LABEL

② 以进位位的状态为判别条件: JC/JNC　LABEL

③ 以可寻址位的状态为判别条件: JB/JNB/JBC　LABEL

④ 以两个字节数据比较为判别条件的指令:

```
CJNE  A, direct, LABEL
CJNE  A, #data, LABEL
CJNE  Rn, #data, LABEL
CJNE  @Ri, #data, LABEL
```

CJNE比较操作不改变两个操作数的状态,但影响标志位Cy的状态,(Cy)=0,第一操作数大于第二操作数,(Cy)=1,第一操作数小于第二操作数。

循环控制转移指令:

```
DJNZ Rn/direct, LABEL
```

DJNZ指令执行时,指定寄存器和单元内容先减1,然后再判断减1之后的内容是否为0。

调用指令: ACALL/LCALL SUBROTINE; 两种调用指令的功能相同,调用范围不同。

返回指令: RET,表示子程序到此结束,由此处返回主程序。

中断返回指令: RETI,表示中断处理到此结束,由此处返回主程序,返回主程序后,CPU可以响应新的中断请求。

空操作指令: NOP,延时一个机器周期。

3.5 复习思考题

一、选择题

1. 指令“MOV A,@R0”的寻址方式是(　　)。

(A) 寄存器寻址　　(B) 寄存器间接寻址　　(C) 直接寻址　　(D) 立即寻址

2. 指令“MOV R0,#75”的寻址方式是(　　)。

(A) 寄存器寻址　　(B) 寄存器间接寻址　　(C) 直接寻址　　(D) 立即寻址

3. 下列对工作寄存器操作的指令中，正确的是（　　）。
(A) MOV R1,R7　　(B) MOV R1,@R1
(C) MOV R2,@DPTR　　(D) MOV R1,B

4. 要把内部 RAM 的一个单元内容取到累加器中，下面指令中正确的是（　　）。
(A) MOV A,@R2　　(B) MOVX A,@R1
(C) MOV A,@R1　　(D) MOV A,@DPTR

5. 下面交换指令中正确的是（　　）。
(A) XCH A,@R1　　(B) XCH A,＃3AH
(C) XCH 20H,R1　　(D) XCH R1,20H

6. 下面半字节交换指令中正确的是（　　）。
(A) XCHD A,@R1　　(B) XCHD A,R1
(C) XCHD A,＃23H　　(D) XCHD A,20H

7. CPU 要取外部 RAM 的一个单元内容，下面指令中正确的是（　　）。
(A) MOV @R1,A　　(B) MOVX @DPTR,A
(C) MOV A,@R1　　(D) MOVX A,@DPTR

8. CPU 执行"MOV PSW,＃38H"后，当前工作寄存器组（　　）。
(A) 保持不变　　(B) 切换到 BANK0
(C) 切换到 BANK1　　(D) 切换到 BANK2
(E) 切换到 BANK3

9. 累加器 A 的内容为 0BCH，执行指令"ADD A,＃2DH"后，OV 和 P 的状态是（　　）。
(A) 0,0　　(B) 0,1　　(C) 1,0　　(D) 1,1

10. 累加器 A 的内容为 0BCH，Cy 当前状态为 1，执行指令"SUBB A,＃0D7H"后，Cy 和 AC 的状态是（　　）。
(A) 0,0　　(B) 0,1　　(C) 1,0　　(D) 1,1

11. 下列哪条减法指令是正确的（　　）。
(A) SUBB R7,＃05H　　(B) SUBB 30H,@R1
(C) SUBBC A,＃30H　　(D) SUBB A,@R1

12. "MUL AB"指令执行后，若积超过 255，则（　　）。
(A) (Cy)＝1　　(B) (AC)＝1　　(C) (OV)＝1　　(D) (P)＝1

13. "DIV AB"指令执行后，（　　）。
(A) (Cy)＝0　　(B) (AC)＝1　　(C) (OV)＝1　　(D) (P)＝1

14. 要滤除掉 20H 单元的最低位和最高位，正确的操作是（　　）。
(A) XRL 20H,＃81H　　(B) ANL 20H,＃7EH
(C) ORL 20H,＃81H　　(D) SUBB 20H,＃81H

15. 要把累加器 A 的第 3,4 位取反，正确的操作是（　　）。
(A) XRL A,＃18H　　(B) ANL A,＃18H
(C) ORL A,＃18H　　(D) SUBB A,＃18H

16. 要把特殊功能寄存器 IE 的第 3,4 位置 1，正确的操作是（　　）。
(A) XRL IE,＃18H　　(B) ANL IE,＃18H

(C) ORL IE,#18H　　(D) ADD IE,#18H

17. 下列指令中,能实现对20H单元内容取反的是(　　)。

(A) CPL 20H　　(B) ANL 20H,#00H

(C) XRL 20H,#0FFH　　(D) XRL 20H,#00H

18. 下列指令中,指令执行影响标志位的是(　　)。

(A) CPL　A　　(B) RLC A　　(C)RL A　　(D) RR A

19. 把20H单元的最低位送入累加器A对应的位置,正确的做法是(　)。

(A) MOV A,20H.0　　(B) MOV ACC.0,20H.0

(C) MOV 0E0H,00H　　(D) 不能直接传送

20. 已知(2FH.7)=0,执行"ANL C,/2FH.7"指令后,(2FH.7)的状态是(　　)。

(A) 0　　(B) 1

(C) 不能确定　　(D) 取决于C当前的状态

21. 下列指令中错误的是(　　)。

(A) CLR A　　(B) CLR 27H.5　　(C) CLR R7　　(D) CLR C

22. LJMP指令的转移范围是(　　)。

(A) 本条指令上、下2KB

(B) 64KB

(C) 本条指令上方128B、下方127B

(D) 本条指令上、下方128B

23. JZ指令的判断条件是(　　)。

(A) 某一单元的内容为0

(B) 工作寄存器Rn的内容为0,n=0~7

(C) 累加器A的内容为0

(D) 一个SFR的内容为0

24. CJNE指令执行时,影响的标志位是(　　)。

(A) OV　　(B) Cy

(C) AC　　(D) P

25. 指令"JBC 28H.5,GOON"执行后,28H.5的状态是(　)。

(A) 1　　(B) 0　　(C) 不确定　　(D) 与C相同

26. 已知(R7)=78H,执行指令"DJNZ R7,NEXT"后,R7的内容是(　)。

(A) 79H　　(B) 78H　　(C) 不确定　　(D) 77H

27. 对于子程序调用指令ACALL来说,子程序在程序存储器中的放置范围是(　　)。

(A) 本条指令上、下2KB　　(B) 64KB

(C) 本条指令上方128B、下方127B　　(D) 本条指令上、下方128B

28. 对于子程序调用指令LCALL来说,子程序在程序存储器中的放置范围是(　　)。

(A) 本条指令上、下2KB　　(B) 64KB

(C) 本条指令上方128B、下方127B　　(D) 本条指令上、下方128B

29. 关于RET指令,不正确的描述是(　　)。

(A) 放置在子程序的最后,标志一个子程序的结束

(B) CPU执行该指令的目的是获取返回地址

(C) RET指令执行时包含了出栈操作

(D) RET指令是程序结束标志,CPU执行程序时,遇到RET指令,终止执行的程序

30. 关于NOP指令,下面说法正确的是(　　)。

(A) CPU什么也不做,原地踏步

(B) CPU处于等待状态,需要消耗一定时间

(C) CPU不做任何操作,只把PC的内容加1,产生一个机器周期的延时

(D) 无用指令

二、思考题

1. 什么是寻址方式? 在MCS-51单片机有哪几种寻址方式?

2. 设内部RAM中59H单元的内容为50H,CPU执行下列程序段后,寄存器A、R0和内部RAM中50H、51H单元的内容是多少?

```
MOV  A, 59H
MOV  R0, A
MOV  A, ＃00H
MOV  @R0, A
MOV  A, ＃25H
MOV  51H, A
MOV  52H, ＃70H
```

3. 已知4EH和4FH单元的内容分别为20H和5FH,执行下列指令后,DPTR的内容是多少?

```
MOV  A, 4EH
MOV  R0,＃4FH
XCH  A,@R0
SWAP A
XCHD A,@R0
MOV  DPH,@R0
MOV  DPL,A
```

4. CPU执行下列程序后,A和B寄存器的内容是多少?

```
MOV  SP, ＃3AH
MOV  A, ＃20H
MOV  B, ＃30H
PUSH ACC
PUSH B
POP  ACC
POP  B
```

5. 设外部RAM的2000H单元内容为80H,CPU执行下列程序后,A的内容是多少?

```
MOV  P2, ＃20H
MOV  R0,  ＃00H
MOVX A,  @R0
```

6. 指令XCH、XCHD和SWAP有什么区别?

7. 指令"MOVC A,@A+DPTR"与"MOVC A,@A+PC"有什么不同?

8. 假定累加器A的内容为30H，CPU执行指令下列后

```
1000H: MOVC A ,@A + PC
```

CPU把程序存储器的哪个单元的内容送到了累加器A中？

9. 假定DPTR的内容为8100H,累加器的内容为40H,CPU执行下列指令

```
1000H: MOVC A,@A + DPTR
```

后,送入的是程序存储器哪个单元的内容？

10. 假定(SP)=60H,(ACC)=30H,(B)=70H,CPU执行下列程序后,SP,60H,61H、62H的内容各是多少？

```
PUSH ACC
PUSH B
```

11. 假定(SP)=62H,(61H)=50H,(62H)=7AH,CPU执行下列程序后,SP,60H,61H,62H及DPTR的内容各是多少？

```
POP  DPH
POP  DPL
```

12. 假定(A)=85H,(R0)=20H,(20H)=0AFH,CPU执行指令

```
ADD  A,  @R0
```

累加器A及Cy,AC,OV,P的内容是多少？

13. 假定(A)=85H,(20H)=0FEH,(Cy)=1,执行指令

```
ADD  A,  20H
```

累加器A的内容及Cy,AC,OV,P的内容是多少？

14. 假定(A)=0FFH,(R3)=0FH,(30H)=0F0H,(R0)=40H,(40H)=00H,CPU执行下列指令后,上述寄存器和存储单元的内容是多少？

```
INC  A
INC  R3
INC  30H
INC  @R0
```

15. 假定(A)=56H,(R5)=67H,CPU执行指令后A和Cy的内容是多少？

```
ADD  A ,R5
DA   A
```

16. 分析下面的程序,指出是对哪几个单元进行了加法运算,结果存在哪个单元？

```
MOV  A, 20H
MOV  R0,＃30H
ADD  A,@R0
INC  R0
ADD  A,@R0
MOV  @R0,A
```

17. ADD 指令和 ADDC 指令有什么不同?

18. DA 指令起什么作用? 它如何使用?

19. 假定(A)＝0FH,(R7)＝19H,(30H)＝00H,(R1)＝40H,(40H)＝0FFH,CPU 执行下列指令后,上述寄存器和存储单元的内容是多少?

```
DEC  A
DEC  R7
DEC  30H
DEC  @R1
```

20. 分析下面的程序,参与加减法运算的单元有哪些,结果存在哪个单元?

```
MOV  A, 20H
MOV  R0, #30H
CLR  C
SUBB A,@R0
DEC  R0
ADD  A,@R0
MOV  @R0,A
```

21. 假定(A)＝50H,(B)＝0A0H。CPU 执行指令“MUL　AB”后,寄存器 B 和累加器 A 的内容各是多少? Cy 和 OV 的状态是什么?

22. 假定(A)＝0FBH,(B)＝12H。执行指令“DIV　AB”后,寄存器 B 和累加器 A 的内容各是多少? Cy 和 OV 各是什么状态?

23. 已知(A)＝83H,(R0)＝17H,(17H)＝34H。CPU 执行完下列程序段后 A 的内容是多少?

```
ANL  A, #17H
ORL  17H, A
XRL  A, @R0
CPL  A
```

24. 设(A)＝55H,(R5)＝AAH,如果 CPU 分别执行下列指令,A 和 R5 的内容是多少?

```
(1) ANL  A,R5
(2) ORL  A,R5
(3) XRL  A,R5
```

25. 分析下列指令序列,写出它所实现的逻辑表达式。

```
MOV  C,  P1.0
ANL  C,  P1.1
ORL  C,  /P1.2
MOV  P3.0, C
```

26. 指令“LJMP PROG”和“LCALL PROG”有什么区别?

27. 已知(20)＝00H,执行下列程序段后,程序将如何执行?

```
DJNZ 20H, REDO
```

```
MOV  A, 20H
```

28. CPU分别执行指令“JB ACC.7,LABEL”和“JBC ACC.7,LABEL”后,它们的结果有什么不同?

29. RET和RETI指令有什么区别?

30. 当系统晶振为12MHz时,计算下列子程序的执行时间。

```
SUBRTN:MOV  R1,#125
REDO:  PUSH ACC
       POP  ACC
       NOP
       NOP
       DJNZ R1,REDO
       RET
```

三、程序设计

1. 把内部RAM的20H,21H,22H单元的内容依次存入2FH,2EH和2DH中。

2. 把外部RAM的2040H单元内容与3040H单元内容互换。

3. 把内部RAM的40H单元与5000H单元的低4位互换。

4. 已知一个二维数据表格如下,存储在程序存储器中,编程实现自动查表。

X	0	1	2	3	4	…	0B	0C	0D	0E	0F
Y	11	12	01	AD	DD	…	AB	24	4B	7C	AA

5. 已知二进制数X和Y,X被存放在20H(高8位)和21H(低8位)单元,Y被存放在22H,编程实现X+Y。

6. 已知二进制数X和Y,X被存放在20H(高8位)、21H、22H单元,Y被存放在30H(高8位),31H,32H单元,编程实现X+Y。

7. 已知8位十进制数X和Y以压缩BCD的格式存储,X被存放在20H~23H单元,Y被存放在40H~43H单元,编程实现X+Y。

8. 已知二进制数X和Y,X=6F5DH,Y=13B4H,编程求X-Y。

9. 已知二进制数X和Y,已知X被存放在20H(高8位),21H和22H单元,Y被存放在23H单元,编程实现X—Y。

10. 已知二进制数X和Y,X被存放在20H~23H单元,Y被存放在30H~33H单元,编程实现X-Y。

11. 已知十进制数X和Y以压缩BCD码的格式存储,X被存放在20H(高位)和21H单元,Y被存放在22H和23H单元,编程实现X-Y。

12. 已知二进制数X被存放在20H单元,编程实现X^3。

13. 已知二进制数X被存放在20H(高8位),21H,22H单元,Y被存放在30H单元,编程实现X×Y。

14. 二进制数X被存放在20H(高8位),21H单元,用移位方法实现2X。

15. 4位十进制数X以压缩BCD的格式存储在内部RAM中,编程实现X乘以10。

16. 二进制数X被存放在20H(高8位),21H单元,用移位方法实现X/2。

17. 4 位十进制数 X 以压缩 BCD 的格式存储在内部 RAM 中，编程实现 X/10，并把小数部分存储在 R6 中。

18. 非正数 X 被存放在 20H(高 8 位)，21H 单元，求该数的补码。

19. X 是二进制数，编程实现下列要求：X=0 时，执行程序 PROG1；X=1 时，执行程序 PROG2；X=2 时，执行程序 PROG3；X=3 时，执行程序 PROG4。

20. 求出无符号单字节数 X，Y，Z 中的最大数，并把它存放在 50H 单元。

21. 把内部 RAM 的 20H～2FH 连续 16 个单元的内容转移到外部 RAM 的 2000H 单元开始的区域中。

22. 设 5FH 单元的内容为二进制数 $B_7 \sim B_0$，对该单元的按照下列表达式进行编码：

$$\begin{cases} D_i = B_i \oplus B_{i+1} & i = 0 \sim 6 \\ D_7 = B_7 \oplus B_0 & i = 7 \end{cases}$$

然后把新编码构成的数据 $D_7 \sim D_0$ 送回到 5FH 单元。

23. 假设 U 为 P1.1，V 为 P1.2，W 为 P3.3，X 为 28H.1，Y 为 2EH.0，Z 为 TF0，Q 为 P1.5，编制程序实现下列逻辑表达式：$Q = U \cdot (V + W) + \overline{X\overline{Y}} + Z$。

24. 一批 8 位二进制数据存放在单片机内部 RAM 以 20H 单元开始的区域，数据长度为 100 个，编程统计该批数据中数值为 65H 的数据的个数，将统计结果存放在 R7 中。

25. 一批 8 位二进制数据存放在单片机内部 RAM 以 10H 单元开始的区域，数据长度为 50 个，编制程序统计该批数据中的偶数，并把偶数存放在内部 RAM 以 50H 开始的区域。

26. 编程查询外部 RAM 的 3000H 单元中 0 和 1 的个数，把结果存储在 R5 和 R6 中。

27. 4 位十进制数以压缩 BCD 码格式被存放在 20H(高位)和 21H 单元，请将该数转换为分离式 BCD 码形式，并将结果存在 30H，31H，32H，33H 单元。用调用子程序的方法实现。

28. 用 P1 口驱动图 3.64 所示的 LED 显示装置，设计驱动电路并编制程序实现下列要求：LED 依次顺时针点亮——逆时针灭——全亮若干秒全灭，周而复始地重复上述过程。系统晶振为 12MHz。

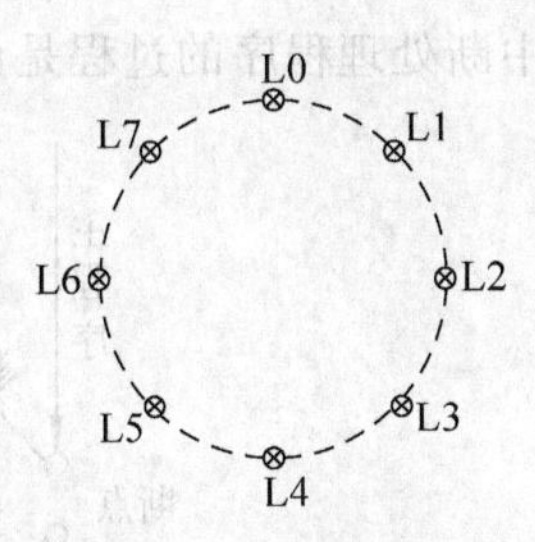

图 3.64　显示装置

第4章

MCS-51单片机中断系统

4.1 中断系统概述

在计算机系统中，所谓中断(Interrupt)就是指CPU在执行程序的过程中，由于某一事件发生，要求CPU暂停正在执行的程序，而去执行相应的处理程序，待处理结束后，再返回到原来程序停止处继续执行。触发产生中断(Interrupt Arising)的事件称为中断源(Interrupt Source)。中断发生后，中断源向CPU发出的请求信号叫做中断请求(Interrupt Request)。CPU停止执行现行程序而处理中断称为中断响应(Interrupt Response)，CPU停止执行现行程序的间断处称为断点(Breakpoint)，CPU执行的与中断相关的处理程序称为中断处理程序或中断服务程序(Interrupt Service Routines)，处理过程即为中断处理(Interrupt Process)。中断系统是指完成中断处理的软件和硬件资源，它包括中断源的产生、中断判优、中断响应、中断查询、中断处理等过程，它是计算机系统一个重要的组成部件。一个典型的中断处理过程如图4.1所示。

CPU响应中断请求调用中断处理程序的过程与主程序调用子程序的过程相似(见图4.2)，但是，它们是不同的，主要区别在于：调用子程序时，调用哪个子程序、完成什么任务是程序设计时事先安排好的，采用子程序调用指令实现。中断事件发生是随机的，哪个事件发生、何时调用中断处理程序是事先无法确定的，在程序中无法事先安排调用指令，调用中断处理程序的过程是由硬件自动完成的。

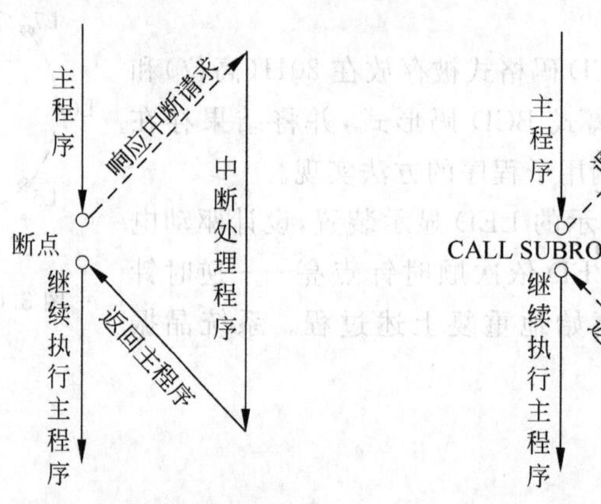

图4.1　一个典型的中断处理过程

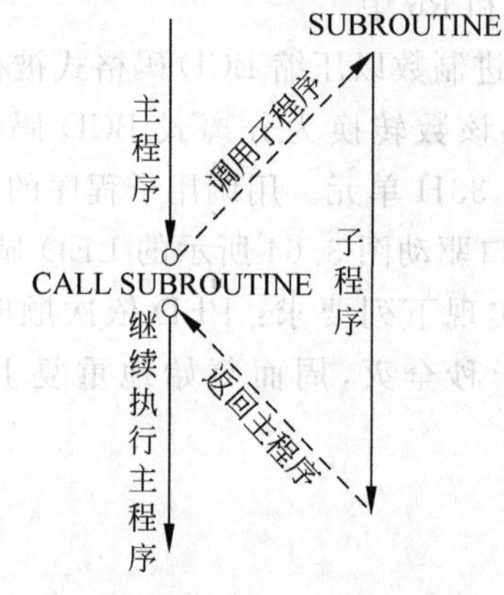

图4.2　调用子程序的过程

触发中断的事件可以是计算机外部的，也可以是计算机内部的，归纳起来，中断源有以下几种情况：

(1) 外部设备发生某一事件，如打印机准备就绪、被控设备的参数超过限位阈值等。

(2) 计算机内部某个事件发生，如定时器/计数器溢出、串行口接收到一帧数据等。

(3) 计算机发生了故障引起中断。如系统电源掉电、运算溢出、系统出错等事件。

(4) 人为设置中断。在编程和调试时人为设置的中断事件，如单步执行、设置断点。

计算机系统采用中断技术，可以提高CPU的工作效率和处理问题的灵活性，其作用体现在以下几个方面：

(1) 解决了快速 CPU 和低速外设之间的速度匹配问题，使 CPU 和外设同时工作。CPU 的工作速度是微秒级的，而外设的工作速度一般在毫秒级以上。CPU 在启动外设工作后继续执行主程序，同时外设也在工作。当外设完成某项任务后，就发出中断申请，请求 CPU 中断它正在执行的程序，转去执行中断处理程序。中断处理完之后，CPU 恢复执行主程序，外设也继续工作。这样，可以启动多个外设同时工作，有效地提高了 CPU 的效率。

(2) 可以实现实时处理。所谓实时控制，就是要求计算机能及时地响应被控对象提出的分析、计算和控制等请求，使被控对象保持在最佳工作状态，以达到预定的控制效果。在实时控制中，现场的各种参数、状态随时间和现场变化，可根据要求随时向 CPU 发出中断申请请求 CPU 处理，若中断条件满足，CPU 立即响应并处理。

(3) 可以对突发故障及时处理。对于系统掉电、存储出错、运算溢出等难以预料的情况或故障，可由故障源向 CPU 发出中断请求，CPU 响应后，按照事先拟定处理预案进行处理。

(4) 可以实现多任务资源共享。当一个 CPU 面对多项任务时，可能会出现在同一时刻几项任务同时要求 CPU 处理的情况，即资源竞争。中断技术是解决资源竞争的有效方法，它可以使多项任务共享一个资源，使得 CPU 能够分时完成多项任务。

4.2 MCS-51 单片机的中断系统

MCS-51 单片机有 5 个中断源，分为两个中断优先级，可以实现两级中断嵌套。CPU 对中断采用两级管理，用户可以根据需要来设定 CPU 是否开放中断，而且每个中断源都可以独立地设定为允许或禁止请求中断。每个中断源的优先级也可以独立地设定为高优先级或低优先级。MCS-51 单片机中断系统结构如图 4.3 所示。

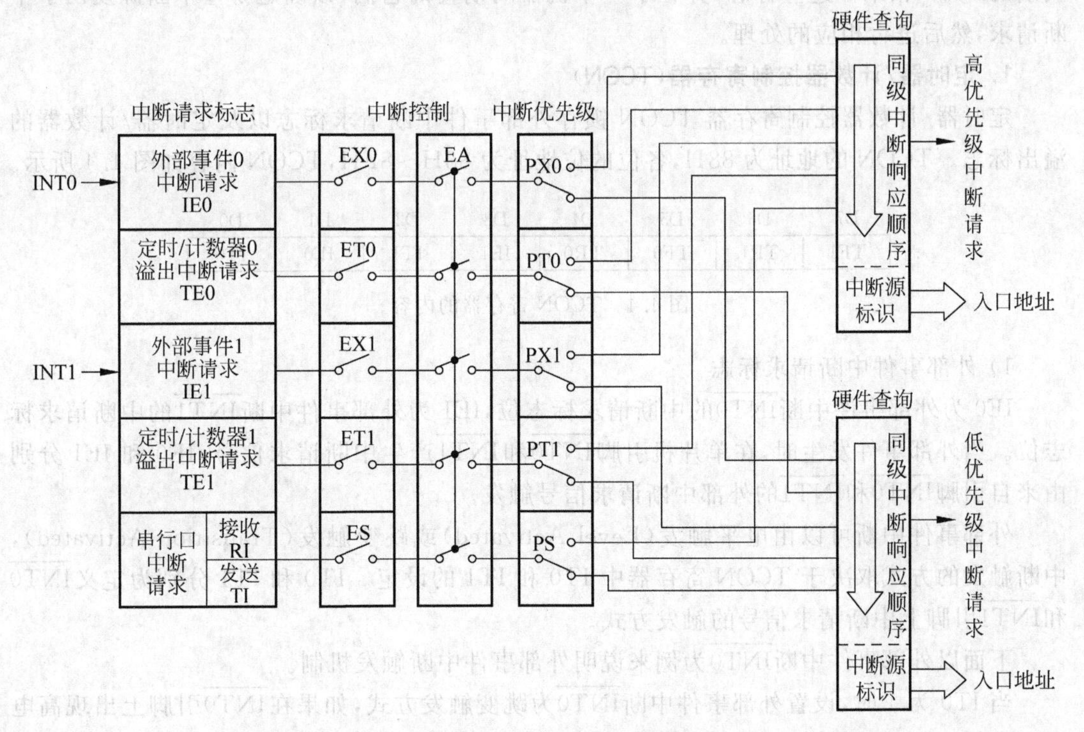

图 4.3 MCS-51 单片机中断系统结构

MCS-51 单片机的5个中断源分别是两个外部事件中断、两个定时器/计数器计数溢出事件触发的中断和一个串行口缓冲器接收到或发送完数据触发的中断。

外部事件中断是由来自单片机外部的信号触发的，中断请求信号分别由引脚$\overline{\text{INT0}}$(P3.2)和$\overline{\text{INT1}}$(P3.3)引入。定时器/计数器溢出中断是计数器发生计数溢出而触发的中断。定时器/计数器溢出中断是为了实现定时或计数的需要而设置的。当计数器发生计数溢出时，意味着定时时间到或计数值已达到要求，向 CPU 请求中断。这是由单片机内部发出的中断请求。串行口中断是为单片机串行数据发送和接收的需要而设置的。当串行口接收或发送完一帧串行数据时，产生一个中断请求。这种请求也是在单片机内部发出的。

中断触发后，中断触发标志被登记在寄存器中，MCS-51 单片机没有专用的中断标志寄存器，它用两个特殊功能寄存器 TCON 和 SCON 分别登记5个中断源的中断触发标志，以此向 CPU 请求中断。CPU 开放中断与否、中断源是否允许中断由中断控制寄存器 IE 设定，而中断优先级由中断优先级寄存器 IP 中的位来设定。查询电路用来处理相同优先级时 CPU 响应中断请求的顺序，以实现硬件调用响应的中断处理程序。下面介绍 MCS-51 单片机的中断系统。

4.2.1 MCS-51 单片机的中断标志

MCS-51 单片机的5个中断源的中断请求标志如图4.3所示。中断标志位的状态为1时，表明对应的中断源触发了中断，产生了中断请求。这些标志位分别由两个特殊功能寄存器来存储，即定时器/计数器控制寄存器 TCON(Timer/Counter Control Register, TCON)和串行口控制寄存器 SCON(Serial Port Control Register, SCON)。中断系统在每个机器周期的 S5P2 相采样这些标志，并在下一个机器周期查询它们，以确定哪些中断源发出了中断请求，然后进行相应的处理。

1. 定时器/计数器控制寄存器(TCON)

定时器/计数器控制寄存器 TCON 锁存外部事件中断请求标志以及定时器/计数器的溢出标志。TCON 的地址为88H，各位的位地址为88H～8FH，TCON 内容如图4.4所示。

D7	D6	D5	D4	D3	D2	D1	D0
TF1	TR1	TF0	TR0	IE1	IT1	IE0	IT0

图4.4 TCON 寄存器的内容

1) 外部事件中断请求标志

IE0 为外部事件中断$\overline{\text{INT0}}$的中断请求标志位，IE1 为外部事件中断$\overline{\text{INT1}}$的中断请求标志位。当外部事件发生时，在单片机引脚$\overline{\text{INT0}}$和$\overline{\text{INT1}}$产生中断请求信号，IE0 和 IE1 分别由来自引脚$\overline{\text{INT0}}$和$\overline{\text{INT1}}$的外部中断请求信号触发。

外部事件中断可以由电平触发(Level Activated)或跳变触发(Transition Activated)，中断触发的方式取决于 TCON 寄存器中 IT0 和 IT1 的设定。IT0 和 IT1 分别为定义$\overline{\text{INT0}}$和$\overline{\text{INT1}}$引脚上中断请求信号的触发方式。

下面以外部事件中断$\overline{\text{INT0}}$为例来说明外部事件中断触发机制。

当 IT0 为1时，设置外部事件中断$\overline{\text{INT0}}$为跳变触发方式，如果在$\overline{\text{INT0}}$引脚上出现高电平变为低电平的负跳变，IE0 位由硬件自动置1，以此为标志向 CPU 请求中断。CPU 响应中断时，自动将中断请求标志 IE0 清零。

当 IT0 为 0 时，外部事件中断为电平触发方式。在电平触发方式时，中断请求标志由外部中断请求触发信号控制，如果在$\overline{INT0}$引脚上为低电平时，中断标志位 IE0 位则由硬件置 1，以此为标志向 CPU 请求中断，如果在$\overline{INT0}$引脚上为高电平时，中断标志位 IE0 位则被清零。

外部事件中断为跳变触发方式时，在两个连续的机器周期内，第 1 个机器周期在$\overline{INT0}$引脚上检测到的中断请求信号为高电平，第二个机器周期检测到其为低电平，那么，由硬件自动把 IE0 置 1，向 CPU 请求中断。因此，在这种触发方式下，中断请求信号的高电平和低电平的持续时间应不少于 1 个机器周期，以保证跳变能够被检测到。CPU 响应中断，IE0 自动清零。

在单片机复位时，IT0 被清零，外部事件中断为电平触发方式。

外部事件中断$\overline{INT1}$的中断触发机制与$\overline{INT0}$类似。

2）定时器/计数器溢出标志

TF0 为定时器/计数器 T0 的计数溢出标志位，TF1 为定时器/计数器 T1 的计数溢出标志位。

以定时器/计数器 T0 为例，定时器/计数器 T0 启动计数后，从初始值开始加 1 计数，当计数器计满后（计数器的所有位都为 1），再计 1 次，计数器溢出，溢出标志位 TF0 由硬件自动置 1 并锁存，以此向 CPU 请求中断。CPU 响应计数器溢出中断后，标志位 TF0 被自动清零。

定时器/计数器 T1 的中断触发过程与 T0 类似。

2. 串行口控制寄存器（SCON）

串行口控制寄存器 SCON 锁存串行口发送结束标志和接收到数据的标志，不论哪个中断标志有效都会触发串行口中断。SCON 的地址为 98H，各位的位地址为 98H～9FH，SCON 的内容如图 4.5 所示。

D7	D6	D5	D4	D3	D2	D1	D0
SM0	SM1	SM2	REN	TB8	RB8	TI	RI

图 4.5 SCON 寄存器的内容

1）串行口发送中断请求标志位：TI

当串行口发送缓冲器 SBUF 发送完一帧数据后，由硬件自动把 TI 置 1，以此向 CPU 请求中断。值得注意的是，在 CPU 响应中断时，TI 并不会被自动清零，必须由用户在中断处理程序中用软件清零，否则，CPU 将会陷入响应中断和中断处理当中。

2）串行口接收中断请求标志位：RI

当串行口接收缓冲器 SBUF 接收完一帧串行数据后，由硬件把 RI 置 1，以此向 CPU 请求中断，同样，在 CPU 响应中断时，RI 并不会被自动清零，必须由用户在中断处理程序中用软件清零，否则，CPU 将会陷入响应中断和中断处理当中，将会造成数据帧的丢失。

由于串行口接收和发送共享一个中断源，发送结束标志 TI 和接收到数据标志 RI 只要其中有一个被置 1，都会产生串行口中断请求。因此，在双工通信时，为了辨别哪一个触发了中断，首先必须在中断处理程序中检测 TI 和 RI 的状态，然后清除标志位（TI 或 RI），再进行相应的中断处理,以保证接收和发送的持续进行。

4.2.2 MCS-51 单片机的中断控制

如图 4.3 所示,MCS-51 单片机的中断控制分为两级,第一级通过 5 个中断允许控制位来确定屏蔽或者允许某个中断源的中断请求,第二级通过 1 个控制位来确定 CPU 开放或禁止中断。MCS-51 单片机提供了一个专门的特殊功能寄存器——中断允许寄存器 IE (Interrupt Enable Register)来保存这些中断允许控制位。IE 寄存器的地址为 0A8H,寄存器中各位的位地址为 0A8H ~0AFH。寄存器的内容如图 4.6 所示。

D7	D6	D5	D4	D3	D2	D1	D0
EA	—	—	ES	ET1	EX1	ET0	EX0

图 4.6 IE 寄存器的内容

1. CPU 的中断控制位:EA

EA 为 MCS-51 单片机的 CPU 中断控制位。

当 EA=0,禁止所有中断源中断 CPU 工作,即禁止 CPU 响应任何中断请求。

当 EA=1,允许中断源中断 CPU 工作,即开放 CPU 的中断响应功能。CPU 开放中断后,每个中断源可以独立地设置为禁止或允许中断。

2. 外部中断允许控制位:EX0 和 EX1

EX0 为外部事件中断$\overline{INT0}$的中断允许控制位。

当 EX0=0,禁止外部事件中断 CPU 工作,即屏蔽了中断请求,即使外部事件发生,中断标志 IE0 置 1,CPU 也不会响应。

当 EX0=1,允许外部事件中断 CPU 工作。在 CPU 开放中断(EA 为 1)且该控制位为 1 的情况下,外部事件发生时 IE0 被置 1,向 CPU 请求中断。

EX1 为外部事件中断$\overline{INT1}$的中断允许控制位。外部事件中断$\overline{INT1}$的中断控制过程与$\overline{INT0}$类似。

3. 定时器/计数器溢出中断允许控制位:ET0 和 ET1

ET0 为定时器/计数器 T0 溢出中断允许控制位。

当 ET0=0,禁止定时器/计数器计数溢出时中断 CPU 工作。在这种情况下,即使计数器计数溢出,溢出标志位 TF0 置 1,CPU 也不会响应这个中断请求。TF0 可作为查询计数器是否溢出的测试标志。

当 ET0=1,允许定时器/计数器计数溢出时中断 CPU 工作。在 CPU 开放中断且该控制位为 1 的情况下,一旦计数器计数溢出就会把 TF0 置 1,向 CPU 请求中断。

ET1 为定时器/计数器 T1 溢出中断允许控制位。定时器/计数器 T1 溢出中断控制过程与 T0 类似。

4. 串行中断允许控制位:ES

ES 为串行口的中断允许控制位。当 ES=0 时,禁止串行口中断,即使接收缓冲器接收到数据把接收中断标志 RI 置位,或者发送缓冲器发送完数据把发送中断标志 TI 置位,CPU 也不会响应这个中断请求。标志位 RI 和 TI 可以作为接收和发送结束的测试标志位。当 ES=1 时,允许串行口中断,RI 和 TI 二者中只要有一个为 1,即可向 CPU 请求中断。

MCS-51单片机复位后,IE被清零,因此,复位后所有中断都是被禁止的。若需要允许中断,必须根据需要重新设置IE。

例4.1 一个单片机应用系统要求外部事件$\overline{INT1}$、定时器/计数器T0以及串行口具有中断功能,如何设定IE寄存器?

因为应用系统要求$\overline{INT1}$、T0以及串行口具有中断功能,首先必须使CPU开放中断,因此,EA应设置为1,$\overline{INT1}$、T0以及串行口对应的中断控制位EX1、ET0和ES也应为1。程序如下:

```
MOV IE, ＃10010110B;
```

或:

```
SETB  EA   ;CPU开放中断
SETB  EX1  ;允许INT1中断
SETB  ET0  ;允许定时器/计数器T0溢出中断
SETB  ES   ;允许串行口中断
```

4.2.3 MCS-51单片机的中断优先级

当多个中断源同时请求中断,或者CPU正在处理一个中断,又有了新的中断请求,对于上述情形MCS-51单片机该如何处理呢? MCS-51单片机设置了一个中断优先级寄存器IP(Interrupt Priority Register)用于设置中断源的优先级,每个中断源可以被设置为高优先级或者低优先级(见图4.3),可以实现两级中断嵌套。对于上述问题,MCS-51单片机的处理原则是:

(1) 多个中断源同时向CPU请求中断时,首先响应高优先级中断源的中断请求。

(2) 当CPU正在处理一个中断,又有新的中断请求时,如果新的中断请求的优先级高于正在处理的中断,则CPU暂停正在执行的中断处理,去响应新的中断请求。即高优先级中断请求可以中断低优先级的中断处理,从而实现中断嵌套,如图4.7所示。如果是新的中断请求的优先级与正在处理的中断相同,或者其优先级低于正在处理的中断,那么,CPU不会响应这个中断请求,将继续执行中断处理,待本次中断处理结束返回后,再对新的中断请求进行处理,也就是说,相同优先级和低优先级的中断请求不能中断高优先级或相同优先级的中断处理。

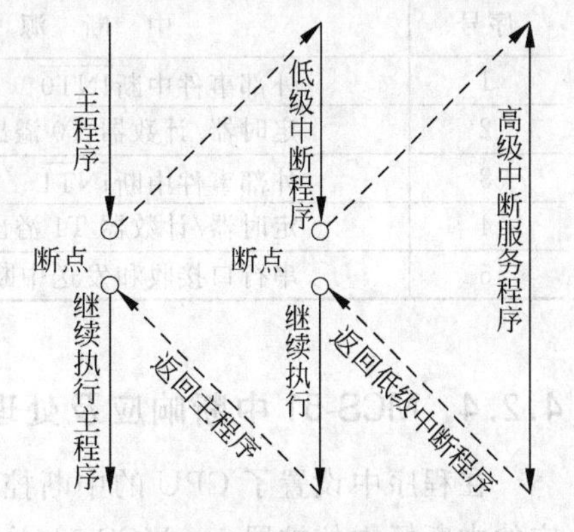

图4.7 中断嵌套

中断优先级寄存器IP寄存器的地址为0B8H,各位的位地址为0B8H～0BFH。IP寄存器的内容如图4.8所示。

D7	D6	D5	D4	D3	D2	D1	D0
—	—	—	PS	PT1	PX1	PT0	PX0

图4.8 IP寄存器的内容

(1) PX0 为外部事件中断$\overline{INT0}$的优先级设定位；PX0＝0,该中断源为低优先级，PX0＝1,该中断源为高优先级。

(2) PT0 为定时器/计数器 T0 的中断优先级设定位；PT0＝0,该中断源为低优先级，PT0＝1,该中断源为高优先级。

(3) PX1 为外部事件中断$\overline{INT1}$的优先级设定位；PX1＝0,该中断源为低优先级,PX1＝1,该中断源为高优先级。

(4) PT1 为定时器/计数器 T1 的中断优先级设定位；PT1＝0,该中断源为低优先级，PT1＝1,该中断源为高优先级。

(5) PS 为串行口中断的优先级设定位。PS＝0,该中断源为低优先级；PS＝1,该中断源为高优先级。

单片机复位时,IP 被清零,所有中断源被默认为低优先级中断。在应用系统设计时,可以根据需要把所用中断源设置为高优先级或低优先级中断。

例 4.2 把定时器/计数器 T0 和串行口中断源设置为高优先级。

程序如下：

```
MOV  IP,  #00010010B
```

或：

```
SETB  PT0
SETB  PS
```

如果有多个相同优先级的中断源同时向 CPU 请求中断,这时 CPU 该如何应对呢？如图 4.3 所示,MCS-51 单片机的中断系统设立了一个硬件查询电路,由中断系统内部的查询顺序来确定 CPU 优先响应哪一个中断请求。优先级相同时,5 个中断源的优先级由高到低排列顺序见表 4.1。

表 4.1 优先级相同时的中断优先级

序号	中 断 源	中断请求标志	优先级
1	外部事件中断$\overline{INT0}$	IE0	最高
2	定时器/计数器 T0 溢出中断	TF0	↓
3	外部事件中断$\overline{INT1}$	IE1	
4	定时器/计数器 T1 溢出中断	TF1	
5	串行口接收和发送中断	RI 和 TI	最低

4.2.4 MCS-51 中断响应及处理过程

在程序中设置了 CPU 的中断控制位和中断允许控制位以后,当中断源触发中断时,相应的中断标志位被置 1。MCS-51 单片机的中断系统在每一个机器周期的 S5P2 相采样所有的中断标志位的状态,并在随后的一个机器周期查询这些中断标志,以确定哪一个中断源请求中断。如果中断系统检测到某个中断标志为 1,则表明该中断源向 CPU 发出了中断请求。但是,MCS-51 单片机的 CPU 响应中断请求是有条件的,如果此时不存在下列 3 种情形,CPU 将响应这个中断请求,立即产生一个硬件调用,使程序转移到相应的中断处理程序入口地址处调用中断处理程序,进行中断处理。这 3 种情形如下：

(1) CPU正在处理相同优先级或高优先级的中断。

(2) 当前的机器周期不是指令的最后一个机器周期。

(3) 正在执行的指令是RETI或者是访问特殊功能寄存器IE或IP的指令。

CPU响应中断时,必须是在一条指令执行结束之后。另外,CPU执行RETI指令和对寄存器IE和IP访问的指令时,即使指令执行结束也不会立即响应,必须至少再执行一条指令方可响应中断请求。

对于有的中断源,CPU在响应时会自动清除中断请求标志,如外部事件中断$\overline{INT0}$和$\overline{INT1}$跳变触发方式时的中断请求标志IE0和IE1,定时器/计数器溢出的中断标志TF0和TF1。

CPU响应中断请求时,中断系统会根据中断源的优先级把相应的高优先级触发器或低优先级触发器置1,以封锁相同优先级和低级优先级的中断请求;然后由硬件自动把当前程序计数器PC的内容(即断点)压入堆栈保护,并且把相应的中断处理程序入口地址装入程序计数器PC,使程序转移到中断处理程序。MCS-51单片机各中断源的中断处理程序入口地址是固定的,见表4.2。

表4.2 各中断源的中断处理程序入口地址

序号	中 断 源	入口地址
1	外部事件中断$\overline{INT0}$	0003H
2	定时器/计数器T0溢出中断	000BH
3	外部事件中断$\overline{INT1}$	0013H
4	定时器/计数器T1溢出中断	001BH
5	串行口接收和发送中断	0023H

中断处理程序是专门为外部设备或其他内部中断源的中断处理而设计程序段,其结尾必须是中断返回指令RETI。RETI是中断处理结束的标志,它告诉CPU此次中断处理过程已经结束,然后从堆栈中取出断点地址送给PC,使程序返回到断点处继续向下执行。

MCS-51单片机CPU的中断响应过程可用图4.9描述。

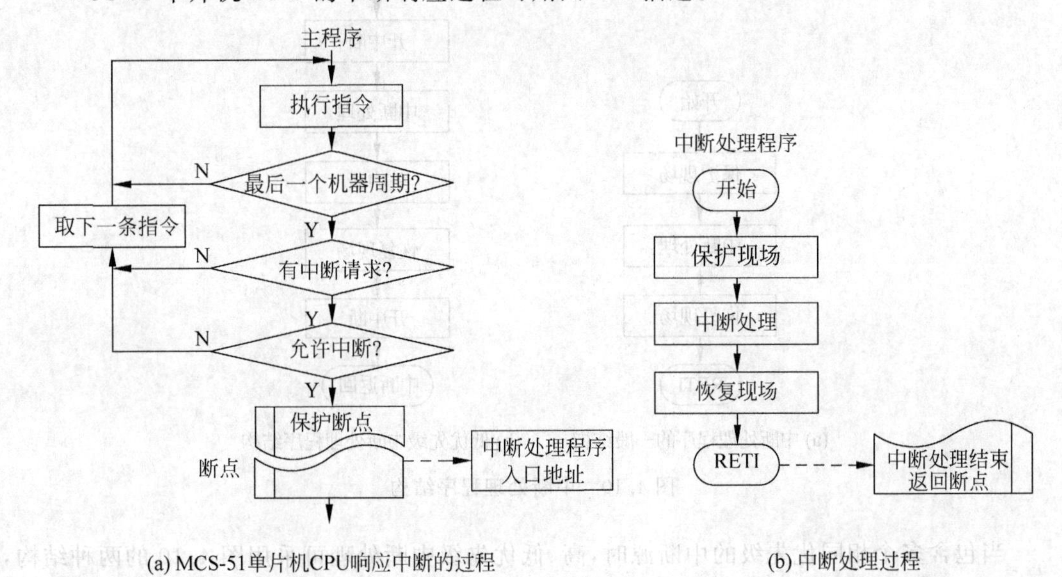

(a) MCS-51单片机CPU响应中断的过程　　(b) 中断处理过程

图4.9 MCS-51单片机CPU的中断响应过程

在使用MCS-51单片机中断系统时,应注意以下几个方面:

(1) 中断查询是在每个机器周期重复进行的。在中断查询时,中断系统查询中断标志位的状态是前一个机器周期的S5P2相采样的,如果某个中断源的中断标志位被置1,因中断响应条件原因而没被响应,而当中断响应条件具备时,该中断标志位已并非为1,那么,这个中断请求将不会被CPU响应。换句话说,当一个中断标志位置1但没有被CPU响应,这个中断标志位是不会被保持的。每一个机器周期查询的总是上一个机器周期新采样得到的中断标志位状态。

(2) 由于两个中断入口地址之间只有8个单元,在实际应用时,通常在入口地址处安排一条无条件转移指令,把中断处理程序存放在程序存储器的其他区域。另外,如果不使用中断处理,为了避免干扰或其他因素意外触发中断导致程序"跑飞"的现象发生,最好在中断入口地址所在单元放置RETI指令,使程序能够安全地返回到断点处继续运行。

(3) 子程序返回RET指令也可以使中断处理程序返回到断点处,但是,它不能告知CPU中断处理已经结束。因此,CPU依然处于中断处理的状态。如果此时它处理的是高优先级中断,CPU只会响应一次中断,而且屏蔽其他所有的中断请求。

(4) 应用系统中只包含一个优先级中断源时,中断处理程序结构可采用图4.10(a)。

值得注意的是,虽然CPU响应中断时,自动进行了置位高或低优先级触发器、保护断点、装入中断入口地址到PC等操作,但并没有关中断的操作。因此,应用系统包含高低优先级中断源时,为了防止高优先级中断响应干扰现场保护和恢复,中断嵌套程序设计时低优先级中断处理程序应采用图4.10(b)的结构,而高优先级中断处理程序的结构则无须考虑低中断中断处理的干扰,采用图4.10(a)的结构。

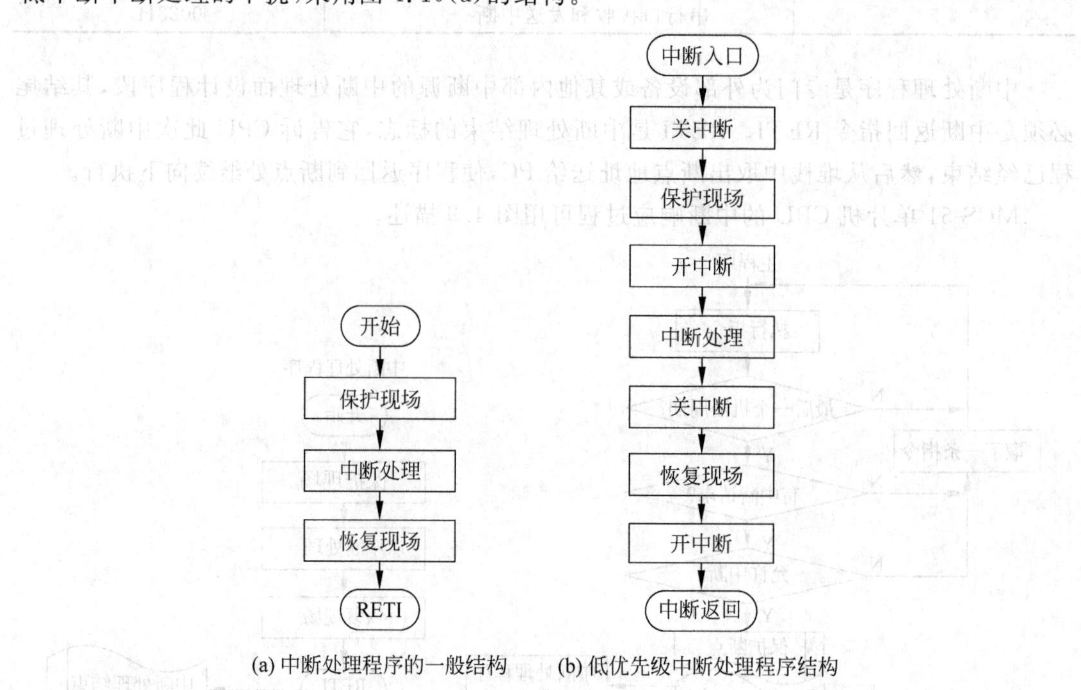

(a) 中断处理程序的一般结构　(b) 低优先级中断处理程序结构

图4.10　中断处理程序结构

当包含多个相同优先级的中断源时,高、低优先级中断处理可采用图4.10的两种结构,但必须保证各个中断处理程序使用的单元、寄存器不冲突,除非有必要。

4.3 外部事件中断及应用

4.3.1 外部事件中断的响应时间

1. 触发方式

MCS-51单片机的外部事件中断请求是通过$\overline{\text{INT0}}$和$\overline{\text{INT1}}$引脚引入的,通过软件设置触发方式,中断触发方式既可以为电平触发方式,也可以为跳变触发方式,在使用外部事件中断源时,中断触发信号必须与触发方式协调一致,使产生中断触发信号的电路满足以下要求:

(1) 电平触发方式时,由于中断请求标志完全由引脚$\overline{\text{INT0}}$或$\overline{\text{INT1}}$的电平控制,虽然在每个机器周期中断系统都采样中断标志位的状态,但由于单片机只能在执行完一个指令后响应中断请求,因此,$\overline{\text{INT0}}$或$\overline{\text{INT1}}$引脚上的中断请求信号必须保持足够长的时间,直到中断实际发生为止,否则,会丢失中断请求。在系统存在多级中断时,必须重视触发信号的有效时间。另外,中断触发信号低电平的维持时间也不能太长,在CPU响应中断,进入子程序后,即可撤除本次中断请求信号。

(2) 跳变触发方式时,在$\overline{\text{INT0}}$或$\overline{\text{INT1}}$引脚上的高电平和低电平保持时间必须不少于1个机器周期。由于CPU响应中断时,自动把中断请求标志清零,撤除了本次中断请求,因此,在设计时一般不考虑中断请求信号的撤除问题。

2. 中断响应时间

中断响应时间是指从中断请求标志位置1到CPU开始执行中断服务程序的第一条指令所持续的时间。CPU并非每时每刻都对每一个中断请求予以响应;另外,不同的中断请求其响应时间也是不同的,因此,中断响应时间形成的过程较为复杂。本节以外部事件中断为例,说明MCS-51单片机的中断响应所需的时间,以便在程序设计时能合理地估算程序的运行时间,进一步提升程序的运行效率。

1) 中断请求立即被CPU响应

CPU在每个机器周期的S5P2相期间采样$\overline{\text{INT0}}$和$\overline{\text{INT1}}$引脚上的电平,如果中断请求有效,则把相应中断请求标志位置位,然后在下一个机器周期再查询中断请求标志位的状态,这就意味着中断请求信号的低电平至少应维持一个机器周期。这时,如果满足中断响应条件,则CPU响应中断请求,在下一个机器周期执行硬件调用,使程序转入中断入口地址处。该调用指令执行时间是两个机器周期,因此,外部中断响应时间至少需要三个机器周期,这是最短的中断响应时间。

2) 中断响应条件不满足,中断请求没有被CPU立即响应

虽然中断触发,中断请求标志位被置1,但是由于中断响应的3个条件不能满足,响应被阻断,中断响应时间被延长,假如以下几种情形:

(1) 如果此时一个相同优先级或高优先级的中断正在处理执行,则附加的等待时间取决于正在执行的中断处理程序的执行时间。

(2) 如果正在执行的一条指令还没有到最后一个机器周期,则附加的等待时间为1~3个机器周期(因为指令的最长执行时间为4个机器周期:MUL AB,DIV AB)。

(3) 如果正在执行的指令是RETI指令或访问IE、IP的指令,则附加的等待时间在5

个机器周期之内(最多用一个机器周期完成当前指令,再加上最多4个机器周期完成下一条指令)。

综上所述,如果系统中只有一个中断源,中断响应时间为3～8个机器周期。如果有多个中断或多级中断处理嵌套时,中断响应时间与相同优先级或高优先级的中断处理程序的执行时间有关。

4.3.2 外部事件中断源的应用

1. 外部事件中断方法的选择

单片机应用系统需要处理大量的输入信号,那么,对这些信号处理时是采用查询方式还是采用中断处理方式呢?所谓查询就是让计算机不断地对输入信号进行检测、判断和处理。针对这个问题,应该从系统本身的要求出发,考虑以下两个方面的因素:

(1) 考察应用系统对输入信号状态变化的反应快慢程度,如果应用系统的最大响应时间较小,那么,对输入信号最好采用中断方法。不管应用系统对输入信号的查询速度有多么迅速,其平均响应时间一般大于中断方法的响应时间。

(2) 考察输入信号状态变化的最小持续时间;如果信号触发频率接近指令周期频率的1/10,那么,最好采用中断方法,否则,查询时需要采用较小的查询循环。

除此之外,应用系统中有多个输入信号,每一个输入都要求用中断方法处理。对于这种情况,要么采用中断源共享的方法,使它们共享MCS-51单片机仅有的两个中断源,要么从整个系统的设计要求出发,把其中的一些相对不重要的输入采用查询方式处理。

2. 外部事件中断的初始化及中断处理程序编程步骤

1) 中断系统初始化

在主程序对中断系统初始化时,需完成以下设置:

(1) 设置外部事件中断请求信号的触发方式。

① 电平触发:CLR ITx,x=0,1。由于单片机复位后,IT1和IT0被清零,默认为电平触发方式,因此,有时可以在程序中被省略。

② 跳变触发方式:SETB ITx,x=0,1。

(2) 开放CPU中断:SETB EA。

(3) 设置外部事件中断允许控制位:SETB EX0 或 SETB EX1。

(4) 如果有中断嵌套处理,设置中断源的优先级。

① 设置外部事件中断源为高优先级:SETB PX0 或 SETB PX1。

② 设置外部事件中断源为低优先级:CLR PX0 或 CLR PX1。由于单片机复位后,IP被清零,默认所有中断源为低优先级,因此,有时在程序中被省略。

在主程序中,对中断系统初始化时,也可以采用下列形式设置中断允许控制位和中断源的优先级:

```
MOV  IE,#ENABLE
MOV  IP,#PRIORITY
```

2) 中断处理程序编程

中断处理程序是根据处理外部事件的具体要求而设计的程序。如果只有1个中断优先级，中断处理程序结构如图4.10(a)所示。如果含有两个中断优先级，实现两级中断嵌套处理，低优先级的中断处理程序按照图4.10(b)的结构设计，高优先级则采用图4.10(a)的结构设计。

3. 外部事件采用跳变触发方式请求中断

例4.3 单片机应用系统如图4.11所示，P1口为输出口，外接8个指示灯L0～L7。系统工作时，指示灯L0～L7逐个被点亮。在逐个点亮L0～L7的过程中，当开关K被扳动时，则暂停逐个点亮的操作，L0～L7全部点亮并闪烁10次。闪烁完成后，从暂停前的灯位开始继续逐个点亮的操作。

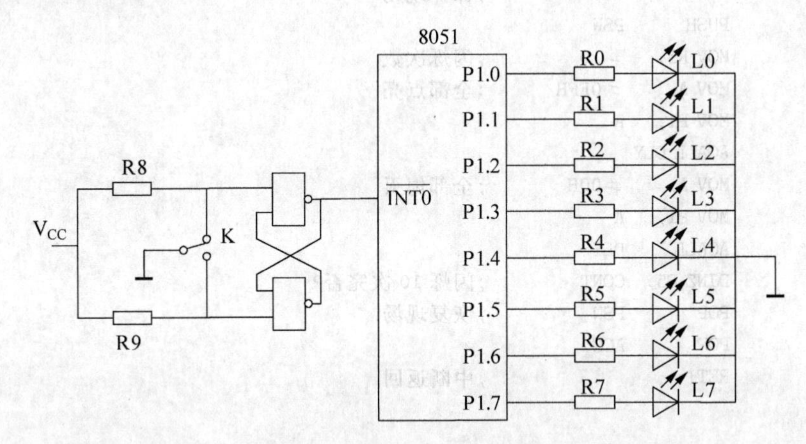

图4.11 例4.1单片机应用系统

为了实现开关K扳动1次仅在$\overline{\text{INT0}}$引脚产生1次高电平到低电平的负跳变，用R-S触发器设计了消除开关触点机械抖动的电路。K每扳动1次，产生1次中断请求，根据题意，设计的程序如下：

(1) 主程序

```
        ORG  0000H
          LJMP    MAIN          ;转移到主程序
        ORG  0003H
          LJMP    INT_PRO       ;中断处理程序入口
        ORG  0030H
MAIN:        MOV SP,   #70H     ;开辟堆栈区
             SETB      IT0      ;外部事件中断的触发方式
             SETB      EA       ;开放CPU中断
             SETB      EX0      ;允许INT0中断CPU
             CLR       PX0      ;设置优先级
             MOV A,    #01H     ;显示控制码初值
ROT_DIS:     MOV P1,   A        ;输出显示
             ACALL     DLY      ;延时
             RL        A        ;产生下一个显示控制码
             AJMP      ROT_DIS
        ;延时子程序
DLY:    MOV R7, #100
DEL1:   MOV R6, #200
DEL0:   NOP
```

```
        NOP
        NOP
        DJNZ    R6,DEL0
        DJNZ    R7,DEL1
        RET
```

(2) 中断处理程序

```
                ORG     0300H
INT_PRO:        PUSH    ACC             ;保护现场
                PUSH    PSW
                MOV R5,  #10            ;闪烁次数
CONT:           MOV A,   #0FFH          ;全部点亮
                MOV P1,  A
                ACALL DLY
                MOV A,   #00H           ;全部熄灭
                MOV P1,  A
                ACALL   DLY
                DJNZ R5, CONT           ;闪烁10次完否?
                POP     PSW             ;恢复现场
                POP     ACC
                RETI                    ;中断返回
```

4. 外部事件采用电平触发方式请求中断

例 4.4 如图4.12所示,P1.0~P1.3为输出,外接指示灯L0~L3,P1.7~P1.4为输入,外接开关K0~K3,欲采用外部中断控制方式实现按钮开关K0~K3分别控制指示灯L0~L3,按钮开关S每闭合一次,外部中断触发一次,程序改变一次指示灯的显示状态。

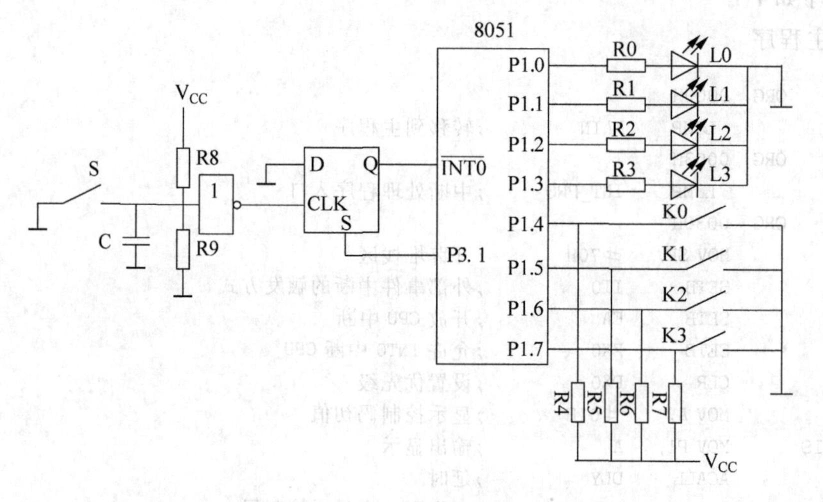

图4.12 例4.4应用系统图

在图4.12中,当按键S每按动一次,在D触发器的CLK端产生一个正脉冲,D触发器翻转,Q端输出低电平并锁存,产生中断请求信号。由于电平触发时,CPU响应中断后,中断标志IE0并不能自动清除,需要用外部手段撤除中断请求信号,因此,在进入中断处理程

序后，应通过软件撤除本次的中断请求信号，程序中 P3.1 为 0 时，D 触发器的置位端 S 为 1，使 D 触发器的 Q 输出高电平，撤除了本次中断请求。这样，下一次按动 S 时，可以触发新的中断。根据题意，程序如下：

（1）主程序：

```
        ORG     0000H
STAR:   AJMP    MAIN
        ORG     0003H;          ;外部事件 0 中断入口地址
        AJMP    ExtInt          ;转到中断处理程序
        ORG     0030H
MAIN:   MOV     SP,#70H         ;设置堆栈区
        CLR     IT0             ;电平触发方式
        SETB    EX0             ;允许外部事件 0 中断源中断
        SETB    EA              ;开放 CPU 中断允许
        CLR     PX0             ;设置INT0中断优先级,只有一个中断源,可以省略
HERE:   AJMP    HERE            ;模拟执行很长的程序
```

（2）中断处理程序：

```
        ORG     0200H
ExtInt: PUSH    ACC             ;在程序中修改了累加器 A 的内容,入栈保护
        CLR     P3.1            ;产生置位 D 触发器的信号,Q 输出高电平 1,撤除中断请求
        MOV     A,#0F0H;
        MOV     P1,A            ;置 P1.4～P1.7 为输入
        MOV     A,P1            ;读 P1.4～P1.7 引脚状态,即开关状态
        ANL     A,#0F0H         ;屏蔽低半字节,提取开关 K0～K3 的闭合状态
        CPL     A               ;以下 2 步为产生指示灯控制信息,P1.0～P1.3 为 1 时,对应的
        SWAP    A               ;指示灯亮,开关闭合时,引脚输入为 0,故取反
        MOV     P1, A           ;输出控制信息
        SETB    P3.1            ;使 P3.1 变为 1,使触发器输出 Q 受 CLK 控制,新的外部中断
                                ;请求信号可向单片机申请中断.
        POP     ACC             ;恢复现场
        RETI;                   ;中断返回
```

对于跳变触发的外部中断$\overline{\text{INT0}}$或$\overline{\text{INT1}}$，CPU 在响应中断后由硬件自动清除其中断标志位 IE0 或 IE1，无须采取其他措施。而采用电平触发时，中断请求撤除方法较复杂。因为电平触发时，CPU 在响应中断后，硬件不会自动清除 IE0 或 IE1，也不能用软件将其清除，它是由$\overline{\text{INT0}}$或$\overline{\text{INT1}}$引脚上外部中断请求信号直接决定的。所以，在 CPU 响应中断后，必须立即撤除$\overline{\text{INT0}}$或$\overline{\text{INT1}}$引脚上的低电平。否则，就会引起重复中断。

在图 4.12 中，用开关 S 闭合的事件触发外部中断，当 S 闭合时，在触发器的输入端 CLK 产生一个正脉冲，请求信号不直接加在$\overline{\text{INT0}}$引脚上，而是加在 D 触发器的 CLK 端。由于 D 端接地，当外部中断请求的正脉冲信号出现在 CLK 端时，Q 端输出为 0 并锁存，$\overline{\text{INT0}}$为低，外部中断向单片机发出中断请求。CPU 响应中断请求后，进行中断处理，在中断处理程序中用软件来撤除外部中断请求。指令“CLR P3.1”使 P3.1 为 0，使 D 触发器输出置位，Q 端输出为 1，从而撤除中断请求。而指令“SETB P3.1”使 P3.1 变为 1，其目的是使 D 触发器的输出 Q 受 CLK 控制，新的外部中断请求信号能够向 CPU 再次申请中断。指令“SETB P3.1”是必不可少的，否则，将无法再次形成新的外部中断。

5. 同时使用两个外部中断源

例 4.5 单片机应用系统如图 4.13 所示，P1 口为输出口，外接 8 个指示灯 L0～L7。要求实现下面的要求：

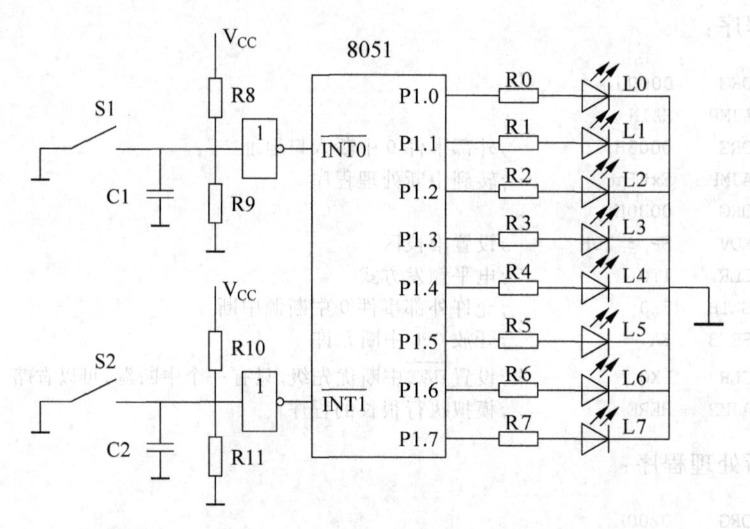

图 4.13 同时使用两个外部中断源的单片机应用系统

(1) 系统工作时，指示灯 L0～L7 以 3 个指示灯为一组循环显示。

(2) 当 S1 按下时，暂时中断 3 灯循环方式，熄灭全部指示灯，从指示灯 L0 开始逐个点亮并保持，直至 L0～L7 全部点亮，然后熄灭，重复上述过程 5 次后退出，继续 3 灯循环显示模式。

(3) 当 S2 按下时，暂时中断 3 灯循环方式，全部指示灯 L0～L7 闪烁显示 10 次后退出，继续 3 灯循环显示模式。

在本例中，S1 和 S2 具有相同的中断优先级，当两个按钮同时按下时，优先响应 S1 的请求；正在处理其中一个时，不会响应另外一个。根据题目要求，同时使用两个外部中断源的程序如下：

(1) 主程序

```
        ORG     0000H
                LJMP MAIN
        ORG 0003H
                LJMP Pint0      ;INT0中断入口地址
                ORG 0013H
                LJMP Pint1      ;INT1中断入口地址
                ORG 0030H
MAIN:           MOV SP,#60H     ;开辟栈区
                SETB IT0        ;INT0跳变触发方式
                SETB IT1        ;INT1跳变触发方式
                MOV IE, #85H    ;CPU开放中断,允许INT0和INT1中断
                MOV IP, #00H    ;2个中断源为低优先级
                MOV A, #07H     ;1组3个指示灯显示控制码初值
CONT:           MOV P1,A        ;输出控制LED,3个指示灯为1组显示
```

```
        ACALL DELAY      ;延时
        RL A             ;循环左移产生显示控制码
        SJMP CONT
```

(2) 延时子程序：晶振为 12MHz 时，延时 100ms

```
DELAY:  MOV R5,#100
DEL1:   MOV R6,#200
DEL0:   NOP
        NOP
        NOP
        DJNZ  R6,DEL0
        DJNZ  R5,DEL1
        RET
```

(3) $\overline{\text{INT0}}$中断源的中断处理程序：

```
        ORG   0100H
Pint0:  PUSH  ACC            ;保护现场
        PUSH  PSW
        SETB  RS0            ;把工作寄存器区切换到 1 区，避免中断处理影响主程序中
                             ;的 R0～R7 的内容
        MOV  R1, #05         ;设置循环次数
CONT1:  CLR  A               ;产生显示控制码
        MOV  P1, A;          ;输出控制 LED 全熄灭
        ACALL DELAY          ;延时
        MOV  R2, #01H        ;循环初值
        MOV  R3, #01H        ;显示控制码暂存寄存器初值，逐个点亮起始位
CONT2:  MOV  A,R3            ;取显示控制码
        MOV  P1,A            ;输出控制 LED
        ACALL  DELAY         ;延时
        MOV  A,R2            ;取循环码
        RL   A               ;循环码移位
        MOV  R2,A            ;循环码暂存
        ORL  A, R3           ;产生下次显示控制码
        MOV  R3,A            ;暂存显示控制码
        MOV  A,R2
        XRL  A, #01          ;8 个 LED 显示完，异或结果为 0
        JNZ  CONT2           ;8 个 LED 未显示完，继续
        DJNZ   R1,CONT1      ;这种显示模式 5 次显示完否？
        POP  PSW             ;恢复现场，RS0 恢复到原来的状态
        POP  ACC
        RETI                 ;中断返回
```

(4) $\overline{\text{INT1}}$中断源的中断处理程序：

```
        ORG  0200H
Pint1:  PUSH ACC             ;保护现场
        PUSH PSW
        SETB RS0             ;把工作寄存器区切换到 1 区，避免中断处理程序影响主程序中
                             ;工作寄存器 R0～R7 的内容
        MOV  R1,  #10
```

```
CONT3:  CLR A               ;产生 LED 全熄灭显示控制码
        MOV  P1,  A         ;输出控制
        ACALL DELAY         ;延时
        MOV  A,  #0FFH      ;产生 LED 全亮显示控制码
        MOV  P1,  A         ;输出控制
        ACALL DELAY         ;延时
        DJNZ R1,  CONT3     ;循环控制
        POP  PSW            ;恢复现场
        POP  ACC
        RETI                ; 中断返回
```

6. 两级中断嵌套处理

例 4.6 单片机应用系统如图 4.13 所示,P1 口为输出口,外接 8 个指示灯 L0～L7。要求实现如下要求:

(1) 系统工作时,L0～L7 以 3 个指示灯为一组循环显示。

(2) 当 S1 按下时,暂时中断 3 灯循环方式,熄灭全部指示灯,从 L0 开始逐个点亮并保持,直至 L0～L7 全部点亮,然后熄灭,重复上述过程 5 次后退出,继续 3 灯循环显示模式。

(3) 不论在(1)和(2)哪种运行方式下,只要 S2 按下,暂时中断当前的显示方式,全部指示灯闪烁显示 10 次后退出,继续运行以前的显示方式。

在本例中,设置按钮 S2 产生的中断请求为高优先级的,任何时候只要 S2 按下,必须立即响应这个中断请求,两级中断嵌套处理的程序如下:

(1) 主程序清单:

```
        ORG  0000H
        LJMP MAIN
        ORG  0003H
        LJMP Pint0          ;INT0中断处理程序入口
        ORG  0013H
        LJMP Pint1          ;INT1中断处理程序入口
        ORG  0030H
MAIN:   MOV  SP,  #60H
        SETB      IT0       ;INT0跳变触发方式
        SETB      IT1       ;INT1跳变触发方式
        MOV  IE,  #85H      ;CPU 开放中断,允许INT0和INT1中断
        MOV  IP,  #04H      ;INT0中断源为低优先级,INT1为高优先级
        MOV  A,   #07H      ;1 组 3 个指示灯显示控制码初值
CONT:   MOV  P1,  A         ;输出控制 LED
        ACALL     DELAY     ;延时
        RL   A              ;显示控制码移位
        SJMP CONT
```

(2) 延时子程序:晶振为 12MHz 时,延时 100ms

```
DELAY:  MOV  R5,  #100
DEL1:   MOV  R6,  #200
DEL0:   NOP
        NOP
        NOP
```

```
        DJNZ   R6,  DEL0
        DJNZ   R5,  DEL1
        RET
```

(3) $\overline{\text{INT0}}$中断源的中断处理程序：

```
             ORG  0100H
Pint0:  CLR     EA               ;关中断
        PUSH    ACC              ;保护现场
        PUSH    PSW
        SETB    EA               ;开中断
        SETB    RS0              ;把工作寄存器区切换到 1 区，避免中断处理程序影响主程序中
                                 ;工作寄存器 R0～R7 的内容
        MOV R1, #05              ;设置循环次数
CONT1:  CLR     A                ;产生显示控制码
        MOV P1, A                ;输出控制 LED 全熄灭
        ACALL   DELAY            ;延时
        MOV R2, #01H;            ;循环初值
        MOV R3, #01H             ;显示控制码暂存寄存器初值
CONT2:  MOV     A, R3            ;取显示控制码
        MOV P1, A                ;输出控制 LED
        ACALL   DELAY            ;延时
        MOV A,  R2               ;取循环码
        RL      A                ;循环码移位
        MOV R2, A                ;循环码暂存
        ORL A,  R3               ;产生下次显示控制码
        MOV R3, A                ;暂存显示控制码
        MOV A,  R2
        XRL A,  #01              ;8 个 LED 显示完，异或结果为 0
        JNZ     CONT2            ;8 个 LED 未显示完，继续
        DJNZ R1,CONT1            ;这种显示模式 5 次显示完否？
        CLR     EA               ;关中断
        POP     PSW              ;恢复现场
        POP     ACC
        SETB    EA               ;开中断
        RETI                     ;中断返回
```

(4) $\overline{\text{INT1}}$中断源的中断处理程序

```
        ORG     0200H
Pint1:  PUSH    ACC              ;保护现场
        PUSH    PSW
        SETB    RS1              ;把工作寄存器区切换到 2 区，避免中断处理程序影响主程序和低
                                 ;优先级程序中工作寄存器 R0～R7 的内容
        CLR     RS0
        MOV R1, #10              ;设置循环次数
CONT3:  CLR     A                ;产生 LED 全熄灭显示控制码
        MOV P1, A                ;输出控制
        ACALL   DELAY            ;延时;
        MOV A,  #0FFH            ;产生 LED 全亮显示控制码
        MOV P1, A                ;输出控制
        ACALL   DELAY            ;延时
```

```
DJNZ   R1,CONT3        ;循环控制
POP PSW                ;恢复现场
POP ACC
RETI                   ;中断返回
```

4.3.3 外部事件中断源的扩展

如果系统中有多个外部事件,可以采用中断源共享的方法,使多个中断源共同使用MCS-51单片机的两个外部事件中断源。

例4.7 电梯是大型建筑不可缺少的运输工具。在运行过程中,有以下几种情况需要控制系统立即处理:

(1) 当测速传感器检测到电梯超过额定运行速度时,控制系统应立即切断控制回路电源。

(2) 当电梯运行到接近底层和顶层时,安装在电梯轿箱上的撞弓装置撞击到强迫减速开关时,控制系统应强制电梯减速运行。

(3) 强制减速后仍然不能停车,当上限或下限限位开关有效时,应切断整个系统的电源。

(4) 当发生意外情况时,按下紧急停止按钮,电梯紧急制动停车。

(5) 当电路欠压时或电网电压波动时,为了避免控制回路误动作,应切断控制回路电源。

(6) 曳引电机过载时,应进行过载保护,切断控制回路电源。

因为电梯是载人和运货的工具,从(1)～(6)的紧急程度和事故后果来看,(3)的紧急程度最高,(2)次之,其他情况的紧急程度排列顺序依次为:(1),(5),(6),(4)。若采用中断方式处理这些事件,必须进行中断源的扩展以共享单片机的两个外部中断源,中断源扩展电路如图4.14所示。图4.14中,所有中断采用电平触发形式,中断请求信号一直保持,以确保中断处理的实现,除非控制系统自行撤除中断请求信号,中断处理才会终止。上/下限限位开关闭合触发的事件中断由$\overline{\text{INT0}}$引入,该中断源的优先级最高,不论在何种情况下,只要上/下限限位开关闭合,CPU立即响应。其余几个中断源由$\overline{\text{INT1}}$引入,通过与门把它们综合,共享MCS-51单片机的外部事件中断$\overline{\text{INT1}}$,它们的状态分别由P1.0～P1.4反馈到单片机,通过程序查询它们的状态来判别哪一个事件触发了中断,然后再进行相应的中断处理。程序查询的先后顺序由这些事件的紧急程度(即优先级)确定,其中优先级最高的,程序首先查询,优先级最低的,程序最后查询。

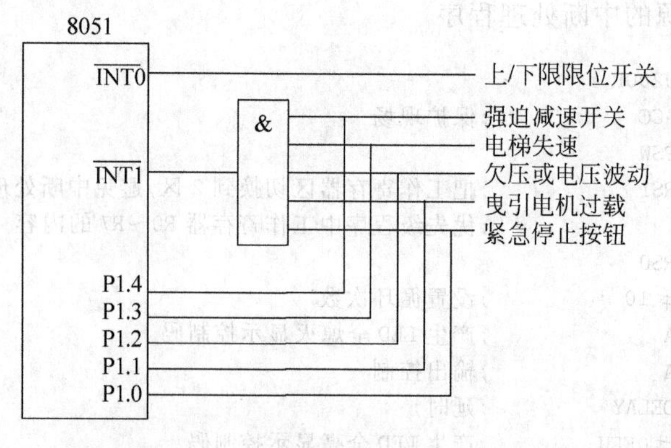

图4.14 外部事件中断源的扩展电路

根据上述要求和分析，给出电梯控制系统多中断处理的主要程序的实现方法如下：

（1）主程序

```
        ORG     0000H
        LJMP    MAIN
        ORG     0003H
        LJMP    P_INT0
        ORG     0013H
        LJMP    P_INT1
        ORG     0030H
MAIN:   MOV     SP, #60H        ;开辟栈区
        CLR     IT0             ;设置INT0电平触发方式
        CLR     IT1             ;设置INT1电平触发方式
        SETB    EA              ;开放 CPU 中断
        SETB    EX0             ;允许INT0中断
        SETB    EX1             ;允许INT1中断
        SETB    PX0             ;置INT0中断为高优先级
        CLR     PX1             ;置INT1中断为低优先级
LOOP:   …                       ;主处理程序
        LJMP LOOP
```

（2）$\overline{\text{INT0}}$中断处理程序

```
    P_INT0:PUSH ACC
    PUSH PSW
          ;切断整个系统电源
    POP PSW
    POP ACC
    RETI
```

$\overline{\text{INT1}}$中断处理程序

```
P_INT1:   CLR     EA                      ;关中断
          PUSH    ACC                     ;保护现场
          PUSH    PSW
          SETB    EA                      ;开中断
          JNB     P1.4, ForSwitch         ;转强制换速处理
          JNB     P1.3, SpdSwitch         ;失速处理
          JNB     P1.2, VoltSwitch        ;电源故障处理
          JNB     P1.1, OvLodSwitch       ;电机过载处理
          JNB     P1.0, EmSwitch          ;急停按钮处理
RETURN:   CLR     EA                      ;关中断
          POP     PSW                     ;恢复现场
          POP     ACC
          SETB    EA                      ;开中断
          RETI                            ;中断返回
ForSwitch:                                ;强制换速处理
          AJMP    RETURN
SpdSwitch:                                ;失速处理
          AJMP    RETURN
VoltSwitch:                               ;电源故障处理
          AJMP    RETURN
```

```
OvLodSwitch:                            ;电机过载处理
          AJMP    RETURN
EmSwitch:                               ;急停按钮处理
          AJMP    RETURN
```

4.4 本章小结

在CPU执行程序的过程中,由于某种原因要求CPU暂时停止正在执行的程序,转去执行相应的处理程序,待处理结束后,再返回到暂停处继续执行,这个过程称为中断。

CPU响应中断请求调用中断处理程序的过程与主程序调用子程序的主要区别在于:子程序调用是用户设计程序时事先安排好的,采用子程序调用指令实现的;而中断事件发生是随机的,调用中断处理程序的过程是由硬件自动完成的。

MCS-51单片机具有5个中断源:两个外部事件中断($\overline{INT0}$和$\overline{INT1}$)、两个定时器/计数器中断和一个串行口中断。它们可以设为两个中断优先级,实现两级中断嵌套。CPU对中断采用两级管理,用户可以根据需要来设定CPU是否开放中断,而且每个中断源都可以独立地设定为允许和禁止中断请求。另外,中断源的优先级也可以独立地设定为高或低优先级。

MCS-51单片机的CPU响应中断请求是有条件的,如果此时不存在下列3种情形:

(1) CPU正在处理相同优先级或高优先级的中断。

(2) 当前的机器周期不是指令的最后一个机器周期。

(3) 正在执行的指令是RETI、或者是对寄存器IE或IP的写入操作指令。

那么,CPU立即响应这个中断请求,直接转移到相应的中断处理程序入口地址处,进行中断处理。

MCS-51单片机的外部事件中断的请求(触发)信号由$\overline{INTx}$($\overline{INT0}$或$\overline{INT1}$)引脚引入单片机的中断系统,中断触发方式可以为电平触发方式或跳变触发方式,通过编程设置TCON中的控制位IT0和IT1实现。

若外部事件中断为电平触发方式时,$\overline{INTx}$引脚的低电平必须保持到CPU响应该中断时为止,并且必须在本次中断处理返回以前变为高电平,以撤除本次中断请求信号,否则,如果中断请求信号没有撤除,中断返回后又再次响应该中断,CPU将陷入无休止的中断响应和中断处理当中。外部事件中断为跳变触发方式时,在$\overline{INTx}$引脚上出现负跳变,则硬件把中断请求标志IE0或IE1置位,发出中断请求。CPU响应中断时,自动把中断请求标志清零,撤除本次中断请求。

中断系统应用时,必须对中断系统初始化,设置中断请求信号的触发方式、中断允许控制位、中断源的优先级等。中断处理程序是根据处理外部事件的具体要求而设计的程序,实现中断嵌套处理时,虽然高优先级中断源可以中断低优先级的中断处理,但不能干扰低优先级的现场保护和恢复。

4.5 复习思考题

一、选择题

1. 在计算机系统中,中断系统是指(　　)。

(A) 实现中断处理的硬件电路　　　　(B) 实现中断处理的程序

(C) (A)和(B)　　　　(D) 触发中断的事件

2. 中断处理程序是(　　)。

(A) 用户编写的处理事件的应用程序　(B) CPU内部嵌入的硬件程序

(C) 被中断停止执行的程序　(D) 查询中断是否触发的程序

3. MCS-51单片机的中断系统的中断源有(　　)。

(A) 5个　(B) 6个　(C) 2个　(D) 3个

4. MCS-51单片机禁止和允许中断源中断使用的寄存器是(　　)。

(A) TCON　(B) PSW　(C) IP　(D) IE

5. MCS-51单片机设定中断源优先级使用的寄存器是(　　)。

(A) TCON　(B) PSW　(C) IP　(D) IE

6. 外部事件中断源$\overline{\text{INT0}}$请求中断时，登记该中断请求标志的寄存器是(　　)。

(A) SCON　(B) PSW　(C) TCON　(D) EX0

7. 下面哪种设置，可以使中断源$\overline{\text{INT1}}$以跳变方式触发中断？(　　)

(A) IT0=1　(B) IT0=0　(C) IT1=1　(D) IT1=0

8. 单片机的串行口接收到一帧数据后，登记标志位TI=1的寄存器是(　　)。

(A) SCON　(B) PSW　(C) TCON　(D) SBUF

9. 在电平触发方式下，中断系统把标志位IE1置1的前提是：在$\overline{\text{INT1}}$引脚上采集到的有效信号是(　　)。

(A) 高电平　(B) 低电平

(C) 高电平变为低电平　(D) 低电平变为高电平

10. 在跳变触发方式下，中断系统把标志位IE0置1的前提是：在$\overline{\text{INT0}}$引脚上采集到的有效信号是(　　)。

(A) 高电平　(B) 低电平

(C) 高电平变为低电平　(D) 低电平变为高电平

11. MCS-51单片机定时器/计数器T0溢出时，被置1的标志位是(　　)。

(A) IE0　(B) RI　(C) TF0　(D) TF1

12. 下列中断源请求中断被响应后，其中断请求标志位被自动清零的是(　　)。

(A) $\overline{\text{INT0}}$以电平方式触发中断　(B) $\overline{\text{INT0}}$以跳变方式触发中断

(C) 串行口发送完一帧数据　(D) 定时器/计数器T0计数溢出

13. 在MCS-51单片机中，CPU响应中断后，需要外电路实现中断请求撤除的是(　　)。

(A) 定时器/计数器T1溢出触发的中断

(B) $\overline{\text{INT0}}$以跳变方式触发的中断

(C) 串行口接收到一帧数据触发的中断

(D) $\overline{\text{INT1}}$以电平方式触发的中断

14. 在MCS-51单片机中，CPU响应中断后，需要用软件清除中断请求标志的是(　　)。

(A) 定时器/计数器T1溢出触发的中断

(B) $\overline{\text{INT0}}$以跳变方式触发的中断

(C) 串行口接收到一帧数据触发的中断

(D) $\overline{\text{INT1}}$以电平方式触发的中断

15. 如果IP内容为0010100B,则中断源优先级最高的是(　　)。

(A) $\overline{\text{INT0}}$　　(B) 串行口

(C) 定时器/计数器T1　　(D) $\overline{\text{INT1}}$

16. 假设单片机应用系统开放了CPU中断,并且$\overline{\text{INT0}}$被允许中断CPU,CPU执行了下列指令后,能立即响应中断请求的是(　　)。

(A) POP PSW　　(B) SETB PX0

(C) MOV IE,#81H　　(D) RETI

17. 单片机应用系统使用了外部事件中断源$\overline{\text{INT0}}$,拟采用跳变触发方式,下面设置指令不正确的是(　　)。

(A) CLR IT0　　(B) SETB IT0

(C) ORL TCON,#01H　　(D) MOV TCON,#01H

18. 在单片机应用系统中,拟用外部事件中断源$\overline{\text{INT1}}$和定时器/计数器溢出T1中断源,下面设置不正确的是(　　)。

(A) MOV IE,#89H　　(B) MOV IP,#89H

(C) ORL IE,#89H　　(D) SETB EA,SETB EX1,SETB ET1,

19. 应用系统使用了3个中断源:$\overline{\text{INT0}}$、定时器/计数器T1和串行口,优先级顺序为定时器/计数器T1、串行口、$\overline{\text{INT0}}$,下面设置正确的是(　　)。

(A) MOV IP,#11H　　(B) MOV IP,#18H

(C) ORL IE,#01H　　(D) MOV IP,#08HH

20. 中断被CPU响应后,CPU转去执行中断处理程序,它调用中断处理程序是采用(　　)。

(A) LJMP指令　(B) LCALL指令　(C) GOTO指令　(D) 硬件调用方式

二、思考题

1. 在计算机系统中,什么是中断、中断源、断点和中断处理?

2. 在计算机系统中,中断处理和子程序调用有什么不同?

3. MCS-51单片机提供了哪几种中断源?在中断管理上如何控制?各个中断源中断优先级的高低如何确定?

4. MCS-51单片机响应中断的条件是什么?

5. MCS-51单片机的CPU响应多个中断请求时,如何处理多个中断同时请求的问题?

6. MCS-51单片机如何分配中断处理程序入口地址的?应用系统中不使用中断时,这些单元如何处理?如果中断处理程序太长,编程时如何处理?

7. 简述MCS-51单片机的中断响应过程。

8. 在应用系统中只包含一个优先级的中断处理时,给出中断处理程序的一般结构。

9. 如果应用系统包含了两个优先级的中断处理,高、低优先级的中断处理程序结构有什么不同?

10. 对于输入信号检测来说,中断处理方式和程序查询方式有什么不同?

三、程序设计

1. 在图4.11电路中,通常情况下,L0～L7依次循环显示,每扳动一次开关K,L0～L7以两灯为1组循环显示1次。用中断方式实现上述要求。

2. 如图4.15所示,P1.0～P1.3为输出,外接指示灯L0～L3,P1.7～P1.4为输入,外

接开关 K0～K3，欲采用外部中断控制方式实现按开关 K0～K3 闭合状态分别控制指示灯 L0～L3 的状态，外部中断每触发一次，程序改变 1 次指示灯的显示状态。要求用跳变触发方式。

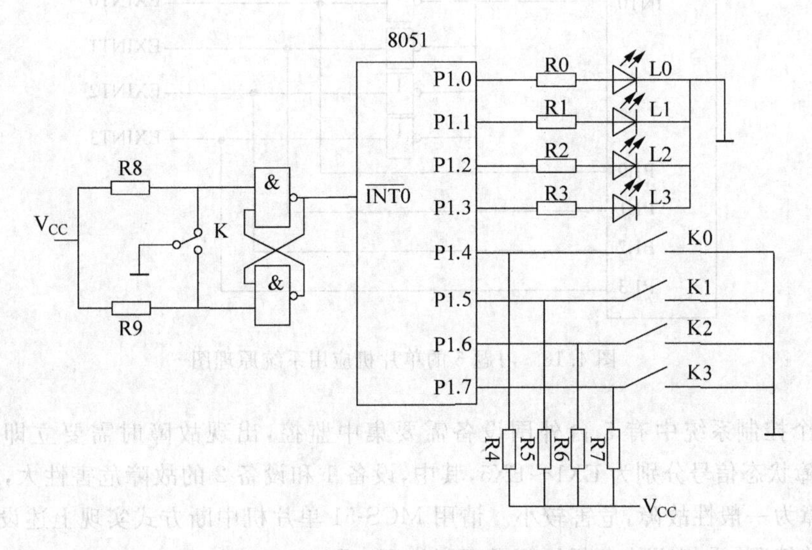

图 4.15　习题 2 应用系统原理图

3. 如图 4.16 为一个应用系统，单片机通过 P1 口与智能传感器相连，STB 为传感器输出的选通信号，传感器每从 DB 输出一个 7 位二进制数据后(最高位是 0)，就从 STB 输出一个负脉冲，8051 单片机读取的数据存储在内部 RAM 的 50H 单元，如果读取的数据超过 7 位(最高位为 1)的次数超过 20 次，则终止从传感器读数。采用中断方式实现数据接收功能。

4. 路灯控制器如图 4.17 所示，夜晚路灯 L1 自动启动，白天路灯 L1 自动熄灭。采用中断方式实现路灯的自动控制。图 4.17 中，VL 为光敏三极管，有光照射时，VL 导通，无光照射时，VL 截止。

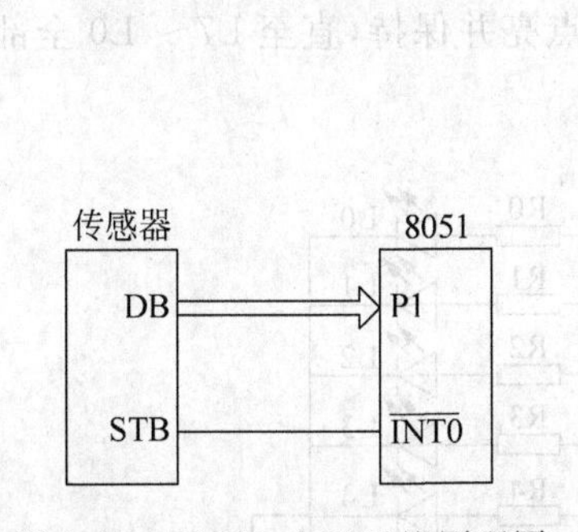

图 4.16　习题 3 应用系统原理图

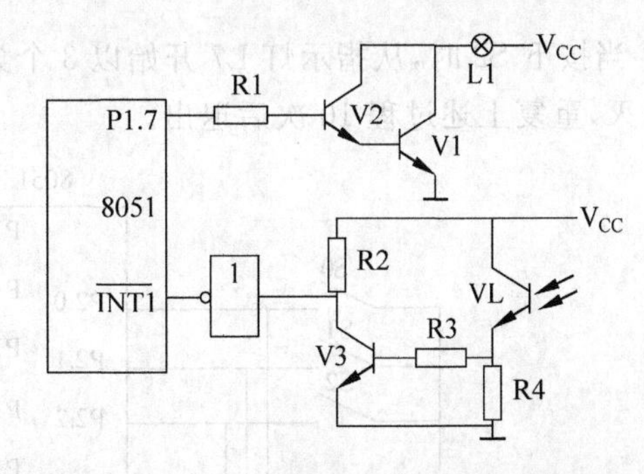

图 4.17　习题 4 的路灯控制器图

5. 图 4.18 为单片机应用系统，4 个外部扩展中断源 EXINT0～EXINT3 共享外部事件中断 $\overline{\text{INT0}}$，当其中有一个或几个出现高电平时向单片机发出中断请求。设它们的优先级顺序为 EXINT0→EXINT3，中断源 EXINT0～EXINT3 的中断处理程序分别为 PREX0，PREX1，PREX2 和 PREX3，请用中断方式实现上述要求。

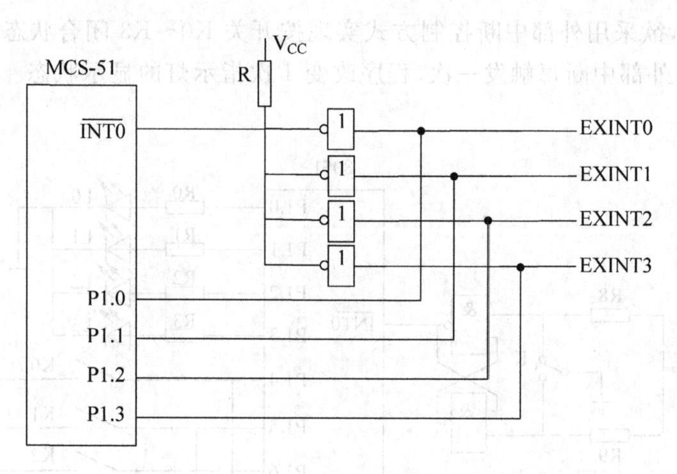

图 4.18 习题5的单片机应用系统原理图

6. 一个控制系统中有5台外围设备需要集中监控,出现故障时需要立即处理,设备1～5的故障状态信号分别为EX1～EX5,其中,设备1和设备2的故障危害性大,设备3～设备5的故障为一般性故障,危害较小。请用MCS-51单片机中断方式实现上述设备的监控,设计电路并编程,设相应的中断处理子程序为Ex1Pro～Ex5Pro。

7. 单片机应用系统如图4.19所示,P1口外接8个指示灯L0～L7。要求实现下面的要求:

(1) 一般情况下,指示灯L0～L7以100ms的间隔闪烁。

(2) S0,S1,S2为3种显示模式,当S0,S1,S2被按下时,暂时中断闪烁方式,熄灭全部指示灯,进入相应的显示模式:

① 当按下S0时,从指示灯L0开始逐个点亮并保持200ms,直至L0～L7全部点亮,然后熄灭,重复上述过程10次后退出。

② 当按下S1时,从指示灯L0开始,每个点亮200ms后熄灭,重复上述过程10次后退出。

③ 当按下S2时,从指示灯L7开始以3个为一组点亮并保持,直至L7～ L0全部点亮,然后熄灭,重复上述过程10次后退出。

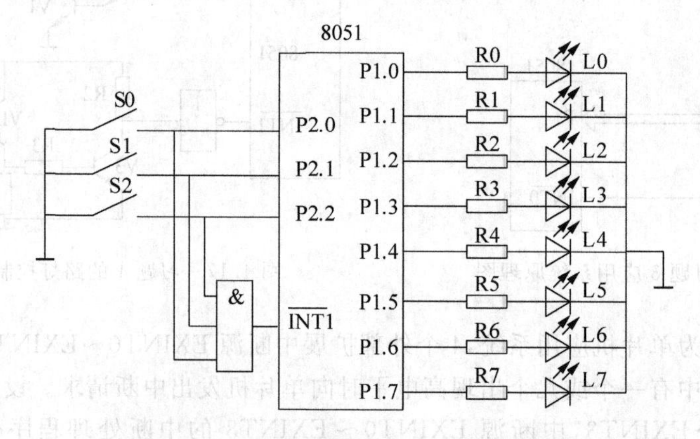

图 4.19 习题7的单片机应用系统原理图

8. 在图 4.20 单片机应用系统中，A，B 两路检测信号分别从 P3.2($\overline{INT0}$)和 P3.3($\overline{INT1}$)引入单片机，通常情况下，当 A，B 为高电平时，表示系统工作正常，指示灯 L1 亮；当 A 出现低电平时，指示灯 L1 灭，L2 以 500ms 的间隔闪烁，除非 A 再次变为高电平，系统恢复正常。无论在什么情况下，只要 B 出现低电平，关闭指示灯 L1，L2 以 200ms 的间隔闪烁，同时蜂鸣器 BUZ 以 200ms 的间隔鸣叫，除非 B 再次变为高电平，系统恢复正常。采用中断方式实现以上监控功能。

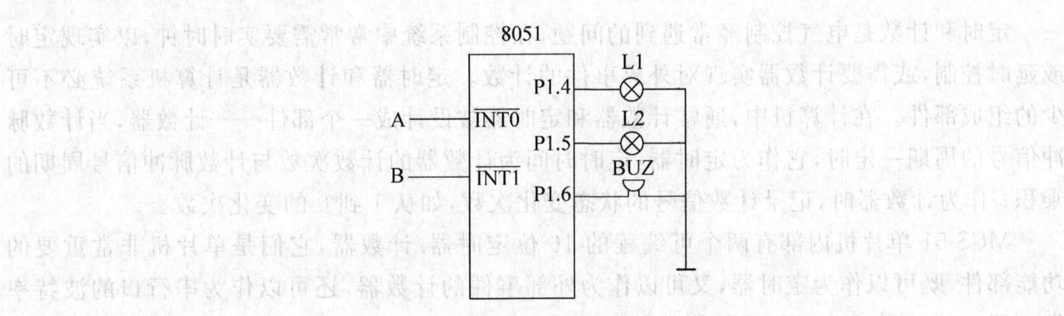

图 4.20　单片机应用系统原理图

第5章

MCS-51 单片机定时器/计数器

5.1 概述

定时和计数是电气控制经常遇到的问题，在控制系统中常常需要实时时钟，以实现定时或延时控制，或需要计数器实现对外界事件的计数。定时器和计数器是计算机系统必不可少的组成部件。在计算机中，通常计数器和定时器被设计成一个部件——计数器，当计数脉冲信号的周期一定时，它作为定时器，定时时间为计数器的计数次数与计数脉冲信号周期的乘积；作为计数器时，记录计数信号的状态变化次数，如从 1 到 0 的变化次数。

MCS-51 单片机内部有两个可编程的 16 位定时器/计数器，它们是单片机非常重要的功能部件，既可以作为定时器，又可以作为外部事件的计数器，还可以作为串行口的波特率发生器。MCS-51 定时器/计数器的逻辑结构如图 5.1 所示。

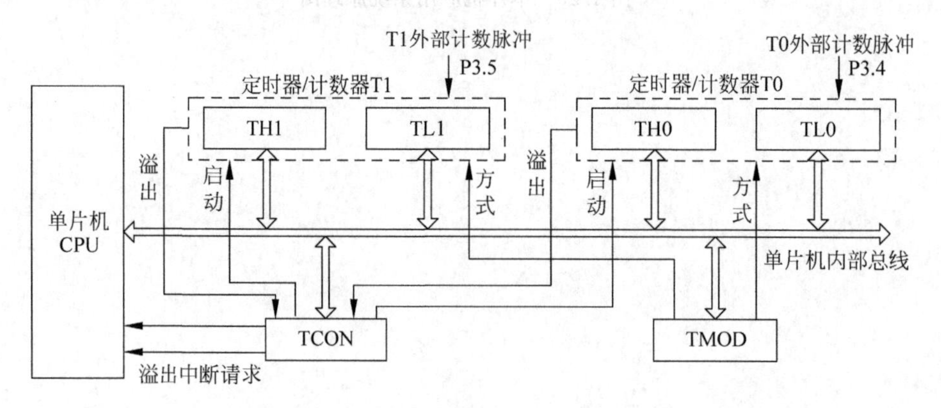

图 5.1　MCS-51 定时器/计数器的逻辑结构

MCS-51 单片机的两个定时器/计数器被称为定时器/计数器 T0 和定时器/计数器 T1。定时器/计数器 T0 的计数器由两个 8 位的特殊功能寄存器 TL0 和 TH0 构成，其中 TL0 为 T0 计数器的低 8 位，TH0 为 T0 计数器的高 8 位；而定时器/计数器 T1 的计数器由特殊功能寄存器 TL1 和 TH1 构成，其中 TL1 为 T1 计数器的低 8 位，TH1 为 T1 计数器的高 8 位。T0 和 T1 有多种工作方式，由定时器/计数器方式寄存器 TMOD 设置。T0 和 T1 的启动和停止由定时器/计数器控制寄存器 TCON 控制，当计数器计数溢出时，其溢出标志位也被记录在 TCON 中，并可以以此标志向 CPU 提出中断请求。

MCS-51 单片机的定时器/计数器工作在计数模式时，计数器对外部脉冲进行计数。外部计数输入信号由 T0(P3.4)，T1(P3.5)两个引脚输入，当 T0(P3.4)和 T1(P3.5)引脚输入信号的状态在一个机器周期为高电平而在随后的机器周期为低电平时，即信号发生 1 到 0 负跳变，计数器自动加 1。外部计数输入信号的高低电平的维持时间必须不小于 1 个机器周期，因此，计数输入信号的频率不能高于晶振频率的 1/24。

MCS-51 单片机的定时器/计数器工作在定时模式时，计数脉冲信号来自单片机的内部，每个机器周期产生一个计数脉冲，计数器自动加 1，也就是每个机器周期计数器加 1。计数速率是晶振频率的 1/12。因此,也称为内部计数器模式。

下面详细介绍 MCS-51 定时器/计数器的工作方式、控制及其应用。

5.2 定时器/计数器的工作方式选择及控制

1. 定时器/计数器的工作方式寄存器(TMOD)

定时器/计数器的工作方式寄存器(Timer/Counter Mode Control Register,TMOD)用于设定定时器/计数器的工作方式,它的高 4 位用于定时器/计数器 T1,低 4 位用于定时器/计数器 T0。TMOD 寄存器的地址为 89H,各位的定义如图 5.2 所示。

下面以定时器/计数器 T0 为例,介绍工作方式的选择。

D7	D6	D5	D4	D3	D2	D1	D0
GATE	$C/\overline{T}$	M1	M0	GATE	$C/\overline{T}$	M1	M0

图 5.2 TMOD 的内容

1) 定时器/计数器工作方式选择位:M1,M0

M1	M0	工作方式	说 明
0	0	方式 0	13 位定时器/计数器
0	1	方式 1	16 位定时器/计数器
1	0	方式 2	8 位常数自动装入的定时器/计数器
1	1	方式 3	定时器/计数器 T0 剖分为两个 8 位的定时器/计数器,定时器/计数器 T1 设置为这种方式时停止工作。

2) 定时器和计数器模式选择位:$C/\overline{T}$

$C/\overline{T}$=0 时,定时器/计数器 T0 为定时器工作模式,每一个机器周期计数器自动加 1,定时时间为计数次数与机器周期之积。

$C/\overline{T}$=1 时,定时器/计数器 T0 为计数器工作模式,当 T0(P3.4)或 T1(P3.5)引脚上出现负跳变时,计数器自动加 1。

3) 定时器/计数器运行控制位:GATE

当 GATE=0 时,只要定时器控制寄存器 TCON 中的 TR0 被置 1 时,定时器/计数器 T0 就启动开始计数。

当 GATE=1 时,定时器/计数器 T0 启动计数受$\overline{INT0}$引脚的外部信号控制。只有当 TR0 被置 1,且$\overline{INT0}$引脚输入信号为高电平时,定时器/计数器 T0 才开始计数。

与定时器/计数器 T0 不同的是,当设置定时器/计数器 T1 为方式 3 时,它停止工作。另外,当 GATE=1 时,定时器/计数器 T1 启动受$\overline{INT1}$引脚控制。

单片机复位时,TMOD 的内容被清零。TMOD 没有位寻址功能,因此,设置定时器/计数器的工作方式必须按单元操作。如:定时器/计数器 T1 的工作方式为方式 1、计数器工作模式,且计数过程不受外部信号的控制,TMOD 设置操作为:

```
MOV  TMOD, #01010000B          ;定时器/计数器 T0 未用,方式控制位设置为 0
```

2. 定时器/计数器控制寄存器(TCON)

定时器/计数器控制寄存器 TCON 的单元地址为 88H,它既有中断标志寄存器的功能,又具有控制定时器/计数器的功能。TCON 与定时器/计数器控制相关的位定义如图 5.3 所示。

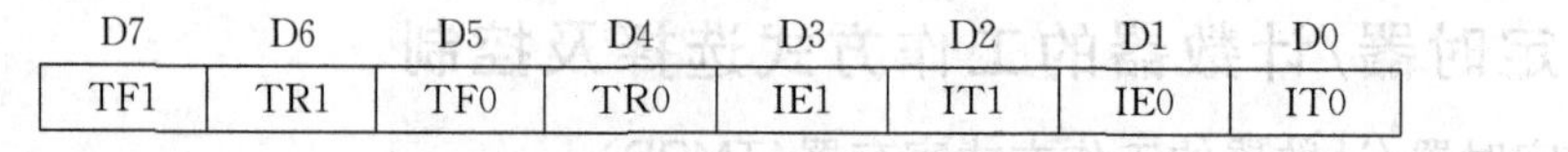

D7	D6	D5	D4	D3	D2	D1	D0
TF1	TR1	TF0	TR0	IE1	IT1	IE0	IT0

图 5.3 TCON 寄存器的内容

1) 定时器/计数器 T0 的计数溢出标志位：TF0

MCS-51 单片机的定时器/计数器为加 1 计数器。定时器/计数器 T0 启动后，计数器从初始值开始计数，当计数器计满后(计数器内容全为 1)，再计 1 次，计数器溢出，溢出标志位 TF0 由硬件自动置 1。TF0 也是定时器/计数器溢出中断标志，当 TF0 为 1，意味着定时器/计数器 T0 溢出，向 CPU 请求中断。TF0 可以由软件清零。如果以中断方式实现定时或计数，CPU 响应中断时，TF0 由硬件自动清零。

2) 定时器/计数器 T0 的启停控制位：TR0

当 TR0=0 时，定时器/计数器 T0 停止工作。

当 TR0=1，GATE 位的状态为 0 时，定时器/计数器 T0 启动计数，当 GATE 状态为 1 时，定时器/计数器 T0 的启动与否还取决于$\overline{\text{INT0}}$引脚输入信号的状态，只有当$\overline{\text{INT0}}$引脚输入信号为高电平时，定时器/计数器 T0 才启动计数。

TF1 和 TR1 分别为定时器/计数器 T1 的计数溢出标志位和启停控制位。其定义与 TF0 和 TR0 类似。

单片机复位时，TCON 被清零。

TFx(x=0,1)和 TRx(x=0,1)由软件方法置 1 或清零，既可按单元操作的方式，也可以按位操作方式。如启动定时器/计数器 T0 和 T1，清除溢出标志位 TF0 和 TF1 的操作如下：

```
SETB TR0
SETB TR1
CLR TF0
CLR TF1
```

或：

```
MOV TCON, #01010000B
```

5.3 定时器/计数器的工作方式及工作原理

MCS-51 单片机的两个十六位定时器/计数器 T0 和 T1 既可以设置为定时器、又可以设置为计数器，同时 T0 和 T1 又具有多种工作方式，T0 有 4 种工作方式，而 T1 有 3 种工作方式。下面以 T0 为例，介绍定时器/计数器的工作方式及其工作原理。

5.3.1 方式 0

当 M1M0 设置为 00 时，定时器/计数器 T0 的工作方式为方式 0。在这种方式下，定时器/计数器为 13 位的定时器/计数器，其计数器由 TH0 的 8 位和 TL0 的低 5 位构成，TL0

的高 3 位未用。图 5.4 是定时器/计数器 0 在工作方式 0 的逻辑结构。

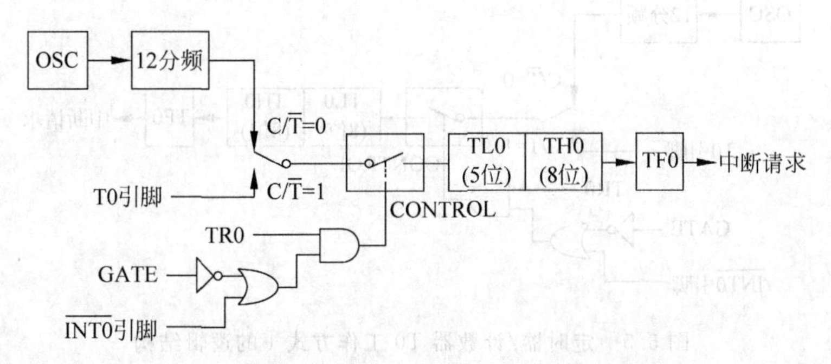

图 5.4 定时器/计数器 T0 工作方式 0 的逻辑结构

当 GATE＝0 时，只要 TR0 为 1，13 位计数器就开始计数；

当 GATE＝1 时，仅当 TR0 为 1，且$\overline{\text{INT0}}$引脚输入状态为 1 时，13 位计数器才开始计数。

计数器开始工作时，13 位计数器从初始值开始加 1 计数，当 13 位计数器各位全为 1 以后，再计数 1 次计数器溢出，则 TF0 由硬件自动置 1，同时把计数器清零。

在方式 0 下，计数器计数范围是 1～8192(2^{13})。定时时间范围为 1～8192 个机器周期。

在工程设计时，经常碰到的是这样的问题：要求在计数 N 次或定时(延时)t 秒后，再进行下一步的动作。如果采用定时器/计数器实现，最直接的方法是让它计数 N 次或者定时 t 秒后溢出，其溢出标志 TF0 和 TF1 提供了测试判断条件。然而，计数器只有在计满后才会溢出，那么，上述问题则转换为在某个初始值的基础上再计 N 次或再定时 t 秒使其溢出。因此，求初始值是解决上述问题的关键。

1. 计数器工作模式

设初始值为 X，计数器计数 N 次后溢出，则 $X+N=2^{13}$，得到 $X=2^{13}-N$。

预先给计数器装入初始值 $X=2^{13}-N$，当计数器计数 N 次后，溢出标志 TF0 被置 1。

2. 定时器工作模式

定时器定时 t_d 秒后发生溢出。在定时器模式下，计数器以机器周期为计数信号，每一个机器周期，计数器自动加 1。因此，应首先计算定时 t_d 秒需要多少个机器周期才能实现，即 $N=\frac{t_d}{T_M}$，其中 T_M 为机器周期。设初始值为 X，则 $X+N=2^{13}$，得到 $X=2^{13}-N$。

预先给计数器装入初始值 $X=2^{13}-N$，计数器计 N 个机器周期后溢出标志 TF0 被置 1，定时时间到。

方式 0 时，定时器/计数器的最大计数次数为 8192(初始值为 0)，最大定时时间为 $8192T_M$(初始值为 0)。

5.3.2 方式 1

当 M1M0 设置为 01 时，定时器/计数器 T0 的工作方式为方式 1。在这种方式下，定时器/计数器 T0 为 16 位的定时器/计数器，其计数器由 TH0 的 8 位和 TL0 的 8 位构成。图 5.5 是定时器/计数器 T0 在工作方式 1 的逻辑结构。除了计数器为 16 位之外，方式 1 与方式 0 的逻辑结构相同。

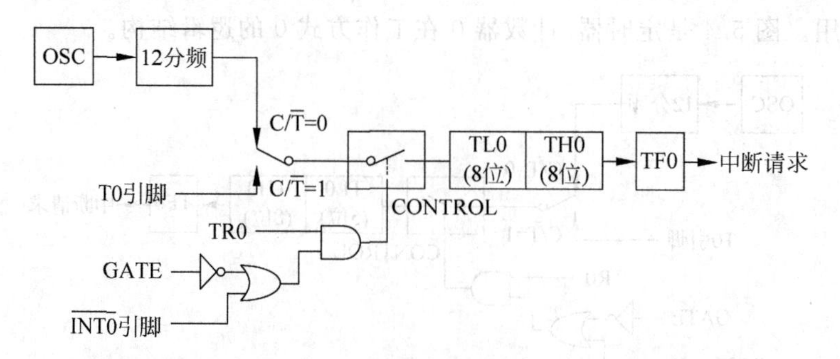

图 5.5 定时器/计数器 T0 工作方式 1 的逻辑结构

当 GATE=0 时,只要 TR0 为 1,16 位计数器就开始计数;

当 GATE=1 时,仅当 TR0 为 1,且$\overline{\text{INT0}}$引脚输入状态为 1 时,16 位计数器才开始计数。

计数器开始工作时,16 位计数器从初始值开始加 1 计数,当 16 位计数器各位全为 1 以后,再计 1 次就会使计数器溢出,则硬件自动把 TF0 置 1,并且把计数器清零。

在方式 1 下,计数器计数范围是 1~65 536,定时时间范围是 1~65 536 个机器周期。

1. 计数器工作模式

设初始值为 X,计数器计数 N 次溢出,则 $X+N=2^{16}$,得到 $X=2^{16}-N$。

预先给计数器装入初始值 $X=2^{16}-N$,当计数器计数 N 次后 TF0 被置 1。

2. 定时器工作模式

定时器定时 t_d 秒后溢出。首先把定时 t_d 秒转换为机器周期的个数,即 $N=\frac{t_d}{T_M}$。若初始值为 X,则 $X+N=2^{16}$,得到 $X=2^{16}-N$。

预先装入初始值 $X=2^{16}-N$,N 个机器周期后计数器溢出,则 TF0 为 1,定时时间到。

方式 1 时,定时器/计数器的最大计数次数为 65 536,最大定时时间为 65 536T_M。

5.3.3 方式 2

当 M1M0 设置为 10 时,定时器/计数器 T0 的工作方式为方式 2。在这种方式下,定时器/计数器为 8 位常数自动装入的定时器/计数器,计数器为 TL0。当计数器溢出时,TF0 被置 1,同时把 TH0 的内容装载到 TL0,计数器便以该值为初始值重新开始计数。方式 2 的电路逻辑结构如图 5.6 所示。

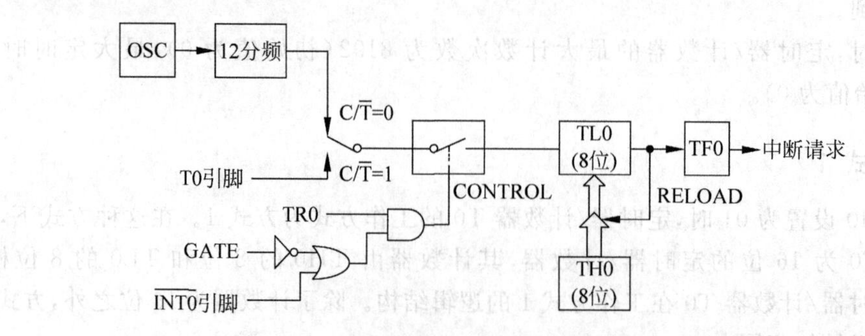

图 5.6 定时器/计数器 0 在工作方式 2 的逻辑结构

当 GATE=0 时，只要 TR0 为 1，计数器 TL0 就开始计数；

当 GATE=1 时，仅当 TR0 为 1，且$\overline{\text{INT0}}$引脚输入状态为 1 时，计数器 TL0 才开始计数。

计数器开始工作时，8 位计数器 TL0 从初始值开始加 1 计数，当计数器各位全为 1 以后，计数器再计 1 次产生溢出，则 TF0 位被自动置 1，同时把 TH0 的内容装载到 TL0。

在方式 2 下，计数器计数范围是 1～256，而定时时间范围是 1～256 个机器周期。

1. 计数器工作模式

设初始值为 X，计数器计数 N 次后溢出，则 $X+N=2^8$，得到 $X=2^8-N$。因此，预先给计数器装入初始值 $X=2^8-N$，计数器计数 N 次后溢出，把 TF0 置 1。

2. 定时器工作模式

要求计数器定时后溢出。首先把 t_d 换算为机器周期的个数，$N=\frac{t_d}{T_M}$。设初始值为 X，则 $X+N=2^8$，得到 $X=2^8-N$。预先给计数器装入初始值 $X=2^8-N$，N 个机器周期后计数器溢出，TF0 被置 1，t_d 秒定时时间到。

方式 2 时，定时器/计数器的最大计数次数为 256，最大定时时间为 $256T_M$。

5.3.4　方式 3

当 M1M0 设置为 11 时，定时器/计数器 T0 的工作方式为方式 3。只有定时器/计数器 T0 有工作方式 3，定时器/计数器 T1 没有工作方式 3，如果把 T1 设置为方式 3，计数器将停止工作。

在工作方式 3 下，定时器/计数器 T0 被拆分成两个独立的 8 位计数器 TL0 和 TH0，其逻辑结构如图 5.7 所示。其中 TL0 既可以作为计数器使用，又可以作为定时器使用，它使用了定时器/计数器 T0 所有的控制及标志位：C/T，GATE，TF0，TR0 以及外部控制信号输入引脚$\overline{\text{INT0}}$，作为计数器使用时，外部事件的计数输入信号由引脚 T0 输入。另一个 8 位

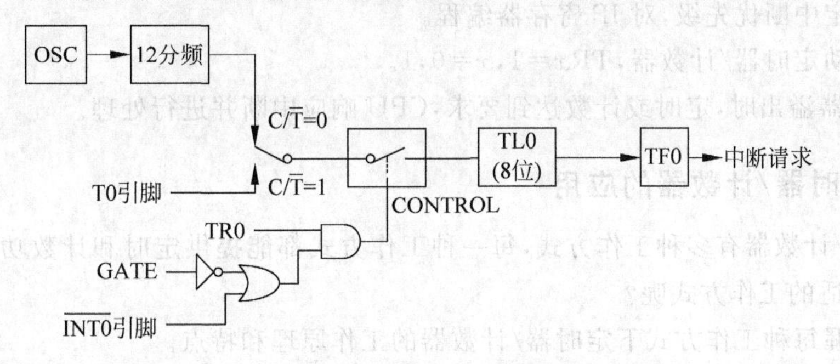

(a) TL0定时器/计数器逻辑结构

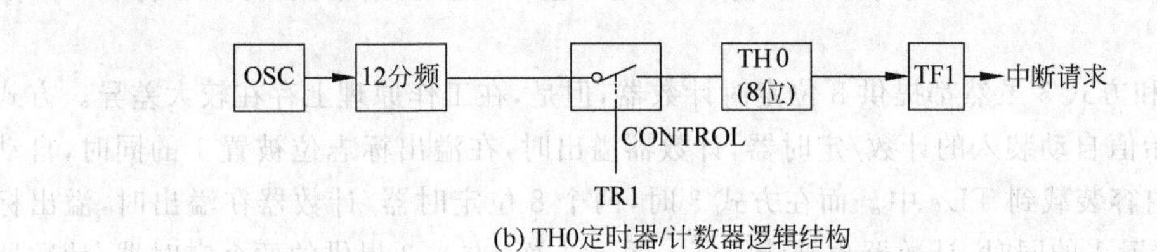

(b) TH0定时器/计数器逻辑结构

图 5.7　定时器/计数器 T0 工作方式 3 的逻辑结构

定时器/计数器TH0只能作为简单的定时器使用,TR1为1时,TH0启动计数,计数溢出时把TF1置1。在这种情况下,MCS-51单片机可以有3个8位的定时器/计数器:TL0,TH0和定时器/计数器T1。此时,定时器/计数器T1可作为波特率发生器,或者用于那些不需要溢出中断的场合中,它的计数和定时初始值计算与方式2相同。

5.4 定时器/计数器的应用

5.4.1 定时器/计数器的初始化

定时器/计数器的初始化包括设置它的工作方式、计数或定时模式、计算计数初始值、启动定时器/计数器、设置中断控制位等。定时和计数可以采用查询方式和中断方式实现。

1. 查询方式

(1) 确定工作方式、计数或定时模式及控制方式,构造工作方式码并写入TMOD。

(2) 计算计数、定时的初始值,根据工作方式把初始值送入TH0,TL0或TH1,TL1。

计数时,初始值$X=2^n-N$,$n=8,13,16$,n为定时器/计数器的位数,N为计数次数。

定时时,首先把定时时间t_d换算为机器周期的个数,即$N=\frac{t_d}{T_M}$;再求出计数初始值X:$X=2^n-N$,$n=8,13,16$。

(3) 启动定时器/计数器:$TRx=1$,$x=0,1$。

定时器/计数器开始工作,通过查询TFx是否为1来判断定时或计数是否达到要求。

2. 中断方式

(1) 确定工作方式、计数或定时模式及控制方式,构造工作方式码并写入TMOD。

(2) 计算初始值,根据工作方式把初始值送入TH0,TL0或TH1,TL1。

(3) 开放CPU中断,允许定时器/计数器溢出中断,对IE寄存器编程。

(4) 确定中断优先级,对IP寄存器编程。

(5) 启动定时器/计数器,$TRx=1$,$x=0,1$。

当计数器溢出时,定时或计数达到要求,CPU响应中断并进行处理。

5.4.2 定时器/计数器的应用

定时器/计数器有多种工作方式,每一种工作方式都能提供定时和计数功能,在应用中如何选择合适的工作方式呢?

(1) 掌握每种工作方式下定时器/计数器的工作原理和特点。

方式0和方式1除了计数器位数不同外,它们的逻辑构造和工作原理是一样的,计数器溢出时,溢出标志被置1,同时计数器被清零,如果不重新设置初始常数,计数器将从0开始计数。

方式2和方式3虽然都提供8位定时计数器,但是,在工作原理上存在较大差异。方式2为计数初始值自动装入的计数/定时器,计数器溢出时,在溢出标志位被置1的同时,自动将THx的内容装载到TLx中。而在方式3时,两个8位定时器/计数器在溢出时,溢出标志位TFx被置1的同时,计数器也被清零了。另一方面,方式3提供的两个定时器/计数器在功能上也有差别,TL0具有定时/计数功能,而TH0只能用于定时。

(2) 了解每种工作方式下定时器/计数器的最大计数次数和最大定时时间。

定时器/计数器的最大计数次数和最大定时时间只与定时器/计数器的位数有关。方式 0 时,计数器为 13 位,最大计数次数为 8192,晶振频率 12MHz 时的最大定时为 8.192ms。方式 1 时,计数器为 16 位,最大计数次数为 65 536,晶振频率 12MHz 时的最大定时为 65.536ms。方式 2 和方式 3 时,计数器为 8 位,最大计数次数为 256,晶振频率 12MHz 时的最大定时为 0.256ms。

然后,根据实际应用的要求,计算出期望的计数次数和定时时间,根据(1)和(2)确定定时器/计数器的工作方式。

1. 方式 0 的应用

例 5.1　已知某生产线传送带系统采用单片机控制产品单向传送到包装机,传送带上的产品之间有间隔,使用光电开关检测的产品个数,每计数到 12 个产品时,由气缸驱动的顶推装置把这批产品推入包装机包装。顶推装置的顶推气缸动作响应时间为 50ms。用定时器/计数器实现产品计数,控制系统原理如图 5.8 所示。

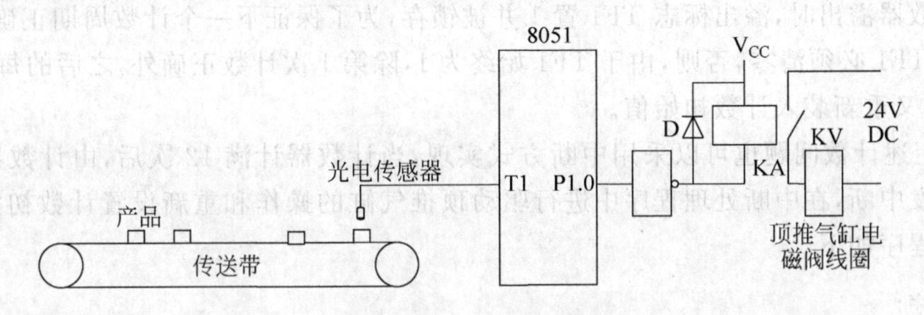

图 5.8　控制系统原理

解:

(1) 计数采用定时器/计数器 T1 的方式 0,则工作方式控制字如图 5.9 所示。则 TMOD 的内容为 01000000B。

GATE	C/$\overline{T}$	M1	M0	GATE	C/$\overline{T}$	M1	M0
0	1	0	0	0	0	0	0

图 5.9　TI 的工作方式控制字设置

(2) 期望的计数次数为 12,采用方式 0 实现计数,则初始值为:

$$X = 2^{13} - 12 = 8180$$

转换为二进制数:X=1111111110100B,取 X 的高 8 位赋给 TH1,X 的低 5 位赋给 TL1,则 (TH1)=11111111B,(TL1)=00010100B,TL1 的高 3 位默认为 0。

(3) 查询方式程序如下:

```
        CLR     P1.0                     ;顶推气缸复位
        MOV     TMOD,  #01000000B        ;设置工作方式 0 和计数器模式
        MOV     TH1,   #11111111B        ;设置计数初始值高 8 位
        MOV     TL1,   #00010100B        ;设置计数初始值低 5 位
        SETB    TR1                      ;计数器启动
CNTING: JBC     TF1,   OK                ;检测是否溢出,若溢出,清溢出标志
```

```
        SJMP  CNTING                ;等待,计数
OK:     MOV   TH1,   #11111111B     ;重新装入计数常数值,以便下一个计数
                                    ;循环同样计数 12 次溢出
        MOV   TL1,   #00010100B
        SETB  P1.0                  ;顶推气缸动作
        ACALL DL50MS                ;控制信号保持 50ms,以便气缸动作到位
        CLR   P1.0                  ;顶推气缸复位
        SJMP  CNTING
                                    ;延时 50ms 子程序,晶振频率为 12MHz
DL50MS: MOV   R7,    #50
DL1MS:  MOV   R6,    #200
DL:     NOP
        NOP
        NOP
        DJNZ  R6,    DL
        DJNZ  R7,    DL1MS
        RET
```

当计数器溢出时,溢出标志 TF1 置 1 并被锁存,为了保证下一个计数周期正确地计数,在程序中 TF1 必须清零,否则,由于 TF1 始终为 1,除第 1 次计数正确外,之后的每次仅计 1 次,计数器又重新装入计数初始值。

(4) 上述计数问题也可以采用中断方式实现,当计数器计满 12 次后,由计数器溢出中断请求触发中断,在中断处理程序中进行驱动顶推气缸的操作和重新设置计数初始值。中断方式的程序如下:

```
;主程序:
        ORG   0000H
        LJMP  MAIN
        ORG   001BH
        LJMP  P_T1              ; 定时器/计数器 T1 的中断处理程序入口
        ORG   0030H
MAIN:   MOV   SP,  #60H         ;开辟栈区
        CLR   P1.0              ;顶推气缸复位
        MOV   TMOD, #01000000B  ;设置工作方式 0 和计数器模式
        MOV   TH1, #11111111B   ;设置计数初始值高 8 位
        MOV   TL1, #00010100B   ;设置计数初始值低 5 位
        SETB  TR1               ;计数器启动
        SETB  EA
        SETB  ET1
DO_PRG: AJMP  DO_PRG            ;模拟执行一段较长的主处理程序
;中断处理程序:
P_T1:   PUSH  ACC               ;保护现场
        PUSH  PSW
        MOV   TH1, #11111111B   ;重新装入计数常数值,以便下一个计数循环同样
                                ;计数 12 次溢出
        MOV   TL1, #00010100B
        SETB  P1.0              ;顶推气缸动作
        ACALL DL50MS            ;控制信号保持 50ms,以便气缸动作到位
        CLR   P1.0              ;顶推气缸复位
        POP   PSW
        POP   ACC
        RETI
```

在中断方式下，由于CPU响应溢出中断请求时，自动把TF1清零，因此，在中断处理程序中无须再对TF1清零。

例5.2 设单片机应用系统晶振频率为6MHz，使用定时器T0以方式0产生频率为500Hz的等宽方波连续脉冲，并从P1.0输出。

解：等宽方波的高、低电平的持续时间相同。500Hz的等宽方波脉冲信号的周期为2ms，因此，只需在P1.0引脚输出持续时间为1ms的高低电平交替变化的信号即可，则定时时间应为$t_d=1\text{ms}$。

(1) 计算计数初始值

因为系统的晶振频率为$f_{osc}=6\text{MHz}$，则机器周期$T_M=\frac{12}{f_{osc}}=2\mu s$。设计数初始值为$X$：

$$X=2^{13}-\frac{t_d}{T_M}=2^{13}-\frac{1\times10^3}{2}=7692$$

转换为二进制数得X=1111000001100B。取X的高8位赋给TH0，X的低5位赋给TL0，则(TH0)=11110000B=0F0H，(TL0)=00001100B=0CH，TL1的高3位默认为0。

(2) 设置工作方式

方式0：M1M0=00，定时器模式：$C/\overline{T}=0$，计数器启动不受外部控制：GATE=0，因此，TMOD的内容为00H。

(3) 采用查询方式的程序设计如下：

```
        MOV   TMOD,#00H
        MOV   TH0,#0F0H
        MOV   TL0,#0CH          ;设置计数器初始值
        SETB  TR0               ;启动定时器/计数器
LOOP:   JBC   TF0,OVFLOW        ;查询计数溢出
        AJMP  LOOP
OVFLOW: MOV   TH0,#0F0H         ;重新设置计数初值
        MOV   TL0,#0CH
        CPL   P1.0
        AJMP  LOOP              ;重复循环
```

(4) 采用中断方式的程序设计如下：

```
;主程序:
        ORG   0000H
        LJMP  MAIN
        ORG   000BH
        LJMP  P_T0
        ORG   0030H
MAIN:   MOV   SP,  #60H         ;开辟栈区
        MOV   TMOD,#00000000B   ;设置工作方式0和定时器模式
        MOV   TH0,#0F0H
        MOV   TL0,#0CH          ;设置计数器初始值
        SETB  TR0               ;计数器启动
        SETB  EA
        SETB  ET0
HERE:   AJMP  HERE              ;模拟执行一段较长的主处理程序
        ;中断处理程序:
```

```
P_T0:    PUSH  ACC           ;保护现场
         PUSH  PSW
         MOV   TH0,＃0F0H
         MOV   TL0,＃0CH     ;设置计数器初始值
         CPL   P1.0          ;产生方波
         POP   PSW
         POP   ACC
         RETI
```

2. 方式1的应用

方式1和方式0的工作原理基本相同,唯一不同的是T0和T1工作在方式1时是16位计数/定时器。这种工作方式可以提供较长的定时时间和计数次数。

例5.3 单片机应用系统的晶振频率为6MHz,使用定时器/计数器的定时方法在P1.0引脚输出周期为100ms、占空比为20%的信号序列如图5.10所示。

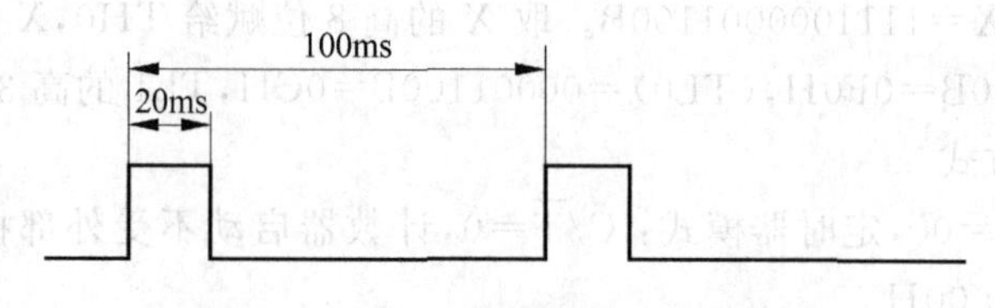

图5.10 P1.0引脚输出的信号序列

解:占空比是指高电平在一个周期之内所占的时间比率。由图5.7可以看到,在一个周期中,信号的高电平维持时间为20ms,低电平维持时间为80ms,因此,以20ms为一个基本定时单位,这样,高电平保持1个基本定时单位之后,P1.0变为低电平,保持4个基本定时单位后,P1.0再次变为高电平,周而复始地重复上述过程,就可以实现题目要求。

(1) 计算计数初始值

系统的晶振频率为$f_{osc}=6\text{MHz}$,则机器周期$T_M=2\mu s$。选用定时器/计数器T0的方式1实现,根据题意确定定时时间为$t_d=20\text{ms}$,设计数初始值为X:

$$X=2^{16}-\frac{t_d}{T_M}=2^{16}-\frac{20\times10^3}{2}=55\,536$$

转换为二进制数得$X=1101100011110000B$。取X的高、低8位分别赋给TH0和TL0,则(TH0)=0D8H,(TL0)=0F0H。

(2) 设置工作方式

方式1:M1M0=01,定时器模式:$C/\overline{T}=0$,定时器/计数器T0启动不受外部控制:GATE=0,因此,TMOD内容为01H。

(3) 采用查询方式的程序设计如下:

```
MAIN:    MOV   R5, ＃04H      ;低电平定时20ms的次数
         MOV   TMOD, ＃01     ;方式1,定时
         MOV   TH0, ＃0D8H    ;计数初值
         MOV   TL0, ＃0F0H
         SETB  TR0            ;启动定时器
         CLR   P1.0           ;P1.0初始化为输出低电平
         CLR   20H.0          ;输出低电平标志位
CONT:    JBC   TF0, OVERF
```

```
        SJMP  CONT
OVERF:  MOV   TH0, #0D8H        ;计数初值
        MOV   TL0, #0F0H
        JB    20H.0, LOW0       ;(20H.0)=1时,继续P1.0输出低电平
        SETB  P1.0              ;(20H.0)=0时,P1.0输出20ms的高电平
        SETB  20H.0             ;置P1.0输出低电平标志(20H.0)=1
        SJMP  CONT
LOW0:   CLR   P1.0              ;P1.0输出80ms低电平,计数器溢出4次,4×20ms
        DJNZ  R5, GOON          ;P1.0输出80ms低电平实现否?
        MOV   R5, #04           ;重置初值
        CLR   20H.0             ;清P1.0输出低电平标志(20H.0)=0
GOON:   SJMP CONT
```

(4) 采用中断方式的程序如下:

```
;主程序:
        ORG   0000H
        LJMP  MAIN
        ORG   000BH
        LJMP  P_T0
        ORG   0030H
MAIN:   MOV   SP, #60H          ;开辟堆栈区
        MOV   R5, #04H          ;初始化
        MOV   TMOD, #01         ;定时器/计数器初始化
        MOV   TH0, #0D8H
        MOV   TL0, #0F0H
        CLR   P1.0
        CLR   20H.0
        SETB  TR0               ;启动定时
        SETB  EA                ;中断系统初始化
        SETB  ET0
MAIN1:  AJMP MAIN1

;中断处理程序
P_T0:   PUSH  ACC               ;保护现场
        PUSH  PSW
        MOV   TH0, #0D8H        ;重新装载计数初值
        MOV   TL0, #0F0H
        JB    20H.0, LOW0       ;判断P1.0是否输出低电平
        SETB  P1.0              ;P1.0输出20ms的高电平
        SETB  20H.0             ;设置P1.0输出低电平标志
        SJMP  GOON
LOW0:   CLR   P1.0              ;P1.0输出低电平
        DJNZ  R5, GOON          ;到80ms?
        MOV   R5, #04           ;重新设置P1.0低电平的溢出次数
        CLR   20H.0             ;清除低电平输出标志
GOON:   POP   PSW               ;恢复现场
        POP   ACC
        RETI
```

例5.4 利用定时器/计数器T0测量$\overline{\text{INT0}}$引脚上出现的正脉冲宽度,已知系统的晶振频率为12MHz,将所测值的高位存入片内71H,低位存入片内70H。

解:当GATE位为1时,定时器/计数器的启停受外部信号的控制,T0受$\overline{\text{INT0}}$控制,

T1受$\overline{INT1}$控制。根据题意,测量$\overline{INT0}$引脚上出现的正脉冲宽度是一种定时器/计数器T0受$\overline{INT0}$控制的定时方式,当$\overline{INT0}=1$时,T0计数器启动,当$\overline{INT0}=0$时停止计数,如图5.11所示。

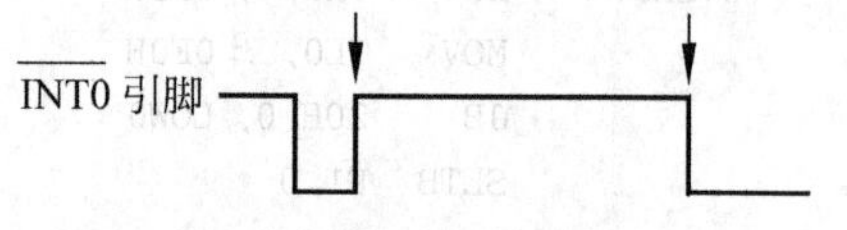

图5.11 脉冲宽度测量原理

(1) 设置工作方式

方式1:M1M0=01,定时器模式:C/$\overline{T}$=0,定时器/计数器启动受外部控制:GATE=1,因此,TMOD的内容为09H。

(2) 设置计数初始值

由于需要统计脉冲宽度,计数器从0开始计数,即(TH0)=00H,(TL0)=00H。

(3) 程序如下:

```
        MOV   TMOD,#09H       ;设T0为方式1,GATE=1
        MOV   TL0,#00H        ;计数初值
        MOV   TH0,#00H
        MOV   R0,#70H
WAIT:   JB    P3.2,WAIT       ;等P3.2变低
        SETB  TR0             ;启动T0准备工作
WAIT1:  JNB   P3.2,WAIT1      ;等待P3.2变高
WAIT2:  JB    P3.2,WAIT2      ;等待P3.2再次变低
        CLR   TR0             ;停止计数
        MOV   @R0,TL0         ;存放计数的低字节
        INC   R0
        MOV   @R0,TH0         ;存放计数的高字节
                              ;以下是计算脉冲时间及其显示处理部分程序结构
        ;时间转换子程序(计数次数乘以机器周期)
        ;二进制数转换为十进制数子程序
        ;显示子程序显示
        …
```

在例5.4中,读取计数值时,首先关闭了定时器/计数器,再读取TL0和TH0的内容。但对于正在运行的定时器/计数器在读取计数值时必须注意。因为,在方式0和方式1时,定时器/计数器的计数值分别存放在THx和TLx中,CPU不可能在同一时刻一次读取THx和TLx。可能出现下列情况,程序中先读取TLx,再读取THx,由于定时器/计数器在不断计数,若正好出现TLx计数溢出向THx进位,那么,读取的THx内容就不正确了。同样,先读取THx,再读取TLx,也可能出错。通常,在读取正在运行的定时器/计数器的计数值时,先读取THx,后读取TLx,再读取THx,若前后两次读取的THx内容相同,则读取的计数值正确。否则,重复上述过程,直到正确为止。

3. 方式2的应用

例5.5 低频信号从单片机的引脚T0(P3.4)输入,要求当T0发生负跳变时,从P1.0引脚上输出1个500μs的同步脉冲。设系统的晶振频率为6MHz。

解:采用计数方式和定时方式结合的方法实现上述要求。当P3.4引脚出现负跳变时,计数器溢出,P1.0输出低电平,并把T0的工作方式改为定时方式;当计数器再次溢出时,P1.0的低电平已保持500μs,改变P1.0输出状态为高电平,同时T0改为计数方式,原理如图5.12所示。定时器/计数器T0以方式2实现上述要求。

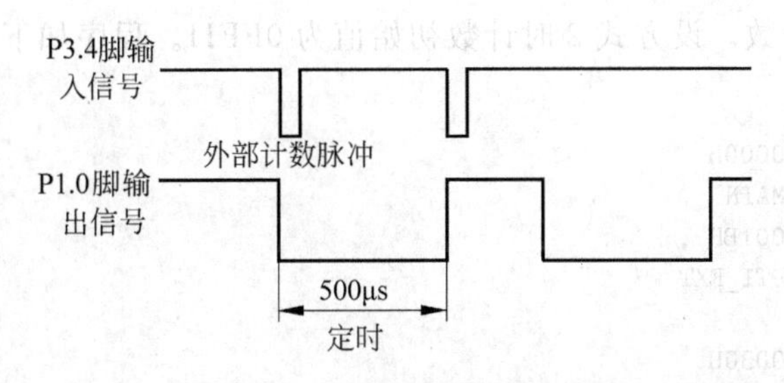

图 5.12　同步脉冲输出原理

(1) 计数方式的初始化

工作方式：M1M0＝10，GATE＝0，计数方式：$C/\overline{T}=1$，则 TMOD 的内容为 06H。

计数初始值：由于 P3.4 引脚上的信号，每发生一次负跳变，要求计数器溢出，所以，(TL0)＝0FFH，同时，令(TH0)＝0FFH，以便下一个负跳变出现时，计数器也可溢出。

(2) 定时方式的初始化

工作方式：M1M0＝10，GATE＝0，定时方式：$C/\overline{T}=0$，则 TMOD 内容为 02H。

系统晶振频率为 6MHz，则机器周期为 2μs，方式 2 时计数器为 8 位，则定时 500μs 所需的机器周期个数为 $N=\frac{500}{2}=250$，由此可知计数器初始值为 $X=2^8-250=6$，因此，(TL0)＝06H，(TH0)＝06H。

(3) 程序如下：

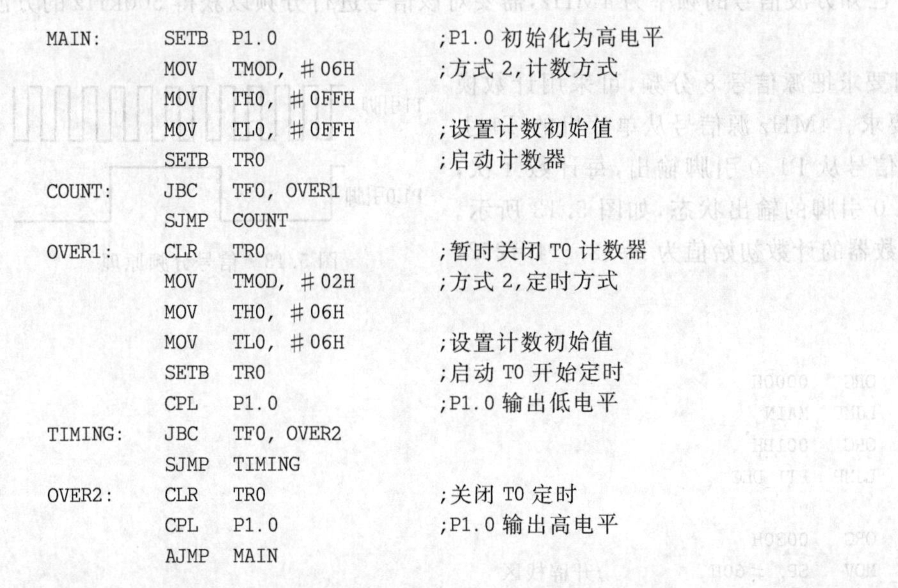

```
MAIN:    SETB  P1.0            ;P1.0 初始化为高电平
         MOV   TMOD, #06H      ;方式 2,计数方式
         MOV   TH0, #0FFH
         MOV   TL0, #0FFH      ;设置计数初始值
         SETB  TR0             ;启动计数器
COUNT:   JBC   TF0, OVER1
         SJMP  COUNT
OVER1:   CLR   TR0             ;暂时关闭 T0 计数器
         MOV   TMOD, #02H      ;方式 2,定时方式
         MOV   TH0, #06H
         MOV   TL0, #06H       ;设置计数初始值
         SETB  TR0             ;启动 T0 开始定时
         CPL   P1.0            ;P1.0 输出低电平
TIMING:  JBC   TF0, OVER2
         SJMP  TIMING
OVER2:   CLR   TR0             ;关闭 T0 定时
         CPL   P1.0            ;P1.0 输出高电平
         AJMP  MAIN
```

例 5.6　采用定时器/计数器 T1 的外部事件计数功能为单片机扩展一个外部事件中断源。

解：当定时器/计数器设置为外部事件计数模式时，在单片机的 T0 或 T1 引脚上的输入信号出现负跳变时，T0 或 T1 的计数器自动加 1。利用这个特性，可以把外部事件中断的请求信号从 T0 或 T1 引脚输入，一旦出现负跳变，计数器立即溢出，由定时器/计数器的溢出标志 TF0 或 TF1 作为中断请求的标志，向 CPU 请求中断，这样，为 MCS-51 单片机扩展了外部事件中断的个数。设方式2时计数初始值为0FFH。程序如下：

```
;主程序:
            ORG     0000H
            LJMP    MAIN
            ORG     001BH
            LJMP    PT1_EXT

            ORG     0030H
MAIN:       MOV     SP, #60H            ;开辟栈区
            MOV     TL1, #0FFH
            MOV     TH1, #0FFH          ;设置计数初始值
            MOV     TMOD, #60H          ;定时器/计数器 T1 的方式 2,计数方式
            SETB    EA
            SETB    ET1
            SETB    TR1
REDO:       …                           ;模拟执行较长的处理程序
            NOP
            LJMP    REDO

;中断处理程序
PT1_EXT:    …                           ;保护现场
                                        ;中断处理
            …                           ;恢复现场
            RETI
```

例5.7 已知方波信号的频率为4MHz，需要对该信号进行分频以获得500kHz的方波信号。

解：题目要求把源信号8分频，可采用计数模式实现上述要求。4MHz源信号从单片机的T1引脚输入，分频信号从P1.0引脚输出，每计数4次，改变1次P1.0引脚的输出状态，如图5.13所示。方式2时，计数器的计数初始值为$N=2^8-4=252$，程序如下：

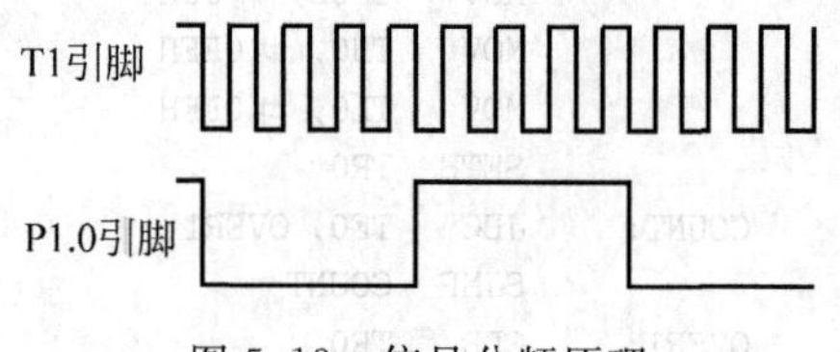

图5.13 信号分频原理

```
;主程序:
            ORG     0000H
            LJMP    MAIN
            ORG     001BH
            LJMP    PT1_DEC

            ORG     0030H
MAIN:       MOV     SP, #60H            ;开辟栈区
            MOV     TL1, #252
            MOV     TH1, #252           ;设置计数初始值
            MOV     TMOD, #60H          ;定时器/计数器 T1 的方式 2,计数方式
            SETB    EA
            SETB    ET1
            SETB    TR1
REDO:       NOP                         ;模拟执行较长的处理程序
            NOP
```

```
        LJMP   REDO

;中断处理程序
PT1_DEC:  PUSH   ACC
          PUSH   PSW
          CPL    P1.0              ;输出分频后的波形
          POP    PSW
          POP    ACC
          RETI
```

4. 方式 3 的应用

例 5.8　采用定时器/计数器 T0 的方式 3 分别产生两路周期为 400μs 和 800μs 的方波。设单片机应用系统的晶振频率为 6MHz。

解：方式 3 时，定时器/计数器 T0 被剖分为两个 8 位的定时器/计数器 TL0 和 TH0。两路方波信号的周期为 400μs 和 800μs，分别采用 TH0 和 TL0 实现 200μs 和 400μs 的定时，两路方波信号分别从 P1.0 和 P1.1 输出。采用中断方式实现。

(1) 工作方式

定时器/计数器 T0 的方式 3 定时模式：M1M0＝11，$C/\overline{T}=0$，GATE＝0，因此，TMOD 的内容为 03H。

(2) 计数初始值

方式 3 时，TH0 和 TL0 为两个独立的 8 位定时器/计数器，因此，200μs 定时由 TH0 实现，而 400μs 定时由 TL0 完成，计数初始值计算如下：

$t_{d1}=200\mu s$ 时，$X1=2^8-\frac{200}{2}=156$，则(TH0)＝9CH。

$t_{d2}=400\mu s$ 时，$X2=2^8-\frac{400}{2}=56$，则(TL0)＝38H。

(3) 中断控制字及初始化

方式 3 时，定时器/计数器 TL0 使用了 T0 所有的标志位和控制位，而定时器/计数器 TH0 仅使用了定时器/计数器 T1 的启停控制位 TR1 和溢出标志位 TF1，此时，TH0 仅仅能够作为一个 8 位定时器使用。因此，根据题意，IE 的内容设置如图 5.14 所示，IE 的内容为 8AH。

EA	—	—	ES	ET0	EX1	ET0	EX0
1	0	0	0	1	0	1	0

图 5.14　IE 的内容设置

(4) 采用中断方式实现的程序如下：

```
;主程序：
        ORG    0000H
        LJMP   MAIN
        ORG    000BH
        LJMP   P_T0
        ORG    001BH
        LJMP   P_T1
```

```
            ORG    0030H
MAIN:       MOV    SP, #60H
            MOV    TMOD, #03H
            MOV    TH0, #9CH
            MOV    TL0, #38H
            MOV    IE, #8AH
            SETB   TR0
            SETB   TR1
CONT:       AJMP   CONT
;TL0中断处理程序:
            ORG    0100H
P_T0:       MOV    TL0, #38H
            CPL    P1.1
            RETI
;TH0中断处理程序:
            ORG    0200H
P_T1:       MOV    TH0, #9CH
            CPL    P1.0
            RETI
```

5. 综合应用

例 5.9 设 MCS-51 单片机系统时钟频率为 6MHz,请利用定时器/计数器产生 1s 的定时。使指示灯以 1s 为间隔闪烁。

解: MCS-51 单片机的定时器/计数器 T0 和 T1 作为定时器/计数器使用时,所得到的定时时间比较短,当系统晶振频率为 6MHz 时,最长的延时时间约为 131ms(方式 1)。因此,直接由定时器/计数器定时无法实现这么长时间的延时。下面介绍两种实现方法。

方法一:采用两个定时器/计数器联合使用的方案实现 1s 的定时。

首先采用 T0 以方式 1 产生 100ms 的定时,从 P1.0 引脚输出周期为 200ms 的连续方波信号。然后,把此信号作为 T1 的外部计数输入信号,设置 T1 为计数模式,计 5 次即可实现 1s 的定时。其定时及指示灯驱动原理如图 5.15 所示。指示灯 L 由 P1.2 控制。

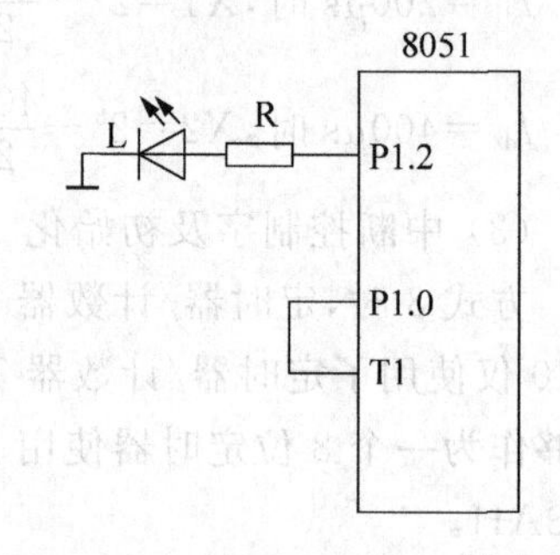

图 5.15 定量及指示灯驱动原理

(1) 工作方式:根据以上分析,设置 T0 为定时模式、方式 1,T1 为计数模式、方式 2,TMOD 设置如图 5.16 所示,TMOD 的内容为 61H。

GATE	C/$\overline{T}$	M1	M0	GATE	C/$\overline{T}$	M1	M0
0	1	1	0	0	0	0	1

图 5.16 TMOD 控制字设置

(2) 计数初始值计算

系统晶振频率为 6MHz,需要定时 100ms,则定时器/计数器 T0 的计数初始值 $X1$ 为:

$$X1 = 2^{16} - \frac{100 \times 10^3}{2} = 15\,536$$

转换为二进制数 $X1 =$ 3CB0H。

对于定时器/计数器 T1 来说，每计数 5 次需要计数器溢出，采用方式 2 时，计数初始值为 $X2=2^8-5=251$，转换为二进制数 $X2=0FBH$。

(3) 采用中断方式实现的程序如下：

```
;主程序:
          ORG 0000H
        LJMP  MAIN
          ORG 000BH
        LJMP  P_T0
          ORG 001BH
        LJMP  P_T1
          ORG 0030H
MAIN:   MOV   SP, #60H
        MOV   TMOD, #61H
        MOV   TH0, #3CH
        MOV   TL0, #0B0H
        MOV   TH1, #0FBH
        MOV   TL1, #0FBH
        SETB  EA
        SETB  ET1
        SETB  ET0
        SETB  PT0                    ;100ms 定时中断优先级为高优先级
        SETB  TR1
        SETB  TR0
CONT:   NOP
        LJMP  CONT
;T0 中断处理程序
        ORG   0100H
P_T0:   PUSH  ACC
        PUSH  PSW
        CPL   P1.0                   ;输出周期为 200ms 的方波信号
        MOV   TH0, #3CH
        MOV   TL0, #0B0H
        POP   PSW
        POP   ACC
        RETI
;T1 中断处理程序
        ORG   0200H
P_T1:   CLR   EA
        PUSH  ACC
        PUSH  PSW
        SETB  EA
        CPL   P1.2                   ;指示灯 L 显示控制
        CLR   EA
        POP   PSW
        POP   ACC
        SETB  EA
        RETI
```

方法二：采用定时器/计数器 T0 以方式 1 定时 100ms，定时器/计数器 T0 溢出 10 次后，即可实现 1s 的定时。这种方法的优点在于节省了 MCS-51 单片机宝贵的定时器/计数

器资源,用存储单元作为计数器。当实现较长时间的延时时,延时时间为定时器/计数器溢出次数乘以它的定时时间。程序如下:

```
;主程序:
            ORG 0000H
          LJMP  MAIN
            ORG 000BH
          LJMP  P_T0
            ORG 0030H
MAIN:     MOV   SP, #60H
          MOV   TMOD, #01H
          MOV   TH0, #3CH
          MOV   TL0, #0B0H
          MOV   30H, #10           ;溢出10次,实现1秒定时
          SETB EA
          SETB  ET0
          SETB  TR0
CONT:     NOP                      ;模拟处理程序
          LJMP  CONT
;T0中断处理程序
          ORG   0100H
P_T0:     PUSH  ACC
          PUSH  PSW
          DJNZ  30H, GOON
          CPL   P1.2
          MOV   30H, #10           ;重新设置计数值
GOON:     MOV   TH0, #3CH          ;重新装载定时器/计数器初始值
          MOV   TL0, #0B0H
          POP   PSW
          POP   ACC
          RETI
```

例 5.10 频率测量。设单片机应用系统的晶振频率为12MHz。

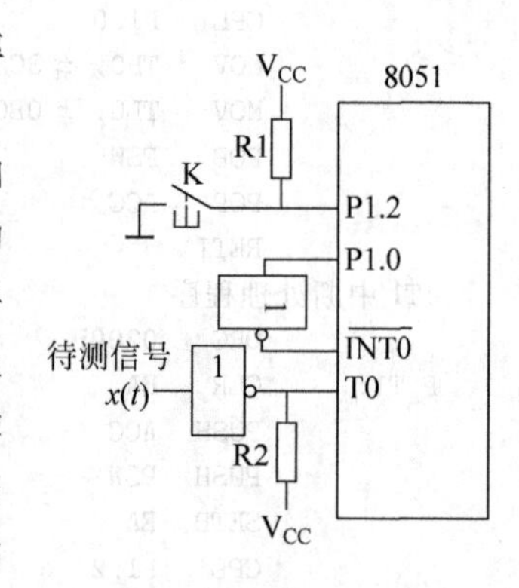

图 5.17 频率测量原理

解:频率的物理含义为每秒多少次。设计的测量系统如图5.17所示,每按动一次开关K,测量一次方波信号$x(t)$的频率。定时器/计数器T0工作在受$\overline{\text{INT0}}$引脚输入信号电平控制的计数方式,用它统计被测信号$x(t)$的负跳变次数,T1工作在定时模式产生持续时间为1s的脉冲信号,用此信号作为$\overline{\text{INT0}}$的输入信号。1s定时采用例5.9的方法二实现。当1s定时时间到时,立即关闭定时器/计数器T0,T0计数器的内容即为$x(t)$的频率。

(1) 定时器/计数器工作方式的设定

由以上分析可知,T0为受外部控制的计数模式,假定$x(t)$的频率范围为0~20kHz,那么,工作方式设置为方式1。T1为定时模式,为了实现50ms的定时,它的工作方式设置为方式1,且启停不受外部控制,TMOD设置如图5.18所示,TMOD的内容为00011101B,即1DH。

GATE	C/$\overline{T}$	M1	M0	GATE	C/$\overline{T}$	M1	M0
0	0	1	0	1	1	0	1

图5.18 例5.10的TMOD控制字设置

(2) 计数初始值的计算

T0从0开始计数,则(TH0)=00H,(TL0)= 00H,当T0溢出时,计数65 536次,可以满足信号频率上限20kHz的要求,则信号的频率为当前计数器(TH0)(TL0)的内容。

T1需要基本定时50ms,溢出20次后实现1s的定时。则计数初始值计算如下:

$$X1 = 2^{16} - \frac{t_d}{T_M} = 2^{16} - \frac{50 \times 10^3}{1} = 15\,536$$

因此,$X1$=3CB0H。

(3) 采用查询方法实现的程序如下:

```
            ;定义区
            TIM_CNT  EQU 31H
            ;程序
            ORG    0000H
            LJMP   MAIN
            ORG    001BH
            LJMP   P_T1
            ORG    0030H
MAIN:       MOV    SP, #60H
            SETB   P1.2              ;设置P1.2为输入
            SETB   P3.2              ;设置P3.2(INT0端)为输入
WAIT:       JB     P1.2, WAIT
NEXT:       MOV    TH0, #00
            MOV    TL0, #00
            MOV    TH1, #3CH
            MOV    TL1, #0B0H
            MOV    TIM_CNT, #20
            MOV    TMOD, #1DH
            SETB   EA
            SETB   ET1
            SETB   TR1
            SETB   TR0
            CLR    FLAG
            CLR    P1.0              ;INT0端为高电平
COUNT:      JBC    TF0, F_OVER
            JB     FLAG, T_OVER
            SJMP   COUNT
F_OVER:     SJMP   ERROR             ;T0计数溢出,信号频率大于65kHz,出错
T_OVER:     计算频率子程序           ;此处为计算频率
DIS:        显示子程序               ;显示频率
            JB     P1.2, DIS
            LJMP   NEXT

ERROR:      出错处理程序
```

```
;T1 中断处理程序
P_T1:     PUSH  ACC
          PUSH  PSW
          MOV   TH1, #3CH
          MOV   TL1, #0B0H
          DJNZ  TIM_CNT, CONT
          SETB  P1.0              ;1s 定时时间到, INT0端为低电平
          SETB  FLAG
          CLR   TR1
CONT:     POP   PSW
          POP   ACC
          RETI
```

5.5 本章小结

MCS-51 单片机内部有两个可编程的 16 位定时器/计数器 T0 和 T1,它们既可以作为定时器,又可以作为外部事件的计数器,还可以作为串行口的波特率发生器。T0 有 4 种工作方式,T1 有 3 种工作方式。

定时器/计数器 T0 的计数器由 TL0 和 TH0 构成;定时器/计数器 T1 的计数器由 TL1 和 TH1 构成。T0 和 T1 有多种工作方式,由定时器/计数器方式寄存器 TMOD 设置。T0 和 T1 的启动和停止由定时器/计数器控制寄存器 TCON 控制,当计数器计数溢出时,其溢出标志 TF0 和 TF1 被置 1,并以此标志向 CPU 提出中断请求。

定时器/计数器工作在计数模式时,计数输入信号通过 T0(P3.4),T1(P3.5)两个引脚输入,信号发生 1 到 0 负跳变时,计数器自动加 1。计数输入信号的频率不能高于晶振频率的 1/24。定时器/计数器工作在定时模式时,每个机器周期产生一个计数脉冲,计数器自动加 1,计数速率是晶振频率的 1/12。

定时器/计数器以计数模式工作时,计 N 次数溢出,其计数初始值为 $X=2^n-N$,$n=8$,13,16,n 为所选定时器/计数器的位数。

定时器/计数器以定时模式工作时,定时 t_d 秒溢出,其计数初始值为 $X=2^n-\frac{t_d}{T_M}$,$n=8$,13,16,n 为所选定时器/计数器的位数,T_M 为单片机的机器周期。

使用定时器/计数器需要初始化编程,包括设置它的工作方式、计数或定时模式、计算计数初始值、启动定时器/计数器、设置中断控制位等。可以采用查询方式和中断方式实现。

5.6 复习思考题

一、基础题

1. 定时器/计数器 T1 工作在方式 1 时,计数溢出后,计数器(　　)。
   (A) 被自动装入 TH1 的内容　　(B) 被清零
   (C) 停止工作　　(D) 自动以上一次的初始值开始计数
2. 定时器/计数器 T0 工作在方式 2 时,计数溢出后,(　　)。
   (A) 计数器被自动装入 TH0 的内容
   (B) 计数器需要重新用指令装入计数初值

(C) 计数器停止工作
(D) 计数器从0开始计数

3. 定时器/计数器T1被设置为方式3时,(　　)。
(A) 启动后,立即工作　　(B) 启动后,不会工作
(C) 以计数模式工作　　(D) 分成了两个8位定时器/计数器

4. MCS-51单片机的定时/计数器T1以计数模式工作时,是(　　)。
(A) 对单片机内部的机器周期计数
(B) 对单片机的$\overline{INT1}$引脚的信号跳变计数
(C) 对单片机的T1引脚的信号跳变计数
(D) 对单片机的T0引脚的信号跳变计数

5. MCS-51单片机的定时/计数器T1以定时模式工作时,计数器是(　　)。
(A) 每一个时钟周期加1　　(B) 每一个机器周期加1
(C) 每溢出一次加1　　(D) 每一个指令周期加1

6. 定时/计数器T1以定时模式、方式1工作,则工作方式控制字为(　　)。
(A) 01H　　(B) 05H　　(C) 10H　　(D) 50H

7. 定时/计数器T1以定时模式工作,若用$\overline{INT1}$控制,下面哪种情况下,T1启动?(　　)
(A) GATE为0,$\overline{INT1}$为高电平,TR1置1
(B) GATE为1,$\overline{INT1}$为高电平,TR1置1
(C) GATE为0,$\overline{INT1}$为低电平,TR1置1
(D) GATE为1,$\overline{INT1}$为低电平,TR1置1

8. 在CPU响应中断后,MCS-51单片机的定时器/计数器T0的溢出标志TF0(　　)。
(A) 由硬件清零　　(B) 由软件清零
(C) A和B都可以　　(D) 随机状态

9. 能使定时器/计数器T0停止计数的指令是(　　)。
(A) CLR TR0　　(B) CLR TF0　　(C) SETB TR0　　(D) CLR ET0

10. 工作方式寄存器中C/T功能是(　　)。
(A) 门控位　　(B) 溢出标志
(C) 计数和定时模式选择　　(D) 启动位

二、思考题与编程题

1. 简述MCS-51单片机的定时器/计数器的结构和工作原理。

2. MCS-51单片机的定时器/计数器T0中有哪几种工作方式?作为计数器和定时器使用时,它们的计数信号有什么不同?其最大计数和定时时间分别是多少?

3. 设置工作方式寄存器TMOD时,GATE位对定时器/计数器的工作有什么影响?定时器/计数器工作在方式2时,与其他几种方式有什么区别?当设置为方式3时,定时器/计数器T1将如何工作?

4. 用内部定时方法产生10kHz的等宽脉冲并从P1.1输出,设晶振频率为12MHz。

5. 用定时器/计数器T1计数,每计1000个脉冲,从P1.1输出一个100ms单脉冲。

6. 一批数据存放在外部RAM以data单元开始的数据区,数据长度为100个,要求以50ms的间隔从外部RAM读取一个字节的数据,然后从P1口输出,设晶振频率为6MHz。

要求定时用以下方式实现：①一个定时器；②两个定时器串联。

7. 一个声光报警器如图5.19所示。当设备运行正常时，Em为高电平，绿色指示灯L1亮；当设备运行不正常时，Em为低电平，绿色指示灯L1灭，要求声光报警，红色指示灯L2闪烁、报警器持续鸣响。当Em再次为高电平时，报警解除，恢复为正常状态。闪烁定时间隔为200ms，单片机的晶振频率为12MHz。

8. 一个单片机应用系统要求每隔1s检测一次P1.0的状态，如果所读的状态为1，从单片机的内部RAM的20H单元提取控制信息并左移一次，从P2口的输出，如果所读的状态为0，则把提取的控制信息右移一次，从P2口的输出。假定晶振频率为12MHz。

9. 航标灯控制器如图5.20所示，夜晚航标灯自动启动，以亮2s灭2s的方式指示航向，白天航标灯自动熄灭。以定时方式实现上述要求，系统晶振频率为6MHz。

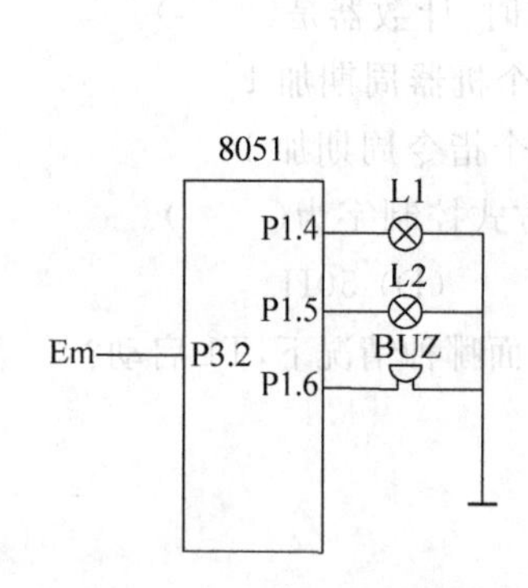

图5.19 习题7的声光报警器

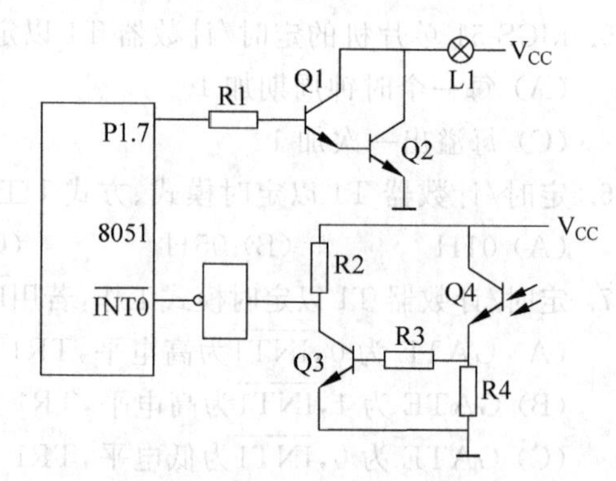

图5.20 航标灯控制器

10. 晶振频率为6MHz的MCS-51单片机系统，使用定时器T0以定时方法，在P1.0输出周期为400μs，占空比为90%的矩形波。

11. 用单片机的定时器/计数器对外部事件计数，每计数1000个脉冲，定时器/计数器转为定时模式，定时100μs后，再转为计数方式，如此循环不止。设晶振频率为12MHz。

12. 转速是每分钟多少转。单片机应用系统用光电码盘作为传感器测量电动机的转速，光电码盘与电动机的输出轴相连，每旋转1圈，光电码盘输出256个脉冲。设计并实现此转速测量功能。

13. 设单片机应用系统的晶振频率为12MHz，使用定时器/计数器实现占空比可变的方波，以实现PWM调速。设方波的频率为100Hz，占空比在1%～99%之间可调。

14. 采用定时器/计数器实现一个计时器，最大计时不大于100小时，用3个内部RAM单元Hour、Minute和Second存储时、分和秒，压缩BCD格式存储。设晶振频率为12MHz。

第6章

MCS-51 单片机的串行口及应用

串行通信是计算机与计算机之间、计算机与外部设备之间、设备与设备之间一种常用的数据传输方式。尤其当设备之间距离较远时，采用并行数据传输难以实现，大都采用串行数据传输方式。MCS-51 单片机有 1 个全双工的串行通信口，可以提供多种工作方式和通信速率。本章首先介绍串行通信的基本概念，然后介绍 MCS-51 单片机的串行口结构、工作原理以及编程方法。

6.1 串行通信的基本概念

6.1.1 并行通信和串行通信

设备之间进行的数据交换，如 CPU 与外部设备之间进行的数据交换，计算机之间进行的数据交换等，称为数据通信。数据通信方式有两种：并行通信和串行通信。

并行通信是指数据的各位同时并行地传送。多位数据同时通过多根数据线传送，每一根数据线传送一位二进制代码。其优点是传送速度快，效率高；缺点是硬件设备复杂，数据有多少位，就需要多少根数据线。并行通信适用于近距离通信，处理速度较快的场合，如计算机内部，计算机与磁盘驱动器的数据传送等。

串行通信是指数据的各位逐位依次传送。其优点是传送线少，通信距离长。串行通信适合于计算机与计算机之间、计算机与外部设备之间的远距离通信，如计算机与键盘、计算机与显示器等。其缺点是传输速度慢、效率低。

6.1.2 串行通信方式

串行通信有单工通信、半双工通信和全双工通信 3 种方式。

在单工方式下，数据只能单方向地从一端向另一端传送，而不能往相反的方向传送。如图 6.1 所示，设备 A 作为发送器只能向设备 B(接收器)发送数据信息。

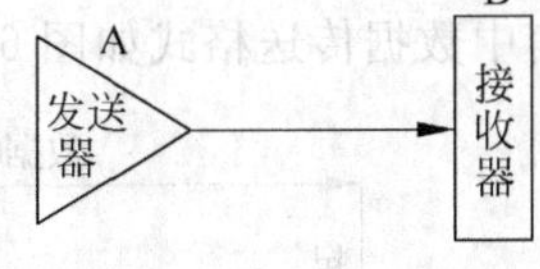

图 6.1 单工通信

在半双工方式下，允许数据向两个相反的方向传输，但不能同时传输，任一时刻数据只能向一个方向传送，即以交替方式分时实现两个相反方向的数据传输。如图 6.2 所示，设备 A 发送时，设备 B 接收；或设备 B 发送时，设备 A 接收；在这种情况下，需要对数据的传输方向进行协调。这种协调可以依靠增加接口的附加控制线、或用软件事先约定的方法来实现。

在全双工方式下，数据可以同时向两个相反的方向传输。如图 6.3 所示，需要两条独立的通信线路分别传输两个相反方向的数据流。

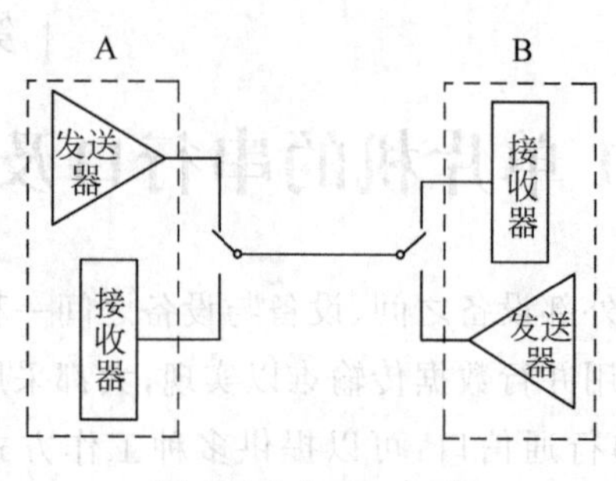

图 6.2 半双工方式

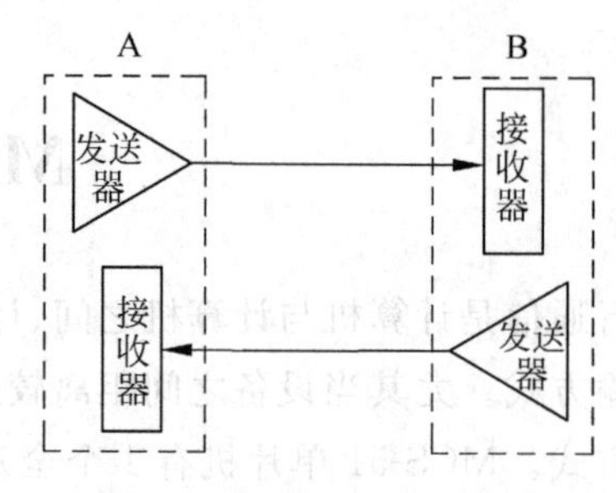

图 6.3 全双工方式

6.1.3 数据通信的同步方式

两个设备之间进行数据通信，发送器发送数据之后，接收器如何能够正确地接收到数据信息呢？为此，必须事先规定一种发送器和接收器双方都认可的同步方式，以解决何时开始传输，何时结束传输，以及数据传输速率等问题。对于串行通信来说，同步的方式可分为同步方式和异步方式。

1. 异步方式

异步通信方式用一个起始位表示一个字符的开始，用一个停止位表示字符的结束，数据位则在起始位之后、停止位之前，这样构成一帧，如图 6.4 所示。在异步通信中，每个数据都是以特定的帧形式传送的，数据在通信线上一位一位地串行传送。

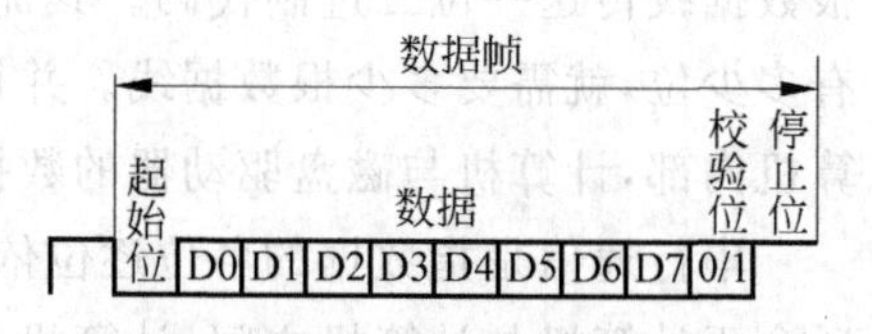

图 6.4 异步方式的一帧数据格式

图 6.4 中，起始位表示传送一个数据的开始，用低电平表示，占 1 位。数据位是要传送的数据的具体内容，可以是 5 位、6 位、7 位、8 位等。通信时，数据从低位开始传送。奇偶校验位为了保证数据传输的正确性，在数据位之后紧跟一位奇偶校验位，用于有限差错检测。当数据不需进行奇偶校验时，此位可省略。停止位表示发送一个数据的结束，用高电平表示，占 1 位、1.5 位或 2 位。

在发送间隙，线路空闲时线路处于逻辑 1 等待状态，称为空闲位，其状态为 1。异步通信中数据传送格式如图 6.5 所示。空闲位是异步通信的特征之一。

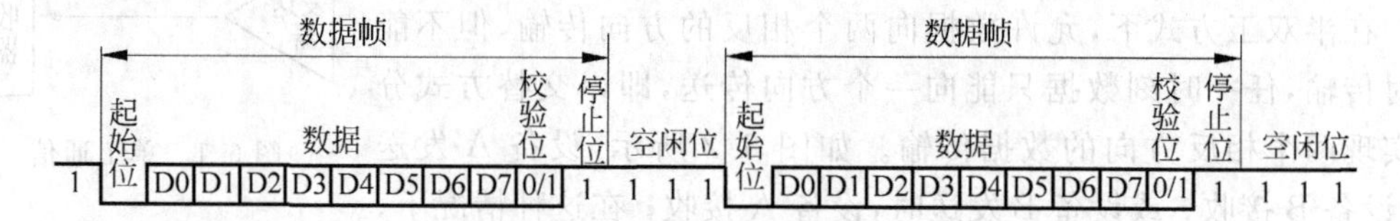

图 6.5 异步通信中的数据传送格式

在异步通信时，通信的双方必须遵守以下基本约定：

(1) 字符格式必须相同。

(2) 通信速率必须相同。

串行通信的速率常用波特率表示。波特率是指每秒传送二进制代码的位数，单位为位/秒

(bit/s)。假设一台设备的数据传送速率为240字符/秒,异步通信方式时,字符格式位为:1位起始位,8位数据位,1位停止位,则波特率为:

$$240 \times 10 = 2400\text{bit/s}$$

每一个二进制代码位的传送时间为波特率的倒数:$T_d = \frac{1}{2400} \approx 0.417\text{ms}$。

异步通信的波特率一般在50～19200bit/s之间。

2. 同步方式

所谓同步方式是指每个数据位占用的时间都相等,发送器按照一个基本相同的时间单位发送一个数据位,接收器必须与传输符号同步,使采样的定时脉冲周期与码元相匹配。也就是说,发送时钟与接收时钟必须同步。在同步方式时,不必像异步方式采用帧的形式传送数据,而是以块的形式传送,数据块中的数据之间没有间隔,如图6.6所示。传送数据块时,在数据块之前加上同步字符(SYN),紧接着连续传送数据,并用准确的时钟来保证发送端与接收端的同步,当线路空闲时不断地发送同步字符。一个大的数据块可以分解成若干个小的数据块,每个小数据块之间依靠同步字符来区别,这样可以将每个小数据块一个一个地顺序发送。同步通信方式可以用于高速度、大容量的数据通信中,如局域网。

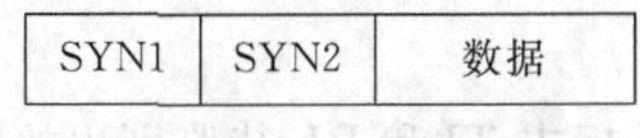

图6.6 同步方式的数据格式

同步通信传送速度快,但硬件结构比较复杂;异步通信硬件结构比较简单,但传送速度较慢。

6.2 MCS-51单片机的串行口

6.2.1 MCS-51单片机的串行口结构

MCS-51单片机内部有一个可编程的全双工串行口,它能同时发送和接收数据。串行口的接收和发送都是通过访问特殊功能寄存器SBUF来实现的,SBUF既可作为发送缓冲器,也可作为接收缓冲器。实际上,在物理构造上单片机的发送缓冲器和接收缓冲器是两个独立的寄存器,它们共享一个地址(99H),把数据写入SBUF,即装载数据到发送缓冲器,从SBUF中读取数据,即为从接收缓冲器中提取接收到的数据。发送缓冲器只能写入不能读出,而接收缓冲器只能读出不能写入。MCS-51单片机串行口还具有接收缓冲的功能,即从接收缓冲器中读出前一个接收到的字节数据之前,就能开始接收第二个字节数据。然而,如果第一个字节在第二个字节数据完全接收后还未读取,则该字节数据将会丢失。

MCS-51单片机串行口有两个控制寄存器:串行口控制寄存器SCON,用来选择串行口的工作方式,控制数据的接收和发送,并表示串行口的工作状态等;特殊功能寄存器PCON控制串行口的波特率,PCON中有一位是波特率倍增位。

MCS-51单片机串行口内部结构如图6.7所示。它可以工作在移位寄存器方式和异步通信方式。移位寄存器方式时,由RxD(P3.0)引脚接收或发送数据,TxD(P3.1)引脚输出移位脉冲,作为外接同步信号。异步通信方式时,数据由TxD引脚发送,RxD用于接收数据;异步通信的波特率由波特率发生器产生,波特率发生器通常由定时器/计数器T1实现。串行通信时,接收中断和发送中断共享一个中断——串行口中断,不论是接收到数据,还是发送完数据,都会触发串行口中断,因此,CPU响应串行口中断时,不会自动清除中断请求

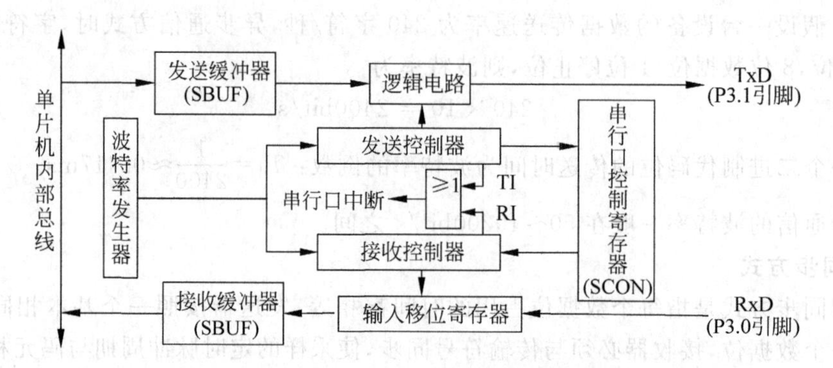

图 6.7 MCS-51 单片机串行口内部结构

标志 TI 和 RI,待鉴别出接收还是发送中断请求后,再用软件清除。

6.2.2 串行口的控制

1. 串行口控制寄存器 SCON

串行口控制寄存器 SCON,单元地址为 98H,它用于串行口工作方式定义、控制数据的接收、发送以及串行口工作状态标志,具有位寻址功能,各位的位地址为 98H～9FH。SCON 寄存器的内容如图 6.8 所示。下面介绍 SCON 各位的定义。

D7	D6	D6	D4	D3	D2	D1	D0
SM0	SM1	SM2	REN	TB8	RB8	TI	RI

图 6.8 SCON 寄存器的内容

1) SM0,SM1:串行口工作方式控制位

SM0,SM1 编码对应的工作方式如表 6.1 所示。

表 6.1 串行口工作方式

SM0	SM1	工作方式	工作方式功能	波 特 率
0	0	方式 0	移位寄存器	$f_{osc}/12$
0	1	方式 1	8 位数据异步通信方式	可变
1	0	方式 2	9 位数据异步通信方式	$f_{osc}/64$, $f_{osc}/32$
1	1	方式 3	9 位数据异步通信方式	可变

方式 0 为 8 位移位寄存器输入输出方式,常用于扩展并行输入输出口。方式 1～3 为异步通信方式,MCS-51 单片机异步通信时,数据格式中的起始位和停止位各为 1 位。

2) SM2:方式 2 和方式 3 的多机通信控制位

当串行口工作在方式 2 或方式 3 的接收状态时,如果 SM2 置为 1,则只有在接收到的第 9 位数据(RB8)为 1 时,才将接收到的前 8 位数据送入 SBUF,并将 RI 置 1,发出中断请求。否则,当接收到的第 9 位数据(RB8)为 0 时,则将接收到的前 8 位数据丢弃,不发出中断请求。当 SM2=0 时,不论第 9 位接收到的是 0 还是 1,都将接收到的前 8 位数据送入 SBUF 中,并将 RI 置 1,发出中断请求。

方式 1 时,如果 SM2 置 1,则只有收到有效的停止位时才置位 RI。在方式 0 时,SM2 应

置为 0。

3) REN：允许接收控制位

REN 由软件置位或清零。REN=1 时，允许接收；REN=0 时，禁止接收。

4) TB8：方式 2 和方式 3 时要发送的第 9 位数据

TB8 由软件置位或清零。TB8 可作为奇偶校验位。在多机通信中作为发送地址帧或数据帧的标志，TB8=1，表示该帧为地址帧，TB8=0，表示该帧为数据帧。

5) RB8：方式 2 或方式 3 时接收的第 9 位数据

它可能是奇偶校验位或地址/数据标识位；方式 1 时，如果 SM2=0，RB8 是接收到的停止位，在方式 0 时，不使用 RB8。

6) TI，RI：中断标志位

RI 为接收到数据的中断标志位。当串行口工作在方式 0，接收完第 8 位数据时，硬件自动将 RI 置 1。在异步通信方式(方式 1、方式 2、方式 3)，当串行口接收到停止位时，硬件自动将 RI 置 1。

RI=1 表示一帧数据接收完毕，并且向 CPU 请求中断，它表明可以从 SBUF 中读取接收到的数据。RI 的状态可以作为数据接收完毕的标志供程序查询。RI 必须由软件清零。

TI 为发送完数据的中断标志位。当串行口工作在方式 0，发送第 8 位数据结束时，硬件自动将 TI 置 1。在异步通信方式(方式 1、方式 2、方式 3)，当串行口开始发送停止位时，硬件自动将 TI 置 1。

TI=1 表示一帧数据发送完毕，并且向 CPU 请求中断。TI 的状态可以作为数据发送完毕的标志供程序查询。TI 必须由软件清零。

单片机复位后，控制寄存器 SCON 的各位均清零。

2. 电源控制寄存器 PCON

电源控制寄存器 PCON 中只有一位 SMOD 与串行口工作有关，它的单元地址为 87H，没有位寻址功能，其内容如图 6.9 所示。

D7	D6	D5	D4	D3	D2	D1	D0
SMOD	—	—	—	GF1	GF0	PD	IDL

图 6.9　PCON 的内容

SMOD：波特率倍增选择位。串行口工作在方式 1、方式 2、方式 3 时，如果 SMOD=1，则波特率提高一倍；SMOD=0，波特率不会提高。

对于 MCS-51 系列单片机中 8052，80C52 等单片机，如果采用定时器/计数器 T2 产生波特率，SMOD 的设置不会影响波特率。

6.2.3　串行口的工作方式

1. 串行口工作方式 0

工作在方式 0 时，串行口为同步移位寄存器的输入或输出模式，主要用于扩展并行输入输出口，数据由 RxD(P3.0)脚输入或输出，同步移位时钟由 TxD(P3.1)脚输出，发送和接收的是 8 位数据，低位在先，高位在后，其波特率为单片机振荡器频率的 12 分频($f_{osc}/12$)，即 1 个机器周期发送 1 位。

1) 方式0发送

图6.10为串行口工作方式0的发送时序。方式0发送时,数据由RxD(P3.0)引脚串行输出,TxD(P3.1)引脚输出同步移位时钟。当数据写入发送缓冲器SBUF时,如"MOV SBUF, A",产生一个正脉冲,启动串行口发送器以单片机振荡器频率的12分频为固定波特率,将数据从RXD引脚输出,当输出完第8位数据(D7)后,把TI标志位置为1。

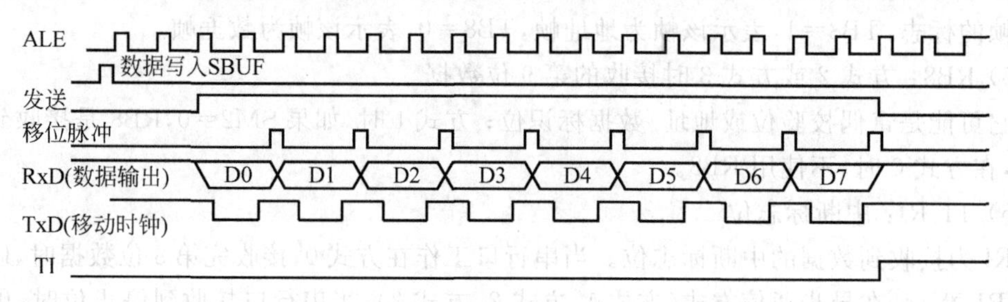

图6.10 串行口工作方式0的发送时序

2) 方式0接收

图6.11为串行口工作方式0的接收时序。串行口定义为方式0且串行口接收允许位REN设置为1时,串行口工作在方式0的接收状态下,此时,数据由RxD(P3.0)引脚串行输入,TxD(P3.1)引脚输出同步移位时钟。如果此时接收中断标志RI状态为0,便启动串行口以单片机振荡器频率的12分频为固定波特率接收RxD引脚输入的串行数据,当接收器接收到8位数据时把RI置1,并把接收到的8位数据存储在SBUF中。

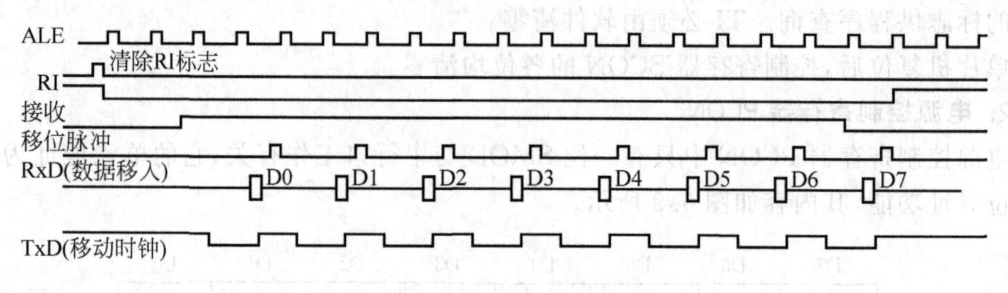

图6.11 串行口工作方式0的接收时序

3) 方式0的波特率

方式0的波特率是固定的,它为单片机振荡器频率的12分频,即波特率为

$$B_R = \frac{f_{osc}}{12} \tag{6.1}$$

式中 f_{osc} 为单片机的振荡器频率。当 $f_{osc}=12\text{MHz}$ 时,波特率为1MHz。当SCON中的SM0和SM1设置为00时,方式0的串行通信波特率也就设定了。

2. 串行口工作方式1

方式1是8位数据异步通信模式,TxD为发送端,RxD为接收端。收发1帧数据的帧格式为:1位起始位,8位数据位和1位停止位。方式1的波特率是可变的。

1) 方式1发送

图6.12为串行口工作方式1的发送时序。CPU执行任何一条以SBUF为目的寄存器的指令,如"MOV SBUF, A",就可以启动串行口发送。先把起始位由TxD脚输出,然后把

移位寄存器输出的位输送至TxD脚，接着发出第一个移位脉冲，使数据右移1位，并自动从SBUF左端补0。此后，数据位逐位从TxD引脚输出，当发送完所有的数据位时，发送控制器把TI置为1。

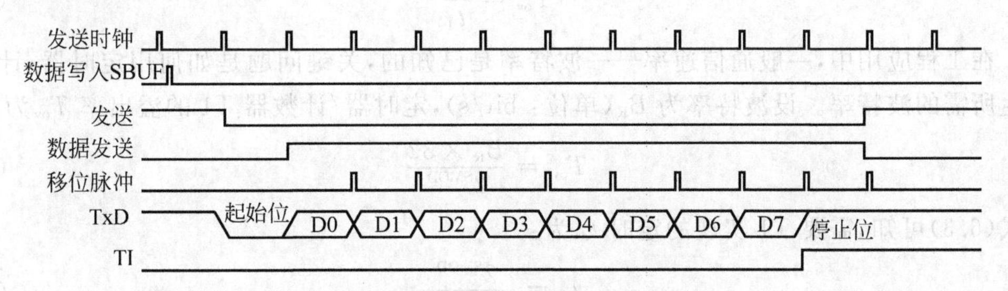

图6.12　串行口工作方式1的发送时序

2）方式1接收

串行口定义为方式1且串行口接收允许位REN设置为1时，串行口处于方式1接收状态。方式1接收数据时，数据由RxD端输入。REN被置1后，当检测到RxD引脚上的电平出现1到0跳变时，串行口接收过程开始，并自动复位内部的16分频计数器，以实现同步。计数器的16个状态把1位的接收时间等分为16个间隔，并在第7,8,9个计数状态时采样RxD引脚的电平，因此，每位连续采样3次，如图6.13所示。当接收到的3个数据位状态中至少两个位相同时，则该相同的数据位状态才被确认接收。

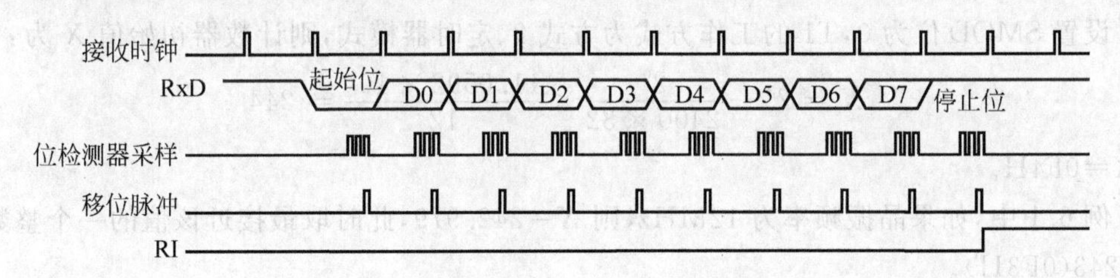

图6.13　串行口工作方式1的接收时序

如果检测到的起始位的状态不是0，则复位接收电路，并重新寻找RxD引脚上的另一个1到0跳变。当检测到起始位状态有效时，才把起始位移入移位寄存器并开始接收本数据帧的其余部分。一帧接收完毕以后，必须同时满足下列两个条件，这次接收才真正有效，才会把标志位RI置1：

(1) RI＝0，即上一帧数据接收完成之后，RI标志已被清除，SBUF中的数据已被取出，接收缓冲器处于“空”状态；

(2) 接收到的停止位状态为1或SM2＝0。

如果上述条件满足，则8位数据进入接收缓冲器SBUF，停止位进入RB8，且置RI为1。否则，将丢失接收的数据帧，RI不会被置1。

3）方式1的波特率

方式1的波特率是可变的。在MCS-51单片机中，由定时器/计数器T1作为串行通信方式1的波特率发生器。方式1的波特率计算公式为：

$$B_R = \frac{2^{\mathrm{SMOD}}}{32} \times T_{\mathrm{ov}} \tag{6.2}$$

式中SMOD为波特率倍增选择位，T_{ov}为定时器/计数器T1的溢出率。设定时器/计数器T1的定时时间为t_d，则定时器/计数器T1的溢出率T_{ov}为：

$$T_{ov} = \frac{1}{t_d} \tag{6.3}$$

在工程应用中，一般通信速率——波特率是已知的，关键问题是如何用定时器/计数器产生所需的波特率。设波特率为B_R(单位：bit/s)，定时器/计数器T1的溢出率T_{ov}为：

$$T_{ov} = \frac{B_R \times 32}{2^{SMOD}} \tag{6.4}$$

由式(6.3)可知，需要T1实现的定时t_d为：

$$t_d = \frac{2^{SMOD}}{32 \times B_R} \tag{6.5}$$

设晶振振荡器频率为f_{osc}，则可根据式(6.6)求出定时器/计数器T1的计数器初始值X：

$$X = 2^N - \frac{t_d}{T_M} = 2^N - \frac{2^{SMOD}}{32 \times B_R} \times \frac{f_{osc}}{12} \tag{6.6}$$

N与T1的工作方式有关，T1工作在方式0时，$N=13$；T1工作在方式1时，$N=16$；T1工作在方式2时，$N=8$。通常选方式2。

例6.1 设单片机系统晶振频率为11.0592MHz，波特率为2400Hz，采用方式1异步通信，确定定时器/计数器初值。

设置SMOD位为0，T1的工作方式为方式2、定时器模式，则计数器初始值X为：

$$X = 2^8 - \frac{2^0}{2400 \times 32} \times \frac{11.0592 \times 10^6}{12} = 244$$

即X=0F4H。

例6.1中，如果晶振频率为12MHz，则$X=242.979$，此时取最接近该值的一个整数，即X=243(0F3H)。

3. 串行口工作方式2

方式2是9位数据异步通信模式，TxD为发送端，RxD为接收端。收发一帧数据的帧格式为：1位起始位(状态为0)、8位数据位、1位可编程位和1位停止位(状态为1)。方式2中，波特率是不可变的。方式2的接收过程与方式1相同，发送过程不同于方式1，方式2时发送的数据为9位。方式2支持多机通信。

1）方式2发送

图6.14为串行口工作方式2的发送时序。CPU执行任何一条以SBUF为目的寄存器的指令，如“MOV SBUF, A”，就可以启动串行口发送，同时把TB8装载到移位寄存器中。开始数据发送时，先把起始位从TxD引脚输出。然后把移位寄存器输出数据位发送到TxD引脚。接着发出第一个移位脉冲，使数据右移1位，并自动从移位寄存器左端补0。当TB8处于移位寄存器输出端时，移位寄存器所有位的状态变为0。此种状态标志发送控制器将完成最后一次移位，此时，SEND失效，并且发送控制器把TI置为1。

2）方式2接收

方式2接收时序如图6.15所示。方式2接收时，数据从RxD引脚输入。当REN设置为1时，接收控制器检测到出现1到0跳变时，接收过程开始。当检测到RxD引脚的1到0

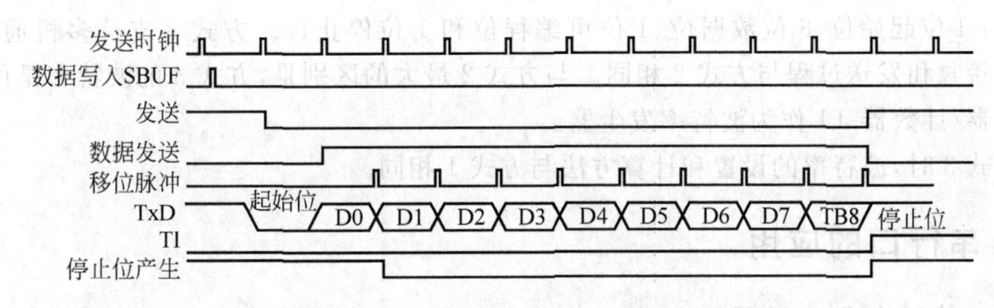

图 6.14 串行口工作方式 2 的发送时序

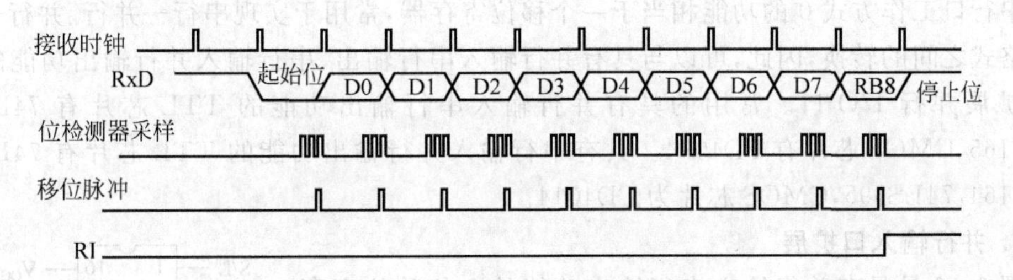

图 6.15 串行口工作方式 2 的接收时序

跳变时，16 分频计数器立即复位，计数器的 16 个状态把 1 位的接收时间等分为 16 个间隔，并在第 7,8,9 个计数状态时采样 RxD 引脚的电平。当接收到的 3 个数据位状态中至少 2 个数据位相同时，则该相同的数据位状态才会被确认接收。

如果检测到的起始位的状态不是 0，则复位接收电路，并重新寻找 RxD 引脚上的另一个 1 到 0 跳变。当检测到起始位状态有效时，才把起始位移入移位寄存器并开始接收本数据帧的其余部分。当起始位被移至接收移位寄存器的最左端时，则通知接收控制器进行最后 1 次移位。把 8 位数据装入 SBUF、接收到的第 9 位数据装入 RB8，并置 RI 为 1。

在接收控制器产生最后一个移位脉冲时，必须同时满足下列两个条件，这次接收才真正有效，才会把标志位 RI 置 1：

(1) RI＝0；

(2) 接收到的停止位状态为 1 或 SM2＝0。

只有上述条件满足时，8 位数据才进入 SBUF，接收到的第 9 位数据装入 RB8，且置 RI 为 1。否则，将丢失接收的数据帧，且标志位 RI 不会被置 1。

3) 波特率

方式 2 时，波特率可以编程为单片机振荡器频率的 64 分频($f_{osc}/64$)或 32 分频($f_{osc}/32$)，并且与 SMOD 的设置有关，计算公式为：

$$B_R = \frac{2^{SMOD}}{64} \times f_{osc} \tag{6.7}$$

例 6.2 单片机系统的晶振频率为 12MHz，采用方式 2 异步通信，通信波特率是多少？

如果 SMOD＝0，串行口工作在方式 2 时，通信波特率为 $B_R = \frac{2^0}{64} \times 12 \times 10^6 = 187\,500$bit/s，若 SMOD＝1，则通信波特率为 $B_R = 375\,000$bit/s。

4. 串行口工作方式 3

方式 3 是 9 位数据异步通信模式，TxD 为发送端，RxD 为接收端。收发一帧数据的帧格式为：1位起始位、8位数据位、1位可编程位和1位停止位。方式3支持多机通信。方式3的接收和发送过程与方式2相同。与方式2最大的区别是，方式3的波特率是可变的，由定时器/计数器T1作为波特率发生器。

方式3时，波特率的设置和计算方法与方式1相同。

6.3 串行口的应用

6.3.1 并行I/O口扩展

串行口工作方式0的功能相当于一个移位寄存器，常用于实现串行—并行、并行—串行数据格式之间的转换，因此，可以与具有并行输入串行输出、串行输入并行输出功能的芯片结合扩展并行I/O口。常用的具有并行输入串行输出功能的TTL芯片有74LS165，74HC165，CMOS芯片有CD4094。具有串行输入并行输出功能的TTL芯片有74LS164，74HC164，74LS595，CMOS芯片为CD4014。

1. 并行输入口扩展

图6.16是具有并行输入串行输出功能的8位移位寄存器74LS165的管脚图。$S/\overline{L}$为移位和并行数据装入控制，DS为串行数据输入，Q_H为串行数据输出，$\overline{Q}_H$为串行数据(取反)输出。CLK为时钟信号输入，CLK INH为时钟禁止。74LS165的功能表见表6.2。当$S/\overline{L}=0$时，并行输入A～H的状态被置入移位寄存器。当$S/\overline{L}=1$，且时钟禁止端(CLK INH)为低电平时，在移位时钟信号CLK的作用下，数据将由Q_H端输出。

$S/\overline{L}$	1	16	V_{CC}
CLK	2	15	CLK INH
E	3	14	D
F	4	13	C
G	5	12	B
H	6	11	A
$\overline{Q}_H$	7	10	DS
GND	8	9	Q_H

图6.16 74LS165的管脚图

表6.2 74LS165功能表

$S/\overline{L}$	CLK	CLK INH	内部锁存器状态								寄存器操作
			Q_A	Q_B	Q_C	Q_D	Q_E	Q_F	Q_G	Q_H	
L	×	×	A	B	C	D	E	F	G	H	并行输入
H	L	↑	DS	Q_A	Q_B	Q_C	Q_D	Q_E	Q_F	Q_G	右移位
H	H	↑	Q_A	Q_B	Q_C	Q_D	Q_E	Q_F	Q_G	Q_H	不变
H	↑	L	DS	Q_A	Q_B	Q_C	Q_D	Q_E	Q_F	Q_G	右移位
H	↑	H	Q_A	Q_B	Q_C	Q_D	Q_E	Q_F	Q_G	Q_H	不变

说明：Q_A，…，Q_H分别为内部锁存器的输出。

图6.17为采用2片74LS165扩展的2个8位并行输入输出接口电路。MCS-51单片机设置于串行口工作方式0的接收状态，串行数据由RxD(P3.0)引脚输入，与74LS165的Q_H引脚相连；移位脉冲由TxD(P3.1)引脚输出，与74LS165的CLK引脚相连；P1.0作为移位寄存器的选通线，控制移位寄存器74LS165的并行数据置入和寄存器移位，它与$S/\overline{L}$引脚相连。另外，74LS165的时钟禁止端CLK INH接地。这样，在TxD输出的移位脉冲作用下，数据通过RxD被移入单片机。

多个74LS165芯片相连时，可实现多位并行数据的串行输入，此时，相邻芯片的输出端Q_H和串行数据输入端DS相连。但是，级联的芯片较多时，输入口的操作响应速度较低。

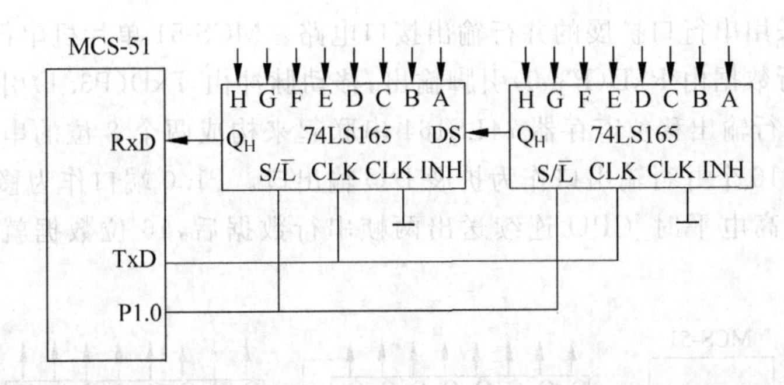

图6.17 采用2片74LS165扩展的2个8位并行输入输出接口电路

从图6.17的16位接口电路读入数据,并把数据存放在30H和31H单元,其应用程序如下:

```
SERIAL00:  MOV   R2, ＃02H           ;接收字节数
           MOV   R0, ＃30H           ;接收数据存储单元地址
           CLR   P1.0                ;74LS165引脚的状态被置入移位寄存器
           NOP
           NOP                       ;
           SETB  P1.0                ;允许寄存器移位
           MOV   SCON,＃00010000B    ;设置串行口为方式0、接收
WAIT:      JNB   RI,WAIT             ;等待接收
           CLR   RI                  ;清接收标志,准备下一次接收
           MOV   A,SBUF              ;读取数据
           MOV   @R0,A               ;存储
           INC   R0                  ;修改存储单元地址
           DJNZ  R2,WAIT             ;接收完否?
           RET                       ;
```

2. 并行输出口扩展

图6.18为8位移位寄存器芯片74LS164的管脚图。A、B为串行输入端,$\overline{CLR}$为清零控制端,Q_A～Q_H为移位寄存器的输出,CLK为移位时钟信号的输入端。表6.3为74LS164的真值表。当$\overline{CLR}$＝1,CLK脉冲的上升沿(0到1跳变)到来时,$Q_A = A \cdot B$,Q_A～Q_H逐次向右移1位。当$\overline{CLR}$＝1,CLK＝0时,电路处于保持状态。$\overline{CLR}$＝0时,输出端Q_A～Q_H被清零。

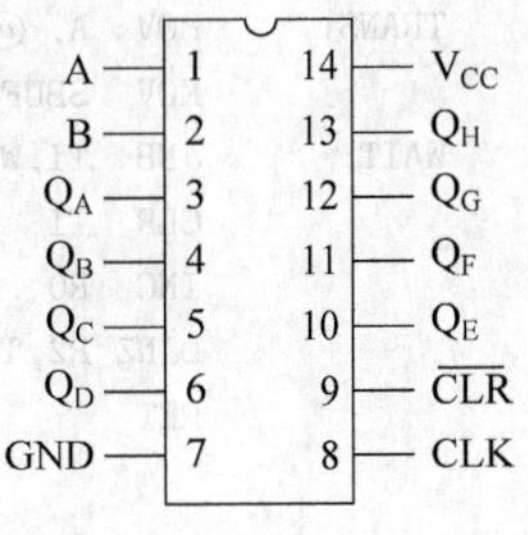

图6.18 74LS164管脚图

表6.3 74LS164功能表

输入				输出							
$\overline{CLR}$	CLK	A	B	Q_A	Q_B	Q_C	Q_D	Q_E	Q_F	Q_G	Q_H
L	×	×	×	L	L	L	L	L	L	L	L
H	L	×	×	Q_{A0}	Q_{B0}	Q_{C0}	Q_{D0}	Q_{E0}	Q_{F0}	Q_{G0}	Q_{H0}
H	↑	H	H	H	Q_{An}	Q_{Bn}	Q_{Cn}	Q_{Dn}	Q_{En}	Q_{Fn}	Q_{Gn}
H	↑	L	×	L	Q_{An}	Q_{Bn}	Q_{Cn}	Q_{Dn}	Q_{En}	Q_{Fn}	Q_{Gn}
H	↑	×	L	L	Q_{An}	Q_{Bn}	Q_{Cn}	Q_{Dn}	Q_{En}	Q_{Fn}	Q_{Gn}

说明:Q_{A0}～Q_{H0}分别为Q_A～Q_H在稳定输入状态成立之前对应的电平。而Q_{An}～Q_{Hn}分别为在最近CLK跳变之前对应的电平,表示移1位。

图6.19为采用串行口扩展的并行输出接口电路。MCS-51单片机串行口设置为方式0的发送状态,串行数据由RxD(P3.0)引脚输出,移动脉冲由TxD(P3.1)引脚输出。用两片8位串行输入、并行输出移位寄存器74LS164串联起来构成两个8位的串入并出移位寄存器。移位寄存器16个并行输出口作为扩展I/O输出口。P1.0端口作为移位寄存器选通线$\overline{CLR}$,当P1.0为高电平时,CPU连续送出两帧串行数据后,16位数据就可以由74LS164输出。

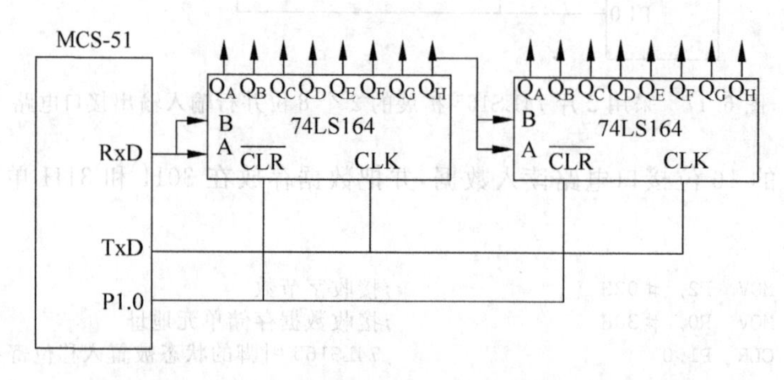

图6.19 采用串行口扩展的16位并行输出接口电路

按照上述方法,采用移位寄存器的级联方式可以实现更多的并行输出口的扩展,但当级联芯片较多时,数据输出的速度将会降低。

假设输出的两个字节数据存放在30H和31H单元,实现数据输出的程序如下:

```
SERIAL01:  MOV  SCON, #00H        ;设置串行口为工作方式0,发送模式
           MOV  R0, #30H          ;输出数据单元区首地址
           MOV  R2, #02H          ;输出数据个数
           SETB P1.0              ;移位寄存器工作
TRANS:     MOV  A, @R0            ;取输出数据
           MOV  SBUF,A            ;发送数据,从74LS164输出
WAIT:      JNB  TI,WAIT           ;等待数据发送结束
           CLR  TI                ;清除发送结束标志
           INC  R0                ;修改存储地址
           DJNZ R2,TRANS          ;发送是否结束
           RET
```

6.3.2 串行口的异步通信

MCS-51单片机提供3种异步通信方式,与之通信的设备可以是同类的单片机、其他系列的单片机、或者计算机和其他具有串行口的智能设备。需要指出的是,如果通信双方都采用TTL电平传送数据,其传输距离一般不超过1.5m;当通信双方采用不同的电平形式传送数据时,需要通过接口转换电路,把它们转换为相互兼容的电平形式。在工程应用中,为了提高串行通信的传输距离,通常采用其他接口形式,如RS-232C、RS-485、RS-422等,可以采用接口转换电路实现,并不需要改变程序。

在MCS-51单片机提供的3种异步通信方式中,最常用的是方式1和方式3,其通信的波特率是可变的,用户可以根据实际情况进行选择。不论哪种方式,在软件设计时,都可以采用查询方式和中断方式实现,其数据帧的格式可以根据实际情况确定。在通信时,必须保

证通信双方采用相同的波特率和数据格式。

1. 方式1的应用

串行口方式1可实现点对点的通信。在数据通信之前，需要进行以下初始化编程：

(1) 确定定时器/计数器T1的工作方式，设置TMOD。通常定时器/计数器T1设定为方式2，定时模式。

(2) 根据波特率，计算定时器/计数器T1的计数初始值，分别装入TH1和TL1。

(3) 启动定时器/计数器T1，SETB TR1。

(4) 确定串行口工作方式，设置SCON，接收时，把REN设置为1。

(5) 如果采用中断方式，则开放CPU中断(EA=1)、允许串行口中断(ES=1)。

例6.3 A、B两台MCS-51单片机进行单工串行通信，A机工作在发送状态，B为接收状态，如图6.20所示。现将A机片内RAM从30H单元开始存储的16B的数据发送到B机，并存储在片内RAM的20H单元开始的区域。A、B单片机的晶振频率均为11.0592MHz，采用波特率为9600bit/s。

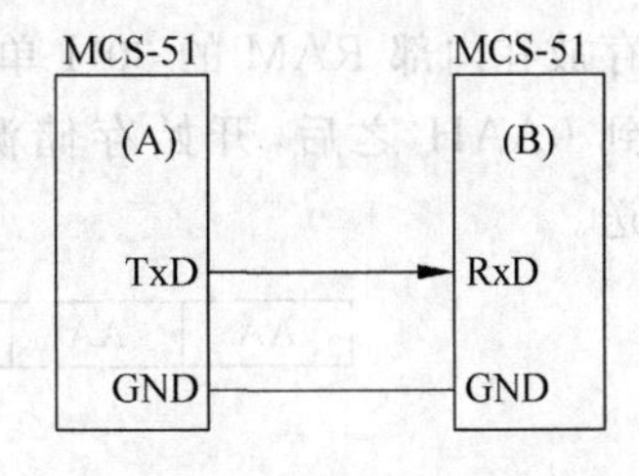

图6.20 单片机的单工串行通信

定时器/计数器T1采用方式2的定时模式，下面给出采用查询方式的发送和接收程序。

(1) A机发送程序：

```
TRANS:    MOV  TMOD, #20H         ;定时器T1方式2,定时模式
          MOV  TH1, #0FDH         ;
          MOV  TL1, #0FDH
          MOV  SCON, #40H         ;设定串行口工作方式1发送,允许接收控制位REN=0
          MOV  PCON, #00H         ;SMOD=0
          SETB TR1
          MOV  R0,#30H            ;设发送数据的地址指针
          MOV  R2,#10H            ;设发送数据的长度
LOOP:     MOV  A,@R0              ;取发送数据送A
          MOV  SBUF,A             ;启动发送
WAIT:     JBC  TI,LOOP1           ;是否发送完?
          SJMP WAIT
LOOP1:    INC  R0
          DJNZ R2, LOOP
          RET
```

(2) B机接收程序：

```
RECEIVE:  MOV  TMOD,#20H          ;定时器/计数器T1工作方式
          MOV  TH1,#0FDH
          MOV  TL1,#0FDH
          MOV  SCON,#50H          ;串行口方式1、接收模式(REN=1)
          MOV  PCON,#00H
          SETB TR1
          MOV  R0,#20H            ;设接收数据的地址指针
          MOV  R1,#10H            ;设接收数据的长度
LOOP:     JBC  RI,LOOP1           ;等待接收数据
          SJMP LOOP
```

```
LOOP1:    MOV  A,SBUF                  ;读入一帧数据
          MOV  @R0,A                   ;接收正确
          INC  R0
          DJNZ R2, LOOP
          RET
```

例 6.4 A、B两台 MCS-51 单片机应用系统,通信连接电路如图 6.21 所示。B为智能传感器,系统上电后,B实时地把测量值从串行口传出,数据块格式如图 6.22 所示。其中前两个字节的 0AA 为数据块的块头标志,测量数据为 6 个字节:Byte1～Byte6。通信波特率为 4800bit/s,设 A、B单片机的晶振频率均为 11.0592MHz。

A系统采用中断方式接收数据。A系统接收时,把测量值存放在内部 RAM 的 30H 单元开始的区域,当连续两次接收到 0AAH 之后,开始存储测量值,B系统采用查询方式发送。

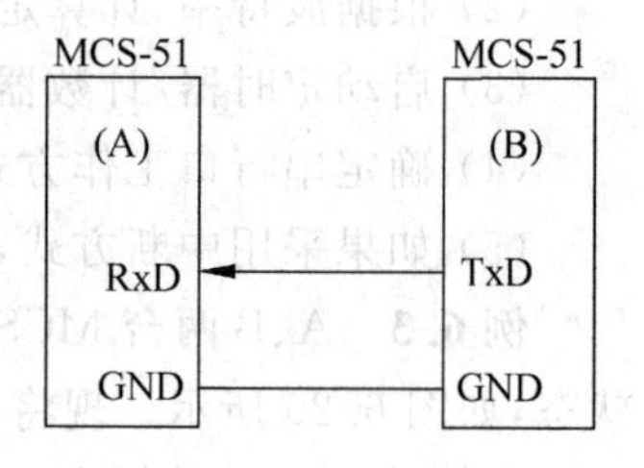

图 6.21 单片机的应用系统通信连接电路

AA	AA	Byte1	Byte2	Byte3	Byte4	Byte5	Byte6

图 6.22 数据块格式

(1) A系统初始化及其接收中断处理程序如下:

```
          ORG  0000H
          LJMP MAIN
          ORG  0023H
          LJMP RECV_DATA
          ORG  0030H
MAIN:     MOV  SP, #60H
          MOV  R0, #30H
          MOV  R2, #08H
CLRRAM:   MOV  @R0, #00H
          INC  R0
          DJNZ R2,CLRRAM               ;存储区清零
          CLR  AA_FLAG1                ;接收到 AA 标志
          MOV  SCON, #01010000B        ;方式 1,接收模式
          MOV  TCON, #00100000B        ;定时器/计数器 T1 方式 2,定时模式
          MOV  TL1, #0FAH              ;波特率 4800bit/s
          MOV  TH1, #0FAH
          SETB EA                      ;CPU 开发中断
          SETB ES                      ;允许串口中断
          SETB TR1                     ;启动定时器/计数器 T1
LOOP:     …
          此处为应用程序                ;应用处理程序
          …
          LJMP LOOP
```

A系统接收中断处理程序流程图见图 6.23,程序中定义了两个软件标志 FlagX 和 FlagD,它们的含义如下:

- FlagX:接收到 0AAH 标志,第一次接收到 FlagX=1,第二次接收到 FlagX=0。

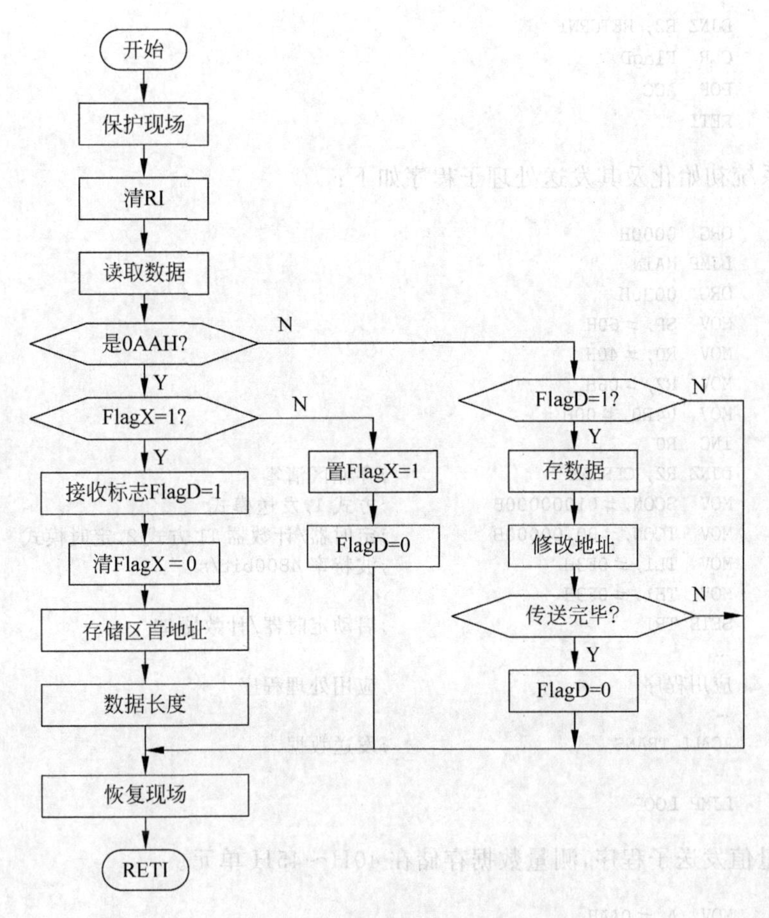

图 6.23　A 系统接收中断处理程序

• FlagD：接收数据状态，FlagD＝1 表示接收数据未结束。

A 系统接收中断处理程序如下：

```
RECV_DATA:  PUSH ACC
            CLR  RI
            MOV  A,SBUF
            CJNE A,＃0AAH, IS_DATA
            JNB  FlagX, First_AA
            SETB FlagD                      ;置接收数据标志位
            CLR  FlagX
            MOV  R0, ＃30H
            MOV  R2, ＃06H
RETURN:     POP  ACC
            RETI
First_AA:   SETB FlagX
            CLR  FlagD
            SJMP RETURN
IS_DATA:    JNB  FlagD, RETURN1
            MOV  @R0,A
            INC  R0
```

```
            DJNZ R2, RETURN1
            CLR  FlagD
RETURN1:    POP  ACC
            RETI
```

(2) B系统初始化及其发送处理子程序如下：

```
            ORG  0000H
            LJMP MAIN
            ORG  0030H
MAIN:       MOV  SP, #60H
            MOV  R0, #40H
            MOV  R2, #06H
CLRRAM:     MOV  @R0, #00H
            INC  R0
            DJNZ R2, CLRRAM          ;存储区清零
            MOV  SCON, #01000000B    ;方式1,发送模式
            MOV  TCON, #00100000B    ;定时器/计数器T1方式2,定时模式
            MOV  TL1, #0F3H          ;波特率4800bit/s
            MOV  TH1, #0F3H
            SETB TR1                 ;启动定时器/计数器T1
LOOP:       …
            应用程序                  ;应用处理程序
            …
            ACALL TRANS              ;发送数据
            …
            LJMP LOOP
```

(3) 测量值发送子程序,测量数据存储在40H～45H单元。

```
TRANS:      MOV  A, #0AAH
            MOV  SBUF,A              ;发送0AAH
LOOP1:      JNB  TI,LOOP1
            CLR  TI
            MOV  A, #0AAH            ;发送0AAH"
            MOV  SBUF,A
LOOP2:      JNB  TI,LOOP2
            CLR  TI
            MOV  R0, #40H
            MOV  R2, #06H
TR_DATA:    MOV A,@R0
            MOV  SBUF,A              ;发送测量数据
LOOP3:      JNB TI, LOOP3
            CLR  TI
            INC  R0
            DJNZ R2, TR_DATA
            RET
```

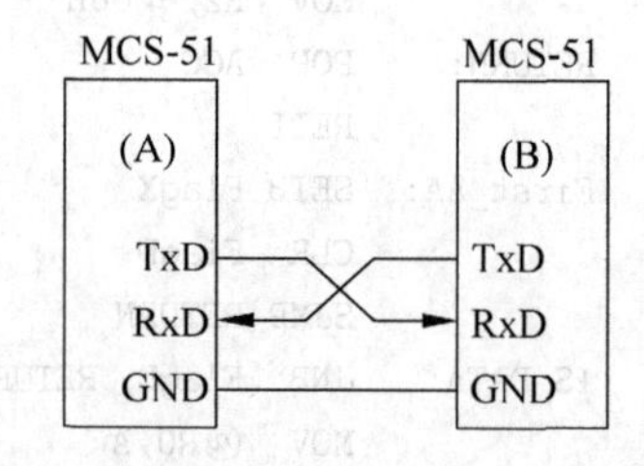

图6.24 两个单片机异步通信

例6.5 单片机A、B采用全双工模式通信,电路连接图如图6.24。设单片机系统的晶体振荡器为11.0592MHz,波特率为2400bit/s。

1) 分析

在此种情形下,两个单片机地位相同,不分主次,任何

一方都可以主动与对方通信,也可以响应对方的通信请求。为了实现双工通信,需要定义两种通信状态和约定:

(1) A机发送/B机接收

A机先发送"请求B机接收"命令(ASK_RCV),要求B机接收数据。B机接收到ASK_RECV命令后,如果准备好接收,则向A机发出"接收就绪"命令(RCV_RDY)。A机接收到BRCV_RDY命令后,开始发送数据块,通信结束后,A、B双方返回初始状态。

(2) A机接收/B机发送

A机先向B机发送"请求B机发送"命令(ASK_TRN),要求B机发送数据;B机接收到A机的ASK_TRN命令后,如果准备就绪,则给A机返回一个"B机发送准备就绪"命令(TRN_RDY);A机接收到B机的TRN_RDY的命令后,立即进入接收数据块状态,通信结束后,A、B双方返回初始状态。

2) 双机通信的程序设计

双机通信的程序流程图如图6.25所示。通信过程中,A机和B机的接收和发送都采用中断方式,程序中命令和状态标志位定义如下:

- ASK_RCV:"请求接收"命令字,1个字节。
- ASK_TRN:"请求发送"命令字,1个字节。
- RCV_RDY:"接收准备就绪"命令字,1个字节。
- TRN_RDY:"发送准备就绪"命令字,1个字节。
- TRN_STA:本机发送状态标志位,TRN_STA=0,发送命令字状态,TRN_STA=1,发送数据状态。
- RCV_STA:本机接收状态标志位,RCV_STA=0,接收命令字状态,RCV_STA=1,接收数据状态。
- R2寄存器中存储将要发送的命令字。
- 接收数据区的首地址为RCV_BUF,数据块长度为LEN_RCV。
- 发送数据区的首地址为TRN_BUF,数据块长度为LEN_TRN。

1) A机和B机串行口的初始化程序

```
SRL_INIT:  MOV   TMOD,#20H          ;T1方式2、定时模式
           MOV   PCON,#00H          ;SMOD = 0
           MOV   TH1,#0F4H          ;
           MOV   TL1,#0F4H          ;
           SETB  TR1
           MOV   IE,#90H            ;开中断,允许串行口中断
           MOV   SCON,#50H          ;串行口方式1,可以接收和发送
           CLR   TRN_STA            ;设置本机为发送命令字状态
           CLR   RCV_STA            ;设置本机为接收命令字状态
           RET
```

2) 发送命令子程序

入口:寄存器R2中为即将发送的命令字

```
SEND_COM:  MOV   A,R2
           MOV   SBUF,A
           RET
```

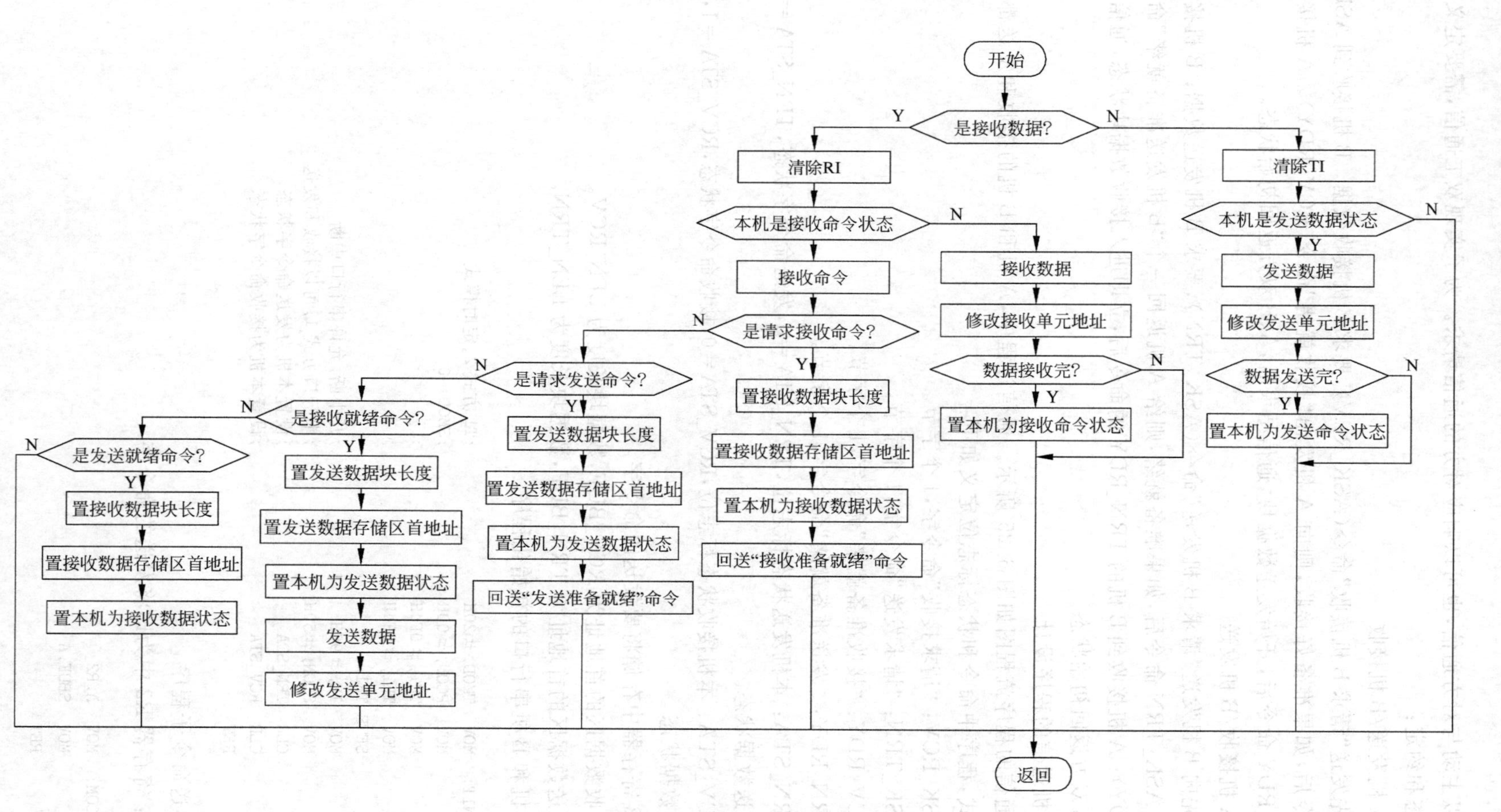

图 6.25 双机通信流程图

3）串行口中断处理程序

```
SRL_INT:   POP  ACC
           JNB  RI,SENT                 ;非接收中断,转去发送处理
           CLR  RI                      ;清除接收标志
           JB   RCV_STA,RCV_DAT         ;转去接收数据处理
           MOV  A,SBUF                  ;以下为接收命令
           CJNE A,#ASK_RCV,COM01        ;非“请求接收”命令
           MOV  R6,#LEN_RCV             ;是“请求接收”命令,准备接收数据
           MOV  R0,#RCV_BUF             ;本机接收数据区首地址
           SETB RCV_STA                 ;置本机为接收数据状态
           MOV  A,#RCV_RDY              ;本机“接收准备就绪”
           MOV  SBUF,A                  ;回送“接收准备就绪”命令
           AJMP RETURN
COM01:     CJNE A,#ASK_TRN,COM02        ;非“请求发送”命令
           MOV  R7,#LEN_TRN             ;是“请求发送”命令,准备发送
           MOV  R0,#TRN_BUF             ;本机发送数据区首地址
           SETB TRN_STA                 ;置本机为发送数据状态
           MOV  A,#TRN_RDY              ;本机“发送准备就绪”
           MOV  SBUF,A                  ;回送“发送准备就绪”命令
           AJMP RETURN
COM02:     CJNE A,#RCV_RDY,COM03        ;非“接收准备就绪”命令
           MOV  R7,#LEN_TRN             ;是对方的“接收准备就绪”命令,本机发送
           MOV  R0,#TRN_BUF             ;本机发送数据区首地址
           SETB TRN_STA                 ;置本机为发送数据状态
           MOV  A,@R0                   ;取发送的数据
           MOV  SBUF,A                  ;发送数据
           INC  R0                      ;修改发送单元地址
           AJMP RETURN
COM03:     CJNE A,#TRN_RDY,NON_COM      ;非“发送准备好”命令
           MOV  R6,#LEN_RCV             ;是对方的“发送准备就绪”命令,接收数据
           MOV  R0,#RCV_BUF
           SETB RCV_STA                 ;置本机为接收数据状态
NON_COM:   AJMP RETURN
RCV_DAT:   MOV  A,SBUF                  ;接收数据
           MOV  @R0,A                   ;存储
           INC  R0                      ;修改地址
           DJNZ R6,CONT1                ;数据块接收完否?
           CLR  RCV_STA                 ;数据块接收完毕,置本机为接收命令状态
CONT1:     AJMP RETURN
SENT:      CLR  TI                      ;清除发送标注
           JB   TRN_STA,ST_DAT          ;本机为发送数据状态
           AJMP RETURN                  ;本机不是发送数据状态
ST_DAT:    MOV  A,@R0                   ;取发送的数据
           MOV  SBUF,A                  ;发送
           INC  R0                      ;修改发送单元地址
           DJNZ R7 RETURN               ;数据块发送完否
           CLR  TRN_STA                 ;置本机为发送命令状态
RETURN:    POP  ACC
           RETI
```

值得一提的是,在工程应用中,数据通信除了上述8位数据帧格式之外,有时还采用其他数据帧格式。如,ASCII码是智能仪器仪表数据通信常采用的字符编码形式,数据交换时可采用下列几种数据帧格式:

(1) 7位数据位,无奇偶校验,数据帧格式如图6.26所示:

起始位	D0	D1	D2	D3	D4	D5	D6	0	停止位

图6.26 传输ASCII码的8位数据帧格式

图6.26中,7位ASCII码D0～D6作为8位数据的低7位,8位数据的最高位为0。

(2) 7位数据位,1位奇偶校验,数据帧格式如图6.27所示:

起始位	D0	D1	D2	D3	D4	D5	D6	校验位	停止位

图6.27 传输ASCII码的7位数据帧格式

图6.27中,7位ASCII码D0～D6作为8位数据的低7位,8位数据的最高位为7位ASCII码校验位。

采用图6.27数据格式通信时,可以采用奇校验或偶校验产生校验位。所谓偶校验是指当数据中"1"的个数为偶数时,相应的校验位为1;所谓奇校验是指当数据中"1"的个数为奇数时,相应的校验位为1。而在MCS-51单片机中,当累加器A中"1"的个数为奇数时,奇偶校验位P=1,当累加器A中"1"的个数为偶数时,P=0。因此,把单片机的奇偶校验位P的状态作为数据帧的奇偶校验位时,必须注意二者之间的差别。

当通信采用奇校验时,可以把单片机的奇偶校验位P作为数据帧的奇偶校验位,在组装数据帧时,可采用下列方法(设ASCII码存放在地址寄存器R0指出的单元中):

```
MOV  A,@R0             ;取ASCII,同时产生该数据的奇偶校验位P
MOV  C,PSW.0           ;单片机的奇偶校验标志位P
MOV  ACC.7,C           ;把校验位组装到最高位
MOV  SBUF,A            ;发送
```

当通信采用偶校验时,单片机的奇偶校验位P和数据帧的奇偶校验定义是不同的,因为当一个数据中"1"的个数为偶数时,单片机的奇偶校验位P为0,因此,需要进行必要的处理:

```
MOV  A,@R0             ;取ASCII,同时产生该数据的奇偶校验位P
MOV  C,PSW.0           ;单片机的奇偶校验标志位P
CPL  C                 ;转换为数据通信的偶校验,"1"的个数为偶数时,最高位为1
MOV  ACC.7,C           ;把校验位组装到最高位
MOV  SBUF,A            ;发送
```

(3) 8位数据位,2位停止位,数据帧格式如图6.28所示:

起始位	D0	D1	D2	D3	D4	D5	D6	1	停止位

图6.28 传输ASCII码的8位数据位、2位停止位的帧格式

图6.28中,7位ASCII码作为8位数据的低7位,8位数据的最高位为1,接收时把最高位屏蔽即可。

同样的道理，在串行口方式 1 下，也可以实现 5 位、6 位等数据的异步通信。对于其他两种异步通信方式，方式 2 和方式 3，同样也可以按照上述方法实现不同要求的数据帧格式通信。

2. 方式 2 的应用

例 6.6　两个单片机系统 A、B 进行数据通信，电路连接采用图 6.20。双方采用 9 位数据通信格式，第 9 位为该数据的奇偶校验位。A、B 两个系统的晶体振荡器频率均为 12MHz。

以上 A、B 两个系统通信采用串行通信的方式 2 实现。方式 2 时，通信的波特率是固定的，仅与系统的晶体振荡器频率及 SMOD 的状态有关，与定时器/计数器无任何关系。设置 SMOD=1，计算波特率为

$$B_R = \frac{2^{SMOD}}{64} \times f_{osc} = \frac{2^1}{64} \times 12 \times 10^6 = 375\,000\text{bit/s}$$

那么，在通信时，在串行口工作方式设定后，系统便以该波特率进行异步通信。

(1) A 机发送(采用查询方式)

```
          MOV   SCON,#10000000B      ;设置工作方式 2
          MOV   PCON,#10000000B      ;置 SMOD = 0, 波特率不加倍
          MOV   R0,#40H              ;数据区地址指针
          MOV   R2,#10H              ;数据块长度
LOOP:     MOV   A,@R0                ;取发送数据
          MOV   C,PSW.0              ;奇偶校验标志位 P 送 TB8
          MOV   TB8,C                ;装配发送的第 9 位
          MOV   SBUF, A              ;发送数据
WAIT:     JBC   TI,NEXT              ;检测是否发送结束并清 TI
          SJMP  WAIT
NEXT:     INC   R0                   ;修改发送数据地址指针
          DJNZ  R2, LOOP
          RET
```

(2) B 机接收(查询方式)

```
          MOV   SCON,#90H            ;方式 2, 并允许接收(REN = 1)
          MOV   PCON, #80H           ;置 SMOD = 0
          MOV   R0,#60H              ;置数据区地址指针
          MOV   R2,#10H              ;等待接收数据长度
LOOP:     JBC   RI,READ              ;等待接收数据并清 RI
          SJMP  LOOP
READ:     MOV   A, SBUF              ;读一帧数据
          MOV   C,P                  ;进行奇偶校验,接收到的第 9 位 RB8 与数据的奇偶
                                     ;校验位相同,接收的数据正确,否则,接收出错
          JNC   PARITY0              ;接收到的数据奇偶校验位 P 的状态为 0
          JNB   RB8,PAR_ERR          ;奇偶校验位 P 和 RB8 不同,接收出错
          AJMP  PARITY1              ;奇偶校验位 P 和 RB8 都为 1,接收正确
PARITY0:  JB    RB8,ERR              ;RB8 = 1, 即 RB8 不为 P 转 ERR
PARITY1:  MOV   @R0, A               ;RB8 = P, 接收一帧数据
          INC   R0
          DJNZ  R2, LOOP             ;继续接收
          RET
PAR_ERR:  …                          ;出错处理程序
          …
```

3. 方式3的应用

例6.7 某一单片机应用系统通过串行口连接一个串行输入设备,单片机系统和该设备之间采用9位异步通信模式,第9位为数据的偶校验位。通信波特率为2400bit/s。单片机系统的晶体振荡器频率为11.0592MHz。

针对系统的通信要求,选用方式3实现。方式3的波特率计算方法与方式1是相同的,可以通过定时器/计数器T1产生所需的通信速率。

在本例数据通信时,单片机接收到数据后,首先判断接收数据的偶校验和第9位(RB8)是否相同,只有二者相同时,才把接收到的数据存储到指定单元,否则,丢弃,停止数据块的接收。初始化和接收子程序如下:

(1) 方式3初始化子程序

```
COMM3_INI: MOV  SCON,#0D0H          ;置串行口工作在方式3、可接收REN=1
           MOV  PCON,#00H           ;SMOD=0
           MOV  TMOD,#20H           ;T1工作方式2,定时模式
           MOV  TH1,#0F4H           ;产生2400bit/s的波特率
           MOV  TL1,#0F4H
           SETB TR1                 ;启动T1
           MOV  R0,#DESTIN          ;设置接收数据存储区首地址
           MOV  R7,#LENGTH          ;设置接收数据块的长度
           RET
```

(2) 接收子程序(查询方式)

调用时,R0内容为接收数据存储区的首地址,R7内容为接收数据块长度。当校验位正确时,子程序返回状态位PAR=0;否则,PAR=1。

```
RECV3:     JNB  RI,RECV3            ;接收到数据?
           CLR  RI                  ;接收到,清接收中断标志
           MOV  A,SBUF              ;取数据
           JNB  PSW.0,PARITY0       ;判断校验位正确否?
           JNB  RB8,PAR_ERR         ;校验出错
           SJMP PAR_OK              ;均为1,校验正确,执行PAR_OK
PARITY0:   JB   RB8,PAR_ERR         ;均为0,校验正确,执行PAR_OK,否则校验出错
PAR_OK:    MOV  @R0,A               ;存储接收到的数据
           INC  R0
           DJNZ R7,RECV3            ;数据块接收完否?
           CLR  PAR                 ;所有数据正确接收,PAR=0
           RET
PAR_ERR:   SETB PAR                 ;校验位出错,PAR=1
           RET
```

6.3.3 多机通信

MCS-51单片机的串行口控制器SCON中的SM2位为多机通信控制位。串行口工作在方式2或方式3时,如果SM2=1,只有在接收器接收到的第9位数据为1时,数据才装入接收缓冲器SBUF,并将接收中断标志位RI置1,向CPU请求中断,如果接收器接收到的第9位为0,则接收中断标志位不置1,并把接收到的数据丢弃。当SM2为0时,接收到一个数据帧后,不管第9位数据是0还是1,都会把接收中断标志RI置1,并将接收到的数据

装入接收缓冲器 SBUF。利用这个特点,可以实现多个 MCS-51 单片机之间的通信。图 6.29 为多个单片机主从通信连接方式,其中,A 单片机为主机,B、C 单片机为从机。主机 A 控制与从机间的通信,从机 B、C 间的通信只能通过主机 A 才能实现,从机是被动的。

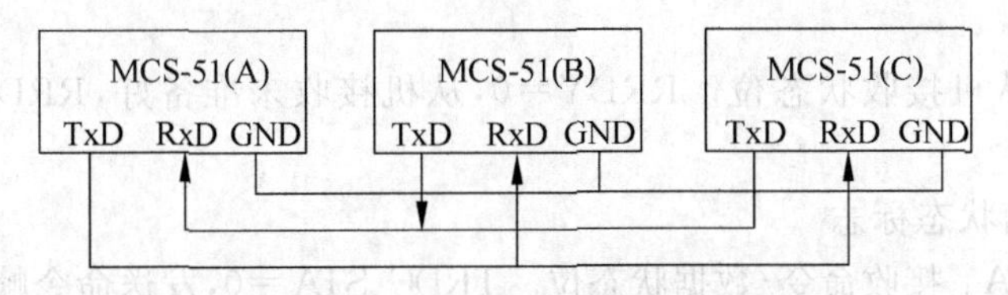

图 6.29　多个单片机主从式通信连接方式

MCS-51 单片机多机主从式通信的方法如下:

(1) 首先,给每个从机分配 1 个字节的地址。另外允许从机能够响应串行口接收中断。

(2) 从机系统由从机的初始化程序(或相关的处理程序)把其串行口设置为方式 2 或方式 3 接收,且置 SM2=1。

(3) 主机发送数据给从机时,先发送 1 个字节的地址,以辨认与之通信的从机。通信时,从机的地址信息和数据信息可以通过第 9 位来区分。发送从机地址时,发送的第 9 位为 1,而发送数据信息时,第 9 位为 0。

(4) 主机发送从机地址时,各个从机的串行口接收到的第 9 位数据为 1(RB8=1),则中断标志被置 1,每个从机都响应中断请求,查询刚才接收到的从机地址是否为本机地址。若为本机地址,则立即把 SM2 清零(SM2=0),并准备接收即将到来的数据信息。否则,保持原来的 SM2 为 1 的状态不变,从机接收数据信息时,从机接收到的第 9 位数据为 0,对到来的数据信息不予理会。

(5) 由于主机发送数据信息时,其第 9 位为 0,未被选中通信的从机收到的第 9 位数据为 0,因此,不会产生接收中断请求。而当接收到的从机地址与本机相同的从机,由于 SM2 已经改变为 SM2=0,接收到数据信息帧后,即使第 9 位的状态为 0(RB8=0),也会立即触发接收中断请求,即 RI=1,CPU 响应中断请求,从而实现与主机的数据传送。

(6) 从机与主机通信结束后,重新把 SM2 置 1,为下次通信做准备。

下面为多机通信的一个实现。为了实现主从通信,采用了以下约定:

(1) 一台主机最多可以连接 255 个从机,从机地址范围定义为:00H～0FEH。

(2) 定义 0FFH 为控制信息,使所有从机的 SM2 置 1。

(3) 定义主机发出命令 00H 和 01H 的含义如下:

- 00H:要求从机接收数据。
- 01H:要求从机发送数据。

其他均为无效命令。

(4) 数据块长度为 16 个字节。

(5) 从机工作状态字定义如图 6.30 所示。

D7	D6	D5	D4	D3	D2	D1	D0
ERR	—	—	—	—	—	TRDY	RRDY

图 6.30　从机工作状态字定义

- ERR：从机接收命令状态位。ERR＝0，从机接收到有效命令；ERR＝1，从机接收到无效命令。
- TRDY：从机发送状态位。TRDY＝0，从机发送未准备好，TRDY＝1，从机发送准备好。
- RRDY：从机接收状态位。RRDY＝0，从机接收未准备好，RRDY＝1，从机接收准备好。

(6) 从机通信状态标志

- TRDC_STA：接收命令/数据状态位。TRDC_STA＝0，发送命令帧；TRDC_STA＝1，发送数据帧。
- REDC_STA：接收命令/数据状态位。REDC_STA＝0，接收命令帧；REDC_STA＝1，接收数据帧。

主机接收或发送数据采用查询方式，子程序流程图如图6.31所示。

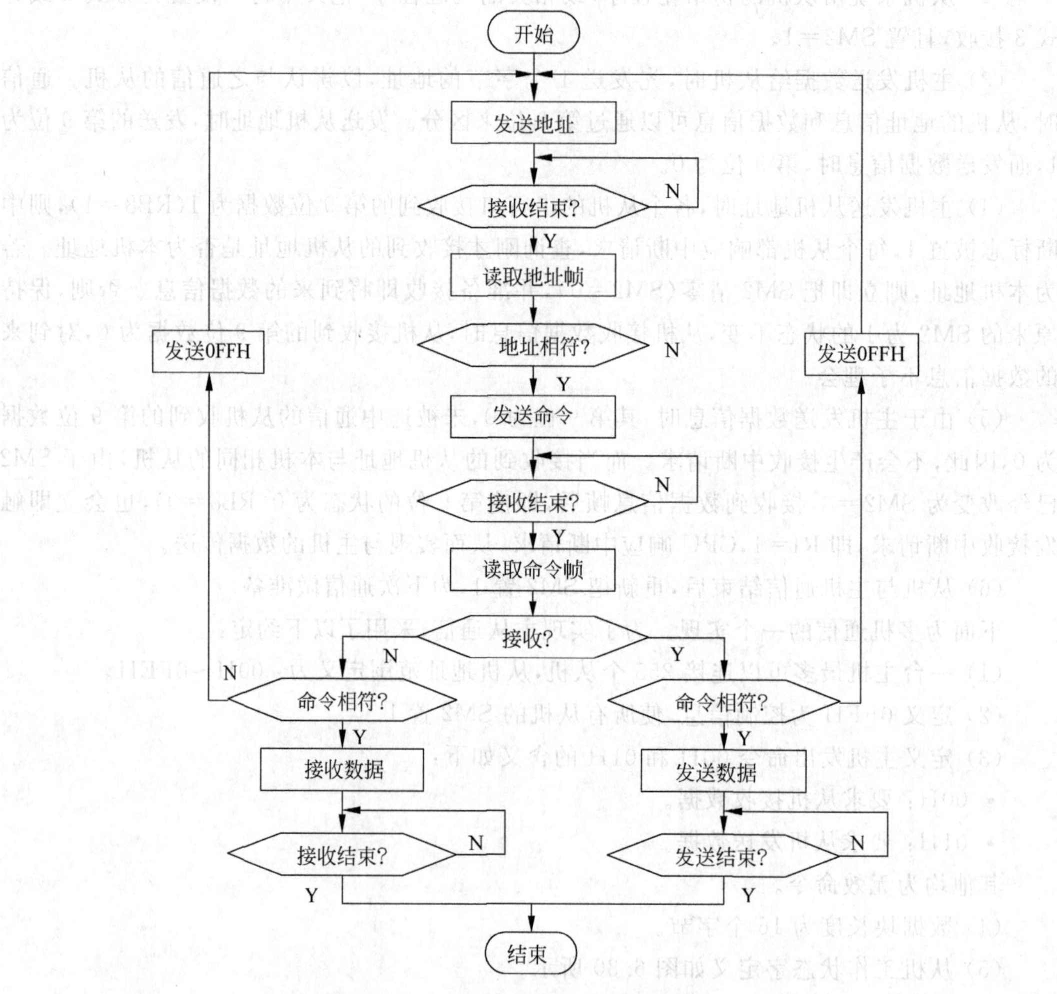

图6.31 主机通信子程序流程图

主机通信子程序的出入口参数定义如下：

- (R0)：主机发送数据的首地址；

- (R1)：主机接收数据的首地址；
- (R2)：被叫的从机地址；
- (R3)：主机发送的命令；
- (R4)：主机发送的数据块长度。

```
HOST_COM:   MOV   A, R2                 ;取被叫从机地址
            SETB  TB8                   ;发送的第 9 位
            MOV   A, SBUF               ;发送被叫从机地址
TR_ADD:     JNB   TI, TR_ADD            ;从机地址发送完否?
            CLR   TI                    ;发送完毕,清 TI
RE_ADD:     JNB   RI, RE_ADD            ;等待接收被叫从机的反馈
            CLR   RI                    ;接收到,清 RI
            MOV   A, SBUF               ;取从机反馈的地址
            XRL   A, R2
            JNZ   RE_START              ;反馈地址与被叫地址不符,重做
            MOV   A, R3                 ;取将要发送的命令
            CLR   TB8                   ;发送的第 9 位清零(发送非地址帧)
            MOV   SBUF,A                ;发送命令
TR_COM:     JNB   TI,TR_COM             ;

            CLR   TI                    ;命令已发送
RE_COM:     JNB   RI,RE_COM             ;接收从机工作状态反馈
            CLR   RI
            MOV   A,SBUF                ;读从机工作状态反馈
            CJNE  R3,#00H,NOT_C00       ;非 00 命令
            JNB   ACC.0,NOT_RRDY        ;RRDY = 0,从机接收未准备就绪
TR_DATA:    MOV   A,@R0                 ;取发送数据
            CLR   TB8                   ;数据的第 9 位
            MOV   SBUF,A                ;发送数据
TR_RING:    JNB   TI,TR_RING
            CLR   TI
            INC   R0
            DJNZ  R4,TR_DATA            ;数据块发送完否?
            RET                         ;子程序返回
NOT_C01:    NOP
NOT_RRDY:   NOP
NOT_TRDY:   NOP
RE_START:   SETB  TB8                   ;发送地址帧
            MOV   A,#0FFH               ;发送地址强制命令,令所有从机的 SM2 置 1
            MOV   SBUF,A
ADD_COM:    JNB   TI,ADD_COM            ;发送地址强制命令
            CLR   RI
            AJMP  HOST_COM
NOT_C00:    CJNE  R3,#01,NOT_C01        ;非 01H 命令
            JNB   ACC.1,NOT_TRDY        ;TRDY = 0,从机发送未准备就绪
RE_DATA:    JMB   RI,RE_DATA            ;接收数据
            CLR   RI
            MOV   A,SBUF                ;读取数据
            MOV   @R1,A                 ;存数据
            INC   R1
            DJNZ  R4,RE_DATA
            RET
```

从机采用中断方式接收和发送数据,中断处理程序如图 6.32 所示。

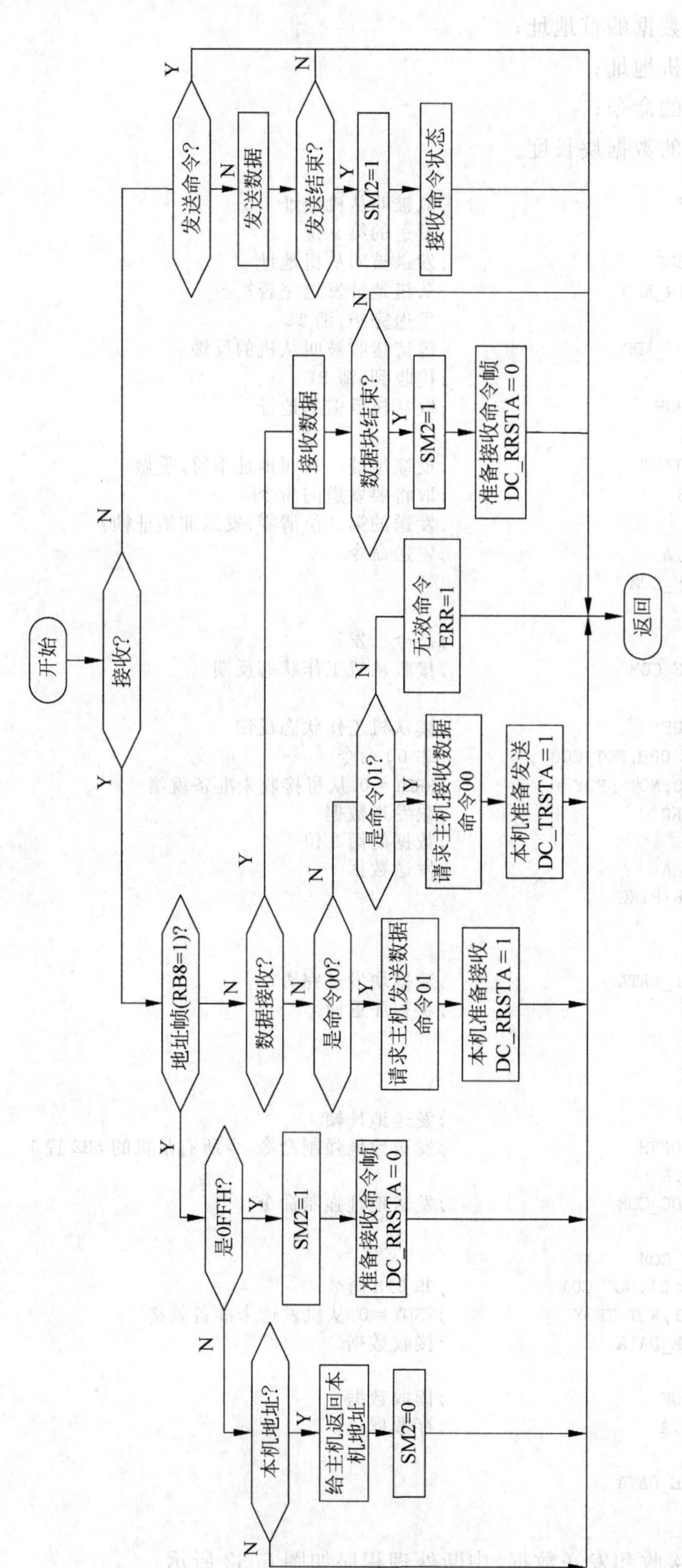

图 6.32 从机串行通信程序流程图

从机地址为SLAVE_ADD,发送数据/命令状态位TRDC_STA定义为27H.7,接收数据/命令状态位RRDC_STA定义为27H.6,本机发送数据块的首地址为SOURCE,本机接收的数据存储区首地址为DESTIN,数据块长度为LENTH。从机通信中断处理程序如下:

```
SLAVE_COM: POP  ACC
           JNB  RI,TRANSMIT               ;发送触发了中断,发送处理
           CLR  RI                        ;接收中断处理
           JNB  RB8,DATA_COMM             ;接受到的第9位为0,非地址帧
           MOV  A,SBUF                    ;取从机地址
           CJNE A,#0FFH,ADDRESS           ;地址信息?
           SETB SM2                       ;收到0FFH,强制本机的SM2置1
           CLR  REDC_STA                  ;置本机为接收命令状态,REDC_STA = 0
           AJMP RETURN                    ;返回
ADDRESS:   CJNE A,#SLAVE_ADD,REJECT       ;非本机地址,拒收
           MOV  SBUF,A                    ;反馈本机地址
           CLR  SM2                       ;SM2 = 0,准备接收命令或数据
REJECT:    AJMP RETURN                    ;返回
DATA_COMM: JB   REDC_STA, REC_DAT         ;REDC_STA = 1接收数据
           CJNE A,#00H,COMM01             ;判别主机命令类型
           MOV  A,#01H                    ;主机命令为00H,命令从机发送接收
                                          ;置RRDY为1,本机接收准备就绪
           MOV  SBUF,A                    ;发送本机状态
           SETB RRDC_STA                  ;置本机为接收数据状态
           MOV  R0,# DESTIN               ;置接收数据存储区首地址
           MOV  R7,#LENTH                 ;接收的数块长度
           AJMP RETURN
COMM01:    CJNE A,#01H,INVALID            ;主机命令为无效命令
           MOV  A,#02H                    ;主机命令为01H命令,命令从机发送
                                          ;置TRDY为1,本机接收准备就绪
           MOV  SBUF,A                    ;发送本机状态
           SETB TRDC_STA                  ;置本机为发送数据状态
           MOV  R1,#SOURCE                ;待发送的数据块首地址
           MOV  R6,#LENTH                 ;待发送的数据块长度
           AJMP RETURN
INVALID:   MOV  A,#80H                    ;置ERR = 1,命令错误
           MOV  SBUF,A                    ;发送本机状态
           AJMP RETURN
REC_DAT:   MOV  A, SBUF                   ;接收数据
           MOV  @R0,A                     ;存数据
           INC  R0
           DJNZ R7,RETURN
           SETB SM2                       ;数据接收完毕,恢复接收本机地址状态
           CLR  RRDC_STA                  ;置本机为接收命令状态
RETURN:    POP  ACC
           RETI
TRANSMIT:  CLR  TI                        ;发送中断处理
           JNB  TRDC_STA,RETURN           ;TRDC_STA为0,发送命令
           MOV  A,@R1                     ;取待发送的数据
           MOV  SBUF,A                    ;发送
           INC  R1
```

```
            DJNZ R6,TRS_NEXT
            SETB SM2                ;数据发送完毕,恢复接收本机地址状态
            CLR  TRDC_STA           ;置本机为发送命令状态
TRS_NEXT:   POP  ACC
            RETI
```

6.4 本章小结

CPU与外部设备之间进行的数据交换,计算机之间进行的数据交换等,称为数据通信。数据通信方式有两种:并行通信和串行通信。串行通信是计算机与计算机之间、计算机与外部设备之间、设备与设备之间一种常用的数据传输方式,它有3种方式:单工、半双工和全双工。串行通信有同步串行通信和异步串行通信方式。

MCS-51单片机内部有1个可编程的全双工串行口,它能同时发送和接收数据。串行口的接收和发送都是由特殊功能寄存器SBUF来实现的,SBUF既可作为发送缓冲器,也可作为接收缓冲器,在物理构造上,它们是两个独立的寄存器,共享一个单元地址。串行口有两个控制寄存器,SCON用来设置串行口的工作方式,控制数据的接收和发送,并反映串行口的工作状态等;PCON的SMOD位用来使波特率倍增。

MCS-51单片机的串行口有4种工作方式,方式0时,串行口为同步移位寄存器的输入输出模式,主要用于扩展并行输入输出口,数据由RxD(P3.0)脚输入或输出,同步移位脉冲由TxD(P3.1)脚输出,发送和接收的是8位数据,其波特率为单片机振荡器频率的12分频;方式1、方式2和方式3是异步通信方式,方式2和方式3可实现多机通信,方式1和方式3的通信波特率可以选择。处于方式1、方式2和方式3时,RxD用于接收数据,TxD用于发送数据。

在使用串行口时,需要对它初始化,即设置工作方式、通信速率、接收还是发送等,可以采用查询方式和中断方式。

6.5 复习思考题

一、选择题

1. 所谓串行通信是指(　　)。
   (A) 数据以字节传送的方式
   (B) 数据的各位逐位依次传送的方式
   (C) 数据以二进制传送的方式
   (D) 采用通信线传送的方式
2. 异步通信方式中,一帧数据的组成为(　　)。
   (A) 起始位、数据位、校验位和停止位
   (B) 起始位、数据位、校验位和空闲位
   (C) 同步位、数据位和停止位
   (D) 起始位、数据位、停止位和空闲位
3. MCS-51单片机的发送缓冲器和接收缓冲器是(　　)。
   (A) 1个寄存器SBUF
   (B) 2个寄存器,共享一个地址

(C) 2个地址不同的寄存器

(D) 一个16位寄存器的高8位和低8位

4. MCS-51单片机的4种串行通信方式中,不是异步通信方式的是(　　)。

(A) 方式0　(B) 方式1　(C) 方式2　(D) 方式3

5. 串行口工作在方式0时,用于接收和发送数据的引脚是(　　)。

(A) TxD　(B) RxD　(C) P3.6　(D) P3.7

6. 串行口工作在方式0时,用于移位脉冲的引脚是(　　)。

(A) TxD　(B) RxD　(C) ALE　(D) T1

7. 串行口工作在方式1时,用于发送和接收数据的引脚是(　　)。

(A) TxD　(B) RxD　(C) (A)和(B)　(D) (B)和(A)

8. 单片机应用系统作为数据接收终端,以方式1模式工作,那么SCON应设置为(　　)。

(A) 50H　(B) 40H　(C) 0A0H　(D) 80H

9. 单片机应用系统具有双工通信功能,以方式1模式工作,那么SCON应设置为(　　)。

(A) 50H　(B) 40H　(C) 0A0H　(D) 80H

10. 串行口工作在方式2、方式3时,SM2的作用是(　　)。

(A) 接收和发送地址标志位　(B) 从机标志

(C) 主机标志　(D) 多机通信控制位

11. 在串行通信方式1和方式3时,可作为波特率发生器的是(　　)。

(A) 定时器/计数器T0　(B) 定时器/计数器T1

(C) PCON　(D) SCON

12. 在下列工作方式中,SMOD设置为1时,通信波特率不变的工作方式是(　　)。

(A) 方式0　(B) 方式1　(C) 方式2　(D) 方式3

二、思考题与编程题

1. 串行通信有几种方式?各有什么特点?

2. 实现异步通信时,通信双方需要遵守哪些基本约定?

3. MCS-51单片机的串行口有几种工作方式?各种方式下的通信波特率如何确定?

4. 简述方式0的串行通信原理。

5. 简述方式1的串行通信数据帧的组成和通信原理。

6. 方式2和方式3是如何进行多机通信的?它们的数据帧格式与方式1相比有何不同?

7. 采用MCS-51单片机的串行口扩展3个并行输出口,每隔100ms分别把40H,41H和42H单元的内容依次从这3个并行输出口输出。

8. 采用图6.17构成监控系统来监控某个设备,在扩展的两个并行输入口连接了16个检测开关,系统不断地查询检测这些开关的状态。检测开关闭合时接口电路接收到低电平,否则,接收到高电平。设计程序实现:当有开关闭合时,把16个开关的状态放到R5和R6中保存,没有开关闭合时,系统不处理,继续查询。

9. A、B两台单片机应用系统进行串行通信,A机工作在发送状态,B为接收状态,现需要将A机片内RAM从30H单元开始存储的8个字节的数据发送到B机,并存储在片内RAM的50H单元开始的区域。两个系统的晶振频率均为11.0592MHz,波特率为

2400bit/s。

10. A、B两台单片机应用系统具有双工通信功能,现需要将A机片内RAM从30H单元开始存储的8个字节的数据发送到B机,并存储在片内RAM的50H单元开始的区域。两个系统的晶振频率均为11.0592MHz,波特率为4800bit/s。要求如下:

(1) 在A机发送时,每次发送10个字节,其中,第1个字节为起始标志0F5H,第2到第9字节为要发送的8个字节数据,第10个字节为8个字节数据的异或校验值(8个字节连续异或的值)。

(2) B机接收到数据后,先进行异或校验,如果接收到的8个数据的异或值与接收到的第10个字节数据相同,则把数据存放到本机的50H单元开始的区域,否则,丢弃本次接收到的所有数据,并发送两个字节的重发请求0F5H,0DDH,其中0F5H为起始标志。A机接收到重发请求后,按照(1)重发数据。

(3) B发送重发请求超过10次,则中断接收。

第7章

汇编语言程序设计

程序设计是为了解决某一个问题，把指令(或语句)按照一定的意图有序地组合在一起。目前，基于 MCS-51 单片机的程序开发设计有采用汇编语言和高级语言两种形式，高级语言有采用 C 语言、BASIC 语言、PLM 语言等，大多数集成开发环境(Integrated Development Environment，IDE)软件都支持这两种形式。采用高级语言编写应用程序，编程者只需了解单片机内部的硬件结构，可以把主要精力集中于语法规则和程序的结构设计方面，开发周期短、速度快、可读性好。但是，程序编译后形成的目标文件(二进制代码)文件较大，需要占据较大的程序存储器空间。因而，降低了程序的执行速度。用汇编语言编程时，编程者可以直接操作单片机内部的资源，如寄存器、存储单元和 I/O 口，能把处理过程描述得比较具体，因此，通过优化能编制出高效率的程序，既可节省存储空间又可提高程序执行的速度，在空间和时间上都充分发挥了单片机的潜力。

汇编程序设计的过程可以分为以下几个步骤：

(1) 分析题目或课题的要求，正确理解要解决什么问题、如何解决问题、有哪些可利用的资源、对计算精度的要求等；另外，了解应用系统硬件的结构和功能与课题任务的关联。

(2) 确定解决问题的方案，画出解决问题的流程图——程序流程框图。

(3) 根据解决方案，确定变量及其数据存储格式，给各个变量分配存储空间。

(4) 根据程序流程图，选用合适的指令编写程序，完成源程序的设计。

(5) 在集成开发环境上调试，完成设计要求的功能。

在工程应用中，复杂的应用程序通常是由多个简单的基本程序构成的。本章将介绍典型应用程序的汇编语言设计方法。有关高级语言的程序设计请参阅相关书籍。

7.1 伪指令

伪指令(Pseudo Instruction)是汇编语言中起解释说明的命令，它不是单片机的指令。在集成开发环境中，伪指令向编译系统说明程序在程序存储器的哪个区域、到何处结束、变量所表示的单元地址或数值等。汇编时伪指令不会产生目标代码，不影响程序的执行。

不同的编译系统使用的伪指令种类不同，常用的有以下几种伪指令：

1. 设置起始地址伪指令 ORG

```
ORG   xxxxH
```

设置程序从程序存储器的 xxxxH 单元开始存放。在一个汇编语言源程序中，可以多次定义 ORG 伪指令，但要求规定的地址由小到大安排，各段之间地址不允许重叠。

如：

```
      ORG       0100H
SUB:  MOV       R0,#30H
…
```

程序汇编后，子程序 SUB 的代码从 0100H 单元开始存放，也就是“MOV R0，#30H”指令代码的第一个字节存放在程序存储器的0100H单元中。

2. 赋值伪指令EQU

```
变量代号 EQU 数值
```

EQU指令用来给变量代号赋值。在同一个源程序中,任何一个变量代号只能赋值一次。赋值以后,变量代号在整个源程序中的值是固定的,不可改变。变量代号可以表示一个单元地址或者一个立即数。EQU指令后面的数值可以是8位或16位的二进制数,也可以是事先定义的表达式,在有的向编译系统中,数值的形式也可以为位地址。如:

```
LEN      EQU 20      ;在程序中变量LEN的值为20
Xdata    EQU 4F8BH   ;在程序中变量Xdata的值为4F8BH
FLAGX    EQU 20H.7   ;在程序中变量FLAGX表示20H.7
```

3. 定义字节数据伪指令DB

```
[单元地址代号:]  DB   data
```

DB用来说明程序存储器单元的内容是一个字节的常数data,而非指令代码。单元地址代号可以省略。

如:

```
ADDR1:DB 30H
```

ADDR1单元的内容设置为30H。DB也可用来定义多个连续单元为常数,如:

```
ORG   1000H
DB     30H, 31H, 32H, 33H, 34H, 35H, 36H, 37H, 38H, 39H, 2EH, 0DH
```

向编译系统说明从程序存储器的1000H单元开始存储了12个字节的常数。

4. 定义双字节数据伪指令DW

```
[单元地址代号: ] DW data16
```

DW用来定义程序存储器相邻两个单元的内容为常数。如:

```
ADDR2: DW 0FDE1H
```

编译系统把0FDE1H的高8位0FDH放在ADDR2单元,低8位0E1H放在ADDR2+1单元。

```
    ORG   0400H
XTABLE:DW 1345, 2241, 34556
```

向编译系统说明常数表格XTABLE从0400H单元开始存放。

5. 位地址赋值伪指令BIT

```
变量代号   BIT   位地址
```

BIT用于定义有位地址的位,把位地址赋予指定的变量代号。如:

```
CS          BIT     P2.0
FLAG        BIT     20H.6
```

6. 汇编结束伪指令 END

```
END
```

END 是用来告诉编译系统,源程序到此结束。在一个程序中,只允许出现一条 END 伪指令,而且必须安排在源程序的末尾。

7.2 算术运算程序的设计

在 MCS-51 单片机指令系统中,算术运算指令仅支持两个无符号的 8 位二进制数的运算,二进制数算术运算是按字节的方式进行的。

例 7.1　多字节二进制加法。

以 3 字节无符号二进制数为例,算法如图 7.1 所示,图中 1 个方框代表 1 个单元,Cy 为进位。最低字节运算时,若令 Cy 为 0,那么,完成 3 个字节的加法运算进行了 3 次相同的加法操作,因此,可采用循环结构实现两个 3 字节数据的加法运算。

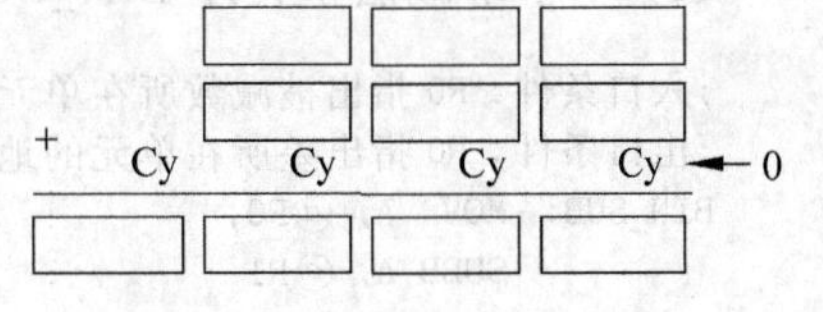

图 7.1　多字节二进制加法

(1) 采用循环结构设计的多字节二进制加法程序。

设两个数分别存在内部 RAM 的 20H 和 30H 单元开始的区域,低 8 位在前,程序如下:

```
        MOV  R0, #20H          ;被加数低 8 位存储单元地址
        MOV  R1, #30H          ;加数低 8 位存储单元地址
        MOV  R5, #03H          ;字节个数
        CLR  C                 ;首次加法运算(Cy)清零
DOAD1:  MOV  A, @R0;           ;取(被)加数
        ADDC A, @R1            ;取加数
        MOV  @R0, A            ;存和
        INC  R0                ;修改存储地址
        INC  R1
        DJNZ R5, DOAD1         ;运算结束?
        CLR  A                 ;处理高 8 位运算的进位
        ADDC A, #00H
        MOV  @R0, A
        RET
```

(2) 把单字节加法操作提取出来作为一个子程序。

```
;单字节加法子程序 BIN_ADD
;入口条件: R0 指出被加数所在单元的地址; R1 指出加数所在单元的地址
;出口条件: R0 指出和所在单元的地址,进位在 Cy 中
BIN_ADD: MOV  A, @R0;
         ADDC A, @R1
         MOV  @R0, A
         INC  R0
         INC  R1
         RET
```

那么,3 字节二进制数加法程序为:

```
        MOV  R0, #20H
        MOV  R1, #30H
        MOV  R5, #03H
```

```
         CLR  C
DOAD:    ACALLBIN_ADD
         DJNZ R5, DOAD
         CLR  A
         ADDC A, #00H
         MOV  @R0, A
         RET
```

例 7.2 多字节二进制减法。

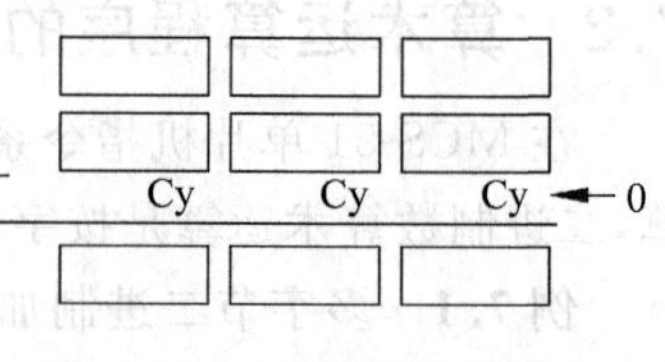

图 7.2 二进制数减法算法

多字节二进制减法与多字节二进制加法相似,图 7.2 为3字节二进制减法的算法。假设两个3字节数据分别存放在内 RAM 的 20H 和 30H 单元开始的区域,低8位在前,程序如下:

(1) 单字节减法子程序 BIN_SUB:

```
;入口条件: R0 指出被减数所在单元的地址; R1 指出减数所在单元的地址
;出口条件: R0 指出差所在单元的地址,进位在 Cy 中
BIN_SUB: MOV  A, @R0;
         SUBB A, @R1
         MOV  @R0, A
         INC  R0
         INC  R1
         RET
```

(2) 三字节无符号二进制数减法程序:

```
         MOV  R0, #20H
         MOV  R1, #30H
         MOV  R5, #03H
         CLR  C
DOSUB:   ACALL  BIN_SUB
         DJNZ R5, DOSUB
         RET
```

例 7.3 多位十进制数加法。

十进制数在计算机中可以采用 BCD 码的形式存放。采用压缩式(或紧凑形式)BCD 码存放十进制数时,一个存储单元可以存储2位。MCS-51 单片机仅支持二进制加法运算,采用 ADD 和 ADDC 指令的结果是二进制数,因此,两个以 BCD 码形式存储的数据,在用 ADD 和 ADDC 运算之后,必须对其运算结果进行调整。多位十进制数加法的算法与多字节二进制数算法相似,如图 7.3 所示。6位十进制数加法程序如下:

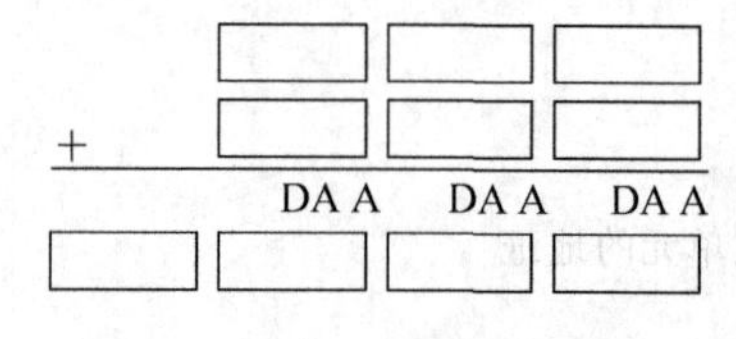

图 7.3 十进制数加法算法

(1) 2位十进制数加法子程序 SH_ADD:

```
;入口条件: R0 指出被加数所在单元的地址; R1 指出加数所在单元的地址
;出口条件: R0 指出和所在单元的地址,进位在 Cy 中
SH_ADD:  MOV  A, @R0;
         ADDC A, @R1
         DA   A                          ;结果调整为十进制数
         MOV  @R0, A
         INC  R0
```

```
        INC  R1
        RET
```

(2) 6 位十进制数加法程序：

```
        MOV  R0, #20H
        MOV  R1, #30H
        MOV  R5, #03H
        CLR  C
DOAD:   ACALLSH_ADD
        DJNZ R5, DOAD
        CLR  A
        ADDC A, #00H
        MOV  @R0, A
        RET
```

例 7.4　多位十进制减法

在第 3 章的例 3.35 中，介绍了 2 位十进制数减法算法：X－Y＝X＋100－Y→X＋9AH－Y，把十进制减法变换成二进制减法(求十进制减数的补码)和十进制加法两步进行。多位十进制数减法也采用了同样的算法。设被减数存放在 20H 开始的内部 RAM 存储单元，减数存放在 30H 开始的存储单元，6 位十进制数减法的程序如下：

(1) 2 位十进制数减法子程序：

```
;入口条件: R0 指出被减数所在单元的地址; R1 指出减数所在单元的地址
;出口条件: R0 指出差所在单元的地址,进位在 Cy 中
SH_SUB: MOV  A, #9AH
        SUBB A, @R1
        ADD  A, @R0
        DA   A
        MOV  @R0, A
        INC  R0
        INC  R1
        CPL  C
        RET
```

(2) 6 位十进制数减法程序：

```
        MOV  R0, #20H
        MOV  R1, #30H
        MOV  R5, #03H
        CLR  C
DOSUB:  ACALL SH_SUB
        DJNZ R5, DOSUB
        RET
```

例 7.5　多字节无符号二进制数乘法

多字节无符号二进制数乘法算法与十进制数乘法相似。以两个 2 字节二进制数相乘为例介绍多字节数的乘法算法，如图 7.4 所示。图中被乘数为 X 的高 8 位和低 8 位分别存储在 XH 和 XL 单元，乘数为 Y，其高 8 位和低 8 位分别存储在 YH 和 YL 单元。算法分两步进行：首先，分别用乘数的高 8 位和低 8 位与被乘数相乘求出部分积，分别存储在 XYH3～XYH1 和 XYL3～XYL1 单元，乘法运算可以调用第 3 章的乘法子程序。第二步，采用加法运算求出乘积并存储在 XY4～XY1 单元。读者可参考图 7.4 的流程图编写程序。

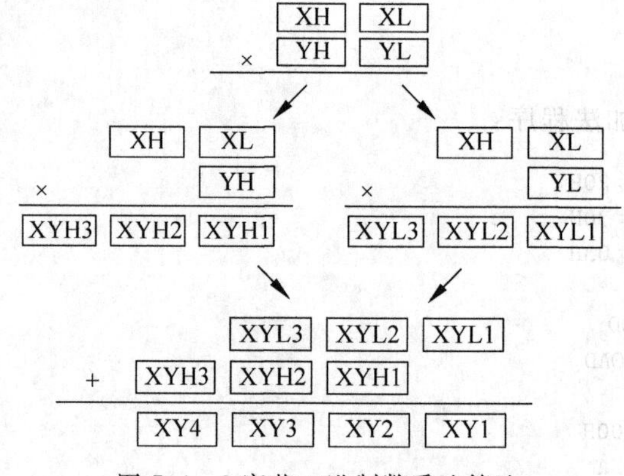

图 7.4　2 字节二进制数乘法算法

例 7.6　多字节无符号二进制数除法

两个多字节无符号二进制数的除法是采用移位和减法运算实现的,实现过程与进行十进制数除法相似,每次进行除法运算时先试商,如果余数大于减数则商 1,否则,商 0。图 7.5 为 16 位二进制数除以 8 位二进制数的程序流程图。该算法要求被除数的高 8 位数据必须小于除数,否则,作为溢出处理,子程序把标志位 OV 的状态置为 1 并返回。

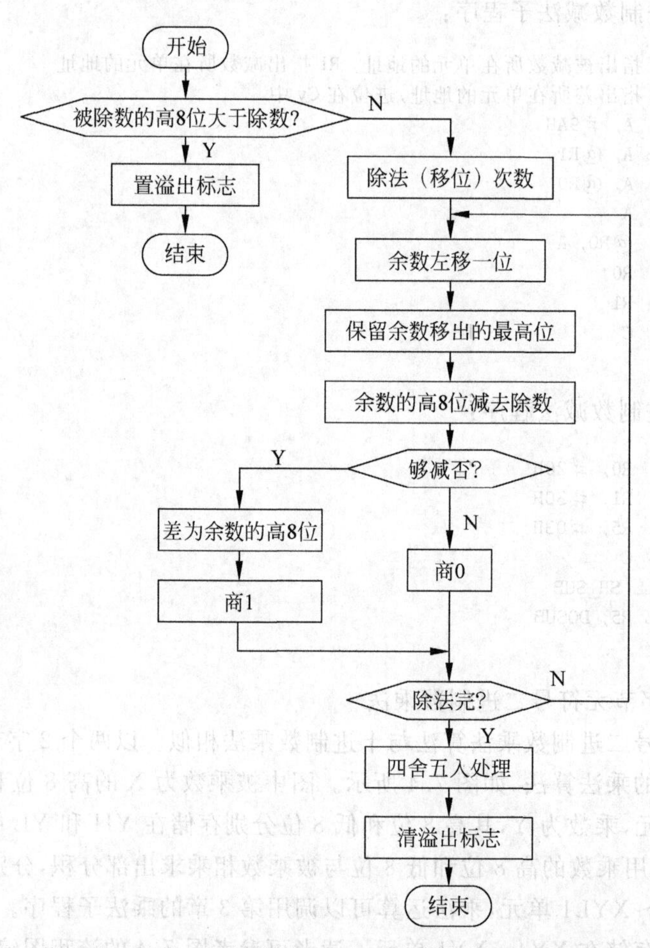

图 7.5　16 位二进制数除以 8 位二进制数的程序流程图

16位无符号二进制数除以8位无符号二进制数子程序如下：

```
;入口条件：被除数存储在R4、R5中，除数存储在R7中
;出口条件：(OV)=0时，商在R3中；(OV)=1时，溢出
;子程序执行时，使用了单片机的PSW，A，R3～R7
DIV21:   CLR  C
         MOV  A,R4
         SUBB A,R7
         JC   DV50
         SETB OV                    ;商溢出
         RET
DV50:    MOV  R6,#8                 ;(R4R5/R7-→R3)
DV51:    MOV  A,R5
         RLC  A
         MOV  R5,A
         MOV  A,R4
         RLC  A
         MOV  R4,A
         MOV  F0,C
         CLR  C
         SUBB A,R7
         ANL  C,/F0
         JC   DV52
         MOV  R4,A
DV52:    CPL  C
         MOV  A,R3
         RLC  A
         MOV  R3,A
         DJNZ R6,DV51
         MOV  A,R4                  ;四舍五入
         ADD  A,R4
         JC   DV53
         SUBB A,R7
         JC   DV54
DV53:    INC  R3
DV54:    CLR  OV
         RET
```

7.3 循环程序的设计

1. 循环程序的组成

循环程序由4部分组成：初始化部分、循环处理部分、循环控制部分和循环结束部分。循环结构组成图见图7.6。

(1) 初始化部分用来设置循环处理之前的初始状态，如循环次数、变量初值、地址指针的设置等。

(2) 循环处理部分又称为循环体，是重复执行的处理程序段，是循环程序的核心部分。

(3) 循环控制部分用来控制循环继续与否。

(4) 结束部分是对循环程序全部执行结束后的结果进行分析、处理和保存。

程序设计中常见的典型循环结构如图7.6和图7.7所示，前者为先处理后判断的结构，后者为先判断后处理的结构。根据循环程序也可分为单重循环和多重循环。程序设计时，

若循环次数已知,可用循环次数计数器控制循环;若循环次数是未知的,则需按条件控制循环。

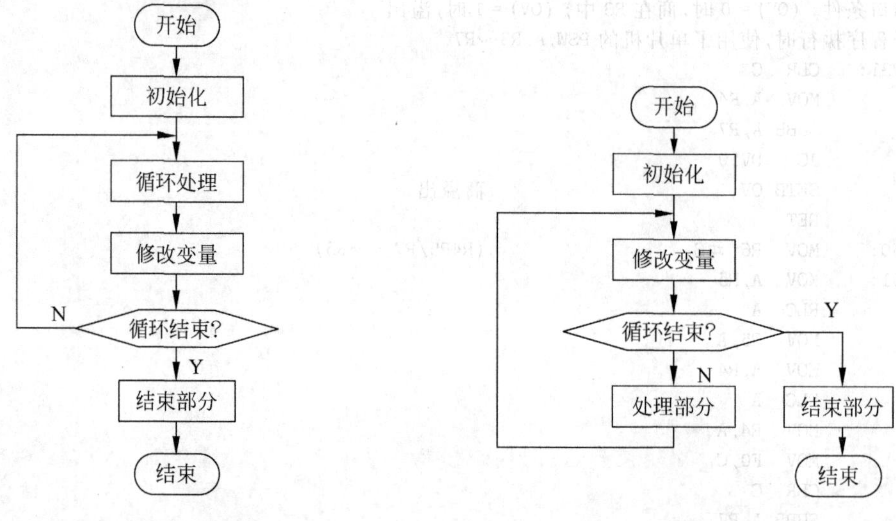

图 7.6　循环结构组成　　　　图 7.7　典型循环结构

2. 循环程序设计举例

例 7.7　设单片机系统采集的 8 个字节数据存储在内部 RAM 的 30H 开始的单元中,求它们的均值。

计算一组数据平均值的公式为:$\bar{x}=\sum_{i=1}^{N} x_i/N$,其中,$x_i$ 为第 i 个数据,N 为数据的个数。因此,要计算出平均值需要进行两种运算:求数据的总和及数据总和除以数据个数。

(1) 求数据的总和

设 S 为数据的总和,求多个数据总和的算法如下:

$$S=0 \qquad i=0$$

$$S=S+x_i \qquad i=1,2,\cdots,N$$

该算法的程序流程框图见图 7.8。设总和 S 存放在寄存器 R5 和 R6 中,R5 存高 8 位,则求总和子程序为:

```
SIGMA:   MOV  R1,#30H          ;数据区首地址
         MOV  R5,#00H          ;存放总和的单元清零
         MOV  R6,#00H          ;
         MOV  R4,#08H          ;数据个数
SIGMA1:  MOV  A,@R1            ;取数据
         ADD  A,R6             ;求和
         MOV  R6,A
         CLR  A
         ADDC A,R5
         MOV  R5,A
         INC  R1               ;
         DJNZ R4,SIGMA1        ;
         RET
```

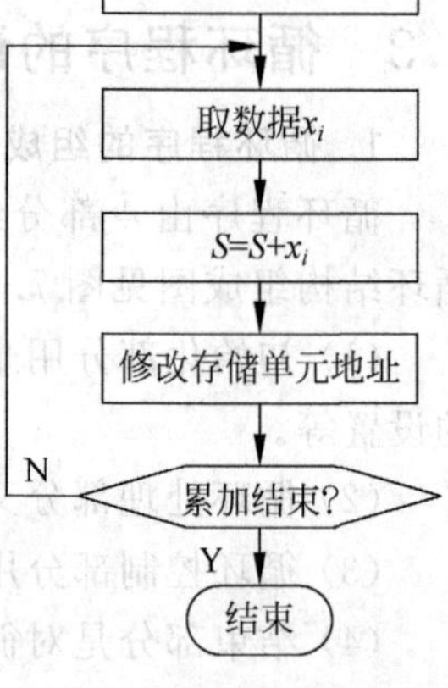

图 7.8　多个数据求总和的流程图

(2) 求均值

在汇编语言设计时，除数为2^n时，除法可以采用移位的方法实现，这样做效率更高。在第3章的3.2.4节曾介绍了双字节数移位除以2的算法，那么，$S/8=((S/2)/2)/2$，即通过调用3次右移除以2过程即可。采用移位方法求均值的程序如下：

```
MEAN:   MOV  R4,＃03H
DIV2:   MOV  A, R5          ;R5和R6中存放总和,R5存放高8位
        CLR  C
        RRC  A
        MOV  R5, A          ;商的高8位
        MOV  A, R6          ;低8位
        RRC  A
        MOV  R6, A          ;商的低8位
        DJNZ R4,DIV2
        RET
```

子程序返回时，均值存储在R6中。

(3) 8个单字节数据求均值的主程序为：

```
ACALL SIGMA
ACALL MEAN
RET
```

例7.8　一个字符串从内部RAM的40H单元开始存放，以回车符(ASCII码为0DH)为结束标志，编写程序测试字符串长度。

这是一个循环次数未知的循环程序设计例题。为了测试字符串的长度，字符串中的每个字符依次与回车符(0DH)比较，如果比较不相等，则字符串长度计数器加1，继续测试；否则，该字符为回车符，则检测结束，长度计数器的值就是字符串的长度。程序流程图如图7.9所示。设R7为字符串长度计数器，程序如下：

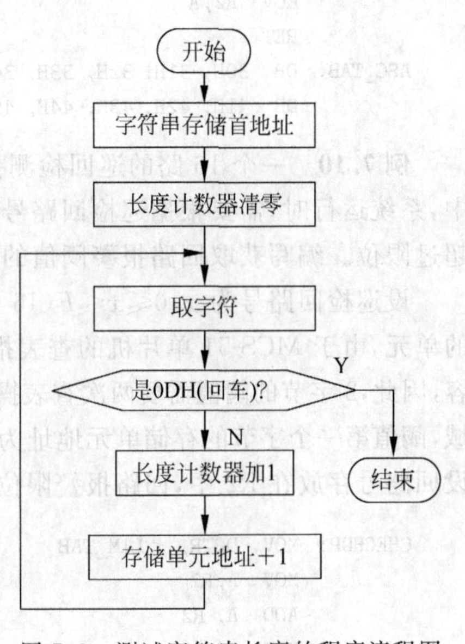

图7.9　测试字符串长度的程序流程图

```
        MOV  R7,＃00H        ;设置长度计数器初值
        MOV  R0,＃40H;
LOOP:   MOV  A,@R0
        CJNE A, ＃0DH, NON
        RET                  ;如果是回车符,则字符串结束
NON:    INC  R7              ;长度计数器加1
        INC  R0              ;修改存储单元地址
        SJMP LOOP
```

7.4　查表程序的设计

查表程序是单片机应用系统中常用的一种程序，例如，显示输出时，利用它提取字型编码，数值运算时，利用它可以避免进行复杂的数值运算，实现插补、修正、计算、转换等功能。

查表程序简单、执行速度快。查表就是根据自变量 x 在表中找出 y。在计算机中，把一组数据按照某种关系连续地存放在程序存储器中就形成了常数表，通过查表指令提取常数，设计的主要问题是建立自变量 x 与存储数据 y 的单元地址之间的关系，x 通常是 y 在表中的存储顺序。

例 7.9 设字符 0～9、A～F 的 ASCII 码存储在程序存储器中，编写子程序由 $x(0\leqslant x\leqslant F)$ 查找其对应的 ASCII 码。

ASCII 码为 7 位二进制编码，一个单元也可存储一个字符的 ASCII 码。如果 ASCII 码表存放在以 ASC_TAB 单元开始的区域，则存储 ASCII 码的单元地址与 x 的关系为：ASC_TAB$+x$。设 x 存储在寄存器 R2 中，从子程序返回时 ASCII 码存储在 R2 中，子程序如下：

```
CHECHUP: MOV   DPTR, #ASC_TAB             ;设置表的首地址
         MOV   A,R2                       ;取 x
         MOVC  A,@A + DPTR                ;查表取 ASCII 码
         MOV   R2,A                       ;存储查到的 ASCII 码
         RET
ASC_TAB: DB   30H, 31H, 32H, 33H, 34H, 35H, 36H, 37H, 38H, 39H
         DB   41H, 42H, 43H, 44H, 45H, 46H
```

例 7.10 一个 16 路的巡回检测报警系统，把每路的报警阈值(2 字节)存放在一个表格中，系统运行时，需要根据巡检回路号取出报警阈值，与采样值进行比较，以判断采样值是否超过限位。编写获取回路报警阈值的查表程序。

设巡检回路号为 x，$0\leqslant x\leqslant F$(16 个回路)，每个回路的报警限位阈值被存储在两个相邻的单元，由于 MCS-51 单片机的查表指令每次操作只能从程序存储器中取出一个单元的内容，因此，2 字节的阈值需要两次查表操作才能得到。设报警阈值存储在 LIM_TAB 开始的区域，阈值第一个字节的存储单元地址为：LIM_TAB$+2x$，第二个字节为：LIM_TAB$+2x+1$。设回路号存放在 R2 中，回路报警限位值存入 R3 和 R4，子程序如下：

```
CHECHUP: MOV   DPTR, #LIM_TAB            ;阈值表的首地址
         MOV   A,R2                      ;取 x
         ADD   A, R2                     ;计算 2x
         MOV   R2, A                     ;2x 暂存于 R2 中
         MOVC  A, @A + DPTR              ;取阈值的第一个字节
         MOV   R3, A                     ;阈值第一个字节存于 R3 中
         INC   R2                        ;2x + 1
         MOV   A,R2
         MOVC  A,@A + DPTR               ;取阈值的第二个字节
         MOV   R4,A                      ;阈值的第二个字节存于 R4
         RET
LIM_TAB: DW    3233, 26, 1020, 2435, 423, 267, 200, 435
         DW    130, 86, 11345, 2400, 4230, 32267, 220, 352
```

例 7.11 在一个压力测量仪表中，传感器输出电压由 10 位 A/D 转换器转换为二进制数送入单片机，仪表显示器以 4 位十进制数形式显示压力值。通过实验得到了 A/D 转换值与压力的对应关系，并把它存储在单片机中。设计由 A/D 转换值获取十进制数压力值的程序。

由于 A/D 转换值 x 与压力值的对应关系已知，建立的常数表包含了 $2^{10}=1024$ 个压力

值,若以压缩BCD码形式存储,4位十进制数压力值需两个单元存储。若表从PRS_TAB单元开始存储,高两位存储在单元PRS_TAB$+2x$中,低2位存储在单元PRS_TAB$+2x+1$中。设将A/D转换值x存到R2和R3,压力值放在R4和R5中,子程序程序如下:

```
CONVT:    MOV  DPTR, #PRS_TAB        ;表的首地址
          MOV  A,R3
          ADD  A,R3
          MOV  R3,A
          MOV  A,R2
          ADDC A,R2
          MOV  R2,A                  ;计算 2x,并暂存于 R2 和 R3 中
          MOV  A,DPL
          ADD  A,R3
          MOV  DPL,A
          MOV  A,R2
          ADDC A,DPH
          MOV  DPH,A                 ;计算 PRS_TAB + 2x,结果存于 DPTR
          CLR  A
          MOVC A,@A + DPTR           ;取高 2 位
          MOV  R4,A                  ;存高 2 位
          INC  DPTR                  ;计算 PRS_TAB + 2x + 1,结果存于 DPTR
          CLR  A
          MOVC A,@A + DPTR
          MOV  R5,A                  ;存低 2 位
          RET
PRS_TAB:  DW   0304H, 0420H, 0523H, …
```

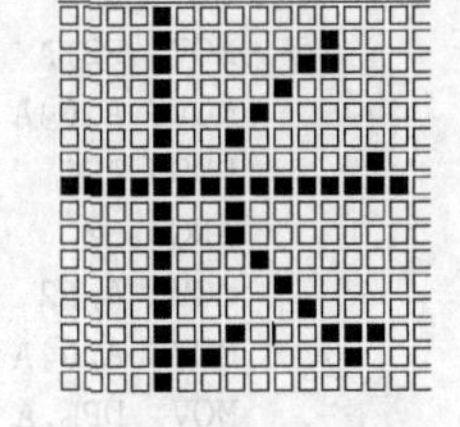

图7.10 16×16点阵字模

例7.12 点阵图形液晶显示器是单片机系统常用的输出设备。当显示字符较少时,常把需要显示字符的字模编码提取出来,在程序存储器中建立一个小型的字库。某一系统采用16×16点阵字模,如图7.10所示,编写程序实现提取点阵字模的子程序。

一个汉字的16×16点阵字模存储时需要32个存储单元,每一位对应一个像素,需要显示的像素为1,否则为0。如果按列自左向右编码,图7.10中的“长”的编码为:

```
01h,00h,01h,00h,01h,00h,01h,00h,0FFh,0FFh,01h,02h,01h,02h,05h,0C4h,09h,20h,11h,10h,21h,
08h,61h,04h,01h,06h,03h,04h,01h,00h,00h,00h
```

那么,MCS-51单片机提取一个汉字的点阵字模需要进行32次的查表操作。设x为汉字在字库中的序号,字库从CH_FONT单元开始存放,则序号为x的汉字点阵字模起始存储单元地址为CH_FONT$+32x$,把提取的点阵字模存储在内部RAM以BUFF单元开始的区域中,提取汉字点阵字模的子程序如下:

```
G_FONT:   MOV  DPTR, #CH_FONT
          MOV  A,R2
          MOV  B,#32
          MUL  AB                    ;计算 32x
          ADD  A,DPL
          MOV  DPL,A
```

```
          MOV  A,B
          ADDC A,DPH
          MOV  DPH,A                  ;计算 CH_FONT + 32x,结果存于 DPTR
          MOV  R3,#32
          MOV  R0,#BUFF               ;指定存储点阵字模的存储区首地址
GETF:     CLR  A
          MOVC A,@A + DPTR            ;提取点阵字模
          MOV  @R0,A                  ;存点阵字模
          INC  R0
          INC  DPTR
          DJNZ R3,GETF                ;提取结束否?
          RET
CH_FONT:  DB 01H, 00H, 01H, 00H, 01H, 00H, 01H, 00H, 0FFH, 0FFH, 01H, 02H, 01H
          DB 05H, 02H, 0C4H, 09H, 20H, 11H, 10H, 21H, 08H, 61H, 04H, 01H, 06H,03H DB 04H, 01H,
          00H, 00H, 00H               ;长,序号 0
          DB 09H, 00H, 31H, 00H, 21H, 01H, 21H, 21H, 21H, 62H, 21H, 92H, 0AFH, 14H DB 61H, 08H,
          21H, 08H, 21H, 14H, 21H, 0E2H, 21H, 03H, 21H, 00H, 2BH, 00H DB 31H, 00H,00H, 00H
                                      ;安,序号 1
```

例 7.13 根据键值,使程序调转到相应的程序入口。假设键值为 0 时,执行程序 PROG0,入口地址为 0400H;键值为 1 时,执行程序 PROG1,入口地址为 04E0H;键值为 2 时,执行程序 PROG2,入口地址为 0600H;键值为 3 时,执行程序 PROG3,入口地址为 07D0H。

把查表指令和散转指令结合可以方便地实现程序散转。首先把入口地址建成表,通过键值使程序转移到指定程序,设键值在累加器 A 中,程序如下:

```
          MOV  DPTR,#ETR_TAB          ;程序入口地址表首地址
          RL   A                      ;键码值乘以 2
          MOV  R2,A                   ;2x 暂存 R2
          MOVC A,@A + DPTR            ;取入口地址高 8 位
          PUSH ACC                    ;高 8 位入口地址入栈
          INC  R2                     ;2x + 1 暂存 R2
          MOV  A,R2                   ;
          MOVC A,@A + DPTR            ;取入口地址低 8 位
          MOV  DPL,A                  ;组装入口地址,低 8 位入口送 DPL
          POP  DPH                    ;高 8 位入口地址送 DPH
          CLR  A                      ;DPTR 中为入口地址
          JMP  @A + DPTR              ;转向键处理子程序
ETR_TAB:  DW   0400H                  ;PROG0, 程序入口地址表
          DW   04E0H                  ;PROG1
          DW   0600H                  ;PROG2
          DW   07D0H                  ;PROG3
```

7.5 检索程序的设计

数据检索的任务是查找关键字,通常有两种方法:顺序检索和对分检索。本节介绍前者,对分检索请参阅相关资料。

例 7.14 设有一单字节无符号数的数据块,存储在内部 RAM 以 30H 单元为首地址的区域中。长度为 50 个字节,试找出其中最小的数,并放在 20H 单元。

程序流程图如图 7.11 所示。首先把第一个数据取出作为最小数,然后依次取出其余的数据与其比较,如果小于指定的最小数,则替换,否则,继续比较。

```
          MOV  R7,#50             ;设置比较次数
          MOV  R0,#30H            ;设置数据块首地址
          MOV  A,@R0              ;
          MOV  20H, A             ;取第一个数作为最小数
LOOP1:    INC  R0                 ;修改存储单元地址
          MOV  A,@R0              ;取数
          CJNE A,20H, LOOP        ;与最小数比较
LOOP:     JNC  LOOP2              ;若取出的数不小于最小数,则继续
          MOV  20H, A             ;取出的数据小于最小数,则替换原来的最小数
LOOP2:    DJNZ R7,LOOP1           ;比较完否?
          RET
```

例 7.15 一个 ASCII 码字符串存放在 20H 单元开始的区域,以'EOF'为结束标志。从其中找字符'A',若找到,把标志位 F0 置 1,否则,把 F0 清零。

程序流程图如图 7.12 所示。对于要检索的字符串,只要发现一个字符'A',则停止检索,把标志位 F0 置 1。若整个字符串没有发现'A',则标志位清零。程序如下:

```
INDEX:    MOV  R1,#20H
          CLR  F0
NEXT:     MOV  A,@R1
          CJNE A,#'EOF',GOON
          RET
GOON:     CJNE A, #'A', NON
          SETB F0
          RET
NON:      INC R1
          SJMP NEXT
```

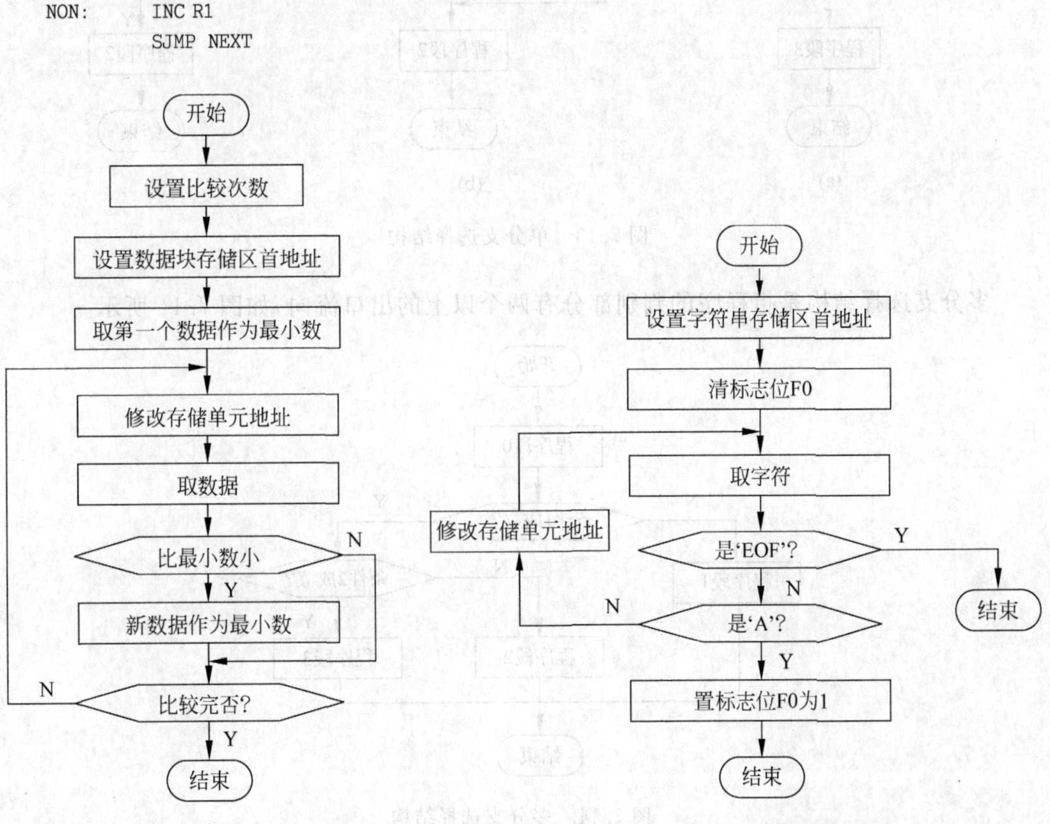

图 7.11 例 7.14 的程序流程图

图 7.12 例 7.15 程序流程图

7.6 分支程序的设计

分支程序主要是根据判断条件的成立与否来确定程序的走向,可组成简单分支结构和多分支结构。

单分支结构一般为两者选一的处理,程序的判断部分仅有两个出口。通常用条件判断指令来确定分支的出口。这类单分支选择结构有三种典型的形式,见图7.13。

(1) 如果条件满足,执行程序段2,否则,执行程序段1,结构如图7.13(a)。

(2) 如果条件满足,则不执行程序段1,仅执行程序段2;否则,先执行程序段1,再执行程序段2,结构如图7.13(b)。

(3) 当条件不满足时,重复执行程序段1,只有当条件满足时,才停止执行程序段2,结构如图7.13(c)。

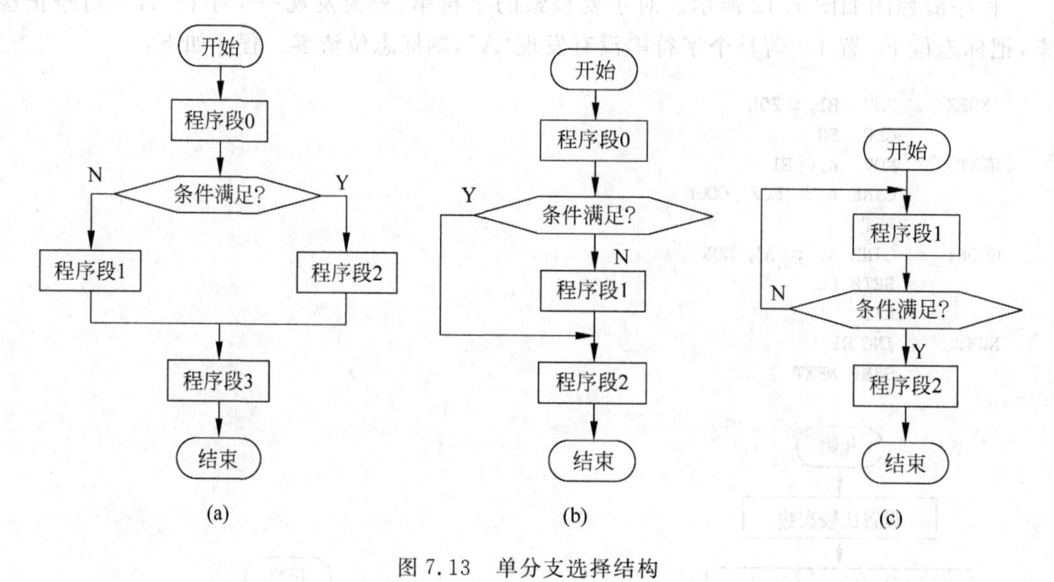

图7.13 单分支选择结构

多分支选择结构是指程序的判别部分有两个以上的出口流向,如图7.14所示。

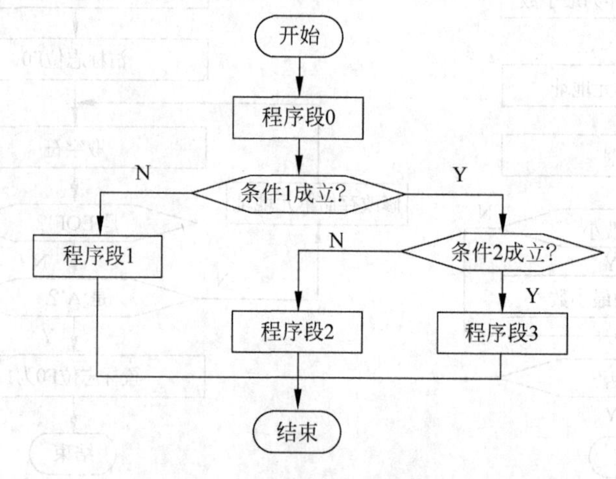

图7.14 多分支选择结构

例 7.16 x 和 y 为两个带符号单字节数据，以原码方式存放，编写程序求它们的乘积。

MCS-51 单片机的乘法指令支持两个 8 位无符号二进制数相乘，两个带符号二进制数相乘的方法程序流程图如图 7.15 所示，若符号相同，乘积符号为正，数值为两个数绝对值之积；若符号相异，乘积符号为负，数值为两个数绝对值之积。

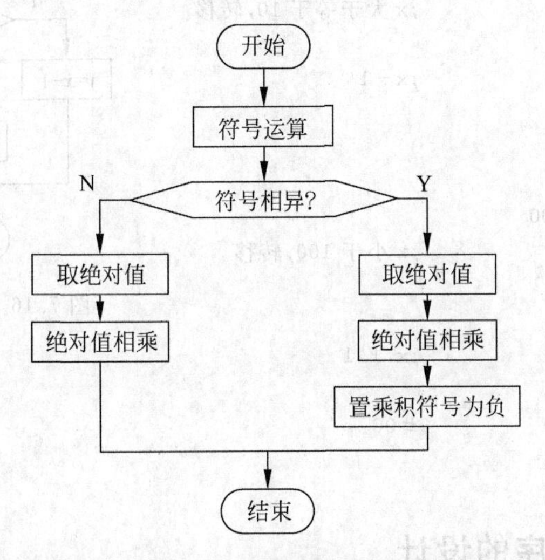

图 7.15　带符号二进制乘法的程序流程图

设 x 和 y 分别存放在 40H 和 41H 单元，乘积存放的 R4、R3 中，程序如下：

```
        MOV   A,40H               ;取 x
        XRL   A,41H               ;符号运算
        JB    ACC.7,DIFF          ;符号相异,转移
        MOV   A,40H
        ANL   A,#01111111B        ;x 取绝对值
        MOV   B,41H
        ANL   B,#01111111B        ;y 取绝对值
        MUL   AB
        MOV   R3,A
        MOV   R4,B                ;存乘积
        RET
DIFF:   MOV   A,40H               ;
        ANL   A,#01111111B        ;x 取绝对值
        MOV   B,41H               ;
        ANL   B,#01111111B        ;y 取绝对值
        MUL   AB
        MOV   R3,A                ;存乘积的低 8 位
        ORL   B,#10000000B        ;符号相异,乘积符号为负,置符号位为 1
        MOV   R4,B                ;存乘积的高 8 位
        RET
```

例 7.17 设变量 x 存放在内部 RAM 的 30H 单元中，求解下列函数式，并将 y 存入 40H 单元。

$$y=\begin{cases}x-1 & x<10\\0 & 10\leqslant x<100\\x+1 & x\geqslant 100\end{cases}$$

程序流程图如图7.16所示。程序如下：

```
        MOV  A,30H          ;取 x
        CLR C
        SUBB A,#10
        JNC  GT10           ;x 大于等于 10,转移
        MOV  A,30H
        DEC  A              ;x-1
        MOV  40H,A
        RET
GT10:   MOV  A,30H
        SUBB A,#100
        JC   LS100          ;x 小于 100,转移
        MOV  A,30H
        INC  A
        MOV  40H,A          ;x + 1
        RET
LS100:  MOV  40H,           #00
        RET
```

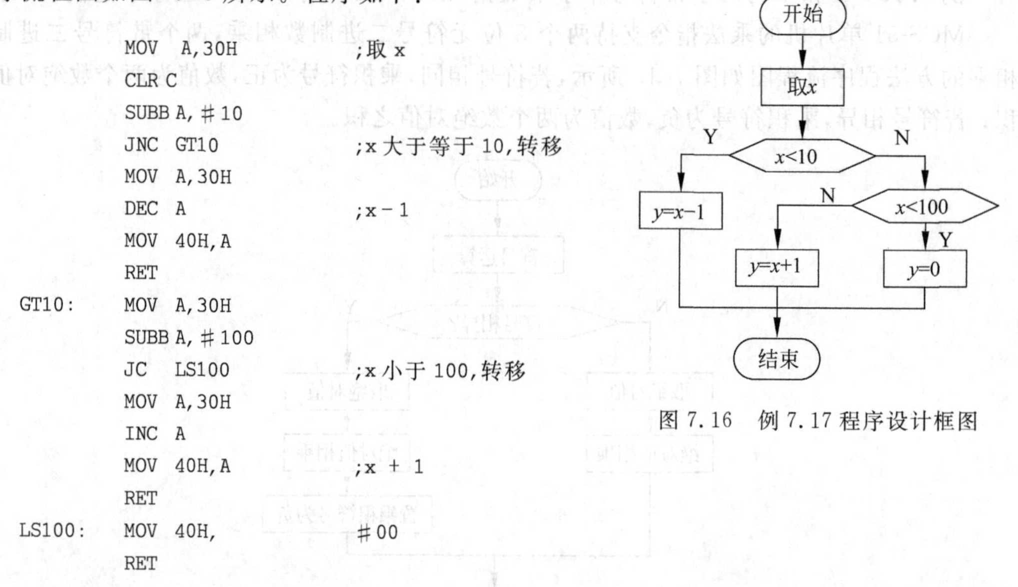

图7.16　例7.17程序设计框图

7.7　码制转换程序的设计

码制转换程序是单片机应用系统常用程序，如：CPU计算、存储是采用二进制形式，而人机界面常采用十进制，需要码制转换；设备之间交换信息有时采用ASCII码，CPU处理时也需要转换。本节主要介绍常用的不同进制数之间的转换程序设计方法。

1. 二进制数与十进制数(BCD码)之间的转换程序设计

例7.18　设4位十进制数(BCD码)存储在R2和R3中，R2存放千位和百位，R3存储十位和个位，把该数转换为二进制数。

设4位十进制数为$x=d_3d_2d_1d_0$，它可以表示为：

$$x=d_3\times10^3+d_2\times10^2+d_1\times10^1+d_0\times10^0$$
$$=(((d_3\times10+d_2)\times10)+d_1)\times10+d_0 \tag{7.1}$$

也可以表示为：

$$x=(d_3\times10+d_2)\times10^2+(d_1\times10^1+d_0) \tag{7.2}$$

式(7.1)和式(7.2)是两种转换算法。显然，式(7.2)的算法比较简单。$x=d_3d_2d_1d_0$以BCD码形式存储时，d_3d_2存放在一个单元，而d_1d_0存放在一个单元。设计程序时，只要设计2位BCD码转换的子程序，在高两位d_3d_2转换完乘以100之后，再加上低两位d_1d_0的转换结果即可得到转换结果。2位BCD码转换为二进制数的子程序如下：

```
        ;入口条件：待转换的 2 位十进制(BCD)码整数在累加器 A 中
        ;出口条件：转换后的单字节十六进制整数仍在累加器 A 中
        ;影响寄存器：PSW、A、B、R4；堆栈需求：2 字节
BCDH:   MOV  B, #10H        ;分离十位数和个位数
        DIV  AB
        MOV  R4, B          ;商为十位数,余数为个位数,暂存个位于 R4
        MOV  B, #10         ;将十位数转换成二进制数
        MUL  AB             ;d1 × 10 + d0
```

```
        ADD  A, R4          ;转换结果在 A 中
        RET
```

下面为 4 位十进制数转换为二进制数子程序，转换结果仍然存储在 R2 和 R3 中：

```
BCD2BN: MOV  A, R3          ;将个位十位转换成十六进制
        LCALL BCDH          ;调用子程序 d1 × 10 + d0
        MOV  R3, A          ;存个位十位的二进制数转换结果
        MOV  A, R2          ;将千位和百位转换成二进制
        LCALL BCDH          ;d3 × 10 + d2
        MOV  B, #100        ;(d3 × 10 + d2) × 100
        MUL  AB
        ADD  A, R3          ;x = (d3 × 10 + d2) × 10^2 + (d1 × 10^1 + d0)
        MOV  R3, A
        CLR  A
        ADDC A, B
        MOV  R2, A
        RET
```

例 7.19 设 16 位二进制数存储在 R6 和 R7 中，R6 中存放高 8 位，把该数转换为 BCD 码形式，并把结果存储在 R3，R4 和 R5 中。

16 位二进制数可以转换为 5 位 BCD 码，因此需要 3 个单元存放。二进制数转换为十进制数的方法为按权展开，设 16 位二进制数 $x = d_{15}d_{14}\cdots d_1 d_0$，则对应的十进制数为：

$$\begin{aligned} x_{10} &= d_{15} \times 2^{15} + d_{14} \times 2^{14} + \cdots + d_1 \times 2^1 + d_0 \times 2^0 \\ &= (\cdots + (d_{15} \times 2 + d_{14}) \times 2 + d_{13}) \times 2 + \cdots + d_1) \times 2 + d_0 \end{aligned} \tag{7.3}$$

式(7.3)为二进制数转换为十进制数的算法。转换时，乘以 2 可以采用左移方法实现，从最高位 d_{15} 开始，逐位加到 BCD 码存储单元的最低位，并进行十进制加法调整，然后左移，当最低位 d_0 加入后，转换完成。程序流程图如图 7.17 所示。程序如下：

开始
存储BCD码转换结果x_{10}的单元清0
待转换二进制数位数
二进制数左移1位，数据d_i进Cy
x_{10}=x_{10}+2d_i
十进制加法调整
所有位加完否?
N
Y
结束

图 7.17 程序流程图

```
HB2:    CLR  A              ;存放转换结果的单元清零
        MOV  R3,A           ;x10 存储在(R3)(R4)(R5)
        MOV  R4,A
        MOV  R5,A           ;x10 = 0
        MOV  R2,#10H        ;转换 16 位二进制数
HB3:    MOV  A,R7           ;把高位移入 Cy 中
        RLC  A
        MOV  R7,A
        MOV  A,R6
        RLC  A
        MOV  R6,A           ;高位已移入 Cy 中
        MOV  A,R5           ;x10 × 2 + d16-i ⇒ x10，第 1 次：0 × 2 + d15 ⇒ x10
        ADDC A,R5
        DA   A              ;十进制调整
        MOV  R5,A
```

```
        MOV  A,R4
        ADDC A,R4
        DA   A
        MOV  R4,A
        MOV  A,R3
        ADDC A,R3
        MOV  R3,A            ;双字节十六进制数的万位数不超过6,不调整
        DJNZ R2,HB3 ;
        RET
```

2. ASCII 代码与十六进制数之间的转换程序设计

例 7.20 把两个 ASCII 码表示的十六进制数转换成一个字节的十六进制数。

在 ASCII 码表中,数符'0'～'9'的 ASCII 码是 30H～39H,与其代表的十六进制数值相差 30H;数符'A'～'F'的 ASCII 码为 41H～46H,与其代表的十六进制数值相差 37H。因此,1 位十六进制数的 ASCII 码转换为十六进制数时,当 ASCII 码减去 30H 的差小于 0AH 时,其差值就是转换结果,否则,差值还应再减去 07H 才能得到转换结果。设 1 位十六进制数的 ASCII 码存储在 R1 中,其转换结果也存在 R1 中,子程序如下:

```
ASC2HEX: MOV  A,R1           ;取操作数
         CLR  C              ;清进位标志位 C
         SUBB A,#30H         ;ASCII 码减去 30H
         MOV  R1,A           ;暂存结果
         SUBB A,#0AH         ;结果是否>9?
         JC   DONE           ;若差≤9,则转换结束
         XCH  A,R1
         SUBB A,#07H         ;若>9,再减 37H
         MOV  R1,A
DONE:    RET
```

通过两次调用子程序 ASC2HEX,然后把转换结果组装成一个字节的十六进制数,即可实现题目要求。设两个 ASCII 码分别存储在 R5 和 R6 中,转换结果存储在 R4 中,程序如下:

```
ASCNT:   MOV   A,R5          ;取第一个十六进制数的 ASCII,高位
         MOV   R1,A
         LCALL ASC2HEX
         MOV   A,R1          ;第一个十六进制数的 ASCII 码的转换结果
         SWAP  A
         MOV   R4,A          ;作为 2 位十六进制数的高位
         MOV   A,R6          ;取第二个十六进制数的 ASCII,低位
         MOV   R1,A
         LCALL ASC2HEX
         MOV   A,R1          ;第二个十六进制数的 ASCII 码的转换结果
         ORL   A,R4          ;组装 2 位十六进制数
         MOV   R4,A
         RET
```

十六进制数转换为 ASCII 码的方法比较简单:数符'0'～'9'加上 30H,数符'A'～'F'加上 37H。读者可以根据以上思路编写程序。

3. ASCII代码与十进制数(BCD码)之间的转换程序设计

十进制数符'0'～'9'对应的 ASCII 码是 30H～39H,因此,'0'～'9'的 BCD 码加上 30H(或者与 30H 相或)就是它所对应的 ASCII 码,反之,数符'0'～'9'的 ASCII 码减去 30H(或者与 00001111B 相与)就是它的 BCD 码。

7.8　本章小结

程序设计是为了解决某一个问题,把指令按照一定的意图有序地组合在一起。程序设计的过程包括以下步骤:

(1) 分析题目或课题的要求,正确理解要解决什么问题、如何解决问题、有哪些可利用的软硬件资源、对计算精度的要求等。

(2) 确定解决问题的方案,画出解决问题的流程图——程序流程框图。

(3) 根据解决方案,确定变量及其数据存储格式,给各个变量分配存储空间。

(4) 根据程序流程图,选用合适的指令编写程序,完成源程序的设计。

(5) 最后,调试并完成设计要求的功能。

伪指令是汇编语言中起解释说明的命令,它不是单片机的指令。汇编时,不会产生目标代码,不影响程序的执行。常用的伪指令有以下几种:

(1) 设置程序块的起始地址: ORG

(2) 赋值: EQU

(3) 定义字节数据: DB

(4) 定义双字节数据: DW

(5) 位地址赋值: BIT

(6) 源程序汇编结束: END

在应用程序中,常见的程序包括算术逻辑运算、循环、查表、分支、检索、数制转换等。

7.9　复习思考题

1. 已知 a、b 为 8 位无符号二进制数,分别存在 data 和 data+1 单元,编写程序计算 5a+b。

2. 已知 16 位二进制数以补码形式存放在 data 和 data+1 单元,求其绝对值并将结果存储在原单元。(提示:求出原码后,再求绝对值)

3. 假设 0～40 的平方值以表的形式存储程序存储器中,采用查表方法编写一个实现获取 $x(0\leqslant x\leqslant 40)$平方值的子程序。

4. 根据 R6 的内容使程序转向相应的操作子程序。操作子程序的入口地址分别为 OPRD0,OPRD1,…,OPRDn。

5. 在单片机内部 RAM 中从 20H 单元开始存储 50 个数据,请编写一个程序统计其中正数的个数,并将统计结果存放于 70H 单元。

6. 从内部 RAM 的 20H 单元开始存一批带符号的 8 位二进制数据,数据长度存放在 1FH 单元中,请统计其中大于 0、小于 0、等于 0 的个数,并把统计结果分别存放在 ONE, TWO,THREE 单元。

7. 从内部 RAM 的 20H 单元开始存放 30 个带符号的 8 位二进制数据，编写一个程序，分别把正数和负数存放在 51H 和 71H 开始的区域，并统计正数和负数的个数，分别存放在 50H 和 70H 单元。

8. 设内 RAM 的 30H 和 31H 单元存放两个带符号数(原码格式)，求出其中的较大数并将它存放在 32H 单元中。

9. 搜索一串 ASCII 码字符串中的最后一个非空格字符，该字符串从外部 RAM 的 8000H 单元开始存放，以回车符(ASCII 码为 ODH)结束。编程实现搜索，并将搜索到的最后一个非空格字符的单元地址存放在 40H 和 41H 单元。

10. 5 个双字节无符号数求和，数据存放在外部 RAM 的 5000H 单元开始的区域，把结果存放在以 SUM 开始的内部 RAM 单元中。

11. 比较两个 ASCII 码字符串是否相等，字符串的长度存放在内部 RAM 的 40H 单元，两个字符串的首地址分别为 42H 和 52H，当两个字符串相等时，置 40H 单元为 0FFH，否则，40H 单元清零。

12. 把外部 RAM 中 BLOCK1 为首地址的数据块传送到内部 RAM 的以 BLOCK2 为首地址开始的区域，数据长度为 length。

13. 把长度为 LENGTH 的字符串从内部 RAM 的 BLOCK1 单元开始传送到外部 RAM 的以 BLOCK2 单元开始的区域，在传送过程中如果碰到回车符 CR 时，传送即刻结束。

14. 某一应用系统数据缓冲区开辟在外部 RAM 中，用于存储单字节数据，缓冲区从 BUFFER 单元开始，长度为 100 个单元，为了某种统计需要，要求缓冲区的非负数存储单元地址为 BLOCK1 开始的区域，其余的数存储在单元地址为 BLOCK2 开始的区域，这两个缓冲区也设置在外部 RAM 中。

15. 编写一个程序，把外部 RAM 中从 BLOCK1 单元开始存储的 20 个数据与内部 RAM 的以 BLOCK2 为开始存储的数据依次交换。

16. 单片机应用系统开机自检时，为了检测扩展的外部 RAM 是否完好，通常逐个向外部 RAM 的存储单元写入数据，然后再读出，如果读出的数据与写入的数据相同，则存储单元状态良好，否则，认为损坏。检测分两步进行，第一步写入的检测数据为 0AAH，如果所有单元测试正确，进行第二步，第二步写入的检测数据为 55H，如果所有单元测试正确，则外部 RAM 状态良好。在测试过程中，如果发现读出数据与写入数据不同，则记录该单元地址，并报警。编写一个自检 256 个外部 RAM 单元的程序。

17. 在单片机应用系统中，为了数据规格化，需要把二进制数据高位的 0 去掉，使最高位为 1。设计程序实现一个 16 位二进制数的规格化，并记录所去掉的 0 的个数。

18. 已知无符号数二进制数 x 存放于 20H 单元，y 存放于 21H 单元，编写程序实现下列表达式：

$$y=\begin{cases} x/2 & x<5 \\ 5x-7 & 5\leqslant x<15 \\ 30 & x\geqslant 15 \end{cases}$$

19. 已知逻辑表达式 $Q=(\overline{W+V})+\overline{\overline{U}(\overline{DE})+X}$,其中,Q 为 P1.5,X 为 P1.0,U 为 P1.1,V 为 P1.2,W 为 22H.0,D 为 22H.5,E 为定时计数器 T0 的溢出标志 TF0,请编写程序实现上述逻辑功能。

20. 有一个工程应用问题,需要在程序运行的 1,3,5,6 次时调用 SUB1,而在 2,4,7,8 时调用 SUB2。(提示:采用移位方式,判断进位位的状态)

21. 在 20H,21H 和 22H 单元存储了一个 6 位十进制数,把该数转换成 ASCII 码并存放到 30H 单元开始的区域。

22. 编写程序把 6 位十进制数转换为二进制数。

第8章

单片机存储器的扩展

虽然MCS-51系列单片机芯片配置了片内数据存储器和程序存储器，但对于某些程序规模和数据采集量较大的应用，片内的存储器配置不能满足要求，就需要扩展存储器。必须注意的是，随着微电子技术和存储器工艺技术的发展，目前，已不使用8031单片机，含有程序存储器的单片机已成为应用的主流产品。另外，单片机芯片上的程序存储器的容量也不限于4KB，在芯片管脚和8051完全兼容的情况下，出现了多种不同的容量供用户选择，因此，程序存储器的扩展在实际应用中也不被经常采用。采用含有程序存储器的单片机，减少了系统的元件数量，降低了硬件成本，更重要的是，有效地提高了系统的可靠性，只要配置必要的时钟和复位电路，就可构成一个单片机的最小系统。另外，近年来，具有串行接口和串行总线的存储器芯片被广泛应用，这种芯片的封装尺寸小和引脚少，可以简化系统的结构，降低成本，增加了系统扩展的灵活性。但是，串行接口的存储器读写速度较慢。基于串行接口和串行总线的芯片扩展将在第10章做进一步介绍。

本章仍然把程序存储器的扩展方法作为重要内容，其目的是帮助读者更好地了解地址分配的原理。主要介绍单片机总线的构造方法、单片机的程序存储器、数据存储器扩展方法和存储器单元的地址编排原理。

8.1 单片机系统的三总线的构造

在2.4节曾提到，当MCS-51单片机需要扩展外部ROM或外部RAM时，P0口可以提供低8位地址总线和数据总线，P2口提供高8位地址总线，这种情况下，P0和P2就不能再作为I/O口使用了。由于P0口的分时复用，MCS-51单片机的地址和数据总线不是分立的。在时序上，P0口在ALE为高电平有效期间输出低8位地址A7～A0，同时，P2口上输出高8位地址A15～A8。在ALE为低电平有效时，CPU对A15～A0状态指定的单元进行操作，此时，P0口作为数据总线。因此，需要在单片机的片外增加一片地址锁存器，以ALE作为锁存控制信号，当ALE为高电平时，P0口输出地址信息，在ALE出现下跳沿时，把P0口的地址信息锁存。ALE为低电平期间P0用作数据总线口。MCS-51单片机三总线构造原理图如图8.1所示。

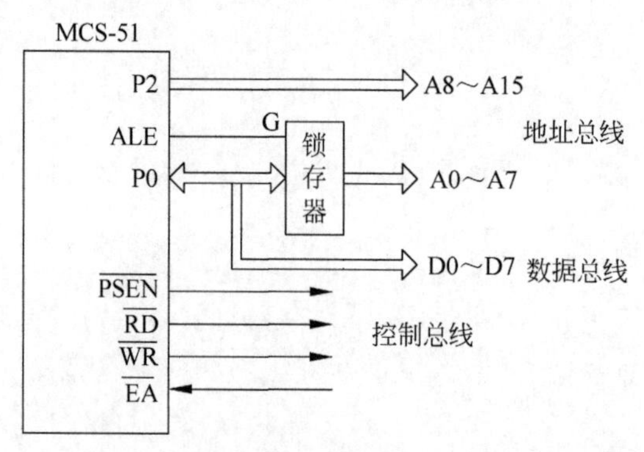

图8.1 MCS-51单片机三总线构造原理图

通常用作地址锁存器的芯片有 74LS373、74LS273 等。图 8.2 给出了 74LS373 的引脚图，表 8.1 为它的真值表，其中 $\overline{E}$ 为输出控制端，G 为使能端，D0～D7 为输入，Q0～Q7 为输出。74LS373 是三态输出的 8 位锁存器，当 $\overline{E}=1$ 时，输出全为高阻态；当 $\overline{E}=0$ 时，G 出现高电平，输出 Q_i 随输入 D_i 变化，$i=0\sim7$；G 端电平由高变低时，输出端 8 位信息被锁存。74LS373 作为地址锁存器的接法如图 8.3 所示。

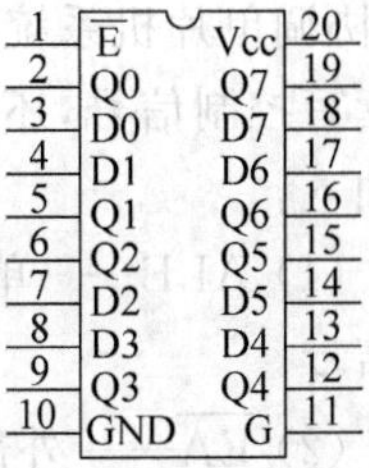

图 8.2　74LS373 的引脚

表 8.1　74LS373 功能表

$\overline{E}$	G	D_i	Q_i
0	1	1	1
0	1	0	0
0	0	×	S_0
1	×	×	高阻

S_0 为建立稳态输入条件之前，锁存器输出的状态

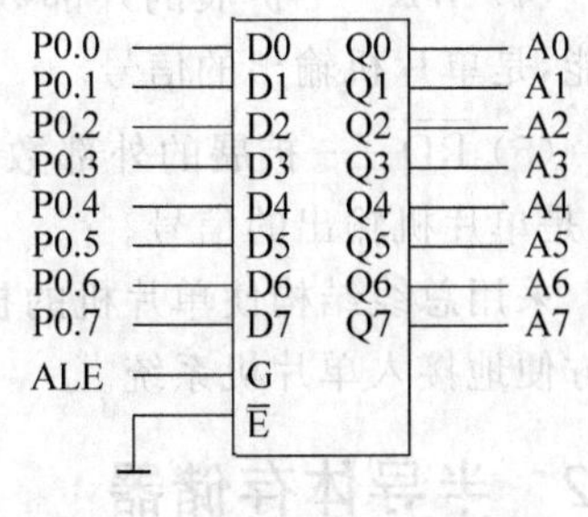

图 8.3　地址锁存器的电路

综上所述，采用地址锁存器使 P0 口分时地提供地址和数据信息，形成了分立的并行总线：地址总线和数据总线，单片机的存储器、并行 I/O 扩展以及其他部件的扩展都是以此为基础进行的。下面介绍 MCS-51 单片机的三总线功能以及与单片机引脚之间的对应关系。

地址总线(Address Bus，AB)传送的是地址信号，用于单片机外部的存储单元以及 I/O 口的选择。地址总线是单向的，由单片机提供，MCS-51 单片机的地址总线为 16 位，由 P2 口输出高 8 位，P0 口提供低 8 位。由 P0 口输出的低 8 位地址需经地址锁存器(74LS373)锁存，这样，P2 口和地址锁存器的 8 位输出构成了 MCS-51 的地址总线 A15～A0，如图 8.4 所示。

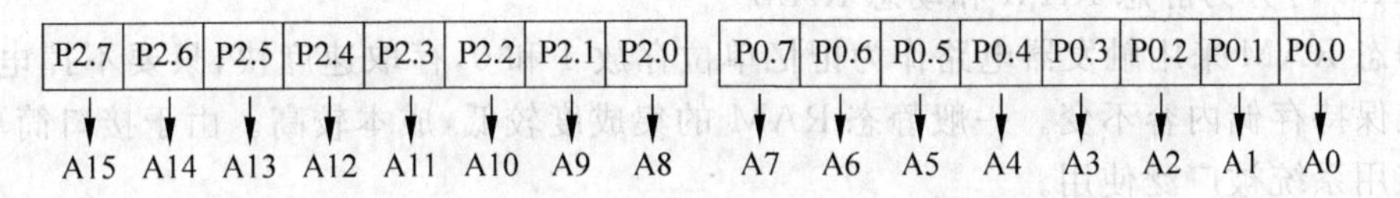

图 8.4　MCS-51 单片机的地址总线与 I/O 引脚的对应关系

地址总线的位数决定着单片机外部的存储单元以及 I/O 口的容量。根据二进制编码原理，如果地址总线为 N 位，那么，可以有 2^N 种不同的编码，也就是说可以提供 2^N 个互不相同的地址，因此，可用的存储单元为 2^N 个。因为 MCS-51 单片机的地址总线为 16 位，它的存储器最大的扩展容量为 2^{16}，即 64KB 个单元。

数据总线(Data Bus，DB)传送的是数据信息，数据总线是双向的。数据总线用于在单片机与存储器之间、单片机与 I/O 口之间的数据传送。单片机的数据总线为 8 位，由 P0 口提供，数位与 P0 口之间的对应关系如图 8.5 所示。其中 D7 为最高位。

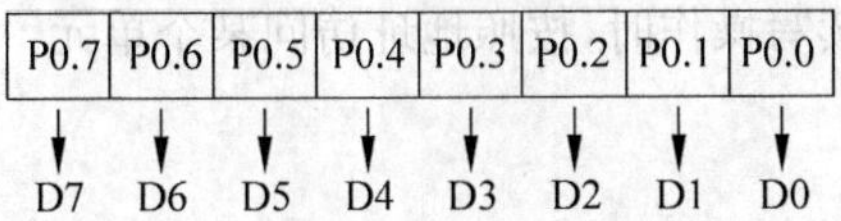

图 8.5　MCS-51 单片机的数据总线与 I/O 引脚的对应关系

控制总线(Control Bus，CB)用来传送控制信

号,协调单片机系统中各个部件的工作。控制总线包含了单片机对扩展的存储器和I/O口的读写控制信号,还包括外部传送给单片机的信号。MCS-51单片机与扩展相关的控制总线如下:

(1) ALE——单片机的地址锁存控制信号,用来实现低8位地址的锁存,是单片机输出的信号。

(2) $\overline{\mathrm{EA}}$——外部程序存储器选择控制信号,是外部输入单片机的信号。

(3) $\overline{\mathrm{PSEN}}$——扩展外部程序存储器读控制信号,是单片机输出的信号。

(4) $\overline{\mathrm{WR}}$——扩展的外部数据存储器和外部I/O口的写控制信号,$\overline{\mathrm{WR}}$是P3.6的第2功能,是单片机输出的信号。

(5) $\overline{\mathrm{RD}}$——扩展的外部数据存储器和外部I/O的读控制信号,$\overline{\mathrm{RD}}$是P3.7的第2功能,是单片机输出的信号。

采用总线结构使单片机的扩展容易实现,需要扩展的元器件只要符合总线的要求,就可以方便地接入单片机系统。

8.2 半导体存储器

存储器是计算机的记忆部件。CPU要执行的程序、要处理的数据及中间结果等都存放在存储器中。存储容量和存取时间是存储器的两项重要指标,它们反映了存储记忆信息的多少与工作速度的快慢。根据读的方式,可分为随机存取存储器(RAM)和只读存储器(ROM)两大类。

8.2.1 随机存取存储器

随机存取存储器(Random Access Memory,RAM)可以多次写入和读出,每次写入后,原来的内容自动消失,被新写入的内容代替;对RAM进行读操作,不会改变RAM存储单元的内容;当电源掉电时,RAM里的内容随即消失。

RAM可分为静态RAM和动态RAM。

静态RAM采用触发器电路作为记忆单位存放1和0,存取速度快,只要不掉电就可以持续地保持存储内容不变。一般静态RAM的集成度较低,成本较高。由于接口简单,在单片机应用系统被广泛使用。

动态RAM采用MOS晶体管栅电容动态地存储电荷,以实现信息的记忆和存储。存储信息的电容有足够大的存储电荷时表示"1",无存储电荷时表示"0"。由于电容上的电荷会因电路泄漏而逐渐消失,即使电源不掉电,经过一段时间,动态RAM中所存储的信息也会丢失。因此,必须以一定的周期对所有存储单元进行刷新。动态RAM工作速度快、集成度高、功耗低,常用于计算机内存等。

RAM是由若干个单元构成的,RAM内容的存取是以字节为单位的,为了区别各个不同的单元,给每个存储单元赋予一个编号,称该编号为这个存储单元的地址。存储单元是存储信息的最基本单位,不同的单元有不同的地址。在进行读写操作时,按照地址访问某个单元。

8.2.2 只读存储器

只读存储器(Read Only Memory,ROM),ROM一般用来存储程序和常数。ROM是采用特殊方式写入的,一旦写入,在使用过程中不能随机地修改,只能从其中读出信息。与

RAM不同，当电源掉电时，ROM仍能保持内容不变。在读取该存储单元内容方面，ROM和RAM相似。只读存储器有掩膜ROM，PROM，EPROM，E^2PROM（也称EEPROM），Flash ROM等。它们的区别在于写入信息和擦除存储信息的方式不同。

掩膜ROM是由生产厂家用半导体掩膜工艺把需要写入的程序或存储的信息固化到芯片中的，用户无法修改和擦除。

PROM(Programmable ROM)，即可编程ROM。允许用户自己把需要写入的程序或信息固化到芯片中。PROM芯片只能写入一次，一旦写入便不能再修改。这种一次性写入的ROM也称为OTP ROM(One Time Programmable ROM)。

EPROM (Erasable PROM)是指紫外线可擦除的ROM。它允许用户自己把需要写入的程序或信息固化到芯片中，虽然在使用过程中无法改变已经写入（固化）的内容，但允许把写入的内容擦除后再次写入。这种芯片封装的顶部中央开有一个圆形窗口，进行擦除操作时，用一定强度的紫外线通过窗口照射芯片一段时间，即可擦除原有信息。通常，已固化程序的EPROM芯片的窗口用不透光的贴片掩盖，以防止固化的信息被意外擦除。

E^2PROM或EEPROM(Electrically Erasable PROM)为电擦除可编程的ROM，允许在使用过程中修改和读取存储单元的内容，芯片在断电情况下可保持存储单元的内容不变。除了写入时间较长之外，它的读写与RAM基本相同，擦除操作比EPROM方便。

Flash ROM也被称为快擦写ROM。Flash ROM是在EPROM和E^2PROM的基础上发展的一种ROM。它读写速度较快，允许使用过程中修改和读取存储单元的内容，芯片可在断电情况下保持存储单元的内容不变，重复写入次数可以达到1万次以上。

8.3 程序存储器扩展

8.3.1 27×× 系列芯片

单片机的程序存储器通常采用只读存储器，使用较多的是EPROM和E^2PROM。本节主要介绍EPROM的扩展方法。

典型EPROM为27××系列芯片，其中27为产品代号，××表示芯片存储位的容量（单位：K）。常用的芯片有：2716(2 K×8位，2 K个单元，每个单元8位)、2732(4 K×8位)、2764(8 K×8位)、27128(16 K×8位)、27256(32 K×8位)和27512(64 K×8位)等。

图8.6为27××各芯片管脚排列图，其中2716和2732管脚排列完全兼容，2764，27128，27256和27512管脚排列完全兼容。

1. 引脚功能

下面以2764为例介绍芯片的引脚功能。这种芯片的引脚按功能可以归纳为：电源线、地址线、数据线、片选线和控制线。

1）电源线

(1) V_{CC}(28脚)：工作电源，+5V；

(2) GND(14脚)：地；

(3) V_{PP}(1脚)：编程电源。当芯片编程时，由该引脚引入编程电压，编程电压有12.5V、25V两种，在芯片编程时，应确认芯片的编程电压。当芯片工作在应用系统中时，V_{PP}接+5V。

27512	27256	27128	2764	2732	2716				2716	2732	2764	27128	27256	27512
A_{15}	V_{PP}	V_{PP}	V_{PP}			1	27512 27256 27128 2764	28			V_{CC}	V_{CC}	V_{CC}	V_{CC}
A_{12}	A_{12}	A_{12}	A_{12}			2		27			$\overline{PGM}$	$\overline{PGM}$	A_{14}	A_{14}
A_7	A_7	A_7	A_7	A_7	A_7	3 1		24 26	V_{CC}	V_{CC}	NC	A_{13}	A_{13}	A_{13}
A_6	A_6	A_6	A_6	A_6	A_6	4 2		23 25	A_8	A_8	A_8	A_8	A_8	A_8
A_5	A_5	A_5	A_5	A_5	A_5	5 3		22 24	A_9	A_9	A_9	A_9	A_9	A_9
A_4	A_4	A_4	A_4	A_4	A_4	6 4		21 23	A_{PP}	A_{11}	A_{11}	A_{11}	A_{11}	A_{11}
A_3	A_3	A_3	A_3	A_3	A_3	7 5		20 22	$\overline{OE}$	$\overline{OE}/V_{PP}$	$\overline{OE}$	$\overline{OE}$	$\overline{OE}$	$\overline{OE}/V_{PP}$
A_2	A_2	A_2	A_2	A_2	A_2	8 6	2732 2716	19 21	A_{10}	A_{10}	A_{10}	A_{10}	A_{10}	A_{10}
A_1	A_1	A_1	A_1	A_1	A_1	9 7		18 20	$\overline{CE}$	$\overline{CE}$	$\overline{CE}$	$\overline{CE}$	$\overline{CE}$	$\overline{CE}$
A_0	A_0	A_0	A_0	A_0	A_0	10 8		17 19	O_7	O_7	O_7	O_7	O_7	O_7
O_0	O_0	O_0	O_0	O_0	O_0	11 9		16 18	O_6	O_6	O_6	O_6	O_6	O_6
O_1	O_1	O_1	O_1	O_1	O_1	12 10		15 17	O_5	O_5	O_5	O_5	O_5	O_5
O_2	O_2	O_2	O_2	O_2	O_2	13 11		13 16	O_4	O_4	O_4	O_4	O_4	O_4
GND	GND	GND	GND	GND	GND	14 12		14 15	O_3	O_3	O_3	O_3	O_3	O_3

图 8.6 27××各芯片管脚及其兼容性能

2) 地址线：2764 的容量为 8K 个单元，它有 13 根地址线，在图 8.6 中标记为 $A_{12} \sim A_0$。

3) 数据线：2764 的数据线有 8 根，在图 8.6 中标记为 $O_7 \sim O_0$。

4) 片选线：$\overline{CE}$：片选信号，低电平有效。

5) 控制线

(1) $\overline{OE}$：输出控制信号，低电平有效。当$\overline{OE}$为低电平时，2764 的输出缓冲器打开，在$\overline{CE}$为低电平时，由 $A_{12} \sim A_0$ 指定单元的内容从 $O_7 \sim O_0$ 输出。

(2) $\overline{PGM}$：芯片编程控制信号。当芯片编程时，用于引入编程脉冲。当芯片工作在应用系统中时，$\overline{PGM}$接+5V。

另外，NC 为未定义引脚，使用时悬空。

2. 工作方式

EPROM 一般有 5 种工作方式，由$\overline{CE}$，$\overline{OE}$，$\overline{PGM}$等信号的状态组合来确定。表 8.2 列出了 27××系列芯片的工作方式，表中“—”代表无此项内容。下面仍然以 2764 为例来说明 EPROM 的工作方式。

1) 读

当$\overline{CE}$=0，2764 被选中，此时，若$\overline{OE}$=0、V_{PP} 接+5V 且$\overline{PGM}$为高电平，由地址线 $A_{12} \sim A_0$ 状态指定单元的内容从 $O_7 \sim O_0$ 输出。

2) 未选中

$\overline{CE}$=1 时，2764 未选中，此时，$O_7 \sim O_0$ 输出为高阻状态，2764 处于低功耗维持状态。

3) 编程

2764 的 V_{PP} 接指定的编程电压(如 25V 或 12.5V)、$\overline{CE}$=0、$\overline{OE}$=1 且$\overline{PGM}$为低电平时，2764 处于编程方式，把程序代码写入芯片。写入存储单元的地址由地址线 $A_{12} \sim A_0$ 确定，写入内容从 $O_7 \sim O_0$ 输入。

4) 编程校验

编程校验是为了检查写入的内容是否正确。VPP 保持编程电压、$\overline{CE}$=0、$\overline{OE}$=0 且

$\overline{PGM}$为高电平时，按读方式把写入的内容读出。

5）编程禁止

V_{PP}保持编程电压，当$\overline{CE}=1$时，2764 处于编程禁止状态，禁止写入程序。

通常，在单片机应用系统中的 EPROM 工作在读和未选中两种方式。而其他三种方式应用在编程器中，编程器是专门用来为各种 EPROM 写入（固化）程序代码的装置。

表 8.2　EPROM 的工作方式

芯片	工作方式	$\overline{CE}$	$\overline{OE}$	V_{PP}	V_{CC}	$\overline{OE}/V_{PP}$	$\overline{PGM}$	$O_7 \sim O_0$
2716	读	L	L	V_{CC}	V_{CC}	—	—	数据输出
	未选中	H	L	V_{CC}	V_{CC}	—	—	高阻
	编程	L	H	V_{PP}	V_{CC}	—	—	数据输入
	编程校验	L	L	V_{PP}	V_{CC}	—	—	数据输出
	编程禁止	L	H	V_{PP}	V_{CC}	—	—	高阻
2732	读	L	—	—	V_{CC}	L	—	数据输出
	未选中	H	—	—	V_{CC}	×	—	高阻
	编程	L	—	—	V_{CC}	V_{PP}	—	数据输入
	编程校验	L	—	—	V_{CC}	L	—	数据输出
	编程禁止	H	—	—	V_{CC}	V_{PP}	—	高阻
2764	读	L	L	V_{CC}	V_{CC}	—	H	数据输出
	未选中	H	×	V_{CC}	V_{CC}	—	×	高阻
	编程	L	H	V_{PP}	V_{CC}	—	L	数据输入
	编程校验	L	L	V_{PP}	V_{CC}	—	H	数据输出
	编程禁止	H	×	V_{PP}	V_{CC}	—	×	高阻
27128	读	L	L	V_{CC}	V_{CC}	—	H	数据输出
	未选中	H	×	V_{CC}	V_{CC}	—	×	高阻
	编程	L	H	V_{PP}	V_{CC}	—	L	数据输入
	编程校验	L	L	V_{PP}	V_{CC}	—	H	数据输出
	编程禁止	H	×	V_{PP}	V_{CC}	—	×	高阻
27256	读	L	L	V_{CC}	V_{CC}	—	—	数据输出
	未选中	H	×	V_{CC}	V_{CC}	—	—	高阻
	编程	L	H	V_{PP}	V_{CC}	—	—	数据输入
	编程校验	L	L	V_{PP}	V_{CC}	—	—	数据输出
	编程禁止	H	H	V_{PP}	V_{CC}	—	—	高阻
27512	读	L	—	—	V_{CC}	L	—	数据输出
	未选中	H	—	—	V_{CC}	×	—	高阻
	编程	L	—	—	V_{CC}	V_{PP}	—	数据输入
	编程校验	L	—	—	V_{CC}	L	—	数据输出
	编程禁止	H	—	—	V_{CC}	V_{PP}	—	高阻

8.3.2 外部程序存储器扩展原理及时序

1. 外部程序存储器扩展原理

由于$\overline{EA}$的接法不同,MCS-51 单片机外部程序存储器的扩展有两种方案,如图 8.7 所示。外部程序存储器芯片的地址线的低 8 位与地址锁存器输出的低 8 位地址直接相连,它的高 8 位地址线与 P2 口直接相连,数据线 D7～D0 与 P0 口相连。另外,外部程序存储器芯片的输出控制$\overline{OE}$用单片机的外部程序存储器选通信号$\overline{PSEN}$控制。

当$\overline{EA}$=0(接地)时,不论单片机是否含有片内程序存储器,单片机的程序存储器全部为扩展的片外程序存储器,最大容量为 64KB,如图 8.7 中的(a)所示,单片机从外部程序存储器取指令时,$\overline{PSEN}$=0,即扩展芯片的$\overline{OE}$=0,控制地址线 A15～A0 指定单元的内容从数据线 D7～D0 输出。

当$\overline{EA}$=1(接高电平)时,单片机的程序存储器由片内程序存储器和片外程序存储器构成。如果片内程序存储器满足应用要求,不必扩展,如果再没有其他部件的扩展,如 RAM,P2 和 P0 可以作为 I/O 口使用;如果片内程序存储器不能满足应用要求,可扩展外部程序存储器,外部程序存储器与片内程序存储器统一编址,最大容量为 64KB,如图 8.7 中的(b)所示;单片机的 CPU 执行程序时,如果从片内程序存储器取指令,$\overline{PSEN}$=1,即$\overline{OE}$=1,使外部程序存储器禁止读出。从外部程序存储器取指令时,$\overline{PSEN}$=0,即$\overline{OE}$=0,控制地址线 A15～A0 指定单元的内容从数据线 D7～D0 输出。

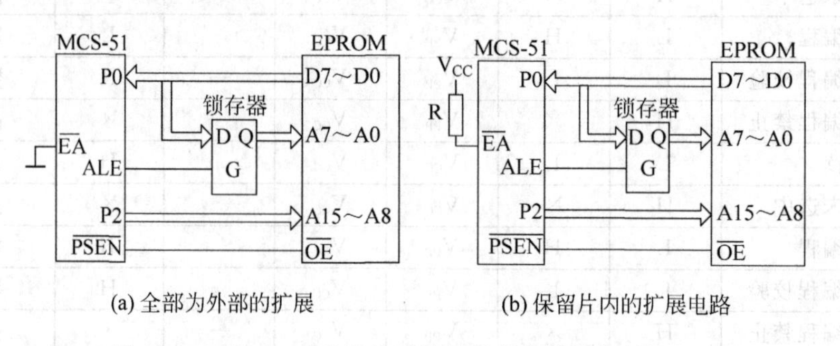

图 8.7 MCS-51 单片机扩展外部程序存储器的硬件电路

2. 单片机 CPU 访问外部程序存储器的时序

图 8.8 为一个机器周期的单片机 CPU 访问外部程序存储器的时序。CPU 访问外部程序存储器时,PC 的高 8 位(PCH)和低 8 位(PCL)分别从 P2 和 P0 口输出。由于 PC 为 16 位寄存器,不论是芯片上的程序存储器还是扩展的外部程序存储器,每个单元的地址都是 16 位的。P0 口输出的地址信息在 ALE 的上升沿被传送到地址锁存器的输出端,ALE 下降沿时,该地址被锁存。然后,P0 口由输出方式转换为输入方式,即浮空状态,等待 CPU 从程序存储器中读取指令代码,而 P2 的输出的高 8 位地址保持不变。当$\overline{PSEN}$变为低电平时,P2 口与地址锁存器输出提供的 16 位地址指定单元的内容(即指令代码)传送到 P0 口供 CPU 读取。

在图 8.8 中,一个机器周期之内,ALE 出现两个正脉冲,$\overline{PSEN}$出现两个负脉冲,说明 CPU 在一个机器周期内可以两次访问外部程序存储器。因此,选用芯片时,除了考虑芯片的存储容量之外,还必须使芯片的读取时间与单片机 CPU 的时钟匹配。

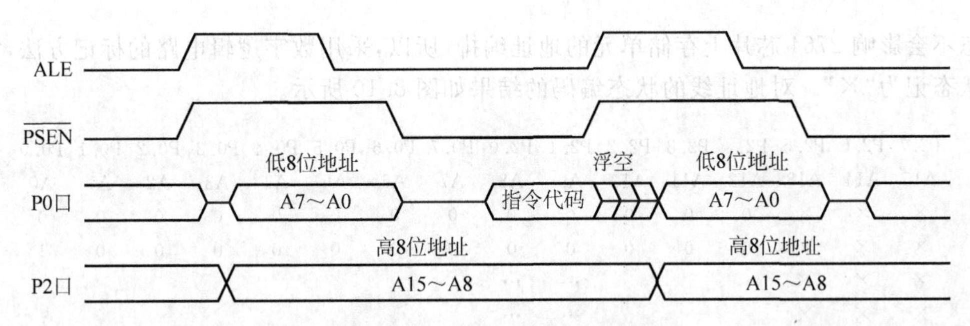

图 8.8 单片机访问外部存储器的时序

8.3.3 EPROM 扩展电路

1. 单芯片 EPROM 的扩展

1）采用 2764 为 8031 单片机扩展 8KB 的程序存储器。

8031 是 MCS-51 系列单片机中一款片内不含程序存储器的产品，因此，8031 必须扩展程序存储器，它的程序存储器全部是外部的，因此，$\overline{EA}$必须接地。扩展电路如图 8.9 所示。图中地址锁存器选用 74LS373。由于系统中只有 1 片 EPROM，它的片选端$\overline{CE}$被接地，使 2764 始终处于被选中的状态。另外，2764 的容量为 8KB，在电路中仅使用了地址总线的低 13 位，即 A12～A0，也就是说，P2 口仅有 P2.4～P2.0 被使用了。必须指出的是，虽然 P2 口剩余的口线没有被 2764 使用，但也不能再作为 I/O 口线使用了。

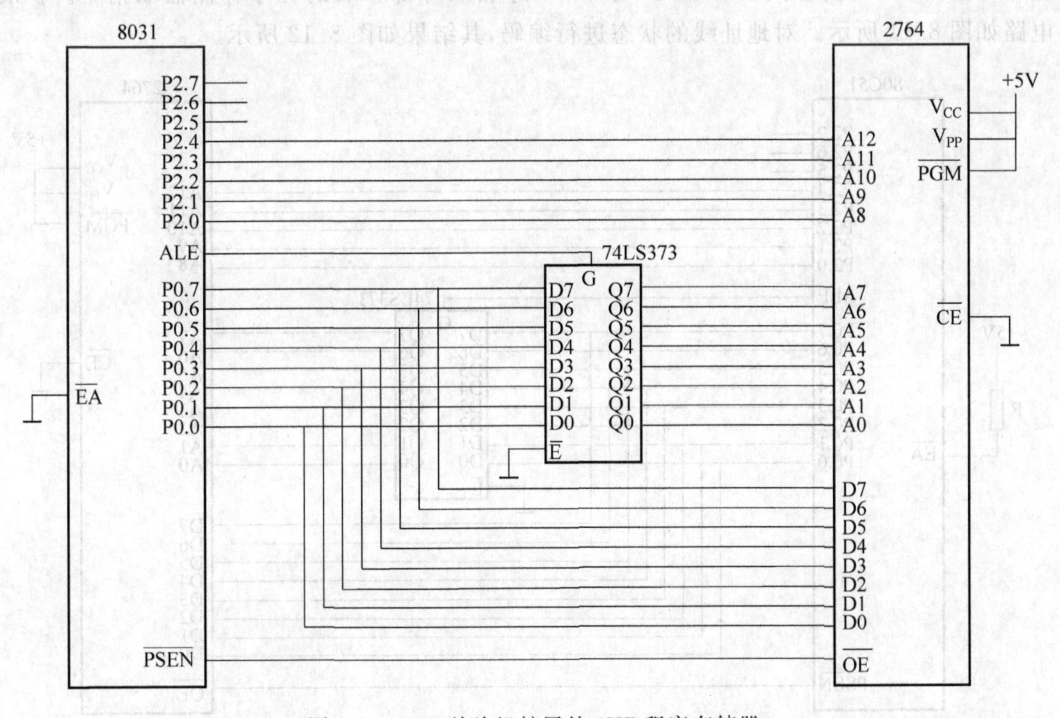

图 8.9 8031 单片机扩展的 8KB 程序存储器

那么，扩展得到的 8KB 程序存储器的地址范围是多少呢？下面分析它的地址范围。由于 P2.5、P2.6、P2.7（即 A13A14A15）没有接到 2764 芯片上，从理论上来说，这些地址线的状态不会影响2764芯片上存储单元的地址编排,所以,采用数字逻辑电路的标记方法,它们的状态记为"×"。对地址线的状态编码的结果如图8.10所示。

P2.7	P2.6	P2.5	P2.4	P2.3	P2.2	P2.1	P2.0	P0.7	P0.6	P0.5	P0.4	P0.3	P0.2	P0.1	P0.0
A15	A14	A13	A12	A11	A10	A9	A8	A7	A6	A5	A4	A3	A2	A1	A0
×	×	×	0	0	0	0	0	0	0	0	0	0	0	0	0
×	×	×	0	0	0	0	0	0	0	0	0	0	0	0	1
×	×	×				…	…								
×	×	×				…	…								
×	×	×	1	1	1	1	1	1	1	1	1	1	1	1	1

图8.10 8031单片机扩展的8KB程序存储器地址编码

单片机复位后,PC的内容为0000H,对于8031来说,该单元必定位于扩展的外部程序存储器,因此,令"×"为0,把上述编码写成十六进制数,得到地址范围是0000H~1FFFH,对于扩展的2764的8KB个单元,每个单元具有唯一的地址。

2)采用2764为80C51单片机扩展8KB的程序存储器。

80C51是MCS-51系列单片机片内含有4KB程序存储器的产品。假设某一应用系统采用80C51单片机,在保留片内4KB程序存储器的基础上,再扩展8KB的外部程序存储器。这种情况下,$\overline{EA}$必须接高电平,以使单片机复位后能从单片机内部的程序存储器执行程序,内部程序存储器占用了程序存储器地址空间的前4KB,即0000H~0FFFH。只有当程序计数器PC的内容大于0FFFH时,CPU才会从外部扩展的程序存储器取指令。扩展电路如图8.11所示。对地址线的状态进行编码,其结果如图8.12所示。

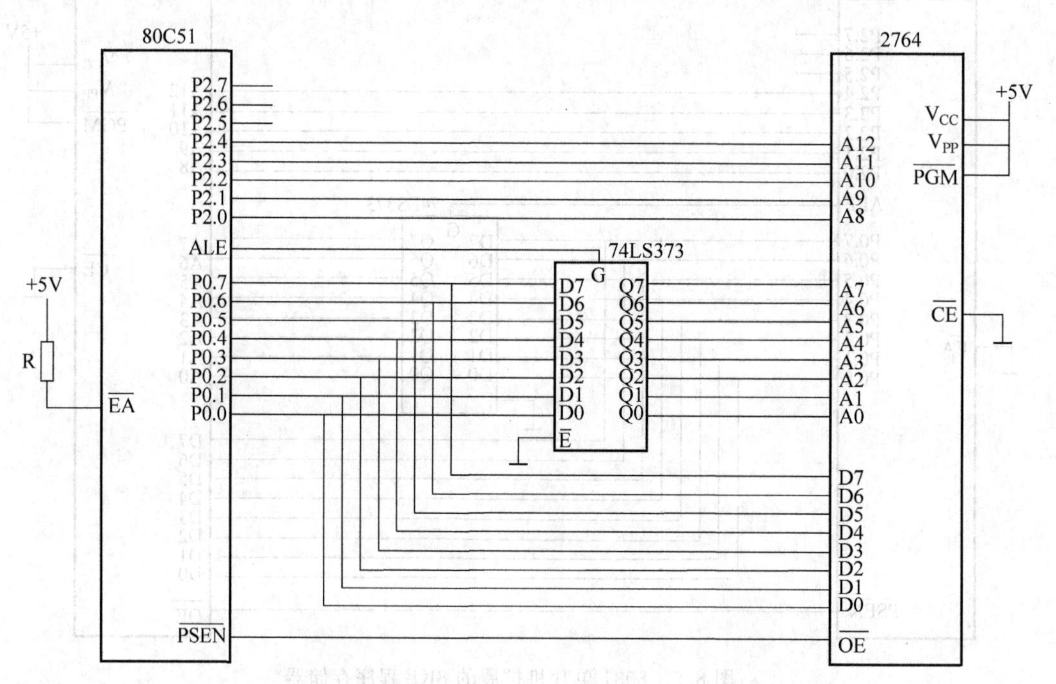

图8.11 80C51单片机扩展的8KB程序存储器

P2.7	P2.6	P2.5	P2.4	P2.3	P2.2	P2.1	P2.0	P0.7	P0.6	P0.5	P0.4	P0.3	P0.2	P0.1	P0.0
A15	A14	A13	A12	A11	A10	A9	A8	A7	A6	A5	A4	A3	A2	A1	A0
×	×	×	0	0	0	0	0	0	0	0	0	0	0	0	0
×	×	×	0	0	0	0	0	0	0	0	0	0	0	0	1
×	×	×				…	…								
×	×	×				…									
×	×	×	1	1	1	1	1	1	1	1	1	1	1	1	1

图 8.12　80C51 单片机扩展的 8KB 程序存储器地址编码

在保留片内程序存储器的前提下，如何确定外部的程序存储器地址呢？显然，0000H～0FFFH 这 4KB 的地址空间已被内部程序存储器占用，外部程序存储器空间不能包含这一地址范围。如图 8.12 所示，令 A13 的状态为“1”，A15，A14 都为“0”，则外部扩展的 8KB 程序存储器的地址范围为 2000H～3FFFH。当 PC 内容在 0000H～0FFFH 范围内时，虽然 2764 的 A13～A0 的状态给出了单元地址，但是 $\overline{\text{PSEN}}$ 为高电平，CPU 不会从 2764 芯片中取指令。

从图 8.11 可以看到，A15，A14，A13 并没有连接到 2764 芯片上，它们与 CPU 访问 2764 无关，为了避免与片内的地址冲突，也可以令 A15，A14，A13＝101，此时，外部程序存储器的地址范围为 0A000H～0BFFFH。显然，A15，A14，A13 取不同的状态时，外部程序存储器的地址范围是不同的，这种现象为地址重叠。克服地址重叠现象的方法是采用所有的地址线全译码。对于本例，可以采用图 8.13 所示的电路避免地址重叠，此时，外部程序存储器 2764 的地址范围为 0E000H～0FFFFH。

采用其他 EPROM 芯片扩展程序存储器的原理与 2764 相同，不再赘述。

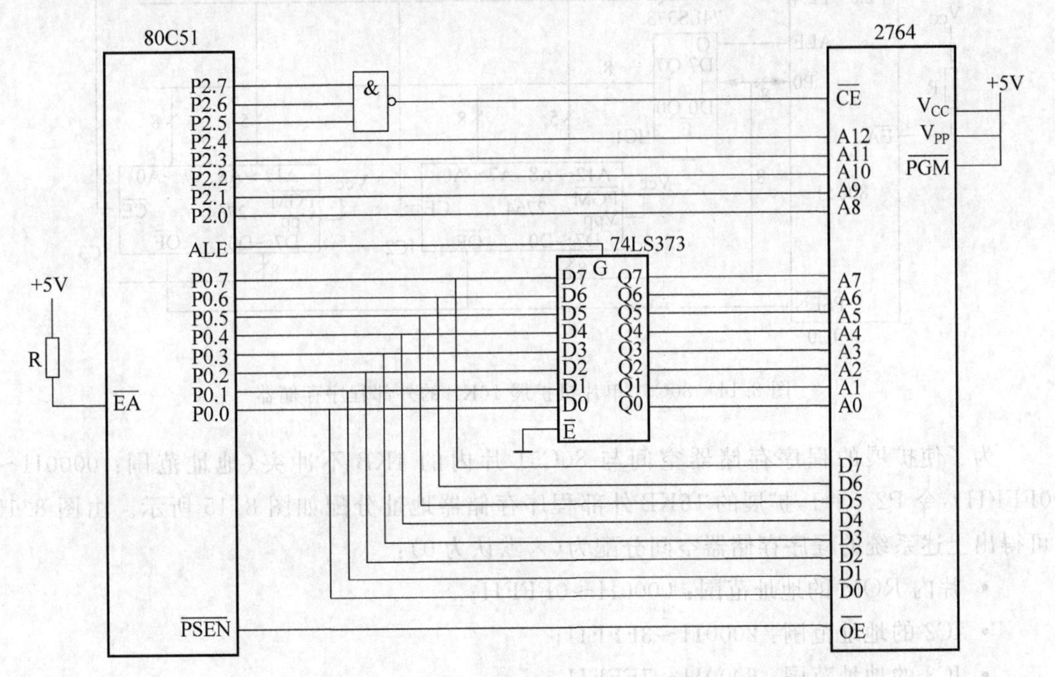

图 8.13　采用地址线全译码的扩展电路

2. 多芯片 EPROM 的扩展

MCS-51 单片机扩展多片程序存储器芯片时,程序存储器芯片地址线、数据线和输出控制($\overline{OE}$)连接与单个芯片的连接是一样的,如何分配存储空间使扩展的各个存储器芯片在使用过程中不发生访问冲突,是多个芯片扩展的关键。在设计时,必须保证各个芯片上的存储单元的地址在应用系统中是互不相同的。要实现这一目标可以从两个方面入手:第一,必须保证各个芯片不会在同一时刻被 CPU 选中;第二,在被选中的芯片上的各个存储单元的地址是唯一的。后者可以由存储器芯片上的地址线确定,如 2764 的地址线为 13 位,保证了在该芯片上 8K 个单元的地址是互不相同的;因此,多个芯片的扩展主要解决的问题是保证各个芯片不会在同一时刻被选中,即芯片片选设计。

片选信号可以采用线选法和译码器译码法产生,通常用扩展时芯片没有使用的高位地址线直接选择芯片,或者把它们作为译码器的输入译码产生片选信号。

1) 两片外部程序存储器的扩展

用两片 2764 为 80C51 单片机扩展 16KB 的外部程序存储器如图 8.14 所示。这是一种采用线选方法产生片选信号$\overline{CE}$的方案。P2.6=0 时,IC2 被选中,由于 P2.6 的状态经反相器反向变为高电平,IC3 不会被选中。IC2 和 IC3 除片选信号不同之外,其余所有的连接都相同,当 CPU 访问 IC2 时,由于未选中 IC3,它的数据总线 D7~D0 为高阻状态,把它的输出与数据总线隔离,保证了 CPU 只能从 IC2 指定的单元取指令。同理,当 P2.6=1 时,IC3 被选中,IC2 不会被选中。

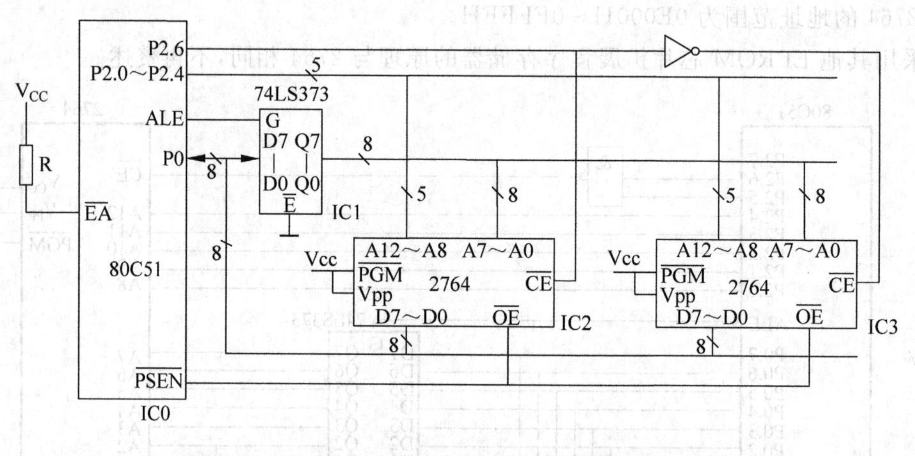

图 8.14 80C51 单片机扩展 16KB 的外部程序存储器

为了使扩展的程序存储器空间与 80C51 片内的 4KB 不冲突(地址范围:0000H~0FFFH),令 P2.5=1,扩展的 16KB 外部程序存储器地址分配如图 8.15 所示。由图 8.15 可得出上述系统的程序存储器空间分配为(×默认为 0):

- 片内 ROM 的地址范围:0000H~0FFFH;
- IC2 的地址范围:2000H~3FFFH;
- IC3 的地址范围:6000H~7FFFH。

芯片	P2.7	P2.6	P2.5	P2.4	P2.3	P2.2	P2.1	P2.0	P0.7	P0.6	P0.5	P0.4	P0.3	P0.2	P0.1	P0.0	地址
	A15	A14	A13	A12	A11	A10	A9	A8	A7	A6	A5	A4	A3	A2	A1	A0	
	×	0	1	0	0	0	0	0	0	0	0	0	0	0	0	0	2000
IC2	×	0	1				…	…									…
	×	0	1	1	1	1	1	1	1	1	1	1	1	1	1	1	3FFF
	×	1	1	0	0	0	0	0	0	0	0	0	0	0	0	0	6000
IC3	×						…	…									…
	×	1	1	1	1	1	1	1	1	1	1	1	1	1	1	1	7FFF

图 8.15　扩展的 16KB 外部程序存储器的地址分配

2）多片外部程序存储器的扩展

译码器译码方法是使用译码器对 MCS-51 单片机的高位地址进行译码，用译码器的输出作为存储器芯片片选，以实现各扩展芯片片选不会同时有效，避免 CPU 访问冲突事件的发生。它是单片机扩展时常用的一种方法。常用的译码器芯片有 2-4 译码器（74LS139）、3-8 译码器（74LS138）和 4-16 译码器（74LS154）。下面介绍 2-4 译码器和 3-8 译码器芯片的功能和引脚定义。其引脚图分别如图 8.16 和图 8.17 所示。

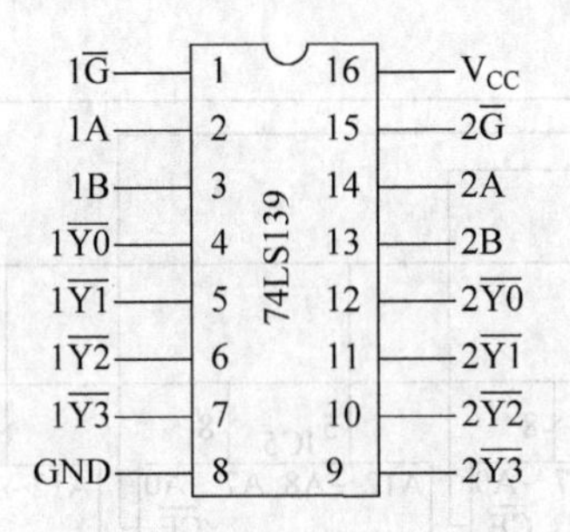

图 8.16　74LS139 引脚图

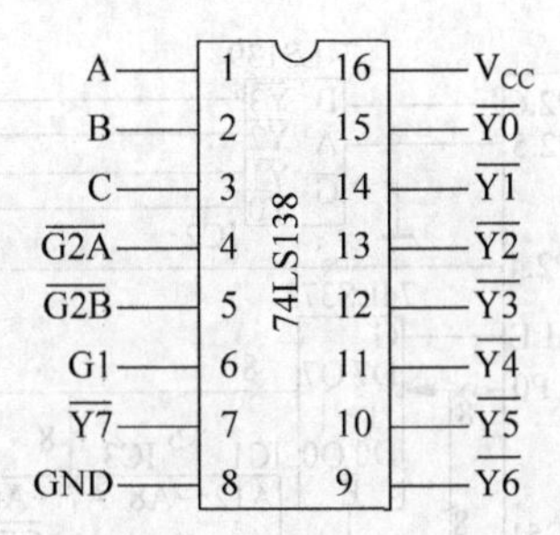

图 8.17　74LS138 引脚图

（1）2-4 译码器

74LS139 集成了两个独立的 2-4 译码器，其中 A，B 为数据输入端，$\overline{G}$ 为输入允许端，$\overline{Y0}$～$\overline{Y3}$为输出端，低电平有效。74LS139 的功能表见表 8.3。当输入 B 和 A 的状态确定时，译码器输出$\overline{Y0}$～$\overline{Y3}$中只有 1 个为低电平，其余均为高电平。

表 8.3　74LS139 的功能表

$\overline{G}$	B	A	$\overline{Y0}$	$\overline{Y1}$	$\overline{Y2}$	$\overline{Y3}$
1	×	×	1	1	1	1
0	0	0	0	1	1	1
0	0	1	1	0	1	1
0	1	0	1	1	0	1
0	1	1	1	1	1	0

（2）3-8 译码器

74LS138 是 3-8 译码器芯片，其中，A，B，C 为输入端，$\overline{G2A}$，$\overline{G2B}$和 G1 为输入允许端，$\overline{Y0}$～$\overline{Y7}$为输出端，低电平有效。74LS138 的功能表如表 8.4 所示。当输入 C，B 和 A 的状态确定时，译码器输出$\overline{Y0}$～$\overline{Y7}$中只有 1 个为低电平，其余均为高电平。

表 8.4 74LS138 的功能表

G1	$\overline{G2A}$	$\overline{G2B}$	C	B	A	$\overline{Y0}$	$\overline{Y1}$	$\overline{Y2}$	$\overline{Y3}$	$\overline{Y4}$	$\overline{Y5}$	$\overline{Y6}$	$\overline{Y7}$
1	0	0	0	0	0	0	1	1	1	1	1	1	1
1	0	0	0	0	1	1	0	1	1	1	1	1	1
1	0	0	0	1	0	1	1	0	1	1	1	1	1
1	0	0	0	1	1	1	1	1	0	1	1	1	1
1	0	0	1	0	0	1	1	1	1	0	1	1	1
1	0	0	1	0	1	1	1	1	1	1	0	1	1
1	0	0	1	1	0	1	1	1	1	1	1	0	1
1	0	0	1	1	1	1	1	1	1	1	1	1	0
其他状态			×	×	×	1	1	1	1	1	1	1	1

(3) 采用译码器译码产生片选的程序存储器扩展

图 8.18 为采用 4 片 2764 为 80C51 扩展 32KB 的外部程序存储器的电路原理图。图中采用 P2.6 和 P2.5 作为译码器 74LS139 的数据输入,译码器的数据输入允许端 $\overline{G}$ 接地,译码器输出 $\overline{Y0}$～$\overline{Y3}$分别作为 4 片 2764 的片选信号,分别与 IC3～IC6 的$\overline{CE}$相连。

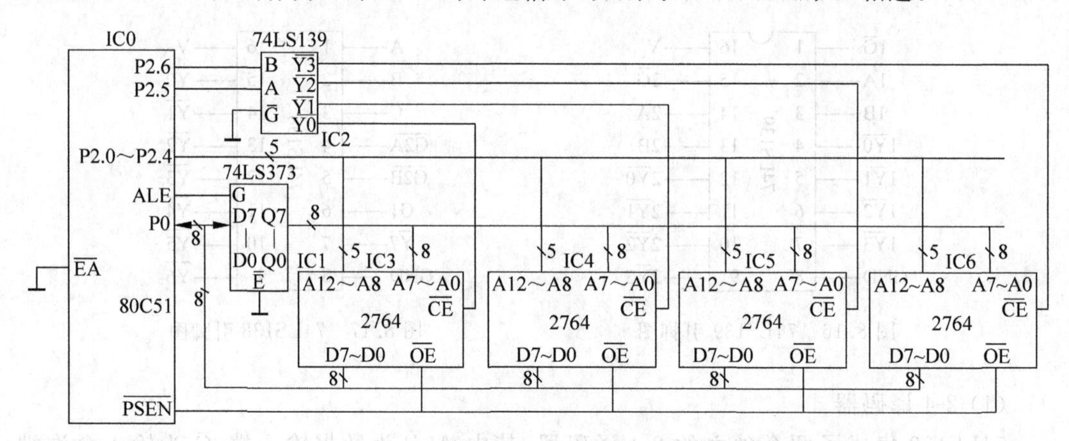

图 8.18 采用 4 片 2764 为 80C51 扩展 32KB 的外部程序存储器

扩展 32KB 的外部程序存储器地址分配如图 8.19 所示。

芯片	P2.7 A15	P2.6 A14	P2.5 A13	P2.4 A12	P2.3 A11	P2.2 A10	P2.1 A9	P2.0 A8	P0.7 A7	P0.6 A6	P0.5 A5	P0.4 A4	P0.3 A3	P0.2 A2	P0.1 A1	P0.0 A0	地址
74LS138	未用	B	A	2764 芯片的 A12～A0													
	×	0	0	0	0	0	0	0	0	0	0	0	0	0	0	0	0000
IC3	×	0	0			…	…										…
	×	0	0	1	1	1	1	1	1	1	1	1	1	1	1	1	1FFF
	×	0	1	0	0	0	0	0	0	0	0	0	0	0	0	0	2000
IC4	×	0	1			…	…										…
	×	0	1	1	1	1	1	1	1	1	1	1	1	1	1	1	3FFF
	×	1	0	0	0	0	0	0	0	0	0	0	0	0	0	0	4000
IC5	×	1	0			…	…										…
	×	1	0	1	1	1	1	1	1	1	1	1	1	1	1	1	5FFF
	×	1	1	0	0	0	0	0	0	0	0	0	0	0	0	0	6000
IC6	×	1	1				…	…									…
	×	1	1	1	1	1	1	1	1	1	1	1	1	1	1	1	7FFF

图 8.19 扩展的 32KB 外部程序存储器的地址分配

在图8.19中，若×默认为0，则IC3地址范围为0000H～1FFFH，IC4地址范围为2000H～3FFFH，IC5地址范围为4000H～5FFFH，IC46地址范围为6000H～7FFFH。

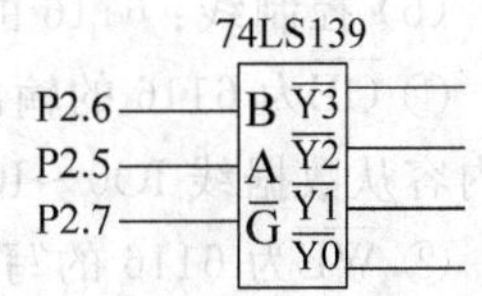

图8.20 采用全译码方式产生片选信号

采用译码器译码的方法产生片选时，如果全部的高位地址线都参与译码，称为全译码；如果仅有部分高位地址线参与译码，称为部分译码。由于P2.7(即A15)未参与译码，图8.19的电路为部分译码，这种方法会使部分存储器其地址空间产生地址重叠的现象，如IC4，若P2.7取1时，其地址空间为A000H～BFFFH。实际上，由于P2.7没有与2764连接，它的状态并不影响CPU从IC4取指令的正确性，A14～A0唯一地确定了被访问的单元。要克服地址重叠现象，可以采用全译码方式。对于图8.18，译码器采用图8.20的接法，则不存在地址重叠现象。

在扩展程序存储器时应注意以下几点：

(1) 选择芯片时，在满足容量的要求下尽可能选择较大容量的芯片，以减少系统中芯片的数量。

(2) 芯片容量确定后，选择能满足系统应用环境要求的芯片，参数主要有：最大读取时间、电源容差、工作温度以及老化时间等。否则，会造成系统工作不可靠，甚至不能工作。

(3) 在电路设计时应充分考虑其兼容特点。例如，为了保证2764，27128，27256在电路中的兼容，可将第26、第27管脚的印刷电路连线设计成易于改接的形式。

8.4 数据存储器扩展

8.4.1 常用静态数据存储器芯片

MCS-51单片机内有128B的RAM，它们可以作为工作寄存器、堆栈、软件标志和数据缓冲器，CPU对其内部RAM有丰富的操作指令，应合理地利用片内RAM，充分发挥它的作用。但在实时数据采集和处理系统中，仅靠片内RAM是远远不够的，需要扩展外部数据存储器。常用的数据存储器有静态RAM和动态RAM两种。单片机扩展外部数据存储器时，大都采用静态RAM，使用较为方便，不需要考虑刷新的问题。

常用的静态数RAM器芯片有：6116(2K×8)，6264(8K×8)，62256(32K×8)等。

1. 6116

6116是2K×8位静态随机存储器芯片，采用CMOS工艺制作，单一+5V电源，额定功耗160mW，典型存取时间为200ns，24个引脚，双列直插式封装，其管脚排列与逻辑符号如图8.21所示。引脚按功能可以分为：电源线、地址线、数据线、片选线及控制线。

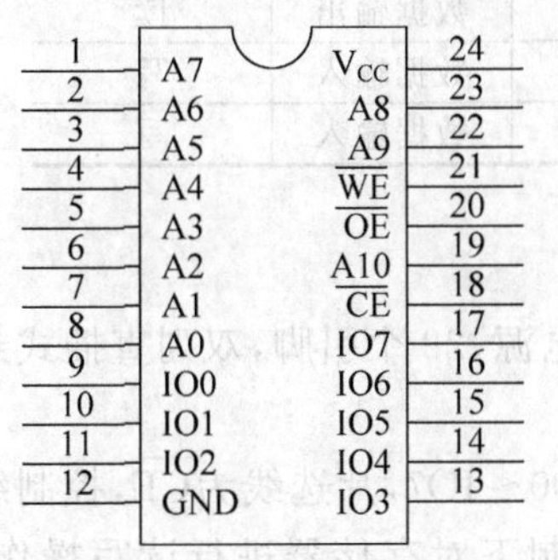

图8.21 为6116的管脚图

(1) 电源线：V_{CC}(24脚)——工作电源，+5V；GND(12脚)——地。

(2) 地址线：6116有11根地址线，在图8.21中标记为A10～A0。

(3) 数据线：6116的数据线有8根，在图8.21中标记为IO7～IO0。

(4) 片选线：6116 的片选信号为$\overline{\text{CE}}$，低电平有效。

(5) 控制线：6116 的有两根控制线：$\overline{\text{OE}}$和$\overline{\text{WE}}$。

① $\overline{\text{OE}}$为 6116 的输出控制。$\overline{\text{CE}}$为低电平时，$\overline{\text{OE}}$变为低电平把 A0～A10 所指定的单元的内容从数据线 IO0～IO7 输出。

② $\overline{\text{WE}}$为 6116 的写入控制。$\overline{\text{CE}}$为低电平时，$\overline{\text{WE}}$变为低电平把数据线 IO0～IO7 输入的数据写入到 A0～A10 所指定的单元。

表 8.5 给出了 6116 的工作方式。6116 有 4 种工作方式。当$\overline{\text{CE}}$为高电平时，对 6116 进行读写操作是无效的。$\overline{\text{CE}}$为低电平时，$\overline{\text{OE}}$、$\overline{\text{WE}}$分别为低电平，表示分别对 6116 进行读、写操作，另外，当$\overline{\text{OE}}$和$\overline{\text{WE}}$同时为低电平时，6116 执行写入优先的操作。

表 8.5 6116 的工作方式

$\overline{\text{CE}}$	$\overline{\text{OE}}$	$\overline{\text{WE}}$	IO0～ IO7	工作方式
H	×	×	高阻	未选中
L	L	H	数据输出	读
L	H	L	数据输入	写
L	L	L	数据输入	写

2. 6264

6264 是 8K×8 位的静态随机存储器芯片，单一＋5V 电源，额定功耗 200mW，典型存取时间为 200ns，28 个引脚，双列直插式封装，其管脚排列如图 8.22 所示。

6264 有 8192 个单元，地址线为 A0～A12，数据线为 IO0～IO7，片选线为$\overline{\text{CE1}}$，CE2，控制线为$\overline{\text{OE}}$和$\overline{\text{WE}}$。当$\overline{\text{CE1}}$ 为低电平且 CE2 为高电平时，6264 被选中，在$\overline{\text{OE}}$和$\overline{\text{WE}}$控制下对存储器进行读写操作。6264 的工作方式见表 8.6。

引脚	名称	名称	引脚
1	NC	V_{CC}	28
2	A12	$\overline{\text{WE}}$	27
3	A7	CE2	26
4	A6	A8	25
5	A5	A9	24
6	A4	A11	23
7	A3	$\overline{\text{OE}}$	22
8	A2	A10	21
9	A1	$\overline{\text{CE1}}$	20
10	A0	IO7	19
11	IO0	IO6	18
12	IO1	IO5	17
13	IO2	IO4	16
14	GND	IO3	15

图 8.22 6264 的管脚图

表 8.6 6264 的工作方式

$\overline{\text{CE1}}$	CE2	$\overline{\text{OE}}$	$\overline{\text{WE}}$	IO0～ IO7	工作方式
H	×	×	×	高阻	未选中
×	L	×	×	高阻	未选中
L	H	H	H	高阻	输出禁止
L	H	L	H	数据输出	读
L	H	H	L	数据输入	写
L	H	L	L	数据输入	写

3. 62256

62256 是 32K×8 位的静态随机存储器芯片，单一＋5V 电源，28 个引脚，双列直插式封装，管脚排列如图 8.23 所示。

62256 有 32768 个单元，地址线为 A0～A14，数据线为 IO0～IO7，片选线为$\overline{\text{CE}}$，控制线为$\overline{\text{OE}}$和$\overline{\text{WE}}$。$\overline{\text{CE}}$为低电平时，62256 被选中，在$\overline{\text{OE}}$和$\overline{\text{WE}}$控制下对存储器进行读写操作。62256 的工作方式见表 8.7。

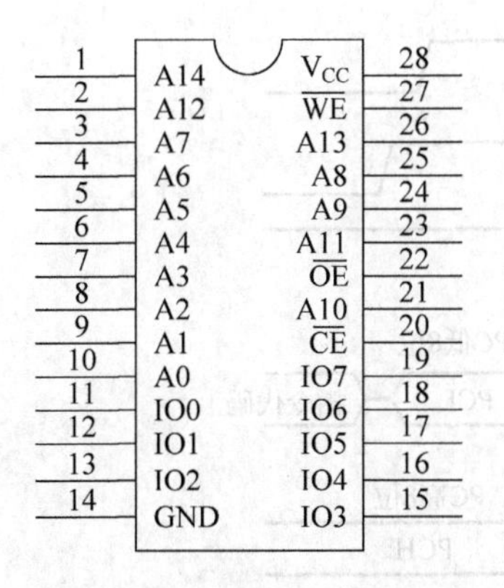

图 8.23　62256 的管脚图

表 8.7　62256 的工作方式

$\overline{CE}$	$\overline{OE}$	$\overline{WE}$	IO0～IO7	工作方式
H	×	×	高阻	未选中
L	L	H	数据输出	读
L	H	L	数据输入	写
L	L	L	数据输入	写

8.4.2　外部数据存储器的扩展方法及时序

单片机扩展外部数据存储器的原理图如图 8.24 所示。扩展的外部数据存储器通过地址总线、数据总线和控制总线与 MCS-51 单片机相连，其中，由 P2 口提供存储单元地址的高 8 位、P0 口经过地址锁存器提供单元地址的低 8 位，P0 口也分时提供双向的数据总线，外部数据存储器的读写由 MCS-51 单片机的$\overline{RD}$(P3.7)和$\overline{WR}$(P3.6)控制。显然，程序存储器与外部数据存储器使用同一地址总线，它们的地址空间是完全重叠的，但是，由于单片机访问外部程序存储器时，使用$\overline{PSEN}$控制对外部程序存储器单元的读取操作，因此，即使程序存储器和数据存储器的单元地址完全相同，也不会造成访问冲突。

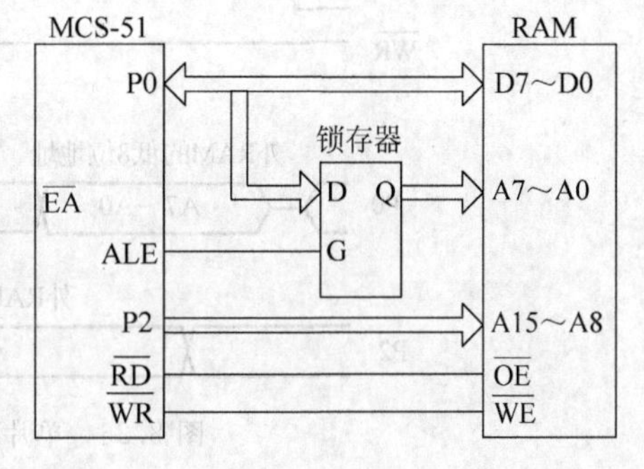

图 8.24　单片机扩展外部 RAM 的原理图

MCS-51 单片机的外部数据存储器的最大寻址空间为 64KB，即 0000H～0FFFFH。单片机的外部数据存储器和外部 I/O 口是统一编址的，因此，它们共同占用这一地址空间。

图 8.25 为 MCS-51 单片机读外部数据存储器的时序。读取外部数据存储器由指令"MOVX A，@DPTR"或"MOVX A，@Ri"实现。CPU 执行这种指令需要两个机器周期，第一个机器周期 CPU 从程序存储器中取指令，第二个机器周期 CPU 执行指令，读取数据存储器的指定单元的内容，在此周期中，P2 口输出单元地址的高 8 位(A15～A8)，P0 口输出单元地址的低 8 位(A7～A0)。在执行指令"MOVX A，@DPTR"时，DPTR 内容指定的 16 位地址由 P2 和 P0 口输出，P2 输出 DPTR 的高 8 位，P0 输出 DPTR 的低 8 位；而执行"MOVX A，@Ri"指令时，Ri 的内容由 P0 口输出。当 ALE 为高电平时，P0 口输出地址信息，在 ALE 下跳沿时把地址信息锁存到外部地址锁存器中，然后 P0 口变为输入方式，在读控制信号$\overline{RD}$有效时，选通外部数据存储器，这样 A15～A0 指定的单元内容被输出到 P0 口，被 CPU 读入 A 累加器。

MCS-51 单片机写外部数据时序如图 8.26 所示。其操作过程与 CPU 的读周期类似。

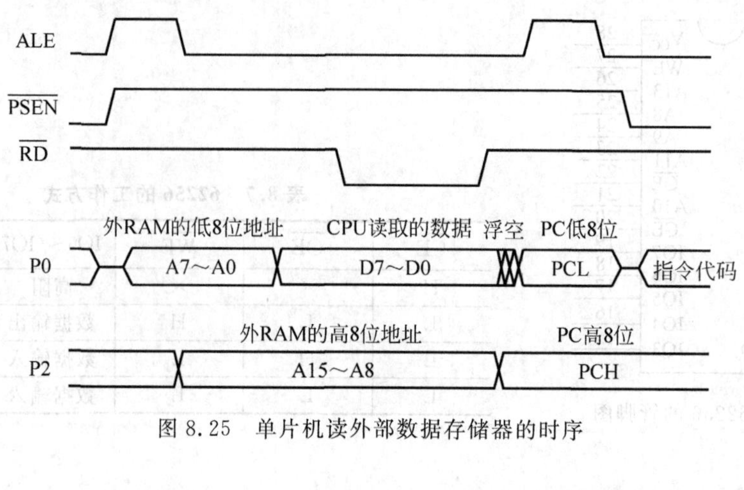

图 8.25 单片机读外部数据存储器的时序

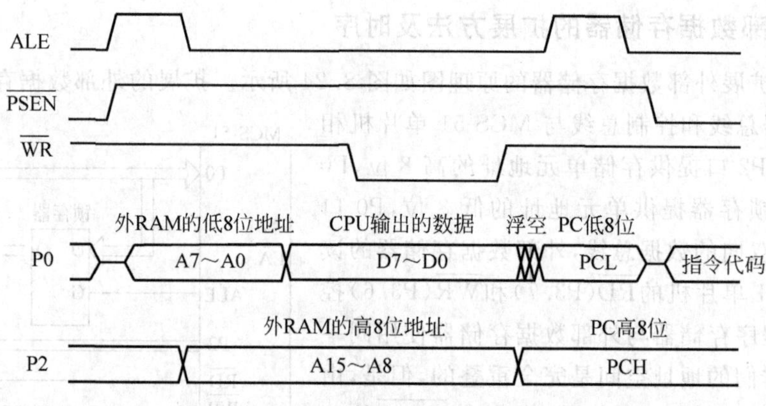

图 8.26 单片机写外部数据存储器的时序

外部数据存储器写入操作由下列指令实现："MOVX @DPTR，A"或"MOVX @Ri，A"。写操作时，在 ALE 下降为低电平后，$\overline{\text{WR}}$信号才有效，P0 口上出现的数据被写入 A15～A0 指定的存储单元。

8.4.3 静态 RAM 扩展电路

本节以 6264 为例，介绍使用静态 RAM 为 80C51 单片机扩展外部数据存储器的方法。

1. 单片静态 RAM 芯片的扩展

1）扩展电路

图 8.27 为采用 6264 为 MCS-51 单片机扩展 8KB 外部数据存储器的接口电路。由于系统中仅有 1 片 6264，因此，把 6264 芯片的片选$\overline{\text{CE1}}$接地，CE2 接高电平，使 6264 始终被选中。6264 的地址线 A12～A0 与地址锁存器的输出及 P2 口对应的线相连，6264 的数据线 D7～D0 与 P0 口对应相连，6264 的控制线$\overline{\text{OE}}$和$\overline{\text{WE}}$分别与 80C51 的$\overline{\text{RD}}$和$\overline{\text{WR}}$相连。按照图 8.27 的连接方案，6264 的地址分配分析如图 8.28 所示。在图 8.28 中，若默认×为 0，用 6264 扩展的 8KB 外部数据存储器地址范围为 0000H～1FFFH。

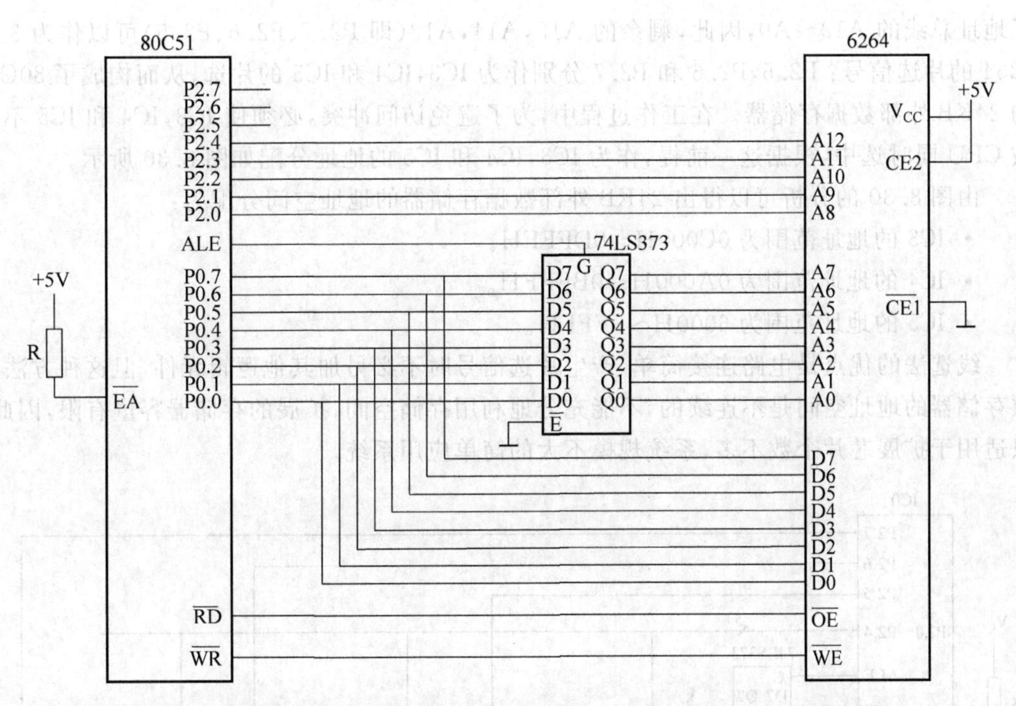

图 8.27　采用 6264 为 MCS-51 单片机扩展 8KB 外部数据存储器的接口电路

P2.7	P2.6	P2.5	P2.4	P2.3	P2.2	P2.1	P2.0	P0.7	P0.6	P0.5	P0.4	P0.3	P0.2	P0.1	P0.0
A15	A14	A13	A12	A11	A10	A9	A8	A7	A6	A5	A4	A3	A2	A1	A0
×	×	×	0	0	0	0	0	0	0	0	0	0	0	0	0
×	×	×	0	0	0	0	0	0	0	0	0	0	0	0	1
×	×	×				…	…								
×	×	×				…	…								
×	×	×	1	1	1	1	1	1	1	1	1	1	1	1	1

图 8.28　扩展的 8KB 外部数据存储器的地址分配

2）单片机外部 RAM 的使用

例 8.1　把图 8.27 系统中的 0250H 单元的内容转存到单片机内部 RAM 的 20H 单元。

```
MOV    DPTR,    ＃0250H
MOVX   A,       @DPTR
MOV    20H,     A
```

例 8.2　单片机内部 RAM 的寄存器 R3 的内容转存到图 8.27 系统中的 1000H 单元。

```
MOV    DPTR,    ＃1000H
MOV    A,       R3
MOVX   @DPTR ,  A
```

2. 多片静态 RAM 芯片的扩展

1）线选法

图 8.29 为采用线选法为 80C51 扩展 24KB 外部数据存储器的电路，由于 6264 已使用

了地址总线的 A12～A0，因此，剩余的 A15，A14，A13(即 P2.7、P2.6、P2.5)可以作为 3 片 6264 的片选信号：P2.5，P2.6 和 P2.7 分别作为 IC3，IC4 和 IC5 的片选，从而构成了 80C51 的 24KB 外部数据存储器。在工作过程中，为了避免访问冲突，必须使 IC3，IC4 和 IC5 不会被 CPU 同时选中，根据这一前提，作为 IC3，IC4 和 IC5 的地址分配如图 8.30 所示。

由图 8.30 的分析可以得出 24KB 外部数据存储器的地址空间分配为：

- IC3 的地址范围为 0C000H～0DFFFH。
- IC4 的地址范围为 0A000H～0BFFFH。
- IC5 的地址范围为 6000H～7FFFH。

线选法的优点是电路连接简单，产生片选信号时不必另加其他逻辑元件，但这种方法导致存储器的地址空间是不连续的，不能充分地利用存储空间，扩展的存储器容量有限，因此，只适用于扩展芯片个数不多、系统规模不大的简单应用系统。

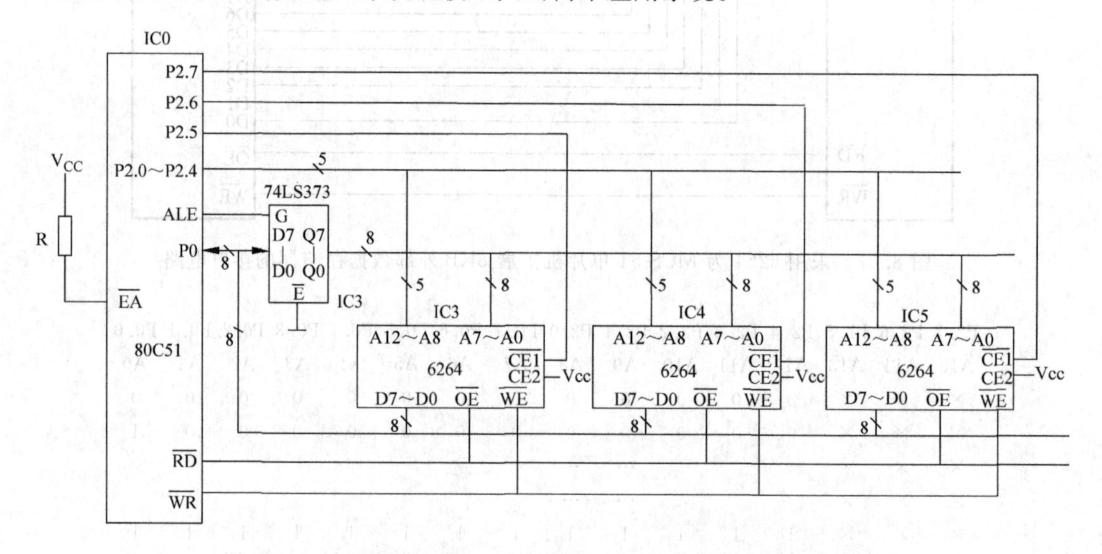

图 8.29 采用线选法为 80C51 扩展 24KB 外部数据存储器的电路

芯片	P2.7 A15	P2.6 A14	P2.5 A13	P2.4 A12	P2.3 A11	P2.2 A10	P2.1 A9	P2.0 A8	P0.7 A7	P0.6 A6	P0.5 A5	P0.4 A4	P0.3 A3	P0.2 A2	P0.1 A1	P0.0 A0	地址
	IC5 片选	IC4 片选	IC3 片选	2764 芯片的 A12～A0													
	1	1	0	0	0	0	0	0	0	0	0	0	0	0	0	0	C000
IC3	1	1	0				…	…									…
	1	1	0	1	1	1	1	1	1	1	1	1	1	1	1	1	DFFF
	1	0	1	0	0	0	0	0	0	0	0	0	0	0	0	0	A000
IC4	1	0	1				…	…									…
	1	0	1	1	1	1	1	1	1	1	1	1	1	1	1	1	BFFF
	0	1	1	0	0	0	0	0	0	0	0	0	0	0	0	0	6000
IC5	0	1	1				…	…									…
	0	1	1	1	1	1	1	1	1	1	1	1	1	1	1	1	7FFF

图 8.30 扩展的 24KB 外部数据存储器的地址空间分配

2）译码器译码法

图8.31为采用译码器译码方法为80C51扩展32KB外部数据存储器的电路。采用3-8译码器输出作为IC3～IC6的片选，P2.7，P2.6，P2.5分别作为74LS138的数据输入C，B，A，译码器的使能控制被设计为始终有效：G1＝1，$\overline{G2A}$和$\overline{G2B}$接地。实际上，这种连接方式把64KB的存储器地址空间分割为8个8KB的子空间，如表8.8所示。

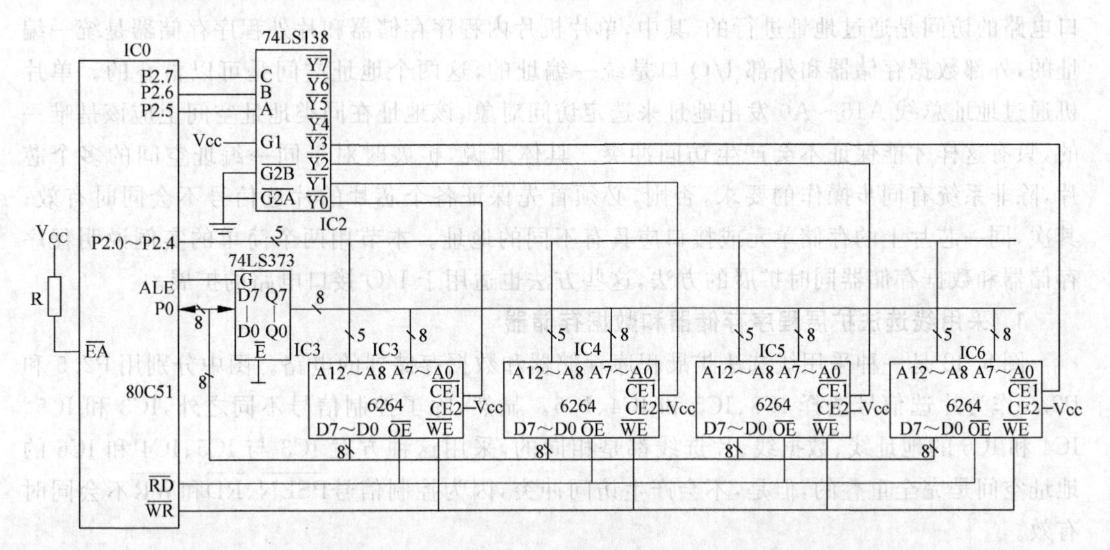

图8.31 采用译码器译码方法为80C51扩展32KB外部数据存储器的电路

表8.8 64KB外部数据存储器地址空间的分割

口线	P2.7	P2.6	P2.5	选中的芯片	存储器的地址空间
地址线	A15	A14	A13		
译码器	C	B	A		
$\overline{Y0}$=0	0	0	0	IC3	0000H～1FFFH
$\overline{Y1}$=0	0	0	1	IC4	2000H～3FFFH
$\overline{Y2}$=0	0	1	0	IC5	4000H～5FFFH
$\overline{Y3}$=0	0	1	1	IC6	6000H～7FFFH
$\overline{Y4}$=0	1	0	0	待用	8000H～9FFFH
$\overline{Y5}$=0	1	0	1	待用	A000H～BFFFH
$\overline{Y6}$=0	1	1	0	待用	C000H～DFFFH
$\overline{Y7}$=0	1	1	1	待用	E000H～FFFFH

由程序存储器和外部数据存储器的扩展电路可以看出，译码器译码方法采用译码电路把存储器的地址空间划分为若干块，可以扩展多个芯片，并且能充分地利用地址空间，使扩展的存储器地址空间连续，适合于多芯片扩展的复杂系统。应用系统需要扩展外部数据存储器时，在满足容量要求的前提下尽可能选择较大容量的芯片。

8.5 程序存储器和数据存储器的同时扩展

前面分别讨论了 MCS-51 单片机扩展程序存储器和数据存储器的方法。在实际应用中,有时需要同时扩展程序存储器、数据存储器或接口电路,避免单片机访问时产生冲突是单片机硬件系统设计时必须考虑的问题。在 MCS-51 单片机系统中,单片机对存储单元、接口电路的访问是通过地址进行的,其中,单片机片内程序存储器和片外程序存储器是统一编址的,外部数据存储器和外部 I/O 口是统一编址的,这两个地址空间是可以重叠的。单片机通过地址总线 A15～A0 发出地址来选定访问对象,该地址在同类地址空间上应该是唯一的,只有这样才能保证不会产生访问冲突。具体地说,扩展时对于同一编址空间的多个芯片,除非系统有同步操作的要求,否则,必须首先保证各个芯片的片选信号不会同时有效;其次,同一芯片上的存储单元或接口应具有不同的地址。本节用两个简单的实例说明程序存储器和数据存储器同时扩展的方法,这些方法也适用于 I/O 接口电路的扩展。

1. 采用线选法扩展程序存储器和数据存储器

图 8.32 是一种采用线选法扩展程序存储器和数据存储器的电路。图中分别用 P2.5 和 P2.6 作为片选信号选择 IC3、IC5 和 IC4、IC6。显然,除了控制信号不同之外,IC3 和 IC5、IC4 和 IC6 的地址线、数据线、片选线都是相同的,采用这种方案 IC3 与 IC5、IC4 和 IC6 的地址空间是完全重叠的,但是,不会产生访问冲突,因为控制信号 $\overline{PSEN}$、$\overline{RD}$ 和 $\overline{WR}$ 不会同时有效。

- 当 P2.5=0,P2.6=1,默认 P2.7=0 时,IC3 和 IC5 的地址范围为 4000H～5FFFH;
- 当 P2.5=1,P2.6=0,默认 P2.7=0 时,IC4 和 IC6 的地址范围为 2000H～3FFFH。

由于 $\overline{EA}$ 接高电平,单片机片内 ROM 占用了 0000H～0FFFH 的地址空间。

如果把 $\overline{EA}$ 接地,本方案是无效的。因为 $\overline{EA}$ 接地,意味着单片机的程序存储器全部是外部的,当单片机上电或复位后,(PC)=0000H,$\overline{PSEN}$=0 时,CPU 从 0000H 单元取指令,此时 P2.5=0、P2.6=0,IC4 和 IC6 被同时选中,会发生访问冲突。

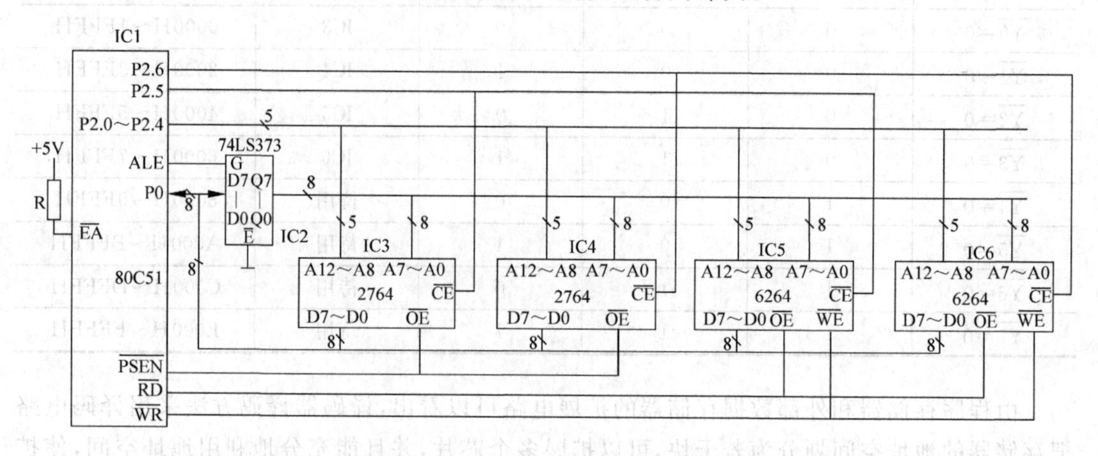

图 8.32 一种采用线选法扩展程序存储器和数据存储器的电路

2. 采用译码器译码方法扩展程序存储器和数据存储器

图 8.33 是一种采用译码器译码方法扩展程序存储器和数据存储器的电路。当 P2.7=

0 时，译码器 74LS139 被选中，P2.5 和 P2.6 作为译码器的输入，译码器输出$\overline{Y0}$，$\overline{Y1}$，$\overline{Y2}$和$\overline{Y3}$分别用来作为 IC3，IC4，IC5 和 IC6 的片选。这是一种程序存储器和外部数据存储器统一编址的方案，4 块芯片上的存储器空间连续，不会产生地址重叠。各个芯片对应的存储空间为：

- IC3 的地址范围为 0000H～1FFFH；
- IC4 的地址范围为 2000H～3FFFH；
- IC5 的地址范围为 4000H～5FFFH；
- IC6 的地址范围为 6000H～7FFFH。

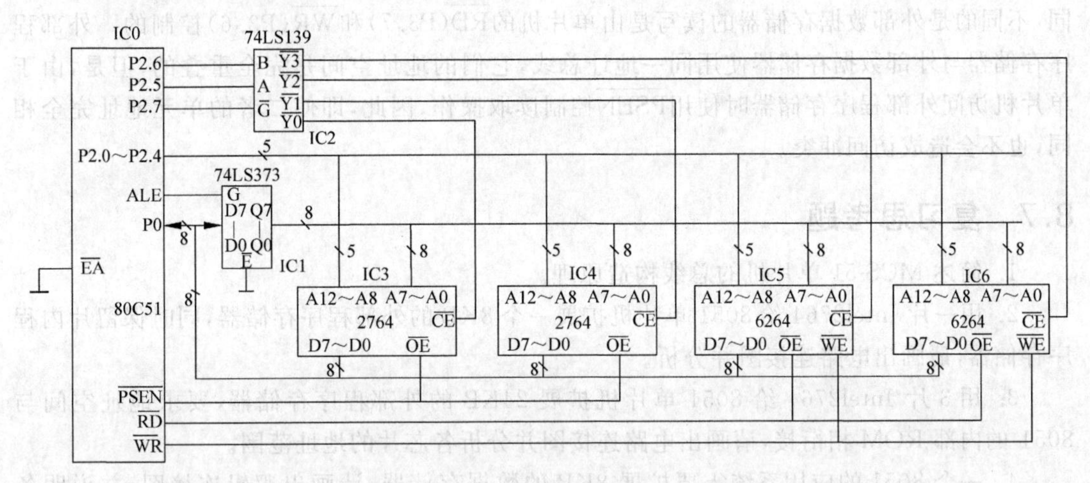

图 8.33　一种采用译码器译码方法扩展程序存储器和数据存储器的电路

也可以借用前一个实例的设计方法，用$\overline{Y0}$来选择 IC3 和 IC5，用$\overline{Y1}$来选择 IC4 和 IC6，这样，IC3 和 IC5 的存储空间为 0000H～1FFFH，IC4 和 IC6 的存储空间为 2000H～3FFFH，译码器输出$\overline{Y2}$和$\overline{Y3}$可留作它用。

8.6　本章小结

当 MCS-51 单片机扩展外部 ROM 或外部 RAM 时，P0 口提供低 8 位地址总线和数据总线，P2 口提供高 8 位地址总线，必须在单片机芯片外部设置地址锁存器使 P0 口的低 8 位地址总线和数据总线分开，构造单片机的扩展总线。此时，P0 和 P2 就不能再作为 I/O 使用。

半导体存储器可分为随机存取存储器(RAM)和只读存储器(ROM)。RAM 可以多次写入和读出，每次写入后，原来的内容被新写入的内容代替；进行读操作，不会改变存储单元的内容；当电源掉电时，RAM 的内容的随即消失。单片机系统中 RAM 常被用作数据存储器。ROM 需采用特殊的方式写入，一旦写入，不能随机地修改，只能从其中读出信息。当电源掉电时，ROM 会保持内容不变。在单片机系统中，ROM 用作程序存储器。

当$\overline{EA}$接地时，不论单片机是否含有片内程序存储器。其程序存储器全部为扩展的片外程序存储器，最大容量为 64KB。当$\overline{EA}$接高电平时，程序存储器可由片内程序存储器和片外程序存储器构成，当访问的空间超过片内程序存储器的地址范围时，单片机的 CPU 自动从片外程序存储器取指令。内部和外部程序存储器统一编址，最大空间为 64KB。

EPROM 芯片扩展时,它的地址线与单片机的地址总线相连,其中低 8 位地址总线由地址锁存器输出提供,而高 8 位地址总线来自单片机的 P2 口,EPROM 芯片的数据总线直接与 P0 口连接,单片机的 $\overline{\text{PSEN}}$ 与存储器芯片的输出控制 $\overline{\text{OE}}$ 连接;如果扩展了多片 EPROM,设计时应确保每个芯片的片选不会与其他芯片同时有效。芯片片选信号可以用线选和译码器译码的方法产生。每个单元的地址是由片选和芯片上的地址线状态编码确定的,单元地址是唯一的。

数据存储器的扩展也是通过地址总线、数据总线和控制总线实现的。数据存储器 RAM 芯片与单片机连接时,芯片的数据线、地址线和片选连接与外部程序存储器扩展相同,不同的是外部数据存储器的读写是由单片机的 $\overline{\text{RD}}$(P3.7)和 $\overline{\text{WR}}$(P3.6)控制的。外部程序存储器与外部数据存储器使用同一地址总线,它们的地址空间是完全重叠的,但是,由于单片机访问外部程序存储器时使用 $\overline{\text{PSEN}}$ 控制读取操作,因此,即使二者的单元地址完全相同,也不会造成访问冲突。

8.7 复习思考题

1. 简述 MCS-51 单片机的总线构造原理。

2. 用一片 Intel2764 给 8051 单片机扩展一个 8KB 的外部程序存储器,同时保留片内程序存储器,请画出电路连接图并分析。

3. 用 3 片 Intel2764 给 8051 单片机扩展 24KB 的外部程序存储器,要求地址空间与 8051 的内部 ROM 相衔接,请画出电路连接图并分析各芯片的地址范围。

4. 一个 8051 的应用系统需要扩展 8KB 的数据存储器,请画出逻辑连接图,并说明各芯片的地址范围。编写程序测试外部 RAM 的所有单元是否可用。方法:先写入一个数据,然后读出,如果二者相同,则单元可用,否则,通过标志位报错。若全部单元都可用,外部 RAM 可用,只要发现读写不一致,则停止检测并报错,同时输出该单元地址。

5. 在 MCS-51 单片机系统中,扩展的程序存储器和数据存储器都使用 16 位地址线和 8 位数据线,为什么不发生冲突?

6. 外部 I/O 接口地址是否可以与外部数据存储器地址重叠?为什么?

7. 试用 Intel 2764 和 6264 为单片机设计一个存储器系统,使它具有 16KB 程序存储器和 8KB 数据存储器。画出该存储器系统的硬件连接图,并说明各芯片的地址范围。

第9章

单片机I/O接口技术

输入/输出(Input/Output,I/O)接口电路是CPU与外设进行数据传输的桥梁。外设输入给CPU的数据,首先由外设传递到输入接口,再由CPU从接口获取;而CPU输出到外设的数据,先由CPU输出到接口电路,然后与接口相接的外设才得到数据。CPU与外设之间的信息交换,实际上是与I/O接口电路之间的信息交换。

本章主要介绍MCS-51单片机的I/O接口的扩展、简单外设的使用以及模拟量接口设计的原理和方法,包括简单芯片扩展I/O、可编程芯片扩展I/O口、键盘和显示器、A/D和D/A芯片及其接口。

9.1 I/O接口的控制方式

采用接口电路与外设之间的信息交换,是由外设的复杂性决定的。例如,计算机外设的种类繁多,有机械式的、机电式的、电子式的等;由于不同设备之间性能各异、对数据的要求互不相同,无法按统一格式进行数据传送。其次,外设的数据形式多种多样,如有模拟信号、数字信号、开关量等;数据的传输形式有串行、并行;另外,CPU运行速度与外设动作或响应速度之间差异较大,大多数外设的工作速度远比单片机的工作速度慢,它们的工作速度为若干毫秒,而单片机CPU执行一条指令最多需要微秒。因此,采用接口电路的目的就是要解决CPU与外设之间的数据传输的速度匹配问题。

1. I/O接口电路的功能

I/O接口电路的功能主要体现在以下几个方面。

1) 实现单片机与外设之间的速度匹配

当CPU和外设在工作速度上存在差异时,CPU与I/O接口电路之间的数据传输需要以异步方式进行。在数据传输时,CPU只有确认外设已准备好传输数据时,才能对I/O接口进行操作。外设的状态信息由接口电路产生或传送,以此实现CPU与外设之间的速度协调。

2) 实现输出数据锁存

CPU工作速度快,它输出的数据在数据总线上保持的时间短暂,无法满足慢速外设的数据接收要求,如小型继电器的动作时间为10ms,MCS-51单片机的CPU执行一条指令最多为若干微秒,在如此短暂的时间内继电器根本来不及动作。因此,输出接口必须具有锁存作用,在CPU执行输出指令时,先把数据锁存到接口电路的锁存器中,这样即使CPU指令执行结束,接口电路输出的状态依然保持不变,确保继电器断开或闭合。接口的锁存功能解决了CPU与外设之间速度匹配的问题。

3) 实现输入数据三态缓冲

在计算机中,数据总线是公用通道,CPU与外设之间、CPU与存储器之间的数据传送都是通过它来完成的,众多的资源共享总线,工作繁忙,因此,绝不允许任何部件长期占用总线。外设输入数据时,输入设备向CPU传送的数据要通过数据总线,为了避免上述情况的出现,当一个外设正在使用总线时,其余外设都必须与总线处于隔离状态,这样,各个外设互不干扰,使CPU能够高效地利用总线。

4) 实现数据转换

CPU只能识别二进制或二进制编码,而外设输出的是电压、电流或其他物理量,这些物理量必须转换为CPU能够处理和识别的数字量;有的外设需要模拟量来驱动,CPU输出的数字量也必须转换为外设需要的模拟量;另外,虽然有的外设输出或要求输出的是开关量,但其电平幅值与CPU能够处理的电平不兼容,也必须进行相应的转换;有的外设以串行方式收发数据,而CPU运算的数据都是并行的,需要进行串行—并行、或并行—串行的数据格式转换。综上所述,要求I/O接口电路具有数据转换功能,使不同形式和不同格式的数据能够被CPU处理。

2. CPU与I/O接口之间传输数据的控制方式

在计算机系统中,CPU与I/O接口之间传输数据有以下几种控制方式。

1) 无条件方式

在无条件方式下,只要CPU执行输入/输出指令,I/O接口就已经为数据交换做好了准备,也就是在输入数据时,外设传输的数据已经传送至输入接口;输出数据时,外设已经把上一次输出的数据取走,接口已经准备好接收新的数据。这种方式适用于动作时间已知且固定不变的低速I/O设备或无须等待时间的I/O设备。如单片机中CPU读写外部数据存储器。无条件传送方式的接口电路和控制比较简单。

2) 条件方式

条件传输方式也称为查询方式。条件传送控制方式的原理如图9.1所示。进行数据传输时,CPU先读接口的状态信息,根据状态信息判断接口是否准备好,外设传送的数据是否已在输入接口的缓冲器中,或上一次CPU输出到接口的数据是否已经被外设取走。如果没有准备就绪,CPU将继续查询接口状态,直到其准备好后才进行数据传输。

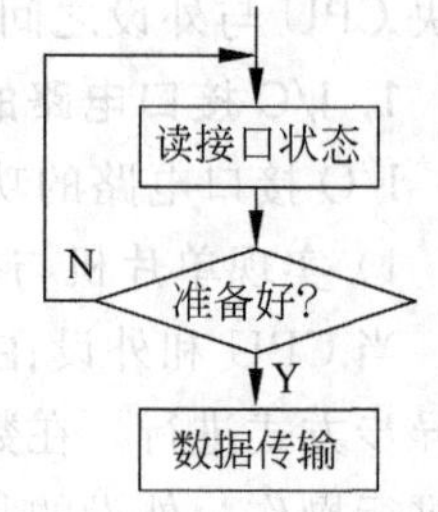

图9.1 条件传送控制方式原理

条件传送控制方式比无条件控制方式容易实现数据的传输准备,硬件和查询程序简单,通用性较好。其缺点是CPU要不断地查询接口的状态,消耗了CPU的工作时间,降低了它的效率。因为外设工作速度远低于CPU,这种方式下CPU用于数据传输的时间远远少于查询接口状态的时间。

3) 中断方式

在中断控制方式下,CPU并不需要查询接口状态,当接口准备好数据传输时,向CPU提出中断请求,如果满足中断响应条件,CPU则响应,这时CPU才暂时停止执行正在执行的程序,转去执行中断处理程序进行数据传输。传输完数据后,返回原来的程序继续执行。中断方式可以使CPU在通常情况下不必顾及外设,只有外设有请求时才去为其服务,这种服务的时间是很短的,极大地提高了CPU的效率。

4) 直接存储器存取方式

直接存储器存取方式(Direct Memory Access,DMA)由硬件完成数据交换,不需要CPU的介入,由DMA控制器控制,使数据在存储器与外设之间直接传送。这种方式电路比较复杂,成本较高,常用于高速的外设,如硬盘驱动器,在规模较小的系统中较少使用。

9.2　简单芯片扩展 I/O 接口

9.2.1　输出口的设计

单片机系统中，CPU 对某输出口输出数据后，输出口要保持该数据直到新的数据到来，因此，触发器、锁存器常用于扩展输出口。常用芯片有 74LS273，74LS373，74LS377 等。

74LS273 是一种具有清零端的 8D 触发器，它的管脚排列如图 9.2 所示，表 9.1 为它的功能表。设 D_i 和 Q_i 为 D 触发器的数据输入和输出端，$i=0,\cdots,7$，$\overline{CLR}$为清零端，CLK 为时钟信号输入端。当$\overline{CLR}$为低电平时，触发器被清零，输出全为低电平。当$\overline{CLR}$为高电平时，若 CLK 端出现上跳沿，D_i 被打入触发器并锁存，$Q_i=D_i$。其他情况下，触发器输出保持不变，输入的变化不影响输出的状态。

图 9.2　74LS273 的管脚图

表 9.1　74LS273 功能表

$\overline{CLR}$	CLK	D_i	Q_i
L	×	×	L
H	↑	H	H
H	↑	L	L
H	L	×	Q_0

注：Q0 为建立稳态输入条件之前，触发器输出 Q 的状态

8.1 节中曾提到，单片机的存储器、并行 I/O 扩展以及其他部件的扩展都是以三总线为基础进行的。考察 74LS273 芯片，数据信息可通过 8 个 D 触发器输出；为了使 74LS273 能够实现数据传送和锁存功能，$\overline{CLR}$应接高电平。因此，CLK 端的信号既要包含地址信息，又必须包含控制信息，这样才能使 CPU 正确地选通扩展的输出口，实现数据输出。

假设用 P2.6 作为 74LS273 的片选，P2.6=0 时，74LS273 被选中，CPU 在$\overline{WR}$为低电平时，把数据写到外部输出口，可得到 CLK 与 P2.6、$\overline{WR}$的逻辑关系如图 9.3 所示，则有 CLK=P2.6+$\overline{WR}$。当 P2.6=0 时，单片机执行写输出口指令，该指令执行过程中$\overline{WR}$产生写入负脉冲，在其上升沿 CLK 端产生正跳变，CPU 把数据送入 74LS273 并锁存，直到下一次新的数据写入。图 9.4 为用 74LS273 扩展输出口的电路，扩展的输出口用于驱动 8 个 LED(LED0～LED7)。

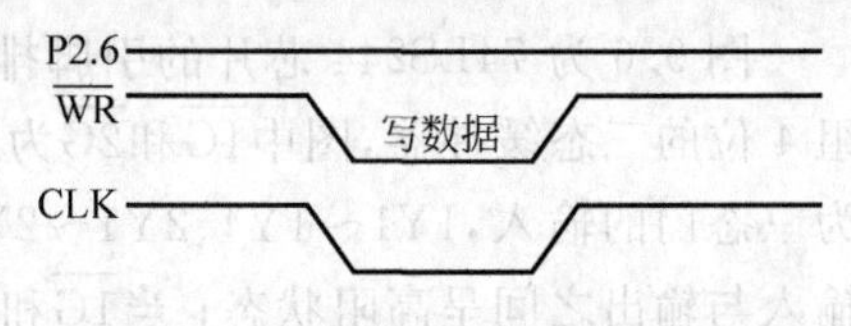

图 9.3　CLK 与 P2.6、$\overline{WR}$的逻辑关系

扩展的输出口地址分析如图 9.5 所示。如果默认×为 1，则扩展的输出口地址为 0BFFFH。值得注意的是，在电路中，片选信号决定了芯片在系统中的地址，接口地址与其余未用的地址线无关，它们的状态可以任意给定，因此，接口地址是重叠的。若默认×为 0，则输出口地址为 0000H。由于接口芯片只能输出一个字节的数据，在应用系统中只能分配给该接口一个地址，不论用哪一个地址作为口地址，地址线 P2.6 的状态是确定的、唯一的。

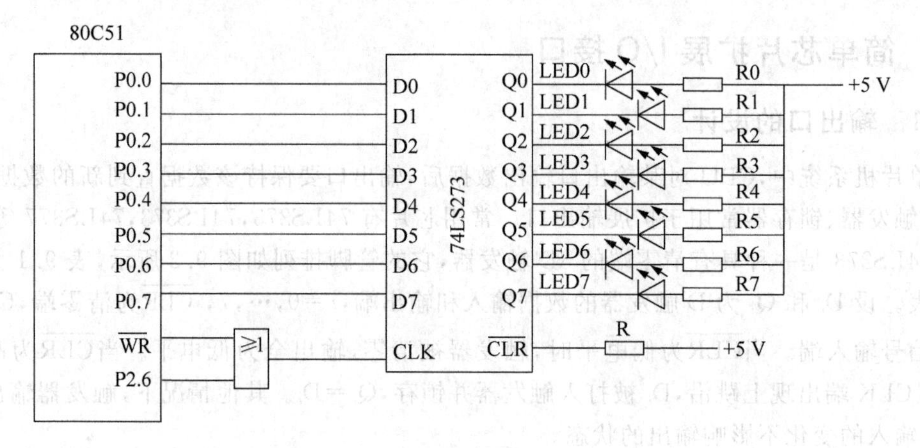

图 9.4　用 74LS273 扩展输出口的电路

P2.7	P2.6	P2.5	P2.4	P2.3	P2.2	P2.1	P2.0	P0.7	P0.6	P0.5	P0.4	P0.3	P0.2	P0.1	P0.0
A15	A14	A13	A12	A11	A10	A9	A8	A7	A6	A5	A4	A3	A2	A1	A0
×	0	×	×	×	×	×	×	×	×	×	×	×	×	×	×

图 9.5　扩展的输出口地址分析

设控制 LED 的信息存储在工作寄存器 R6 中，LED 状态更新的程序如下：

```
MOV   DPTR, #0BFFFH          ;输出口地址 0BFFFH,其中 P2.6 = 0
MOV   A, R6                  ;取显示信息
MOVX  @DPTR,A                ;输出,该指令执行产生WR负脉冲,DPTR 中包含 P2.6 = 0
```

9.2.2　输入口的设计

在应用系统中，输入设备及外围芯片只有被单片机选中时，其数据总线才能与单片机的数据总线接通，否则，其总线应当与单片机的总线隔离，因此，输入接口除了具有缓冲作用外，还应有隔离作用，可控的三态缓冲器具有上述功能，常用芯片有 74LS244，74LS245 等。

1. 采用 74LS244 扩展输入口

图 9.6 为 74LS244 芯片的引脚排列图，表 9.2 为它的功能表。74LS244 芯片内部有两组 4 位的三态缓冲器，图中$\overline{1G}$和$\overline{2G}$为三态门的门控端，低电平有效。1A1～1A4、2A1～2A4 为三态门的输入，1Y1～1Y4、2Y1～2Y4 为三态门的输出。当1G和2G为高电平时，74LS244 输入与输出之间呈高阻状态；当$\overline{1G}$和$\overline{2G}$为低电平时，它的输出和输入状态相同。

图 9.7 为采用 74LS244 扩展的输入口接口电路。开关 K0～K7 闭合时接口电路被接地，输入低电平，开关断开时接口电路被上拉到＋5V，输入高电平。接口电路输入的开关状态通过 P0 口被送入单片机，因此，门控信号1G和2G必须综合地址和控制总线的信息。若令 P2.7＝0 时，单片机选中 74LS244 进行数据输入，则$\overline{1G}$和$\overline{2G}$与 P2.7、$\overline{RD}$的逻辑关系如表 9.3 所示，可得：$\overline{1G}$＝P2.7＋$\overline{RD}$。如果把未使用的地址线默认为 0，输入接口的地址为 0000H。

引脚	名称	名称	引脚
1	$\overline{1G}$	V_{CC}	20
2	1A1	$\overline{2G}$	19
3	2Y4	1Y1	18
4	1A2	2A4	17
5	2Y3	1Y2	16
6	1A3	2A3	15
7	2Y2	1Y3	14
8	1A4	2A2	13
9	2Y1	1Y4	12
10	GND	2A1	11

图 9.6　74LS244 芯片的引脚排列图

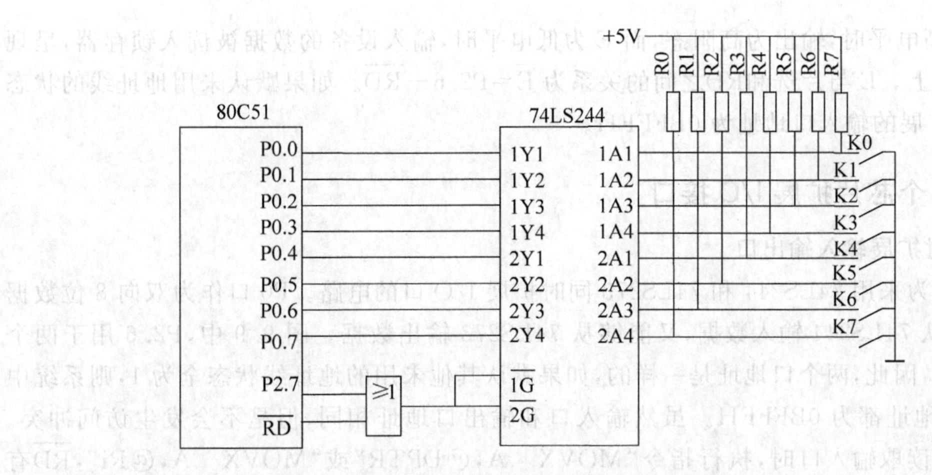

图 9.7　采用 74LS244 扩展的输入口

表 9.2　74LS244 功能表

$\overline{1G}/\overline{2G}$	三态门输入	三态门输出
L	L	L
L	H	H
H	×	高阻

表 9.3　$\overline{1G}$和$\overline{2G}$与 P2.7、$\overline{RD}$的逻辑关系

P2.7	$\overline{RD}$	$\overline{1G}/\overline{2G}$
1	×	1
0	0	0
×	1	1

把开关 K0～K7 的状态读入单片机，并存储在指定单元 R7 中的程序如下：

```
MOV DPTR,#0000H      ;输入口的地址 0000H,其中 P2.7 = 0
MOVX A,@DPTR         ;读开关状态,指令执行时,RD = 0,P2.7 = 0,三态门打开
MOV R7,A             ;存储开关状态
```

74LS244 是一个三态缓冲器，它没有锁存功能。如果输入设备提供的数据有效时间较短，那么，在扩展时就得考虑输入数据锁存的问题，以便单片机有效而正确地获取数据。

2. 具有输入数据锁存的输入口扩展

在第 8 章介绍了 74LS373 芯片，它是一种同相的三态输出触发器。只要当输出控制 $\overline{E}$ 为高电平，触发器输出就为高阻态；当 $\overline{E}=0$ 时，若使能端 G 为高电平，触发器的输出随输入变化；G 端电平由高变低时，输出处于保持状态，此时，输入的状态不影响输出。

图 9.8 为采用 74LS373 扩展的输入口。G 接高电平，使它的使能端始终有效，这种情

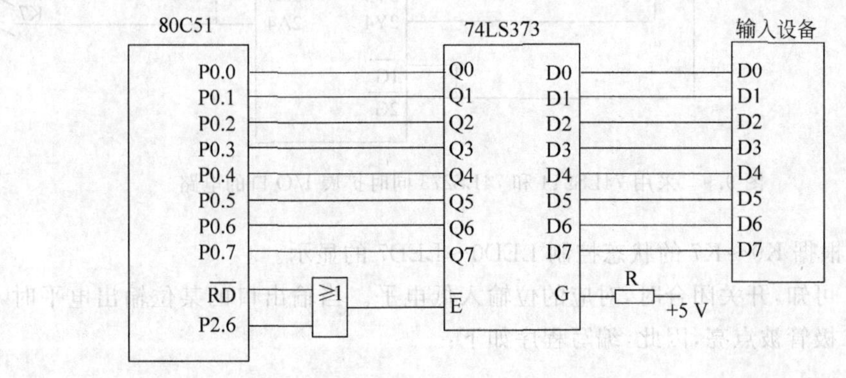

图 9.8　采用 74LS373 扩展的输入口

况下,$\overline{E}$ 为高电平时,输出为高阻态,而 $\overline{E}$ 为低电平时,输入设备的数据被读入锁存器,呈现在数据总线上。$\overline{E}$ 与片选和RD之间的关系为 $\overline{E}=P2.6+\overline{RD}$。如果默认未用地址线的状态全为1,则扩展的输入口地址为0BFFFH。

9.2.3 多个芯片扩展I/O接口

1. 同时扩展输入输出口

图9.9为采用74LS244和74LS273同时扩展I/O口的电路。P0口作为双向8位数据线,既能够从74LS244输入数据,又能够从74LS273输出数据。图9.9中,P2.6用于两个芯片的片选,因此,两个口地址是一样的,如果默认其他未用的地址线状态全为1,则系统中2个芯片的地址都为0BFFFH。虽然输入口和输出口地址相同,但是不会发生访问冲突。因为单片机读取输入口时,执行指令“MOVX　A,@DPTR”或“MOVX　A,@Ri”,$\overline{RD}$有效;单片机向输出口写数据时,执行指令:“MOVX　@DPTR,A”或“MOVX @Ri,A”,$\overline{WR}$有效;单片机不可能在同一时刻执行两种指令,因此$\overline{RD}$和$\overline{WR}$不会同时有效,保证了两个芯片不会被同时选中。此时,74LS244具有只读功能,74LS273具有只写功能。

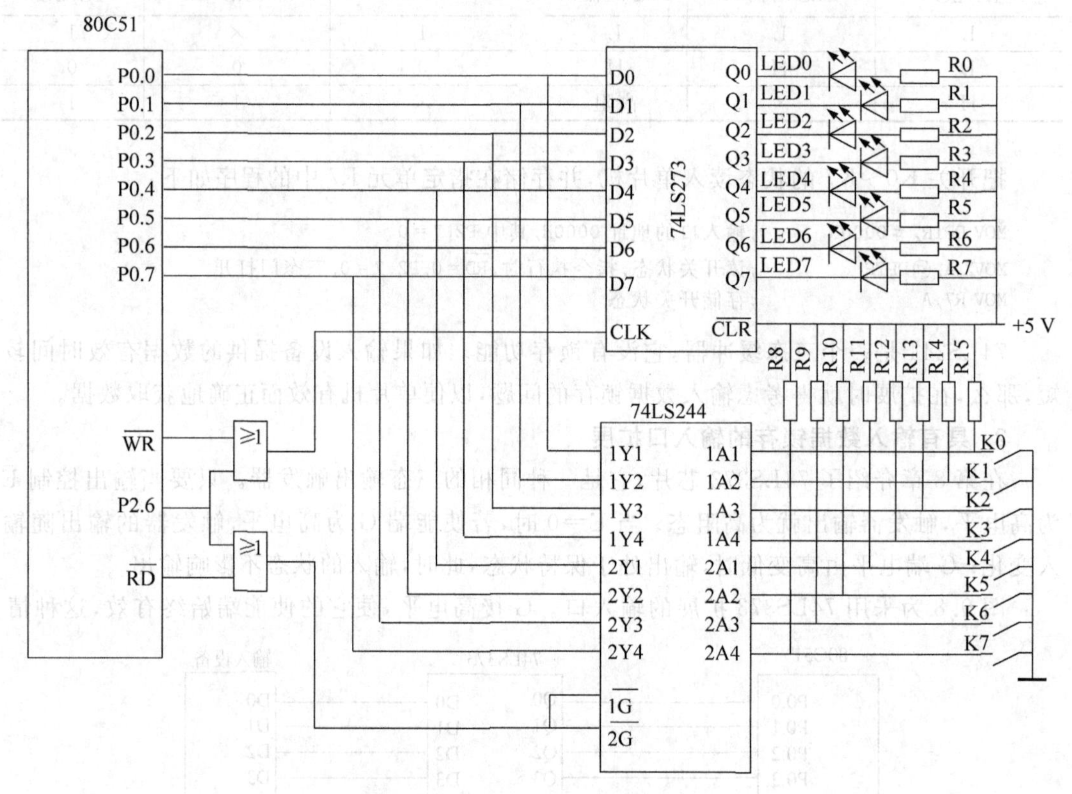

图9.9　采用74LS244和74LS273同时扩展I/O口的电路

例9.1　根据K0~K7的状态控制LED0~LED7的显示。

从图9.9可知,开关闭合时,对应的位输入低电平。当输出口的某位输出电平时,与之相连的发光二极管被点亮,因此,编写程序如下:

```
MOV   DPTR,   #BFFFH    ;设置输入/输出口地址
```

```
COMT:      MOVX  A,    @DPTR        ;读取开关状态
           NOP                      ;延时,总线稳定
           MOVX  @DPTR,     A       ;输出,驱动 LED 显示
           NOP                      ;延时,总线稳定
           AJMP  CONT
```

2. 使用多片简单芯片扩展 I/O 口

图 9.10 为使用 4 个芯片扩展 I/O 口的电路。图中采用译码器译码的方法产生各个接口芯片的片选信号,其原理与多片存储器扩展相同。

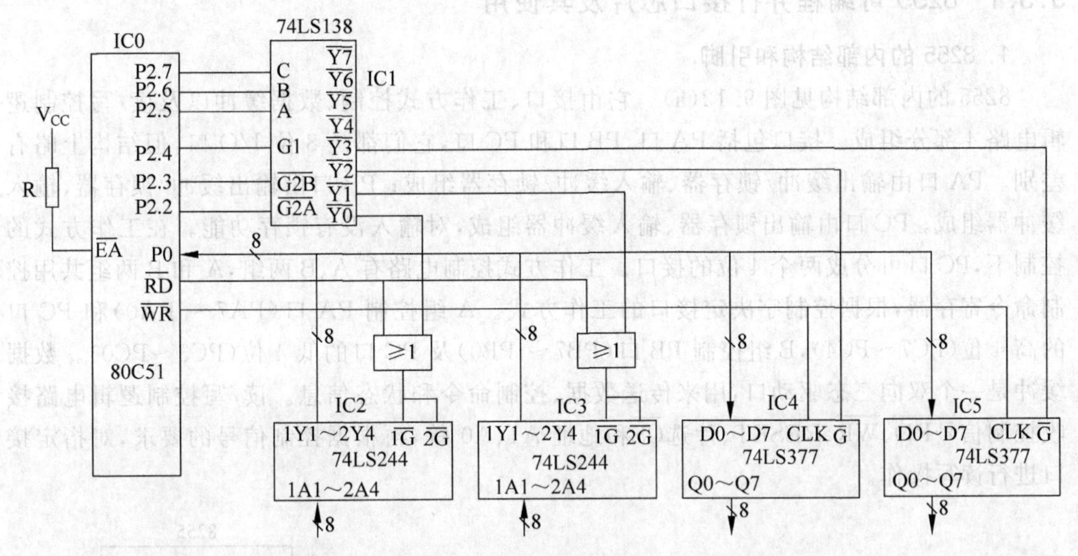

图 9.10　使用 4 片简单芯片扩展 I/O 口的电路

I/O 口地址分析如图 9.11 所示。若默认未使用的地址线状态全为 1,则 IC2 地址为 1000H、IC3 地址为 3000H、IC4 地址为 5000H、IC5 地址为 7000H。当扩展的芯片较多时,应考虑总线的驱动能力,必要时需要增加驱动器来提升总线驱动能力。

芯片	P2.7 A15	P2.6 A14	P2.5 A13	P2.4 A12	P2.3 A11	P2.2 A10	P2.1 A9	P2.0 A8	P0.7 A7	P0.6 A6	P0.5 A5	P0.4 A4	P0.3 A3	P0.2 A2	P0.1 A1	P0.0 A0	地址
74LS138	C	B	A	G1	G2A	G2B	未用地址线										
IC2	0	0	0	1	0	0	×	×	×	×	×	×	×	×	×	×	1000
IC3	0	0	1	1	0	0	×	×	×	×	×	×	×	×	×	×	3000
IC4	0	1	0	1	0	0	×	×	×	×	×	×	×	×	×	×	5000
IC5	0	1	1	1	0	0	×	×	×	×	×	×	×	×	×	×	7000
保留	1	0	0	1	0	0	×	×	×	×	×	×	×	×	×	×	9000
保留	1	0	1	1	0	0	×	×	×	×	×	×	×	×	×	×	B000
保留	1	1	0	1	0	0	×	×	×	×	×	×	×	×	×	×	D000
保留	1	1	1	1	0	0	×	×	×	×	×	×	×	×	×	×	F000

图 9.11　4 个芯片的扩展 I/O 口地址分析

9.3　可编程接口芯片的扩展

9.2 节介绍的用简单芯片扩展的 I/O 口,功能单一,不能提供接口和外设的状态信息,难以实现复杂的数据传输。可编程接口(Programmable Peripheral Interface, PPI)芯片允

许通过程序来改变它的工作方式和接口功能,可以实现多种形式的数据传输。Intel公司提供了多种PPI芯片,包括并行接口8255、含有RAM和定时器/计数器的并行接口8155、键盘/显示器接口8279、中断源接口8259及定时器/计数器8253等,虽然这些芯片在目前的单片机应用系统中较少采用,但是,接口的可编程技术已被广泛地应用到单片机、其他类型的PPI芯片或外设上,如单片机内部的中断系统、串行总线芯片、LCD、智能传感器等。本节主要介绍8255和8155的功能及其与MCS-51单片机的扩展方法。

9.3.1 8255可编程并行接口芯片及其使用

1. 8255的内部结构和引脚

8255的内部结构见图9.12(a)。它由接口、工作方式控制、数据缓冲以及读/写控制逻辑电路4部分组成。接口包括PA口、PB口和PC口,它们都是8位I/O口,但结构上略有差别。PA口由输出缓冲/锁存器、输入缓冲/锁存器组成;PB口由输出缓冲/锁存器、输入缓冲器组成;PC口由输出锁存器、输入缓冲器组成,对输入没有锁存功能。在工作方式的控制下,PC口可分成两个4位的接口。工作方式控制电路有A、B两组,A和B两组共用控制命令寄存器,根据控制字决定接口的工作方式。A组控制PA口(PA7～PA0)和PC口的高4位(PC7～PC4),B组控制PB口(PB7～PB0)及PC口的低4位(PC3～PC0)。数据缓冲是一个双向三态驱动口,用来传送数据、控制命令和状态信息。读/写控制逻辑电路接收控制信号$\overline{RD}$、$\overline{WR}$、RESET、片选$\overline{CS}$和地址A1、A0等,再根据控制信号的要求,对指定接口进行读写操作。

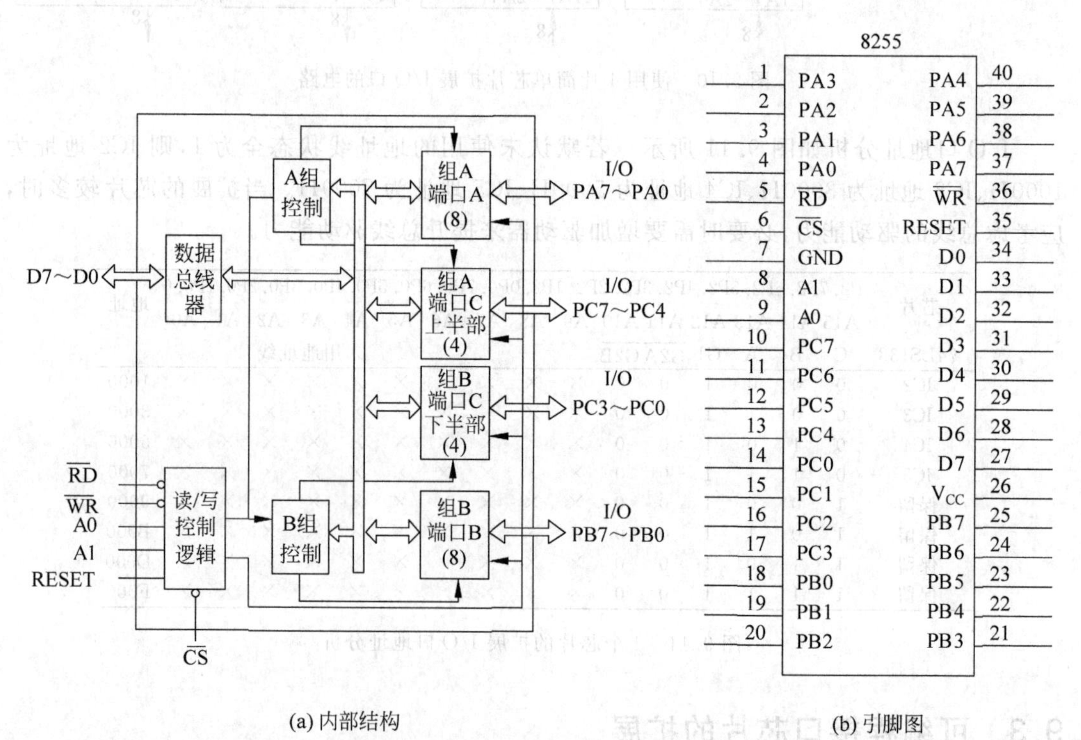

图9.12 8255的内部结构和引脚排列

8255 的引脚排列如图 9.12(b)所示，它采用双列直插 40 脚封装，说明如下：

(1) 电源：VCC 为+5V，GND 为电源地。

(2) 数据线：D0～D7，用于传送 CPU 和 8255 之间的数据、命令和状态字。

(3) 片选和地址线。

- 片选线：$\overline{CS}$，输入引脚，当$\overline{CS}$为低电平时，8255 被选中。
- 地址线：A1 和 A0，输入引脚，当$\overline{CS}$=0 时，这两位分别用于选择 PA、PB、PC 和控制寄存器，地址分配及工作状态见表 9.4。

表 9.4　8255 接口地址分配及工作状态

$\overline{CS}$	A1	A0	口或寄存器	$\overline{RD}$	$\overline{WR}$	CPU 操作状态
0	0	0	PA 口	0	1	读 PA 口
				1	0	写入 PA 口
0	0	1	PB 口	0	1	读 PB 口
				1	0	写入 PB 口
0	1	0	PC 口	0	1	读 PC 口
				1	0	写入 PC 口
0	1	1	控制寄存器	0	1	无效
				1	0	写入控制字
1	×	×	未选中	×	×	数据总线呈高阻态

(4) 控制线

- RESET 为复位信号，输入高电平有效。复位后，8255 所有的内部寄存器被清零，所有的口被置为输入方式。
- $\overline{RD}$为读信号线，当$\overline{RD}$输入低电平时，8255 处于读状态。
- $\overline{WR}$为写信号线，当$\overline{WR}$输入低电平时，8255 处于写状态。

(5) I/O 口线(24 条)

- PA7～PA0：PA 口的并行 I/O 线，双向三态。
- PB7～PB0：PB 口的并行 I/O 线，双向三态。
- PC7～PC0：PC 口的并行 I/O 线，双向三态。方式 0 时，PC7～PC4、PC3～PC0 为两组并行 I/O 线。方式 1 或方式 2 时，PC 口分为两组作为 PA 口和 PB 口的联络控制线。

2. 8255 的控制字和状态字

1) 8255 的控制字

8255 有两个控制字，如果控制字的最高位为 1，表示工作方式控制字，如果最高位为 0，表示 PC 口按位置位/复位控制字。

(1) 8255 工作方式控制字

8255 的三个接口的工作方式是通过 CPU 对控制字寄存器写入控制字来决定的，控制字寄存器的定义如图 9.13 所示。三个接口被分成两组，A 组包括 PA 口和 PC 口的高 4 位，B 组包括 PB 口和 PC 口的低 4 位。其中，D7 为控制字标志位，选择工作方式时，D7 必须为 1。D6 和 D5 用于设置 A 组的工作方式，如表 9.5 所示，A 组有三种工作方式：方式 0、方式 1 和方式 2。D4 用于设置 PA 口的输入输出状态，D4=1，PA 口为输入口，D4=0，PA 口为输出口。D3 用于设置 PC 口的高 4 位的输入输出状态，D3=1，PC 口的高 4 位为输入，D3=

0,PC口的高4位为输出。D2用于设置B组的工作方式,D2=0,B组的接口工作在方式0,D2=1,B组的接口工作在方式1。D1用于设置PB口的输入输出状态,D1=1,PB口为输入口,D1=0,PB口为输出口。D0用于设置PC口的低4位的输入输出状态,D0=1,PC口的低4位为输入,D0=0,PC口的低4位为输出。

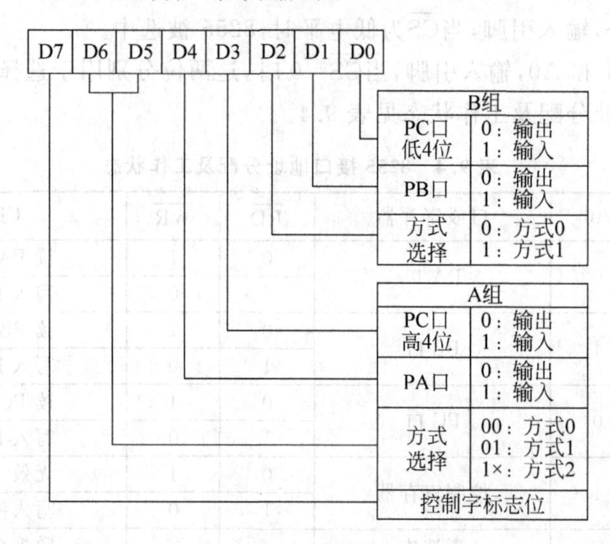

图9.13 8255方式选择控制字寄存器的定义

表9.5 8255工作方式设置

D6	D5	工作方式	说明
0	0	方式0	基本的输入输出方式
0	1	方式1	选通输入输出方式
1	×	方式2	双向输入输出方式

(2) 8255的PC口按位操作控制字

当控制字的最高位D7=0时,控制字寄存器用来设置对PC口按位操作的控制字,可实现对指定位的清零和置位,它的定义如图9.14所示。其中,D7为控制字标志位,对PC口按位操作时该位必须为0。D6,D5,D4这3位为保留位。D3,D2,D1用于指定PC口被操作的位,如表9.6所示。D0用于定义PC口按位操作的方式,D0=0,把指定位清零;D0=1,把指定位置1。

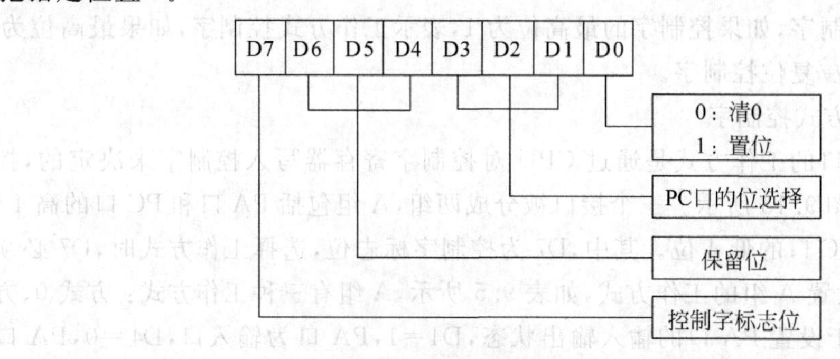

图9.14 PC口按位置位/复位控制字

表 9.6 设置 PC 口操作的位

D3	D2	D1	PC 口的位
0	0	0	PC0
0	0	1	PC1
0	1	0	PC2
0	1	1	PC3
1	0	0	PC4
1	0	1	PC5
1	1	0	PC6
1	1	1	PC7

按位操作控制字用于对 PC 口的 I/O 引脚的输出进行控制，利用它可使 PC 口的每一位独立地产生输出，而不影响其他各位的状态。

2) 8255 的状态字

8255 没有专门的状态字寄存器，它工作在方式 1 或方式 2 时，读取 PC 口即可以获得状态字。状态字中有效信息不满 8 位时，所缺的位是对应的 PC 口引脚的输入电平。

(1) PA 口、PB 口被定义为方式 1 输入时，读取 PC 口获取的状态字为 PA 口、PB 口输入口状态字，如图 9.15 所示。它的低 3 位为 B 组的状态字，高 5 位为 A 组的状态字，其中，$INTR_A$ 和 $INTR_B$ 分别是 PA 口、PB 口的输入中断请求标志，IBF_A 和 IBF_B 分别是 PA 口、PB 口的输入缓冲器满标志，$INTE_{A2}$ 和 $INTE_B$ 分别是 PA 口、PB 口的输入中断允许标志。

D7	D6	D5	D4	D3	D2	D1	D0
I/O	I/O	IBF_A	$INTE_{A2}$	$INTR_A$	$INTE_B$	IBF_B	$INTR_B$

图 9.15 8255 的 PA 口、PB 口为输入口状态字

(2) PA 口、PB 口被定义为方式 1 输出时，读取 PC 口获取的状态字为 PA 口、PB 口输出口状态字，如图 9.16 所示。它的低 3 位为 B 组的状态字，高 5 位为 A 组的状态字，其中，$INTR_A$ 和 $INTR_B$ 分别为 PA 口、PB 口的输出中断请求标志，$\overline{OBF_A}$ 和 $\overline{OBF_B}$ 分别为 PA 口、PB 口的输出缓冲器满标志，$INTE_{A1}$ 和 $INTE_B$ 分别为 PA 口、PB 口的输出中断允许标志。

D7	D6	D5	D4	D3	D2	D1	D0
$\overline{OBF_A}$	$INTE_{A1}$	I/O	I/O	$INTR_A$	$INTE_B$	$\overline{OBF_B}$	$INTR_B$

图 9.16 8255 的 PA 口、PB 口为输出口状态字

(3) PA 口被定义为方式 2 时，读取 PC 口获取的状态字为 PA 口双向 I/O 状态字，如图 9.17 所示。状态字的低 3 位由 B 组的工作方式来确定。高 5 位为 PA 口的标志位，分别是中断请求标志 $INTR_A$、输入缓冲器满标志 IBF_A、输出缓冲器满标志 $\overline{OBF_A}$、输出中断允许标志 $INTE_{A1}$、输入中断允许标志 $INTE_{A2}$。

D7	D6	D5	D4	D3	D2	D1	D0
$\overline{OBF_A}$	$INTE_{A1}$	IBF_A	$INTE_{A2}$	$INTR_A$			

图 9.17 方式 2 时状态字的格式

3) 8255 的工作方式

(1) 方式 0

方式 0 为基本的输入输出方式,这种工作方式不需要选通信号。PA、PB 和 PC 口都可以通过方式控制字设定为输入或输出接口。

(2) 方式 1

方式 1 为选通输入输出方式。PA 口和 PB 口可以被设置为这种工作方式。方式 1 时,PA 口和 PB 口可通过编程独立地设定为输入或输出,PC 口的部分引脚作为选通和应答信号,表 9.7 列出了方式 1 时 PC 口引脚的定义。

表 9.7 方式 1 时 PC 口引脚的定义

PC 口引脚	输入方式	输出方式
PC0	$INTR_B$	$INTR_B$
PC1	IBF_B	$\overline{OBF_B}$
PC2	$\overline{STB_B}$	$\overline{ACK_B}$
PC3	$INTR_A$	$INTR_A$
PC4	$\overline{STB_A}$	I/O
PC5	IBF_A	I/O
PC6	I/O	$\overline{ACK_A}$
PC7	I/O	$\overline{OBF_A}$

① 方式 1 输入

方式 1 输入时,PA 口和 PB 口分别有 3 根控制线:$INTR_X$,IBF_X 和$\overline{STB_X}$(X 取 A,B)。内部控制电路自动为每个接口提供两个状态触发器:中断允许触发器 INTE 和数据缓冲器满状态触发器 IBF。

$\overline{STB_X}$ 是外设发给 8255 的输入信号,它为低电平时,表示外设的数据已准备就绪,由外设来的数据被送入 8255 的 PA 口或 PB 口的输入锁存器;当$\overline{STB_X}$ 变为高电平时,此时如果 $INTE_X$ 为 1,则 $INTR_X$ 变为高电平,8255 向 CPU 发出中断请求。

IBF_X 为输入缓冲器满信号,它为高电平时,表示数据已送入输入锁存器,它是 8255 输出的应答信号。当$\overline{STB_X}$ 为低电平时,输入数据被锁存到 8255 后,IBF_X 变为高电平。当 CPU 从 8255 读取数据后,在 8255 读控制信号$\overline{RD}$的上升沿使 IBF_X 复位成低电平。

$INTR_X$ 为中断请求信号。当$\overline{STB_X}$ 为低电平时,输入数据被锁存到 8255 后,IBF_X 变为高电平,在$\overline{STB_X}$ 由低电平变为高电平时,如果 $INTE_X$ 为高电平,则 $INTR_X$ 变为高电平,8255 向 CPU 发出中断请求。CPU 响应中断后,在中断处理程序中从 8255 的接口读取数据时,产生$\overline{RD}$为低电平的读控制信号,把接口锁存的数据读入 CPU,延迟一段时间后,自动撤销中断请求信号 $INTR_X$,使其变为低电平。同时,在$\overline{RD}$的上升沿使 IBF_X 复位成低电平。这样,外设可再一次输入新的数据。

INTE 触发器用于控制接口是否允许请求中断。当 INTE 触发器的状态为 1 时,允许接口发出中断请求信号 $INTR_X$;否则,禁止接口发出中断请求信号 $INTR_X$。接口的 INTE 触发器与 PC 口的每一位相关联,用户可以通过对 PC 口的位操作修改 INTE 触发器的状态,其操作不会影响 PC 口对应引脚的输出状态。PA 口的输入中断允许触发器 INTE 对应

PC口的PC4位，PB口的输入中断允许触发器NTE对应PC2位。在启用PA口和PB口之前，应采用PC口的位操作方法对INTE触发器相关联的位进行置位，允许接口请求中断。同样，也可以进行复位操作，禁止接口请求中断。

IBF触发器用于反映接口数据缓冲器的状态。当外设数据发送给接口，并由选通脉冲$\overline{STB_X}$把它锁存之后，触发器IBF自动置1，表示数据已存入接口缓冲器中。CPU把数据从接口缓冲器中取出之后，触发器IBF自动清零。触发器IBF的状态可以通过读状态字获得，同时还可以以反码的形式从8255芯片IBF_X引脚输出。PA口的输入缓冲器满状态触发器IBF对应PC口的PC5位，PB口的输入缓冲器满状态触发器IBF对应PC1位。

方式1时，接口数据输入的过程如下：当接口被控制字设定为方式1输入后，接口在进行数据输入之前应将触发器INTE置1，允许接口输入请求中断，否则，触发器INTE清零，接口输入不允许请求中断。如果接口内没有数据，触发器IBF的状态为0。外设通过输出引脚IBF_X检测到接口状态以后送出数据，并发选通脉冲$\overline{STB_X}$，用STB将数据送入接口，触发器IBF在$\overline{STB_X}$的下降沿被置1。当$\overline{STB_X}$恢复为高电平后，由于触发器IBF状态为1，$INTR_X$亦为高电平，发出中断请求信号。当CPU通过中断或查询方式接收到接口的请求以后，执行读接口指令，向接口发出读控制信号$\overline{RD}$，把数据读入CPU。同时，由于$\overline{RD}$变为低电平，$INTR_X$被清零。在$\overline{RD}$的上升沿，触发器IBF被复位，外设便可再次发送数据。

② 方式1输出

方式1输出时，PA口、PB口也分别有3根控制线：$\overline{OBF_X}$，$\overline{ACK_X}$及$INTR_X$（X取A，B）。内部控制电路也自动为每个接口提供两个状态触发器：中断允许触发器INTE和缓冲器满状态触发器OBF。输出中断允许触发器INTE与输入时相同，用来控制该接口输出数据的中断请求信号$INTR_X$。OBF触发器用于表征输出数据缓冲器的状态，当CPU将数据发送给接口以后，触发器OBF自动置1，表示该接口输出缓冲器中有数据，当外设把数据从该接口取走后，发出应答信号$\overline{ACK_X}$，触发器OBF在$\overline{ACK_X}$的下降沿时被清零。触发器OBF状态可通过状态字得到，同时以反码的形式从芯片的OBF引脚输出。PA口和PB口输出缓冲器满状态触发器OBF分别对应于PC口的PC7和PC1位。

OBF_X是输出缓冲器满信号，它是8255给外设的联络信号。当$\overline{OBF_X}$为低电平时，表示CPU已经把数据输出到此接口，外设可以从接口取数据。CPU向接口写入数据时，在$\overline{WR}$由低电平变为高电平时，$\overline{OBF_X}$变为低电平；当外设应答信号$\overline{ACK_X}$由高电平变为低电平时，$\overline{OBF_X}$变为高电平。PA口的输出缓冲器满信号$\overline{OBF_A}$为PC口的PC7引脚，PB口的输出缓冲器满信号$\overline{OBF_B}$为PC口的PC1引脚。

$\overline{ACK_X}$是外设应答信号，是外设从接口取出数据之后向8255发回的应答信号。$\overline{ACK_X}$为低电平表示外设已经从接口取走数据。8255检测到应答信号$\overline{ACK_X}$有效后，在$\overline{ACK_X}$的下降沿使$\overline{OBF_X}$变为高电平，用来通知外设8255已没有新的输出数据。同时，又利用$\overline{ACK_X}$的上升沿使$INTR_X$变为高电平，向CPU请求中断，要求发送下一个数据。PA口的外设应答信号$\overline{ACK_A}$为PC口的PC6引脚，PB口的外设应答信号$\overline{ACK_B}$为PC口的PC2引脚。

$INTR_X$是中断请求信号。如果接口的中断允许触发器INTE的状态为1，且$\overline{ACK_X}$和$\overline{OBF_X}$都是高电平，则$INTR_X$输出高电平，向CPU请求中断。PA口的中断请求信号

$INTR_A$ 为 PC 口的 PC3 引脚,PB 口的中断请求信号 $INTR_B$ 为 PC 口的 PC0 引脚。

方式 1 选通输出过程如下：当接口被指定为方式 1 输出时,在 CPU 输出数据操作之前,应该将接口的中断允许触发器 INTE 的状态置 1,允许该接口中断；否则,触发器 INTE 状态清零,接口不允许中断。CPU 向接口发送数据后,由于 $\overline{WR}$ 低电平的到来和输出缓冲器满状态触发器 OBF 被置位,中断请求信号 $INTR_X$ 为低电平。如果接口缓冲器内有数据,则触发器 OBF 状态为 1。外设通过 $\overline{OBF_X}$ 信号检测到接口状态以后取走数据,并发出应答信号 $\overline{ACK_X}$。触发器 OBF 在 $\overline{ACK_X}$ 的下降沿被清零,$\overline{OBF_X}$ 输出高电平；当应答信号 $\overline{ACK_X}$ 恢复为高电平,如果触发器 INTE 状态仍然为 1,此时,$INTR_X$ 输出高电平,向 CPU 请求中断信号。当 CPU 通过中断或查询方式接收到接口的请求以后,执行写接口指令,向接口发送新的数据,由于 $\overline{WR}$ 的到来和触发器 OBF 被置位,中断请求 $INTR_X$ 被清零,外设可再次接收数据。

另外,当 8255 工作在方式 1 时,由于只使用了 PC 口的 6 个引脚作为控制联络信号线,剩余的两根引脚可以用于一般的 I/O,使用时,可以通过 PC 口的位操作输入输出数据。

③ 方式 2

方式 2 是具有联络信号的双向 I/O 口模式,只有 PA 口有方式 2。此时,PA 口是一个 8 位的双向 I/O 接口,PC 口的高 5 位引脚 PC7～PC3 为 PA 口输入输出的控制联络信号线。其余的 3 位可作为 PB 口在方式 1 时的联络信号线、或者 PB 口在方式 0 时作为 PC 口引脚使用。方式 2 时 PC 口引脚的定义见表 9.8。

表 9.8　方式 2 时 PC 口引脚的定义

PC 口引脚	定　义	PC 口引脚	定　义
PC0	由 PB 口的方式决定	PC4	$\overline{STB_A}$
PC1	由 PB 口的方式决定	PC5	IBF_A
PC2	由 PB 口的方式决定	PC6	$\overline{ACK_A}$
PC3	$INTR_A$	PC7	$\overline{OBF_A}$

PA 口被定义为方式 2 时,内部控制电路提供 4 个状态触发器：中断允许触发器 $INTE_1$、$INTE_2$、输入缓冲器满状态触发器 IBF_A 和输出缓冲器满状态触发器 OBF_A,同时还借用 PC 口的 5 个引脚分别作为控制联络信号(见表 9.8)。触发器 IBF_A 和 OBF_A 与方式 1 工作时完全相同,读状态字可以得到它们的状态,而且它们的状态也可以通过引脚 IBF_A 和 $\overline{OBF_A}$ 输出到外设。$INTE_1$ 和 $INTE_2$ 分别为输出中断允许和输入中断允许触发器,其功能和作用与方式 1 输出和输入时的 INTE 相同,它们对外没有输出,只能通过读状态字了解它们当前的状态。

$INTR_A$ 为 PA 口发出的中断请求信号。$INTR_A$ 为高电平的条件是：

$$INTR_A = INTE_1 \cdot IBF_A \cdot \overline{RD} \cdot \overline{STB_A} + INTE_2 \cdot \overline{OBF_A} \cdot \overline{WR} \cdot \overline{ACK_A}$$

显然,当 PA 口被设定为方式 2 时,$INTR_A$ 对数据输入和输出都能够提供中断请求信号。

3. 8255 与 MCS-51 单片机的接口设计

MCS-51 单片机与 8255 的接口电路设计和单片机与 I/O 口之间的数据传送方式有关。无条件传送方式时,单片机与 8255 之间无须控制联络信号,CPU 可以随时进行数据的输入或输出操作，可用 8255 的工作方式 0 实现。查询方式和中断方式时，单片机与 8255 之间需控制联络信号，此时可选择 8255 工作方式 1 和方式 2 实现。另外，在 CPU 访问 8255 的接口之前，必须首先设置 8255 的工作方式和各个接口的输入输出状态，即对 8255 初始化。

图 9.18 为单片机与 8255 的一种连接电路。8255 的数据总线 D0～D7 与单片机的 P0 口相连，用 P2.0 作为 8255 的片选，地址线 A1、A0 连接到单片机的地址总线的最低 2 位，读/写控制 $\overline{RD}$ 和 $\overline{WR}$ 分别与单片机的 $\overline{RD}$ 和 $\overline{WR}$ 连接。在应用系统中，通常 8255 的复位控制端 RESET 可以与单片机的复位端相连，也可以采用单独的上电复位电路。另外，在扩展多片 8255 或与其他接口芯片混合扩展时，其片选 $\overline{CS}$ 可以采用线选法和译码器译码等方法产生。

根据图 9.18 的连接方式，8255 的接口和控制寄存器地址分析如图 9.19 所示。通过分析可得 PA，PB，PC 和控制寄存器地址分别为：0FE00H，0FE01H，0FE02H 和 0FE03H（高 8 位未用地址线状态默认为 1，低 8 位未用地址线状态默认为 0）。

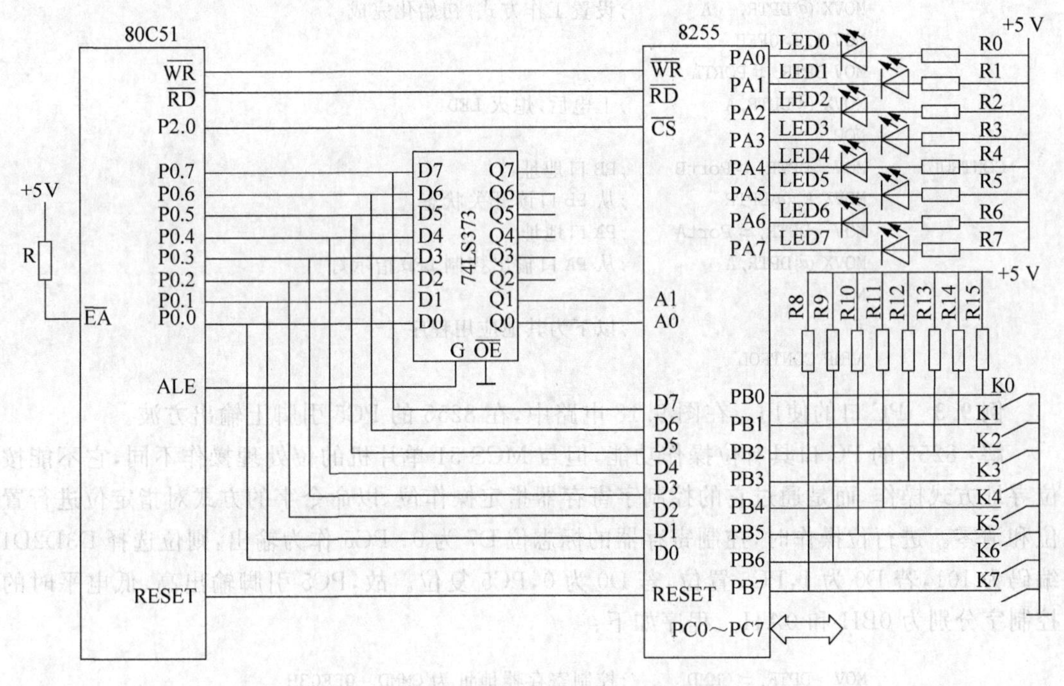

图 9.18　单片机与 8255 的一种连接电路

单片机引脚	P2.7	P2.6	P2.5	P2.4	P2.3	P2.2	P2.1	P2.0	P0.7	P0.6	P0.5	P0.4	P0.3	P0.2	P0.1	P0.0	地址
地址总线	A15	A14	A13	A12	A11	A10	A9	A8	A7	A6	A5	A4	A3	A2	A1	A0	
8255 引脚	未用	未用	未用	未用	未用	未用	未用	$\overline{CS}$	未用	未用	未用	未用	未用	未用	A1	A0	
PA	×	×	×	×	×	×	×	0	×	×	×	×	×	×	0	0	FE00
PB	×	×	×	×	×	×	×	0	×	×	×	×	×	×	0	1	FE01
PC	×	×	×	×	×	×	×	0	×	×	×	×	×	×	1	0	FE02
控制寄存器	×	×	×	×	×	×	×	0	×	×	×	×	×	×	1	1	FE03

图 9.19　8255 的接口和控制寄存器地址分配

例 9.2 在图 9.18 中,开关 K0~K7 与 PB 口相连,8 个 LED 指示灯连接在 PA 口。根据开关 K0~K7 状态控制 LED0~LED7 的显示状态,K0 控制 LED0,以此类推。另外,设置 PC 口的高 4 位为输出,低 4 位为输入。

解:(1) 初始化。设置 8255 的工作方式,把工作方式字写入控制寄存器。图 9.18 中,PB 口外接开关,为方式 0 的输入,PA 口外接 LED,为方式 0 的输出,PC 口的高、低 4 位分别为输出和输入,则工作方式控制字的标志位 D7 为 1,D6~D3(A 组)为 0000, D2~D0(B 组)为 011,组合后的控制字为 10000011,即 83H。

(2) LED 指示灯的控制。由图 9.18 可知,K0 断开时,PA0 输入高电平,K0 闭合时,PA0 输入低电平。PB0 输出高电平熄灭 LED0,PB0 输出低电平点亮 LED0。因此,由 PA 口读入的信息可直接传递给 PB 口即可控制 LED 的显示状态。

(3) 设 PA,PB 口和控制寄存器的地址分别为 PORTA,PORTB 和 CMMD,程序如下:

```
            MOV  A,#83H          ;初始化,工作方式控制字
            MOV  DPTR,#CMMD      ;控制寄存器地址
            MOVX @DPTR,  A       ;设置工作方式,初始化完成
            MOV A,#0FFH
            MOV DPTR,#PORTA
            MOVX @DPTR,A         ;上电后,熄灭 LED
            NOP
CONTROL:    MOV  DPTR,#PortB     ;PB 口地址
            MOVX A,@DPTR         ;从 PB 口读开关状态
            MOV  DPTR,#PortA     ;PA 口地址
            MOVX @DPTR,A         ;从 PA 口输出控制 LED 指示灯
            NOP
            …                    ;以下为其他应用程序
            AJMP CONTROL
```

例 9.3 PC 口的使用。在图 9.18 电路中,在 8255 的 PC5 引脚上输出方波。

解:8255 的 PC 口具有位操作功能,但与 MCS-51 单片机的位处理操作不同,它不能按位寻址方式操作,而是通过它的控制字寄存器指定操作位,以命令字的方式对指定位进行置位和清零。进行位操作时,控制寄存器的标志位 D7 为 0;PC5 作为输出,则位选择 D3D2D1 编码为 101,若 D0 为 1,PC5 置位,若 D0 为 0,PC5 复位。故,PC5 引脚输出高、低电平时的控制字分别为 0BH 和 0AH。程序如下:

```
            MOV  DPTR,#CMMD      ;控制寄存器地址为 CMMD = 0FE03H
LOOP:       MOV A,#0BH           ;PC5 输出高电平控制字
            MOVX @DPTR,A         ;PC5 输出高电平
            MOV  R2,#0FFH        ;
DELY0:      DJNZ R2,DELY0        ;延时
            MOV  A,#0AH          ;PC5 输出低电平控制字
            MOVX @DPTR,A         ;PC5 输出低电平
            MOV  R2,#0FFH        ;延时
DELY1:      DJNZ R2,DELY1
            AJMP LOOP
```

例 9.4 在图 9.18 电路中,把 PC 口的 PC1 置 1,PC3 清零。

解:对 PC 口的进行位操作时,每一次只能对一个指定位进行复位或置位操作,但对某

一位操作不会影响其他位的状态。实现 PC1 置 1 和 PC3 清零的程序如下：

```
MOV   DPTR,#CMMD                ;控制寄存器地址#CMMD = 0FE03H
MOV   A,#03H                    ;PC1 置 1 控制字
MOVX @DPTR,A                    ;PC1 置 1
MOV   A,#06H                    ;PC3 清零控制字
MOVX @DPTR,A                    ;PC3 清零
```

例 9.5　方式 1 的应用。图 9.20 为单片机应用系统电路，需要根据外设的输入信号来控制 PA 口连接的 8 个指示灯，当外设输入为"00"时，LED0 亮；当输入"01"时，仅 LED1 亮；以此类推。当输入数据大于 7 时，熄灭所有指示灯。发送数据时，外设检测到 PB 口空闲时发送数据，随后由 $\overline{RDY}$ 输出一个负脉冲信号。

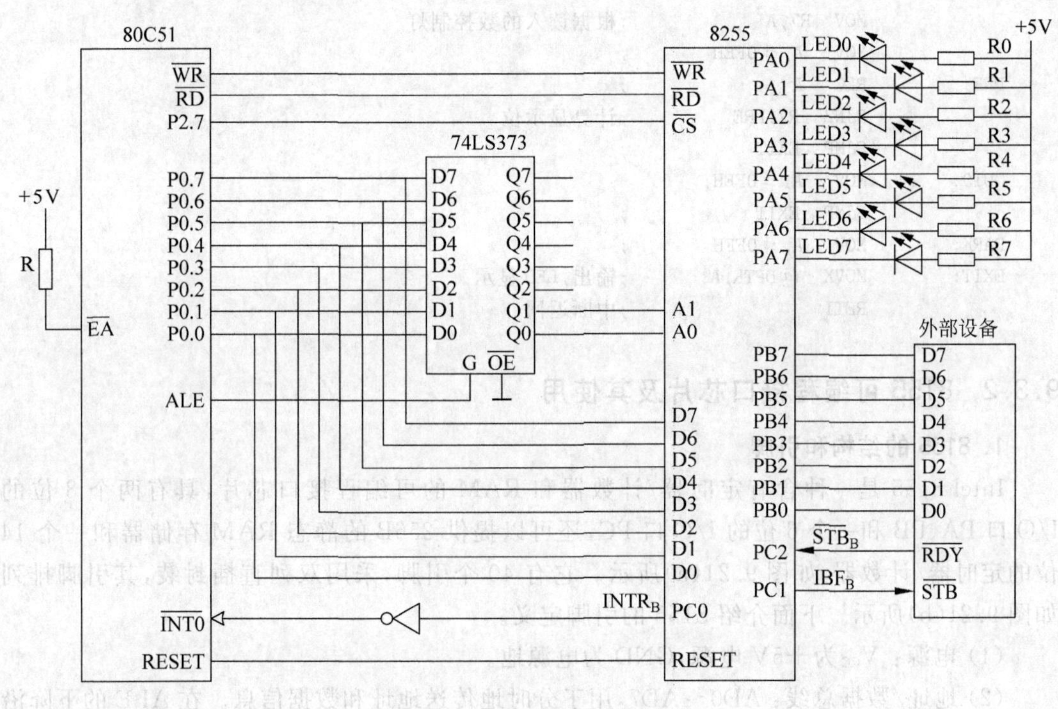

图 9.20　单片机应用系统电路

解：由图 9.20 确定的 8255 相关地址如下：PA 口为 7FFCH、PB 口为 7FFDH、PC 口为 7FFEH、控制字寄存器为 7FFFH。另外，PA 口为方式 0 输出，PB 口为方式 1 输入。采用中断方式的程序如下：

主程序：

```
        ORG 0000H
          LJMP  MAIN
        ORG    0003H
          LJMP  INT_0           ;中断处理程序入口
        ORG 0030H
MAIN:   MOV   SP,#60H           ; 开辟栈区
        SETB IT0                ;中断初始化，下降沿触发；
        MOV   IE,#81H           ;开放中断
```

```
            MOV   DPTR,#7FFFH      ;控制寄存器地址
            MOV   A,#86H           ;写方式控制字,PA口方式0输出,PB口方式1输入
            MOVX  @DPTR,A          ;设置工作方式
            MOV   A,#05H           ;修改状态字,将PC2置为1,PB口允许中断
            MOVX  @DPTR,A          ;置PB口输入允许中断
HERE:       SJMP  HERE;
;中断处理程序
INT_0:      MOV   DPTR,#7FFDH      ;从PB口读数据
            MOVX  A,@DPTR          ;
            MOV   DPTR,#7FFCH      ;准备对PA口操作
            CJNE  A,#08H,NOR       ;
NOR:        JNC   DARK             ;读入的数大于或等于8,所有灯全灭
            JZ    OUT0             ;读入的数等于0,LED0亮
            MOV   R7,A             ;根据读入的数控制灯
            MOV   A,#0FEH          ;
PRE:        RLC   A                ;
            DJNZ  R7,PRE           ;计算显示位
            SJMP  EXIT             ;
OUT0:       MOV   A,#0FEH;
            SJMP  EXIT             ;
DARK:       MOV   A,#0FFH          ;
EXIT:       MOVX  @DPTR,A          ;输出,LED显示
            RETI                   ;中断返回
```

9.3.2 8155可编程接口芯片及其使用

1. 8155的结构和引脚

Intel 8155是一种含有定时器/计数器和RAM的可编程接口芯片,具有两个8位的I/O口PA、PB和一个6位的I/O口PC,还可以提供256B的静态RAM存储器和一个14位的定时器/计数器,如图9.21(a)所示。它有40个引脚,采用双列直插封装,其引脚排列如图9.21(b)所示。下面介绍8155的引脚定义。

(1) 电源:V_{CC}为+5V电源,GND为电源地。

(2) 地址/数据总线:AD0~AD7,用于分时地传送地址和数据信息。在ALE的下降沿将8位地址信息锁存到8155内部的地址锁存器中。

(3) I/O口线:用于和外设之间传递数据,它的输入和输出方向由8155的命令寄存器设定。PA0~PA7为PA口的I/O口线,PB0~PB7为PB口的I/O口线,PC0~PC5为PC口的I/O口线。在选通方式时,PC口作为PA、PB口的控制联络线。

(4) 控制线

RESET为8155的复位引脚。在RESET引脚提供宽度为600ns的高电平,可使8155复位。复位后,PA,PB,PC口被置为输入方式。

$\overline{CS}$为片选信号。当$\overline{CS}$输入低电平时,8155被选中。当它为高电平时,8155禁止使用,此时AD7~AD0呈高阻状态。

IO/$\overline{M}$引脚用于选择8155芯片上的I/O口和RAM。IO/$\overline{M}$输入低电平时,芯片的RAM被选中;当它为高电平时,芯片的3个接口、命令/状态寄存器和定时器/计数器被选中。

ALE为地址锁存信号引脚。ALE的下降沿把AD0~AD7的8位地址信息锁存到

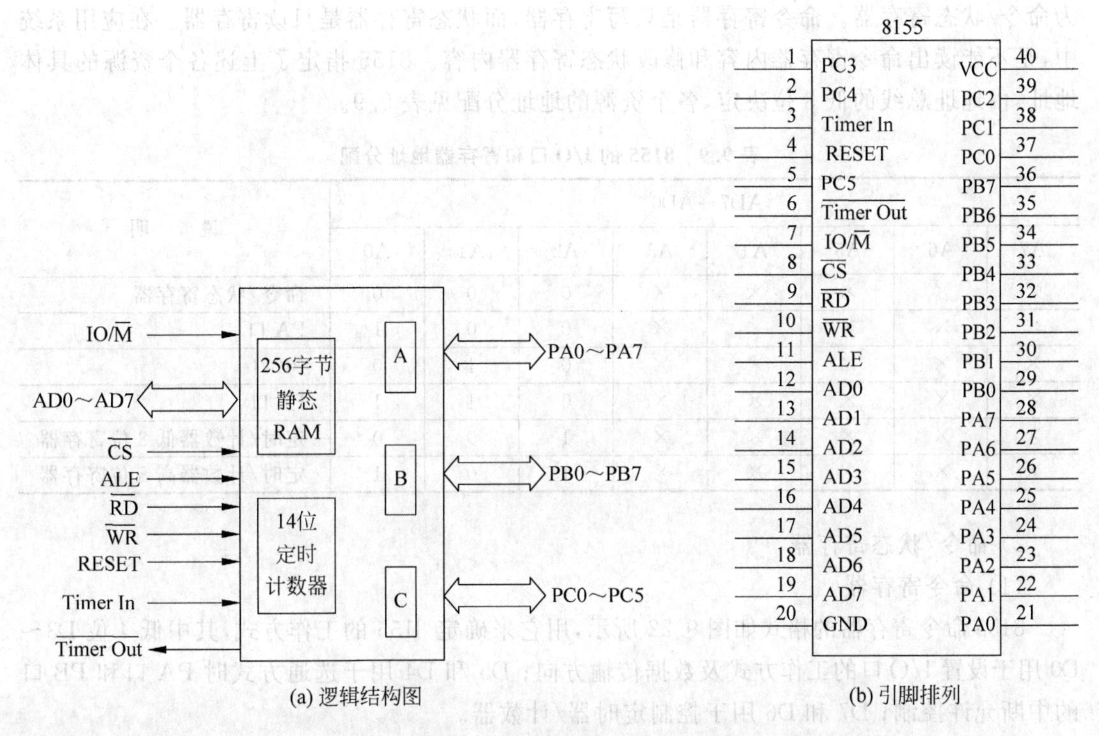

(a) 逻辑结构图　　(b) 引脚排列

图 9.21　8155 的逻辑结构和引脚排列

8155 内部的地址锁存器中。同时锁存片选信号$\overline{CS}$和 RAM 及 I/O 选择信号 IO/$\overline{M}$。

$\overline{RD}$为读控制信号。当$\overline{CS}$为低电平，在$\overline{RD}$输入低电平时，8155 根据 IO/$\overline{M}$ 的状态从指定的单元或 I/O 口输出数据。

$\overline{WR}$为写控制信号。当$\overline{CS}$为低电平，在$\overline{WR}$输入低电平时，8155 根据 IO/$\overline{M}$ 的状态把数据总线上的数据写入到指定的单元或 I/O 口。

(5) 定时器/计数器的输入输出

Timer In 为定时器/计数器的计数脉冲的输入端，它为 8155 内部的 14 位定时器/计数器提供计数脉冲信号。$\overline{\text{Timer Out}}$为定时器/计数器的输出端，定时器/计数器计数值减到 0 时，8155 从$\overline{\text{Timer Out}}$端输出脉冲或方波信号，波形形状由计数器的工作方式决定。

2. 8155 的 RAM 使用

8155 芯片上有 256 个单元的 RAM，当$\overline{CS}$为低电平时，若 IO/$\overline{M}$ 为低电平，CPU 选用了 8155 芯片上的 RAM，它的单元地址由 AD7～AD0 的 8 位地址信息确定。在上述状态下，$\overline{RD}$为低电平时，指定单元的内容被输出到数据总线上，而$\overline{WR}$为低电平时，数据总线上的数据被写入到指定单元。

3. 8155 的 I/O 使用

1) I/O 口和寄存器的地址分配

当$\overline{CS}$为低电平时，若 IO/$\overline{M}$ 为高电平，8155 芯片上的三个并行 I/O 口、一个 14 位的定时器/计数器等资源处于可用状态，其地址由 AD7～AD0 的 8 位地址信息确定。另外，8155 设置了一个命令寄存器用来设定 I/O 口的工作方式和定时器/计数器的工作方式、一个状态寄存器用来锁存 I/O 口和定时器/计数器的工作状态，这两个寄存器共享一个地址，被称为命令/状态寄存器。命令寄存器是只写寄存器,而状态寄存器是只读寄存器。在应用系统中,是不能读出命令寄存器内容和修改状态寄存器内容。8155指定了上述各个资源的具体地址,由地址总线的低3位决定,各个资源的地址分配见表9.9。

表9.9 8155的I/O口和寄存器地址分配

AD7～AD0								说明
A7	A6	A5	A4	A3	A2	A1	A0	
×	×	×	×	×	0	0	0	命令/状态寄存器
×	×	×	×	×	0	0	1	PA口
×	×	×	×	×	0	1	0	PB口
×	×	×	×	×	0	1	1	PC口
×	×	×	×	×	1	0	0	定时/计数器低8位寄存器
×	×	×	×	×	1	0	1	定时/计数器高8位寄存器

2) 命令/状态寄存器

(1) 命令寄存器

8155命令寄存器的格式如图9.22所示,用它来确定8155的工作方式,其中低4位D3～D0用于设置I/O口的工作方式及数据传输方向;D5和D4用于选通方式时PA口和PB口的中断允许控制;D7和D6用于控制定时器/计数器。

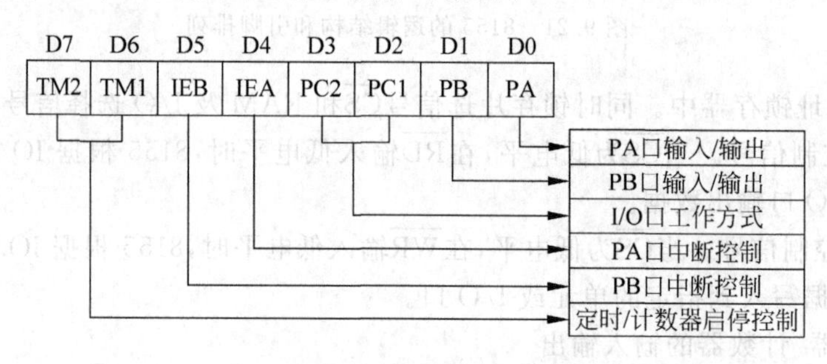

图9.22 8155命令寄存器

在命令寄存器中,PA、PB分别是PA口和PB口的输入输出定义位;该位为0时,对应的接口为输入口,该位为1时,对应的接口为输出口。PC2和PC1是8155 I/O口的工作方式定义位,当PA和PB口为基本I/O方式,PC口可用于基本I/O方式,当PA,PB为选通方式时,PC口可作为它们的控制联络线。8155的4种工作方式说明见表9.10。

在命令寄存器中,IEA、IEB是分别为PA口和PB口的中断控制位。选通工作方式时,若该位为0,禁止接口中断;若该位为1,则允许接口中断。另外,TM2和TM1用来控制定时器/计数器启停,定时器/计数器启停控制有4种模式,见表9.11。

(2) 状态寄存器

8155状态寄存器的格式如图9.23所示,用它来锁存接口和定时器/计数器的当前状态,可以用软件查询状态寄存器中的标志位状态。中断请求标志INTRA和INTRB为1时,表示对应接口有中断请求,否则,无中断请求。中断控制标志INTEA和INTEB为1时,表明允许对应接口中断,否则,禁止中断。BFA和BFB为PA口和PB口的缓冲器满标志，该位为 1 时，意味着对应接口的缓冲器满，否则，缓冲器空。当计数或定时完成时，TIMER 位被置 1，读状态寄存器后，TIMER 位被清零。

表 9.10　8155 的工作方式

PC2	PC1	工作方式	说　明
0	0	ALT1	PA 口、PB 口为基本的 I/O 口，PC 口为输入口
1	1	ALT2	PA 口、PB 口为基本的 I/O 口，PC 口为输出口
0	1	ALT3	PA 口为选通 I/O 方式，PB 口为基本的 I/O 口，PC 口的 PC2～PC0 作为 PA 口的控制联络信号： PC2——PA 口的选通信号 $\overline{ASTB}$，输入信号 PC1——PA 口的缓冲器满信号 ABF，输出信号 PC0——PA 口的中断请求信号 AINTR，输出信号 PC5～PC3 为基本的输出口
1	0	ALT4	PA 口和 PB 口均为选通 I/O 方式，PC 口的 PC2～PC0 作为 PA 口的控制联络信号，PC5～PC3 作为 PA 口的控制联络信号： PC2——PA 口的选通信号 $\overline{ASTB}$，输入信号 PC1——PA 口的缓冲器满信号 ABF，输出信号 PC0——PA 口的中断请求信号 AINTR，输出信号 PC5——PB 口的选通信号 $\overline{BSTB}$，输入信号 PC4——PB 口的缓冲器满信号 BBF，输出信号 PC3——PB 口的中断请求信号 BINTR，输出信号

表 9.11　定时计数器启停控制模式

TM2	TM1	说　明
0	0	空操作，不影响计数器工作
0	1	若计数器未启动，则无操作；若计数器已运行，则停止计数器工作
1	0	若计数器正在计数，则当计数器长度减到 1 时，停止计数
1	1	装入计数器工作方式和计数长度后，立即启动计数；若计数器正在计数，则计数器溢出后，按照新计数器工作方式和计数长度计数

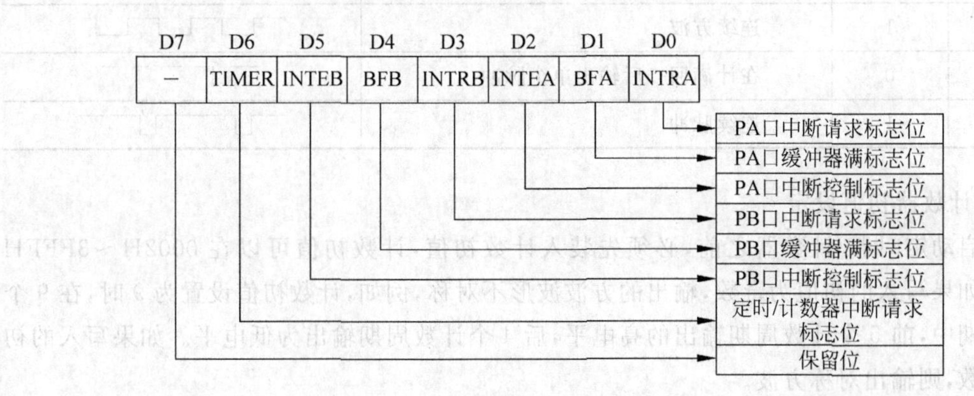

图 9.23　8155 的状态字

4. 定时器/计数器的使用

8155的定时器/计数器是一个14位的减法计数器,它能对Timer In引脚输入的脉冲计数。在定时器/计数器工作之前,需设定计数初值,启动计数器工作之后,计数器对Timer In引脚输入的脉冲计数,每来一个脉冲,计数器减1,当计数器减到0时,在$\overline{\text{Timer Out}}$引脚输出一个计数或定时到的脉冲或方波。

定时器/计数器的14位计数器由两个寄存器构成,定时器/计数器高8位寄存器和低8位寄存器,它们的地址分配见表9.9。通过这两个寄存器可以设定定时器/计数器的初始值和信号输出方式,其格式如图9.24所示。高8位寄存器的D7和D6用于定义定时器/计数器的输出方式,14位减法计数器T13～T0由高8位寄存器的低6位D5～D0和低8位寄存器的8位D7～D0构成。

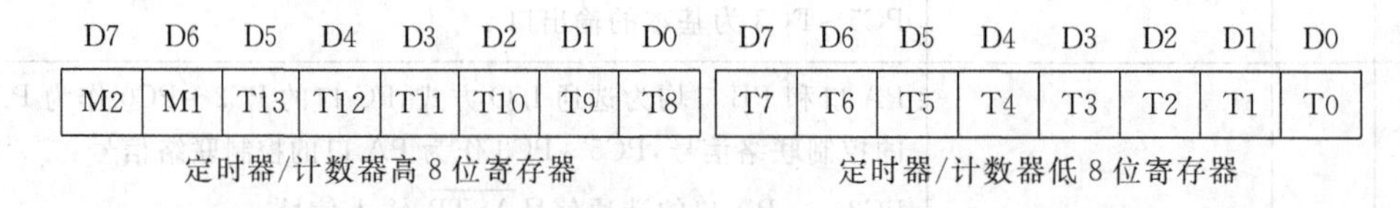

图9.24 定时器/计数器高8位和低8位寄存器格式

定时器/计数器工作时,首先在定时器/计数器高、低8位寄存器中设置输出方式M2、M1和计数初值T13～T0,然后设置命令寄存器中的最高两位TM2和TM1启动定时器/计数器开始工作,当计数次数或定时时间到,在$\overline{\text{Timer Out}}$引脚输出一个脉冲或方波,并置状态寄存器中的标志位TIMER为1,以此向CPU请求中断。

1) 定时器/计数器的输出方式

输出方式由定时器/计数器的高8位计数器的最高两位(D7D6)M2、M1设定,输出方式的定义见表9.12。

表9.12 定时器输出方式的定义

M2	M1	方 式	波 形
0	0	在一个计数周期输出单次方波	
0	1	连续方波	
1	0	在计满回0后输出单个脉冲	
1	1	连续脉冲	

2) 计数器初值设定

在启动定时器/计数器之前,必须先装入计数初值,计数初值可以在0002H～3FFFH之间。如果写入的初值为奇数,输出的方波波形不对称,例如,计数初值设置为9时,在9个计数周期中,前5个计数周期输出的高电平,后4个计数周期输出为低电平。如果写入的初值为偶数,则输出对称方波。

定时器/计数器在计数期间,可以装入新的初值和计数方式,这种操作不会影响它原来的工作。当装入了新的启动命令到命令寄存器时,要等到原来计数器减到0后才会以新的工作方式工作。另外，8155复位后，定时器/计数器不会被预置初值和工作方式，计数器停止计数。

8155定时器/计数器在计数过程中，计数器的值并不直接表示外部输入的脉冲数，计数器的终值为2，初值在0002H～3FFFH之间。如果作为外部事件计数，由计数器计数值求输入的脉冲数的方法如下：

(1) 停止计数器计数；

(2) 分别读出计数器的两个寄存器的内容，取出低14位，即为计数器的计数值；

(3) 如果得到的计数值为偶数，则计数值右移一位就是所求的输入脉冲数；如果为奇数，则输入脉冲数为计数值右移一位并加上计数初值二分之一的整数部分。

与MCS-51单片机的定时器/计数器不同，8155的定时器/计数器不论是作为定时器还是计数器使用，都是由Timer In引脚提供计数脉冲的。作为定时器使用时，定时时间为输入脉冲个数乘以它的周期。

5. MCS-51单片机和8155的接口

因为8155内部有地址锁存器，MCS-51单片机可以直接和它连接而不需要任何外加的逻辑电路。图9.25为MCS-51单片机与8155的接口电路。由于P0口提供低8位地址总线和数据总线，因此直接与8155的地址/数据总线AD7～AD0相连，单片机的ALE与8155芯片的ALE作用相同，也直接相连；用P2.0作为8155的IO/$\overline{M}$控制线，P2.0＝0时，CPU使用8155芯片的RAM，而P2.0＝1时，CPU使用它的I/O口和定时器/计数器。另外，用P2.7作为8155片选$\overline{CS}$。根据图9.25的连接方式，8155芯片上所有资源的地址分配如图9.26所示。如果默认未使用地址线的状态为1，那么8155芯片内部RAM的地址范围为7E00H～7EFFH，命令/状态寄存器的地址为7FF8H，PA口为7FF9H，PB口为7FFAH，PC口为7FFBH，与定时器/计数器相关的两个寄存器的地址分别为7FFCH和7FFDH。

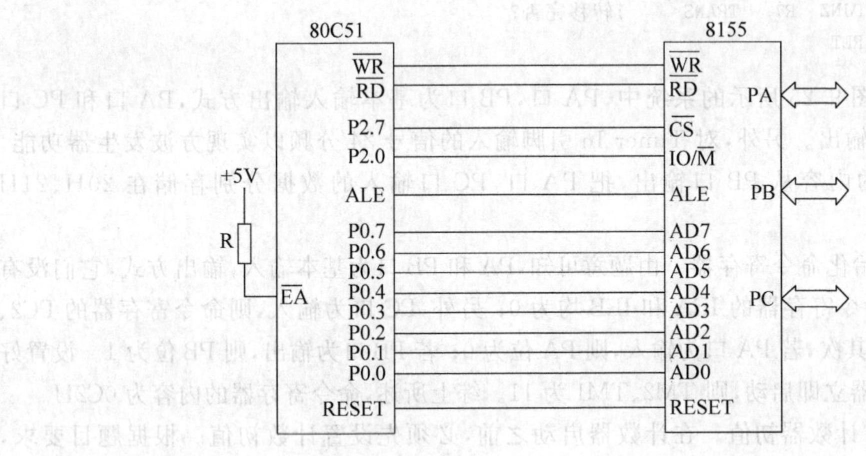

图9.25　MCS-51单片机与8155的接口电路

MCU引脚	P2.7	P2.6	P2.5	P2.4	P2.3	P2.2	P2.1	P2.0	P0.7	P0.6	P0.5	P0.4	P0.3	P0.2	P0.1	P0.0	地址
地址总线	A15	A14	A13	A12	A11	A10	A9	A8	A7	A6	A5	A4	A3	A2	A1	A0	
8155	$\overline{CS}$	未用	未用	未用	未用	未用	未用	IO/$\overline{M}$	A7	A6	A5	A4	A3	A2	A1	A0	
8155的RAM	0	×	×	×	×	×	×	0	0	0	0	0	0	0	0	0	7E00
	0	×	×	×	×	×	×	0			…	…					…
	0	×	×	×	×	×	×	0	1	1	1	1	1	1	1	1	7EFF
命令/状态寄存器	0	×	×	×	×	×	×	1	×	×	×	×	×	0	0	0	7EF8
PA	0	×	×	×	×	×	×	1	×	×	×	×	×	0	0	1	7FF9
PB	0	×	×	×	×	×	×	1	×	×	×	×	×	0	1	0	7FFA
PC	0	×	×	×	×	×	×	1	×	×	×	×	×	0	1	1	7FFB
定时器/计数器低8位	0	×	×	×	×	×	×	1	×	×	×	×	×	1	0	0	7FFC
定时器/计数器高8位	0	×	×	×	×	×	×	1	×	×	×	×	×	1	0	1	7FFD

图9.26 8155芯片上资源的地址分配

例9.6 在图9.25中,把单片机内部RAM中从30H单元开始存储的32个字节数据转移到8155芯片上的RAM区中。

解:设数据转移到8155的RAM区的首地址为7E00H。数据块转移程序如下:

```
        MOV   DPTR,  #7E00H  ;8155RAM区首地址
        MOV   R0,    #30H    ;单片机数据存储区首地址
        MOV   R7,    #32     ;数据长度
TRANS:  MOV   A,  @R0        ;取数据
        MOVX  @DPTR,   A     ;转存到8155的RAM区
        INC     R0           ;修改存储单元地址
        INC     DPTR
        DJNZ  R7,  TRANS     ;转移完否?
        RET
```

例9.7 在图9.25所示的系统中,PA口,PB口为基本输入输出方式,PA口和PC口为输入,PB口为输出。另外,对Timer In引脚输入的信号24分频以实现方波发生器功能。并把40H单元的内容从PB口输出,把PA口,PC口输入的数据分别存储在20H、21H单元。

解:(1) 初始化命令寄存器。由题意可知,PA和PB口为基本输入,输出方式,它们没有中断功能,因此命令寄存器的IEA和IEB均为0;另外,PC口为输入,则命令寄存器的PC2、PC1设置为00。其次,若PA口为输入,则PA位为0;若PB口为输出,则PB位为1。设置好计数初值后计数器立即启动,则TM2、TM1为11。综上所述,命令寄存器的内容为0C2H。

(2) 定时器/计数器初值。在计数器启动之前,必须先设置计数初值。根据题目要求,计数初值为24,方波发生器需要输出连续方波,则M2、M1设置为01,那么,高8位寄存器设置为01000000,低8位寄存器设置为00011000,即24。程序如下:

```
MOV    DPTR,#7FFCH                 ;定时器低8位寄存器地址
MOV    A,#18H                      ;计数常数18H为24
```

```
MOVX @DPTR,A            ;送计数常数
INC  DPTR               ;定时器高8位寄存器地址
MOV  A,#40H             ;设定时器输出连续方波
MOVX @DPTR,  A          ;高8位 M2M1 = 01
MOV  DPTR,#7FF8H        ;命令/状态寄存器地址
MOV  A,#0C2H            ;设置PA口,PB口,PC口,启动定时器/计数器
MOVX @DPTR,A            ;Timer Out引脚输出连续方波
MOV  DPTR,#7FF9H        ;PA口地址
MOVX A,@DPTR            ;读PA口数据
MOV  20H,A              ;存PA口数据
INC  DPTR               ;PB口地址
MOV  A,40H              ;取输出数据
MOVX @DPTR,A            ;PB口输出
INC  DPTR               ;PC口地址
MOVX A,@DPTR            ;读PC口数据
MOV  21H,A              ;存PC口数据
```

9.4 键盘及显示器接口设计

键盘和显示器是单片机应用系统中常用的外设,它们是人与应用系统交换信息的窗口,用于输入参数和命令,显示系统的运行状态、计算结果以及提示信息等。本节主要介绍简单键盘和显示器的接口及软件设计方法。

9.4.1 键盘接口设计

1. 键盘工作原理

1) 按键及键盘

键盘是由一组规则排列的按键组成的。按键实际上是一个开关元件,也就是说键盘是一组规则排列的开关。计算机系统中最常见的是触点式开关按键,如机械式开关、导电橡胶式开关等。其主要功能是把机械上的通断转换成为电气上的逻辑关系。

触点式开关按键按下或释放时,由于机械弹性作用,通常伴随有一定时间的触点抖动,其抖动过程如图9.27所示。抖动时间的长短与开关的机械特性有关,机械式开关抖动时间一般为5～10ms。

图9.28是一个按键的连接电路。按键S断开时,输入口PA0为高电平;当S闭合时,PA0变为低电平。由于触点抖动,按键S按下一次时,PA0处的电平可能出现高低电平多次交替变化的现象,计算机检测按键时会错误地认为有多次操作;S释放时,也会出现类似的现象。为了克服按键触点机械抖动所导致的检测误判问题,必须采取措施消除抖动。通常采用的方法有两种,一种是采用硬件电路,如采用RC滤波电路、双稳态触发器或单稳态触发器等。另一种是采用软件延时消除抖动,其原理是当CPU检测到有按键按下时,延时10～20ms左右,再进行一次查询确认该键是否按下,如果不是键按下的状态,则认为是干扰或抖动造成引起输入口电平发生变化,不予处理;如果检测到仍然是键按下状态,则确认该键确实按下,再进行下一步处理。同理,按键释放时,也应采用相同的步骤,从而可消除抖动的影响。

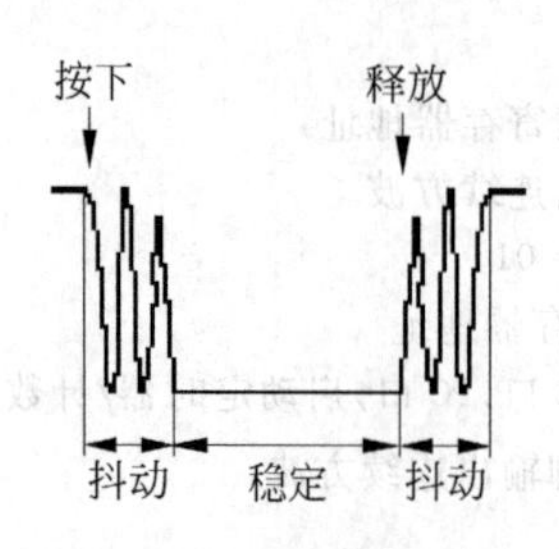

图 9.27 触点的抖动过程

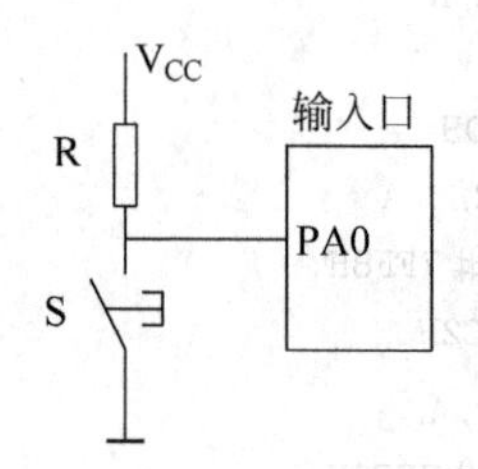

图 9.28 按键连接电路

键盘是由多个按键组成的,可分为独立式和矩阵式两种形式。独立式键盘是一组相互独立的按键,它们分别直接与I/O口电路连接,每个按键占用1根输入口线。独立式键盘配置比较灵活,软件结构简单,但当按键较多时,输入口线浪费较大,在应用系统中按键较多时,一般不采用。矩阵式键盘也称为行列式键盘,用输入和输出口线组成行列结构,按键设置在行和列的交叉点上,按键闭合时,接通输入和输出口线。矩阵式键盘在按键较多时可以节省I/O口线。矩阵式键盘可分为编码键盘与非编码键盘。编码键盘用硬件来实现对按键的识别,非编码键盘主要是由软件来实现按键的定义与识别。

2) 独立式按键

图9.29是一个独立式按键的接口电路。S0~S4按键电路分别用单片机的P1.0~P1.4,每个按键单独占用1根I/O口线,每个按键闭合时不会影响其他I/O口线的状态。按键S0~S4输入采用低电平有效的方式,上拉电阻R0~R4保证了按键断开时,I/O口线有确定的高电平。当I/O口线的内部有上拉电阻时,可不外接上拉电阻。

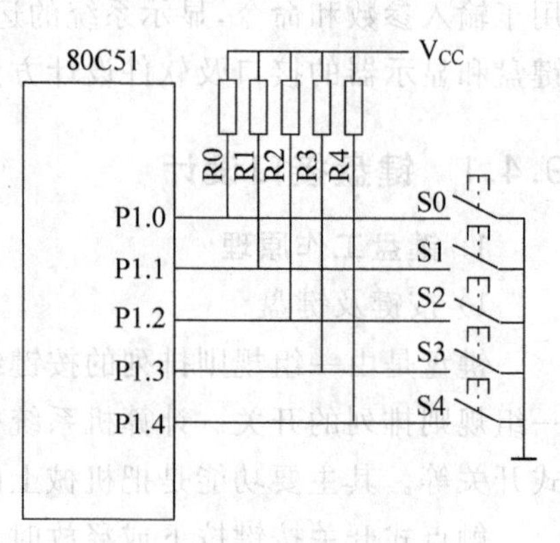

图 9.29 独立式按键电路

编程时,常采用查询方式。以图9.27中的按键S0为例,单个按键按下和释放程序流程图如图9.30(a)和图9.30(b)所示,S0~S4的按键查询程序流程图见图9.30(c)所示。程序中,DL20MS为延时20ms子程序,可以采用多重循环延时的方法实现。独立式按键扫描处理程序如下:

```
SCAN_KEY:   MOV  P1,   #0FFH        ;置P1为输入口
            MOV  A,   P1            ;读按键状态
            ANL  A,  #00011111B     ;提取按键S0~S4状态
            XRL  A,   #00011111B    ;
            JZ  NO_PRESS            ;判断有无按键按下,若无转NO_PRESS
            ACALL  DL20MS           ;延时消抖
            MOV  A,   P1            ;重新读入按键状态
            ANL  A,   #00011111B    ;
            XRL  A,   #00011111B    ;
            JZ  NO_PRESS            ;判断有无按键按下,若无转NO_PRESS
            MOV  A,   P1            ;读按键状态,识别哪个按键按下
            MOV  R5,   #00          ;计算键值:S0为01,以此类推,S4为05
CONT:       RRC  A                  ;
            INC    R5               ;
```

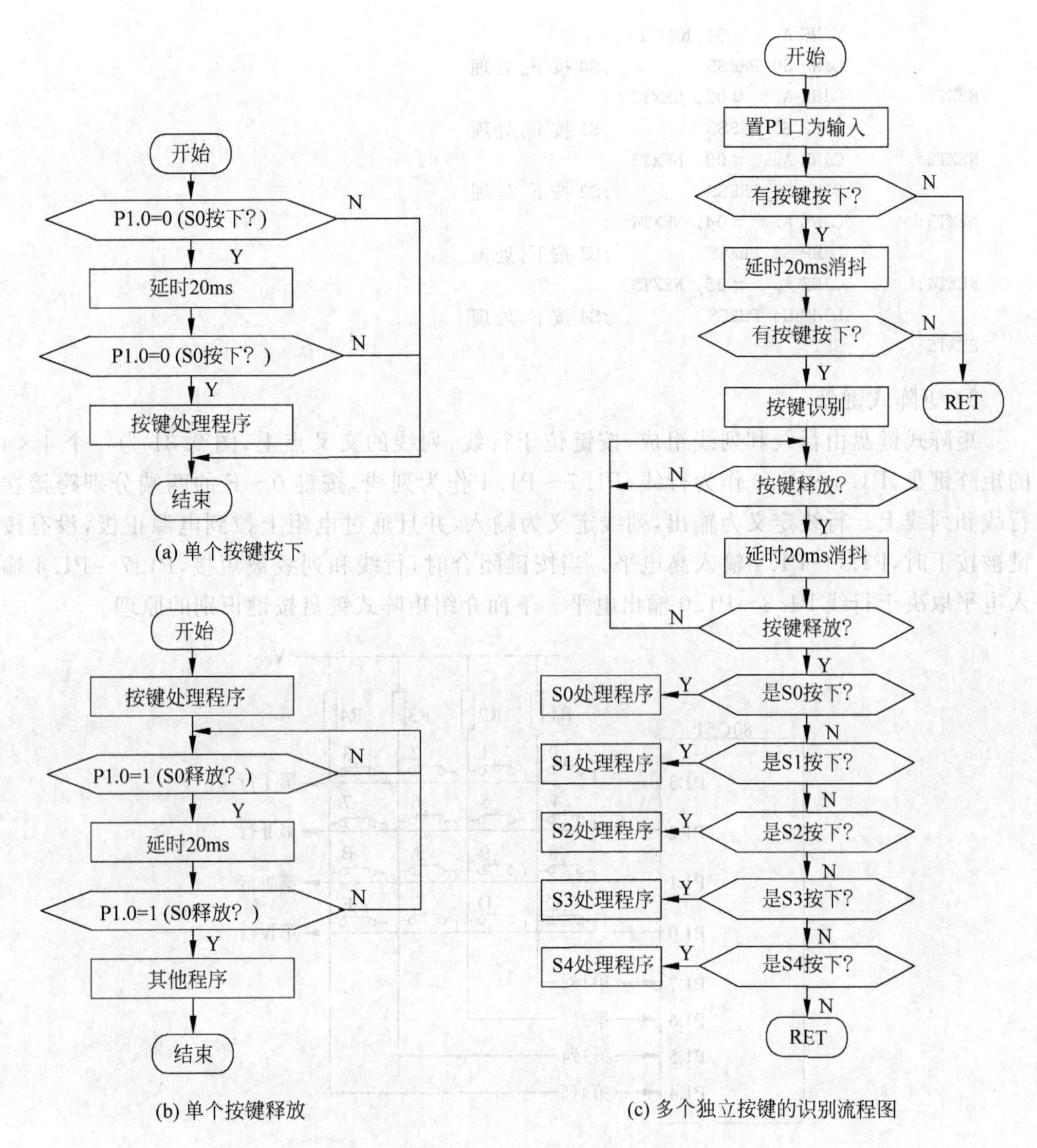

图 9.30 独立式按键处理程序流程图

```
            JNC   FOUND             ;按键按下,对应位为0,每次扫描1键有效
            CJNE R5,#06,CONT        ;最多判断5次
NO_PRESS:   RET                     ;无按键按下,返回
FOUND:      MOV  A,   P1            ;判断按键是否释放
            ANL  A,   #00011111B ;
            XRL  A,   #00011111B ;
            JNZ   FOUND             ;
            ACALL DL20MS            ;延时消抖
            MOV  A,   P1
            ANL  A,   #00011111B ;
            XRL  A,   #00011111B ;
            JNZ   FOUND             ;按键释放否?
            MOV  A,   R5            ;按键已释放,取计算的键值进一步处理
```

```
        CJNE A,   #01,NEXT1   ;
        LJMP S0_PRESS         ;S0 按下,处理
NEXT1:  CJNE A,   #02, NEXT2  ;
        LJMP S1_PRESS         ;S1 按下,处理
NEXT2:  CJNE A,   #03, NEXT3
        LJMP S2_PRESS         ;S2 按下,处理
NEXT3:  CJNE A,   #04, NEXT4
        LJMP S3_PRESS         ;S3 按下,处理
NEXT4:  CJNE A,   #05, NEXT5
        LJMP S4_PRESS         ;S4 按下,处理
NEXT5:  RET
```

3)矩阵式键盘

矩阵式键盘由行线和列线组成,按键位于行线、列线的交叉点上,图9.31为一个4×4的矩阵键盘,P1.3～P1.0作为行线,P1.7～P1.4作为列线,按键0～F的两端分别跨接在行线和列线上。行线定义为输出,列线定义为输入,并且通过电阻上拉到电源正极,没有按键被按下时,P1.7～P1.4输入高电平。当按键闭合时,行线和列线被短接,P1.7～P1.4输入电平取决于行线P1.3～P1.0输出电平。下面介绍矩阵式键盘按键识别的原理。

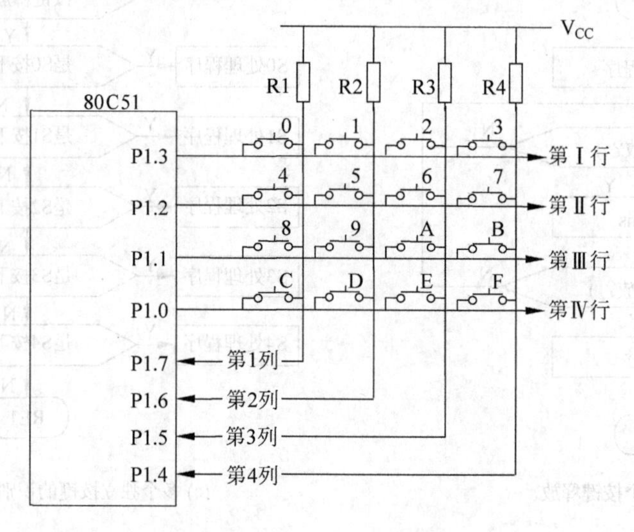

图9.31 4×4矩阵式键盘

(1) 假设第Ⅰ行的行线P1.3输出低电平,其他行线输出高电平,此时,若按下键0,第Ⅰ行行线和第1列列线被短接,则第1列的列线P1.7变为低电平,由于没有其他键按下,此时表征按键0按下的信息为:

行线P1.3,P1.2,P1.1,P1.0的状态——0111。

列线P1.7,P1.6,P1.5,P1.4的状态——0111。

同理,按下键2时,第3列的P1.5和P1.3被短接,表征它的信息是:行线——0111;列线——1101。显然,同一行中任意两个按键按下时,表征它们的信息是不同的。

(2) 现在假设第Ⅲ行的行线P1.1输出低电平,其他行线输出高电平,按下键8时,表征其按下的信息为:行线——1101;列线——0111。若第Ⅳ行线P1.0输出低电平,其他行线输出高电平,按下键C,表征该按键按下的信息为:行线——1110;列线——0111。同样,同

一列中任意两个按键按下时，表征它们的信息也是不同的。

可以看出，行线和列线的状态编码可以唯一地表征某个键被按下了，因此，可以把二者组合成一个特征码，如图9.32所示。那么，键0按下的特征码为77H；键2按下的特征码为D7H。图9.31中所有键的特征码见表9.13。也可以把列线和行线的状态编码取反后作为特征码，按此方法，按键0的特征码为88H，其编码原理与表9.13相同。

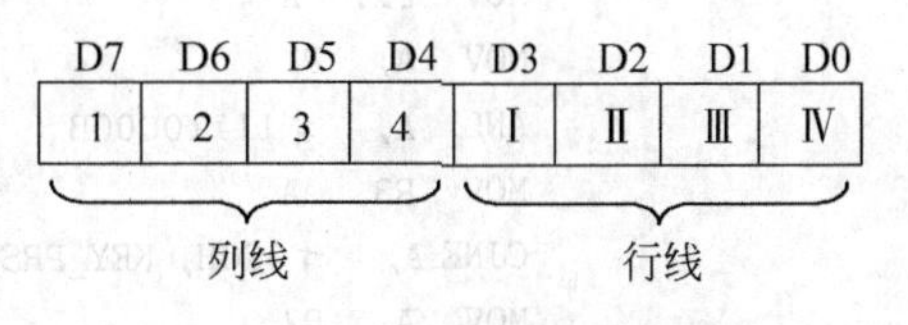

图9.32 特征码格式

表9.13中，特征码与按键的关系是一一对应的，可用它来识别键盘上所有的按键。表9.13中给每个按键分配了一个键值。当某个键被确认按下时，键盘处理程序给出该键的键值，通常采用查表或计算的方法获取键值。最直接的方法是，采用判别方法，当获取特征码后，逐个判断该特征码是哪个键的，如特征码为0BDH时，则把键值09H赋给存放键值的单元。

表9.13 图9.31所有键的特征码

按键	特征码	键值	按键	特征码	键值
0	77	00	8	7D	08
1	B7	01	9	BD	09
2	D7	02	A	DD	0A
3	E7	03	B	ED	0B
4	7B	04	C	7E	0C
5	BB	05	D	BE	0D
6	DB	06	E	DE	0E
7	EB	07	F	EE	0F

在实际的应用系统中，按键代号可以根据需要定义，如把按键F改为ENTER，D改为DEL，按键的特征码不变，其键值也不用改变。

以上介绍的按键识别方法称为扫描法。在按键识别过程时，依次使行线输出低电平，然后检查列线的输入电平，如果所有列线的输入全为高电平，则该行无键按下；若不全为高电平，则被按下的键在本行，且在输入电平变为低电平的列的交叉点上。

图9.33是4×4矩阵式键盘扫描程序框图，程序仅编写到求出键值，键值存储在R5中。若无键按下，R5返回值为0FFH。程序如下：

```
SCAN_KEYB:  MOV  P1,   #0F0H            ;置P1.7～P1.4为输入,P1.3～P1.0输出0
            MOV  A,  P1                 ;读P1.7～P1.4引脚状态
            ANL  A,   #0F0H
            XRL  A,   #0F0H             ;无按键按下,P1.7～P1.4为1,(A)=00
            JZ  NO_KEY                  ;判断有无按键按下
            ACALL  DL20MS               ;有按键按下,延时消抖
            MOV  P1,   #0F0H            ;置P1.7～P1.4为输入,P1.3～P1.0输出0
            MOV  A,  P1                 ;读P1.7～P1.4引脚状态
            ANL  A,   #0F0H
            XRL  A,   #0F0H             ;无按键按下,P1.7～P1.4为1,(A)=00
            JZ  NO_KEY                  ;再判断有无按键按下
```

```
            MOV  R2,   ＃11110111B          ;行扫描初始值,从第Ⅰ行开始
SCAN:       MOV  A,  R2
            MOV  P1,   A
            MOV  A,   P1
            ANL  A,   ＃11110000B
            MOV  R3,   A                    ;取列线 P1.7～P1.4 引脚状态
            CJNE A,   ＃0F0H, KEY_PRSD      ;有键按下
            MOV  A,   R2
            RR   A                          ;产生下次的行线输出
            MOV  R2,   A
            XRL  A,   ＃01111111B           ;
            JNZ     SCAN                    ;4 行已扫描完成?未完,继续
NO_KEY:     MOV  R5,   ＃0FFH               ;无按键按下
```

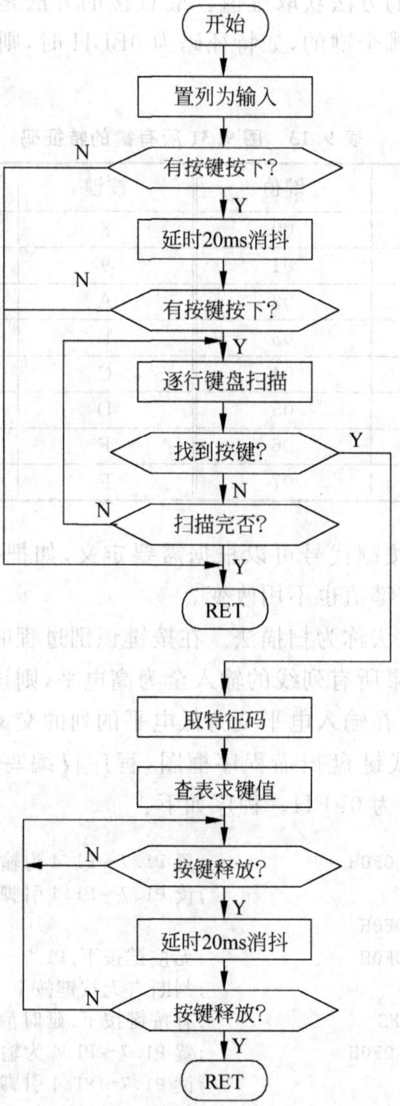

图 9.33　4×4 矩阵式键盘扫描程序框图

```
            RET
KEY_PRSD:   MOV  A,   R2                 ;取行扫描值
            ANL  A,   #00001111B         ;计算行特征码
            ORL  A,   R3                 ;计算按键的特征码
            MOV  R4,  A                  ;按键特征码暂存在(R4)中
            MOV  R5,  #00H               ;设置按键键值初值
            MOV  DPTR,   #KEY_TAB        ;特征码表首地址
CAL_VAL:    MOV  A,   R5                 ;计算按键键值
            MOVC  A,   @A+DPTR
            XRL  A,  R4
            JZ  FIXED                    ;键值求出存在(R5)中
            INC     R5
            SJMP  CAL_VAL
FIXED:      MOV  A,   P1                 ;判断键是否释放
            ANL  A,   #0F0H
            XRL  A,   #0F0H
            JNZ     FIXED
            ACALL   DL20MS               ;延时消抖
            MOV   A,     P1
            ANL  A,   #0F0H
            XRL  A,   #0F0H
            JNZ       FIXED
            RET
KEY_TAB:    DB 77H, 0B7H, 0D7H, 0E7H, 7BH, 0BBH, 0DBH, 0EBH, 7DH, 0BDH
            DB 0DDH, 0EDH, 7EH, 0BEH, 0DEH, 0EEH
```

另一种按键识别方法为线反转法。由于扫描法采用逐行扫描查询的方法，当被按下的键处于最后一行时，需要经过多次扫描才能识别出键的位置。线反转法克服了扫描法的缺陷，一般只需要两步就可以识别出按键的位置。图 9.34 为采用线反转法的 4×4 矩阵式键盘原理图。它的工作原理如下：

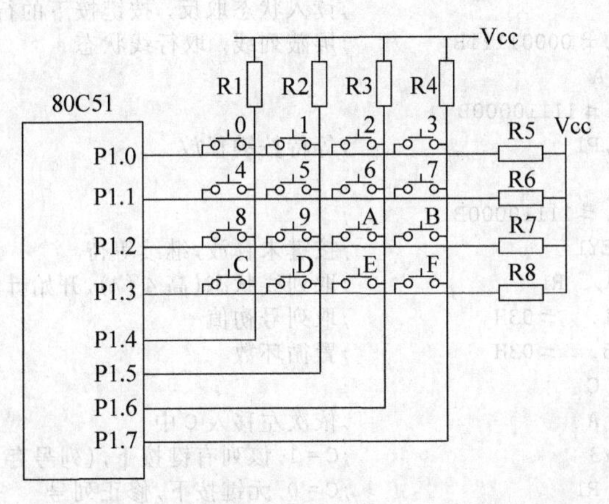

图 9.34　采用线反转法的 4×4 矩阵式键盘原理

第一步，首先使行线为输入，列线为输出。列线全部输出低电平，那么，行线中变为低电平的行线为按键所在的行。如按下键 B，P1.7～P1.4 输出全为低电平，则 CPU 从 P1.3～P1.0 读入的状态为 1011。

第二步,使行线变为输出,列线变为输入。行线输出全部为低电平,那么,列线中变为低电平的列线为按键所在的列。如按下按键B时,P1.3～P1.0输出全为低电平,则P1.7～P1.4的状态为0111。

在程序设计时,可以用行线和列线的输入状态来构造按键的特征码。如按键B的特征码可设计为01111011,这样,除按键识别方法与扫描法不同外,其他步骤的处理方法是相同的,程序可以按键盘扫描法的思路设计。

线反转法键盘识别及处理程序流程图见图9.35。在程序中获取行线和列线状态后,先进行取反操作,这样按键所在的行和列的状态为1,然后通过移位指令,计算出按键所在的行号和列号。然后用行号和列号求出键值,由于每行有4个按键,因此键值计算公式为:键值＝4×行号＋列号,求出键值存放在R5中。线反转法键盘处理程序如下:

```
KEY:    MOV  P1,  #11110000B     ;行线置低电平,列线置输入态
        MOV  A,  P1              ;读列线状态
        CPL A                    ;数据取反,按键按下的列线"1"有效
        ANL A,  #11110000B       ;屏蔽行线,取列线状态
        JZ  GRET                 ;全0,无键按下,返回
        LCALL  DL20MS
        MOV  P1,  #11110000B     ;行线置低电平,列线置输入态
        MOV  A,P1                ;
        CPL  A                   ;
        ANL  A,#11110000B        ;
        JZ  GRET                 ;全0,无键按下,返回
        MOV  P1,  #11110000B     ;行线置低电平,列线置输入态
        MOV  A,P1                ;读列线状态
        CPL A                    ;数据取反,按键按下的列线"1"有效
        ANL A,  #11110000B       ;屏蔽行线,取列线状态
        MOV R1,A
        MOV  P1,  #00001111B     ;
        MOV  A,P1                ;读行线状态
        CPL  A                   ;读入状态取反,按键按下的行线"1"有效
        ANL  A,#00001111B        ;屏蔽列线,取行线状态
        MOV R2,A
KEY1:   MOV P1,#11110000B
        MOV  A,P1                ;等待按键释放
        CPL  A                   ;
        ANL  A,#11110000B        ;
        JNZ  KEY1                ;按键未释放,继续等待
        MOV  A,  R1              ;取列线状态(高4位),开始计算按键所在的列
        MOV  R1,  #03H           ;取列号初值
        MOV  R3,  #03H           ;置循环数
        CLR   C                  ;
KEY2:   RLC   A                  ;依次左移入C中
        JC  KEY3                 ;C=1,该列有键按下,(列号存R1)
        DEC   R1                 ;C=0,无键按下,修正列号
        DJNZ  R3,  KEY2          ;判断循环结束否?未结束继续寻找有键按下的列线
KEY3:   MOV  A,  R2              ;取行线状态(低4位),开始计算行号
        MOV  R2,  #00H           ;置行号初值
        MOV  R3,  #03H           ;置循环数
        CLR   C                  ;
KEY4:   RRC   A                  ;依次右移入C中
```

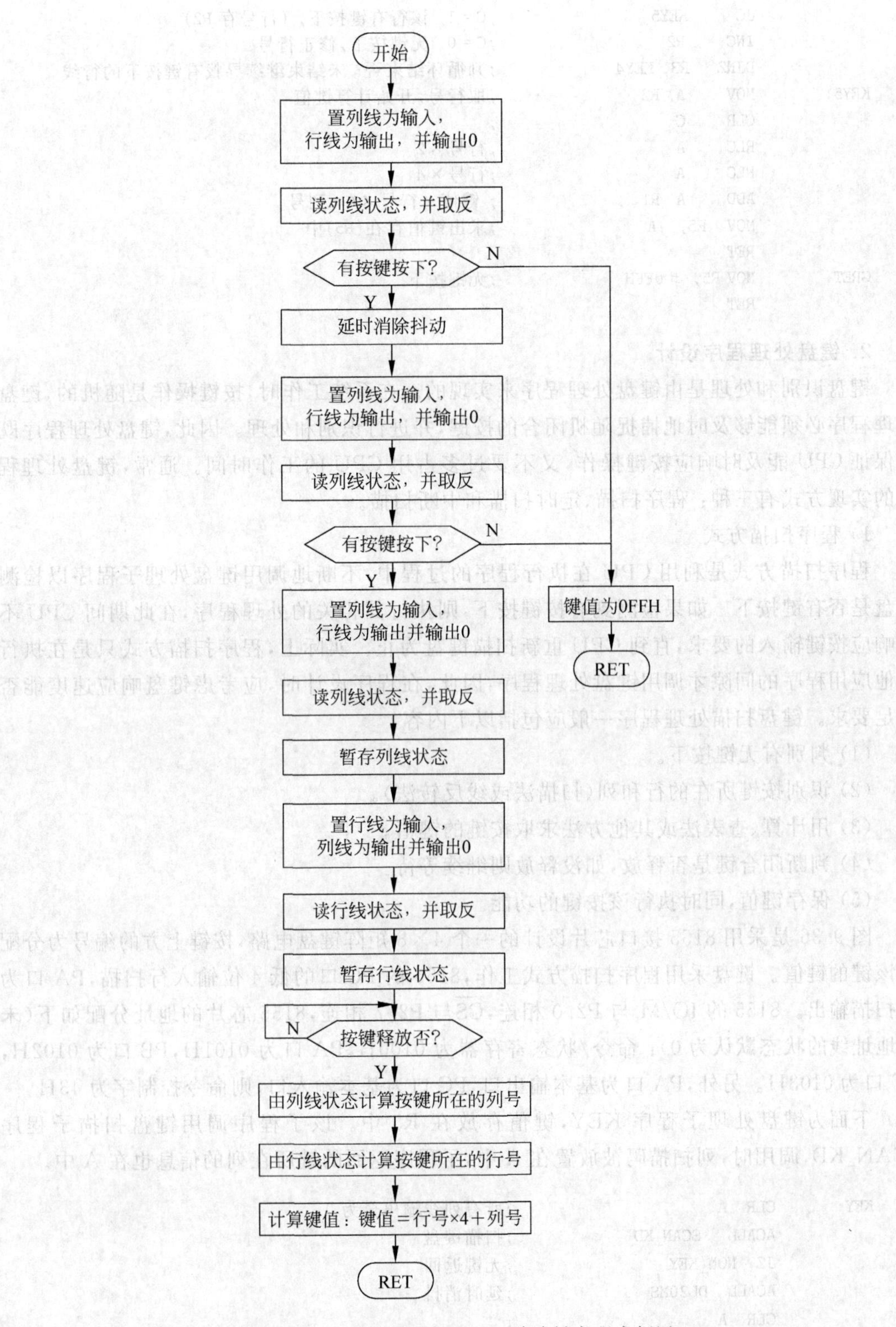

图9.35　采用线反转法的矩阵式键盘程序框图

```
            JC      KEY5            ;C=1, 该行有键按下, (行号存 R2)
            INC     R2              ;C=0, 无键按下,修正行号
            DJNZ    R3, KEY4        ;判循环结束否? 未结束继续寻找有键按下的行线
KEY5:       MOV     A, R2           ;取行号,开始计算键值
            CLR     C               ;
            RLC     A               ;行号×2
            RLC     A               ;行号×4
            ADD     A, R1           ; 键值=行号×4+列号
            MOV  R5,   A            ;求出键值存在(R5)中
            RET
GRET:       MOV R5, #0FFH           ;无键按下
            RET
```

2. 键盘处理程序设计

键盘识别和处理是由键盘处理程序来实现的。在系统工作时,按键操作是随机的,键盘处理程序必须能够及时地捕捉随机闭合的按键,并进行识别和处理。因此,键盘处理程序既要保证 CPU 能及时响应按键操作,又不要过多占用 CPU 的工作时间。通常,键盘处理程序的实现方式有三种:程序扫描、定时扫描和中断扫描。

1) 程序扫描方式

程序扫描方式是利用 CPU 在执行程序的过程中,不断地调用键盘处理子程序以检测键盘是否有键按下。如果检测到有按键按下,则执行其相关的处理程序,在此期间 CPU 不再响应按键输入的要求,直到 CPU 重新扫描键盘为止。实际上,程序扫描方式只是在执行其他应用程序的间隙才调用键盘处理程序,因此,在程序设计时,应考虑键盘响应速度能否满足要求。键盘扫描处理程序一般应包括以下内容:

(1) 判别有无键按下。

(2) 识别按键所在的行和列(扫描法或线反转法)。

(3) 用计算、查表法或其他方法求取按键的键值。

(4) 判断闭合键是否释放,如没释放则继续等待。

(5) 保存键值,同时执行该按键的功能。

图 9.36 是采用 8155 接口芯片设计的一个 4×8 矩阵键盘电路,按键上方的编号为分配给该键的键值。键盘采用程序扫描方式工作,8155 的 PC 口的低 4 位输入行扫描,PA 口为列扫描输出。8155 的 IO/$\overline{M}$ 与 P2.0 相连,$\overline{CS}$与 P2.7 相连,8155 芯片的地址分配如下(未用地址线的状态默认为 0):命令/状态寄存器为 0100H,PA 口为 0101H,PB 口为 0102H,PC 口为 0103H。另外,PA 口为基本输出口,PC 口为基本输入口,则命令控制字为 43H。

下面为键盘处理子程序 KEY,键值存放在 R5 中。该子程序调用键盘扫描子程序 SCAN_KD,调用时,列扫描码被放置在 A 中,子程序返回的键所在列的信息也在 A 中。

```
KEY:        CLR  A                  ;所有列线输出全为 0
            ACALL   SCAN_KD         ;扫描键盘
            JZ  NON_KEY             ;无键返回
            ACALL  DL20MS           ;延时消抖
            CLR  A                  ;
            ACALL  SCAN_KD          ;再次扫描键盘
            JZ  NON_KEY             ;无键返回
            MOV  A,    #0FEH        ;从第一列(PA0 连接的列)开始列扫描
```

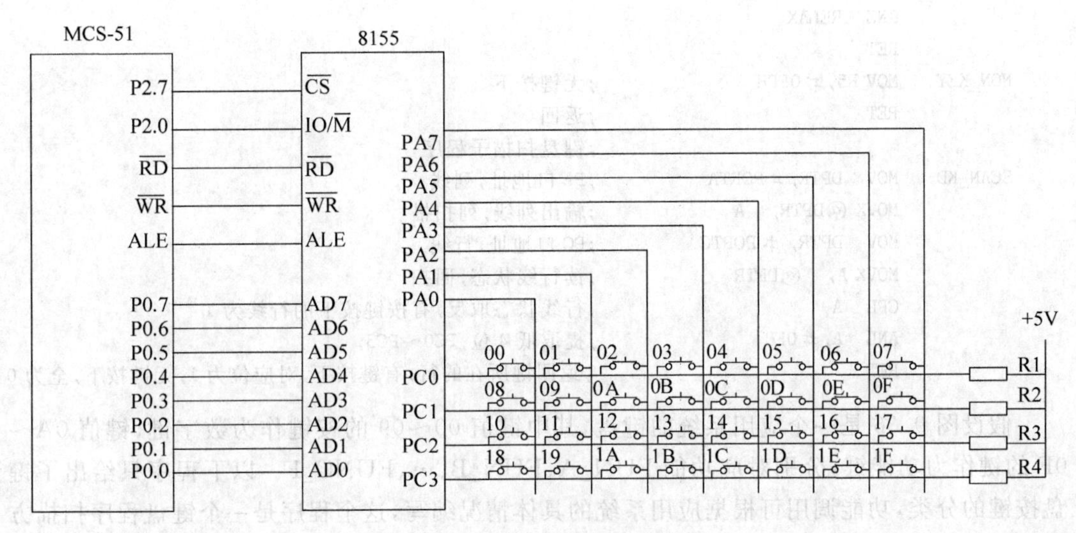

图 9.36 4×8矩阵键盘

```
            MOV   R4,#0                 ;列计数,按键所在的列,即列号
K1:         MOV   R2,  A                ;暂存列扫描码
            ACALL   SCAN_KD             ;扫描键盘
            JNZ  FIND                   ;本行有键按下时,转移,取所在行的起始行号
            INC  R4                     ;本行没有按键按下,列号加1,准备扫描下一列
            MOV  A, R2
            RL  A                       ;列码左移,计算下一列的列扫描码
            CJNE  A,  #0FEH,   K1       ;8列扫描完成否?
            MOV  A,   #0                ;8列扫描完成,无按键按下
            SJMP  NON_KEY               ;没找到
FIND:       JNB  ACC.0,  LINE1
            MOV   A, #00H               ;按键在第一行,起始键值为00
            AJMP  CAL_VAL
LINE1:      JNB  ACC.1,  LINE2
            MOV   A,   #08H             ;按键在第二行,起始键值为08
            AJMP  CAL_VAL
LINE2:      JNB  ACC.2,  LINE3          ;按键在第三行,起始键值为10H
            MOV  A, #10H
            AJMP  CAL_VAL
LINE3:      JNB  ACC.3,  LINEN
            MOV  A,   #18H              ;按键在第二行,起始键值为18H
            AJMP  CAL_VAL
LINEN:      MOV  A,   #0
            SJMP NON_KEY                ;非法行,返回
CAL_VAL:    ADD  A,  R4                 ;计算键值,键值=行起始键值+列号
            MOV  R5,    A               ;存储键值
RELAX:      MOV  A,   #00               ;按键释放处理
            ACALL SCAN_KD
            JNZ    RELAX
            ACALL  DL20MS
            MOV A,  #00
            ACALL  SCAN_KD
```

```
          JNZ  RELAX
          RET
NON_KEY:  MOV R5, #0FFH               ;无键按下
          RET                         ;返回
                                      ;键盘扫描子程序:
SCAN_KD:  MOV  DPTR, #PORTA           ;PA口地址,列线
          MOVX @DPTR,  A              ;输出列线,列扫描
          MOV  DPTR, #PORTC           ;PC口地址,行线
          MOVX A,   @DPTR             ;读行线状态,回扫
          CPL  A                      ;行线状态取反,有按键按下的行线为1
          ANL  A, #0FH                ;提取低4位,PC0~PC3,
          RET                         ;返回键所在的行,有键按下,对应位为1,无键按下,全为0
```

假设图9.36是一个应用系统的键盘,其中键值00~09的按键作为数字键,键值0A~0F的键作为功能键,分别对应功能FUN_A、FUN_B、…、FUNC_F。以下程序只给出了键盘按键的分类,功能调用可根据应用系统的具体情况编写,这个程序是一个键盘程序扫描方式的框架,每循环一次扫描一次键盘。

```
          ORG   0000H
          LJMP  MAIN
          ORG  0030H
MAIN:     ;程序初始化部分
REDO:     ;应用、显示程序部分
          ACALL  KEY                  ;键盘扫描
          MOV  A,  R5                 ;取键值
          CLR  C
          SUBB  A,   #0AH
          JC  NUM                     ;是数字键
          RL     A                    ;是功能键,转到相应功能处理程序处
          MOV   DPTR,    #JMP_FUN
          JMP     @A+DPTR             ;转移到功能处理程序
JMP_FUN:  AJMP    FUN_A               ;键值为0A的按键
          AJMP    FUN_B               ;键值为0B的按键
          AJMP    FUN_C               ;键值为0C的按键
          AJMP    FUN_D               ;键值为0D的按键
          AJMP    FUN_E               ;键值为0E的按键
          AJMP    FUN_F               ;键值为0F的按键
NUM:      MOV     A,   R5             ;数字键处理,取键值
          ……                          ;数字键处理程序
FUN_A:                                ; 功能处理程序
                …
          AJMP  REDO
```

2) 定时扫描方式

定时扫描方式就是要求CPU每隔一定时间(如10ms),对键盘扫描一次。当发现有键按下,则转入键盘处理程序。定时扫描的时间间隔由单片机内部的定时器产生,通常采用中断方式,当定时器产生溢出中断时,CPU响应中断对键盘进行扫描,并在有键按下时识别出按键,再执行该键的功能程序。定时扫描方式的硬件电路与程序扫描方式相同。

采用定时扫描方式时,必须在主程序的初始化部分对定时器/计数器初始化,在中断处

理程序中，实现键盘的扫描处理，程序流程图如图 9.37 所示，其处理过程如下：

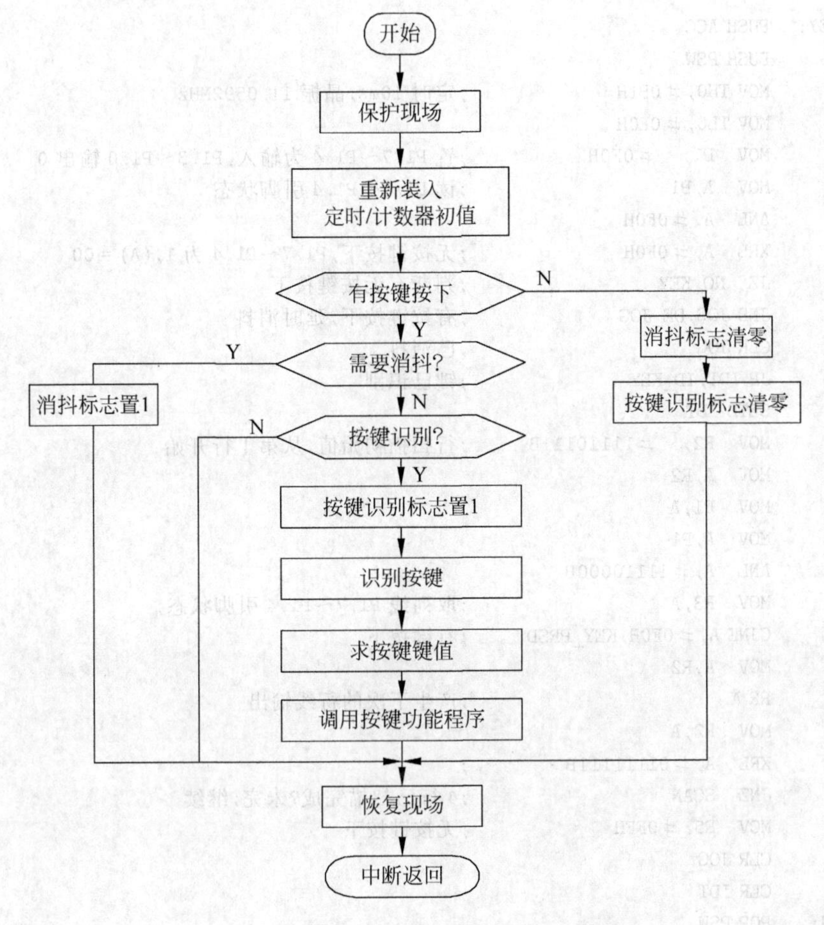

图 9.37 定时扫描方式中断处理程序流程图

CPU 响应定时器/计数器溢出中断请求后，在中断处理程序中，首先保护现场，重新装入定时器/计数器初值，然后再进行键盘扫描和处理。扫描和处理部分设置了两个标志，一个用于键盘消抖；另一个用于标识按键识别。主程序初始化时，这两个标志位应清零。无键按下时，两个标志清零，并从中断处理程序返回。有键按下时，先判断是否需要消抖，若消抖标志为 0，则下一步消除抖动，并置消抖标志为 1，从中断处理程序返回；若消抖标志为 1，则说明抖动已消除，下一步该识别按键了。由于只有当定时器/计数器溢出时才能进行下一次键盘扫描，在这里程序借用了定时器/计数器的定时间隔(如 10ms)来消除按键的抖动，因此，不再需要延时。

当下一次再进入中断处理程序时，由于消抖标志为 1，因此进行按键识别。如果按键识别标志为 0，则意味着还没有进行按键的识别处理，则把按键识别标志置 1，然后进行按键识别处理，获取键值后中断返回。如果按键识别标志为 1，则说明此次按键已做过识别处理，只是按键还未释放，则立即中断返回。当按键释放后，在下一次进入中断服务程序时，消抖标志和按键识别标志又重新置 0，则等待下一次按键。

下面是对图 9.31 采用定时 10ms 中断的键盘扫描处理程序，主程序初始化时，消抖标志JOG和按键识别标志IDT清零,另外,键值单元R5的初值设置为0FFH。

```
SCANKEY:   PUSH ACC
           PUSH PSW
           MOV TH0,#0B1H              ;定时10ms,晶振11.0592MHz
           MOV TL0,#0E0H
           MOV  P1,   #0F0H           ;置P1.7~P1.4为输入,P1.3~P1.0输出0
           MOV  A,P1                  ;读P1.7~P1.4引脚状态
           ANL  A,#0F0H
           XRL  A,#0F0H               ;无按键按下,P1.7~P1.4为1,(A)=00
           JZ   NO_KEY                ;判断有无按键按下
           JNB JOG,DE_JOG             ;有按键按下,延时消抖
           CLR JOG                    ;已消抖
           JB IDT,ID_KEY              ;键已识别
           SETB IDT
           MOV  R2,   #11110111B      ;行扫描初始值,从第Ⅰ行开始
SCAN:      MOV  A,R2
           MOV  P1,A
           MOV  A,P1
           ANL  A,#11110000B
           MOV  R3,A                  ;取列线P1.7~P1.4引脚状态,
           CJNE A,#0F0H,KEY_PRSD      ;有键按下
           MOV  A,R2
           RR A                       ;产生下次的行线输出
           MOV  R2,A
           XRL  A,#01111111B          ;
           JNZ  SCAN                  ;4行已扫描完成?未完,继续
           MOV  R5,#0FFH              ;无按键按下
           CLR JOG
           CLR IDT
RETURN:    POP PSW
           POP ACC
           RETI
ID_KEY:    SJMP RETURN                ;键按下,已识别
DE_JOG:    SETB JOG                   ;消抖
           SJMP RETURN                ;无键按下
NO_KEY:    MOV  R5,#0FFH
           CLR JOG
           CLR IDT
           SJMP RETURN
KEY_PRSD:  MOV  A,R2                  ;取行扫描值
           ANL  A,#00001111B          ;计算行特征码
           ORL  A,R3                  ;计算按键的特征码
           MOV  R4,A                  ;按键特征码暂存在(R4)中
           MOV  R5,#00H               ;设置按键键值初值
           MOV  DPTR,#KEY_TAB         ;特征码表首地址
CAL_VAL:   MOV  A,R5                  ;计算按键键值
           MOVC A,   @A+DPTR
           XRL  A,R4
           JZ FIXED                   ;键值求出存在(R5)中
           INC  R5
```

```
          SJMP CAL_VAL
FIXED:    MOV A,R5
          XRL A,#0FFH
          JZ REDO                         ;无键按下
          MOV A,R5
          CJNE A,#09H,CONT0
CONT1:    MOV A,#30H
          ADD A,R5
          ACALL PROMPT
          JMP RETURN
CONT0:    JC CONT1
          MOV A,#37H
          ADD A,R5
          ACALL PROMPT
          JMP RETURN
KEY_TAB:  DB 77H, 0B7H, 0D7H, 0E7H, 7BH, 0BBH, 0DBH, 0EBH, 7DH, 0BDH
          DB 0DDH, 0EDH, 7EH, 0BEH, 0DEH, 0EEH
```

3）中断扫描方式

采用程序扫描和定时扫描方式，不管有没有按键按下，CPU 总要在一定时间内扫描键盘，而在单片机应用系统工作时，并不经常需要键盘输入，因此 CPU 经常处于空扫描状态。为了提高 CPU 的工作效率，可采用中断方式扫描键盘，当没有按键按下时，CPU 不需要扫描键盘；一旦有按键按下时，立即产生中断请求，当 CPU 响应中断请求后，再执行键盘扫描子程序。这种方式节省了 CPU 对键盘的空扫描时间，当没有按键按下时，CPU 可以处理其他事务。如图 9.38 所示，4 根列输入线经过与门综合为一个中断请求信号，使它与 8051 的外部事件中断输入端 $\overline{\mathrm{INT0}}$ 相连，构成了一个具有中断功能的键盘接口电路。只要有键按下时，与门输出低电平，$\overline{\mathrm{INT0}}$ 引脚的电平发生跳变，向 CPU 请求中断，CPU 响应该中断请求执行键盘扫描子程序。程序设计时，按键识别采用线反转法，中断处理程序中调用图 9.34 例程的键盘处理子程序 KEY。程序如下：

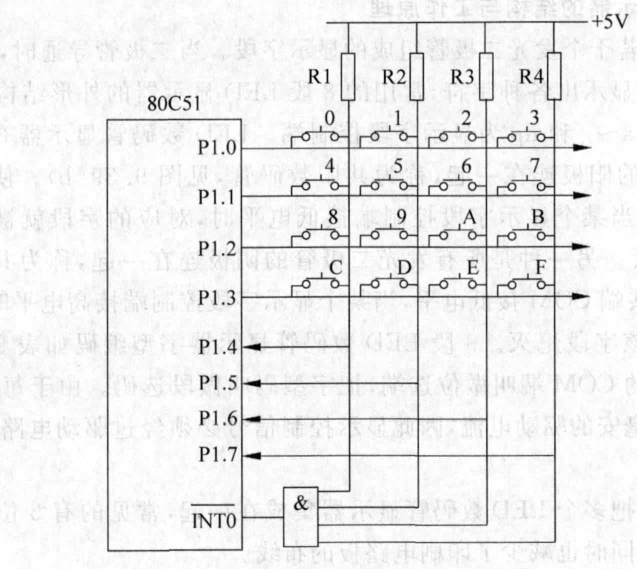

图 9.38　中断扫描方式

```
;主程序
        ORG    0000H
        LJMP   STAT                    ;转初始化
        ORG    0003H
        LJMP   KEY0                    ;转中断服务程序
        ORG    0100H
STAT:   MOV    SP,#60H                 ;置堆栈指针
        SETB   IT0                     ;置为边沿触发方式
        MOV    IP,  #00000001B         ;置为高优先级中断
        MOV    P1,  #11110000B         ;置P1.0～P1.3置为输入态,置P1.4～P1.7输出0
        SETB   EA                      ;CPU开放中断
        SETB   EX0                     ;允许INT0中断
MAIN:   LJMP   MAIN                    ;此处插入应用程序
;中断处理程序
KEY0:   PUSH   Acc                     ;保护现场
        PUSH   PSW
        LCALL  KEY                     ;键盘处理,键值在R5中
        POP    PSW
        POP    Acc
        RETI
```

9.4.2 显示器接口设计

单片机应用系统中,显示器是最常用的输出设备,常用的有数码管显示器(Light-emitting Diode,LED)和液晶显示器(Liquid Crystal Display, LCD),这两种显示器可用于显示数字、字符及系统的状态,它们的价格低廉、驱动电路简单、易于实现。本节主要介绍LED数码管显示器的接口及程序设计。LCD显示器的驱动元件种类较多,显示方式差别较大,由于篇幅限制不做介绍,其接口方法请参考相关资料。

1. LED数码管显示器的结构与工作原理

LED数码管是由若干个发光二极管组成的显示字段。当二极管导通时,相应的一个点或一个笔划发光,就能显示出各种字符,常用的8段LED显示器的外形结构如图9.39(a)所示,COM为公共端,a～g和dp为显示字段控制端。LED数码管显示器有两种结构,一种是所有发光二极管的阳极连在一起,称为共阳数码管,见图9.39(b)。使用时,它的公共端COM接高电平,当某个显示字段控制端接低电平时,对应的字段就被点亮,接高电平时,该显示字段熄灭。另一种是所有发光二极管的阴极连在一起,称为共阴数码管,见图9.39(c)。它的公共端COM接低电平,当某个显示字段控制端接高电平时,对应的字段被点亮,接低电平时,该字段熄灭。8段LED数码管显示器字型编码如表9.14所示。有时,也把LED数码管的COM端叫做位选端,把字型码叫做段选码。由于每个显示字段显示通常需要十到几十毫安的驱动电流,因此显示控制信号必须经过驱动电路才能使显示器正常工作。

为了使用方便,常把多个LED数码管显示器集成在一起,常见的有3位、4位等,体积小、功耗低、可靠性高,同时也减少了印刷电路板的布线。

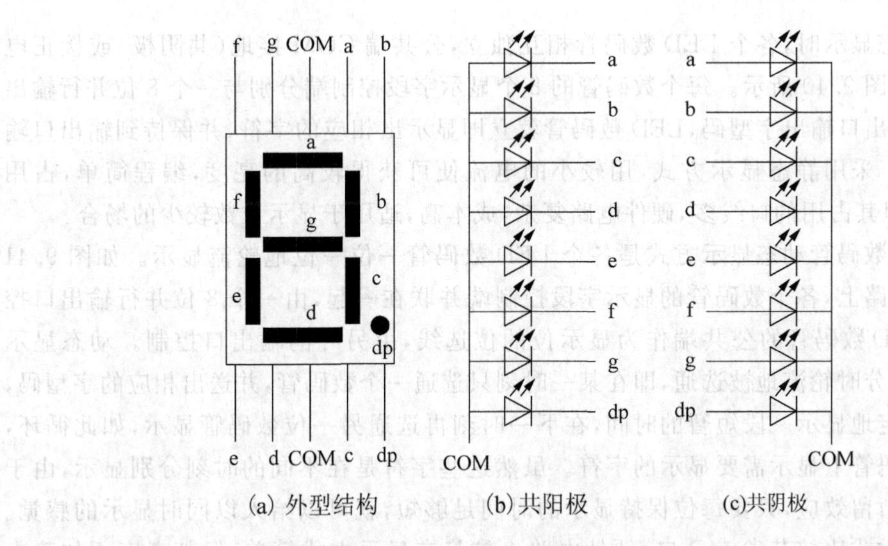

(a) 外型结构　　(b)共阳极　　(c)共阴极

图 9.39　8 段 LED 数码管显示器结构

表 9.14　数码管字型编码表

显示字符	共阳极									共阴极								
	dp	g	f	e	d	c	b	a	字型码	dp	g	f	e	d	c	b	a	字型码
0	1	1	0	0	0	0	0	0	C0H	0	0	1	1	1	1	1	1	3FH
1	1	1	1	1	1	0	0	1	F9H	0	0	0	0	0	1	1	0	06H
2	1	0	1	0	0	1	0	0	A4H	0	1	0	1	1	0	1	1	5BH
3	1	0	1	1	0	0	0	0	B0H	0	1	0	0	1	1	1	1	4FH
4	1	0	0	1	1	0	0	1	99H	0	1	1	0	0	1	1	0	66H
5	1	0	0	1	0	0	1	0	92H	0	1	1	0	1	1	0	1	6DH
6	1	0	0	0	0	0	1	0	82H	0	1	1	1	1	1	0	1	7DH
7	1	1	1	1	1	0	0	0	F8H	0	0	0	0	0	1	1	1	07H
8	1	0	0	0	0	0	0	0	80H	0	1	1	1	1	1	1	1	7FH
9	1	0	0	1	0	0	0	0	90H	0	1	1	0	1	1	1	1	6FH
A	1	0	0	0	1	0	0	0	88H	0	1	1	1	0	1	1	1	77H
B	1	0	0	0	0	0	1	1	83H	0	1	1	1	1	1	0	0	7CH
C	1	1	0	0	0	1	1	0	C6H	0	0	1	1	1	0	0	1	39H
D	1	0	1	0	0	0	0	1	A1H	0	1	0	1	1	1	1	0	5EH
E	1	0	0	0	0	1	1	0	86H	0	1	1	1	1	0	0	1	79H
F	1	0	0	0	1	1	1	0	8EH	0	1	1	1	0	0	0	1	71H
H	1	0	0	0	1	0	0	1	89H	0	1	1	1	0	1	1	0	76H
L	1	1	0	0	0	1	1	1	C7H	0	0	1	1	1	0	0	0	38H
—	1	0	1	1	1	1	1	1	BFH	0	1	0	0	0	0	0	0	40H
.	0	1	1	1	1	1	1	1	7FH	1	0	0	0	0	0	0	0	80H
熄灭	1	1	1	1	1	1	1	1	FFH	0	0	0	0	0	0	0	0	00H

2. LED 数码管显示器的接口设计

1）LED 数码管的显示方法

LED 数码管有静态和动态两种显示方式。

在多位静态显示时,各个 LED 数码管相互独立,公共端 COM 接地(共阴极)或接正电源(共阳极),如图 9.40 所示。每个数码管的 8 个显示字段控制端分别与一个 8 位并行输出口相连,只要输出口输出字型码,LED 数码管就立即显示出相应的字符,并保持到输出口输出新的字型码。采用静态显示方式,用较小的电流便可获得较高的亮度,编程简单,占用 CPU 时间少,但其占用的口线多,硬件电路复杂,成本高,适用于显示位数较少的场合。

多位 LED 数码管动态显示方式是各个 LED 数码管一位一位地轮流显示。如图 9.41 所示,在硬件电路上,各个数码管的显示字段控制端并联在一起,由一个 8 位并行输出口控制；各个的 LED 数码管的公共端作为显示位的位选线,由另外的输出口控制。动态显示时,各个数码管分时轮流地被选通,即在某一时刻只选通一个数码管,并送出相应的字型码,让该数码管稳定地显示一段短暂的时间,在下一时刻再选通另一位数码管显示,如此循环,即可在各个数码管上显示需要显示的字符。虽然这些字符是在不同的时刻分别显示,由于人眼存在视觉暂留效应,只要每位保持显示的时间足够短,就可以给人以同时显示的感觉。采用动态显示方式比较节省 I/O 口,硬件电路也较静态显示方式简单,但其亮度不如静态显示方式,而且在显示位数较多时,CPU 要依次扫描,占用 CPU 较多的时间。

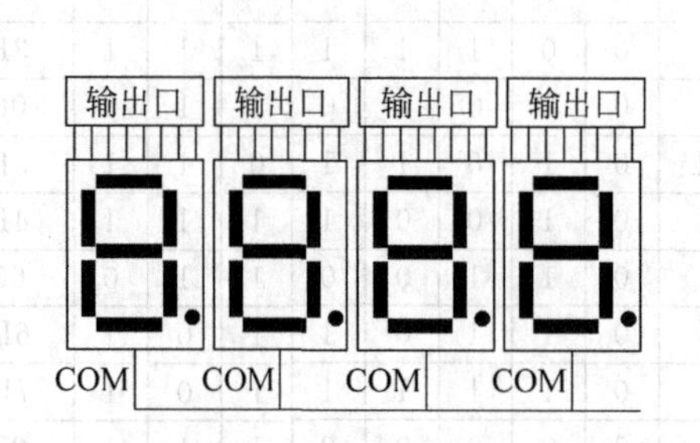

图 9.40 LED数码管静态显示原理

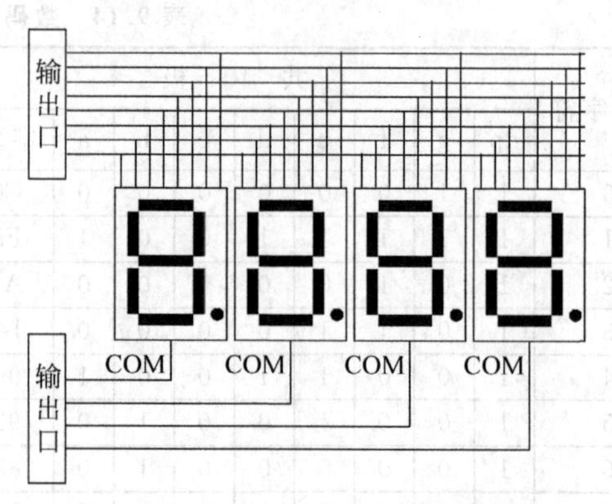

图 9.41 LED数码管动态显示原理

2) LED 数码管的接口电路及程序设计

(1) 多位 LED 数码管的静态显示

图 9.42 是采用 74LS273 作为输出口的多位 LED 数码管静态显示接口电路。图 9.42 中 LED 数码管为共阴型,按照电路的连接方式,可得如下输出口地址:IC2 为 7000H,IC3 为 5000H,IC4 为 3000H,IC5 为 1000H。设显示缓冲区为内部 RAM 的 30H～33H 单元,其内容为将要显示的字符。如显示 3A24,30H～33H 单元的内容分别为 03H,0AH,02H 和 04H。显示信息的分离将在后面讨论。静态显示程序调用 1 位显示子程序 DISP1,输出口的地址存放在 R3 和 R2 中,显示信息的单元地址存放在 R1 中。静态显示程序如下:

```
DISP:   MOV  R3,    #10H            ;IC5 口地址
        MOV  R2,    #00H
        ACALL DISP1                 ;LED4 显示
        INC  R1                     ;显示缓冲区地址
        MOV  R3,    #30H            ;IC4 口地址
        MOV  R2,    #00H
```

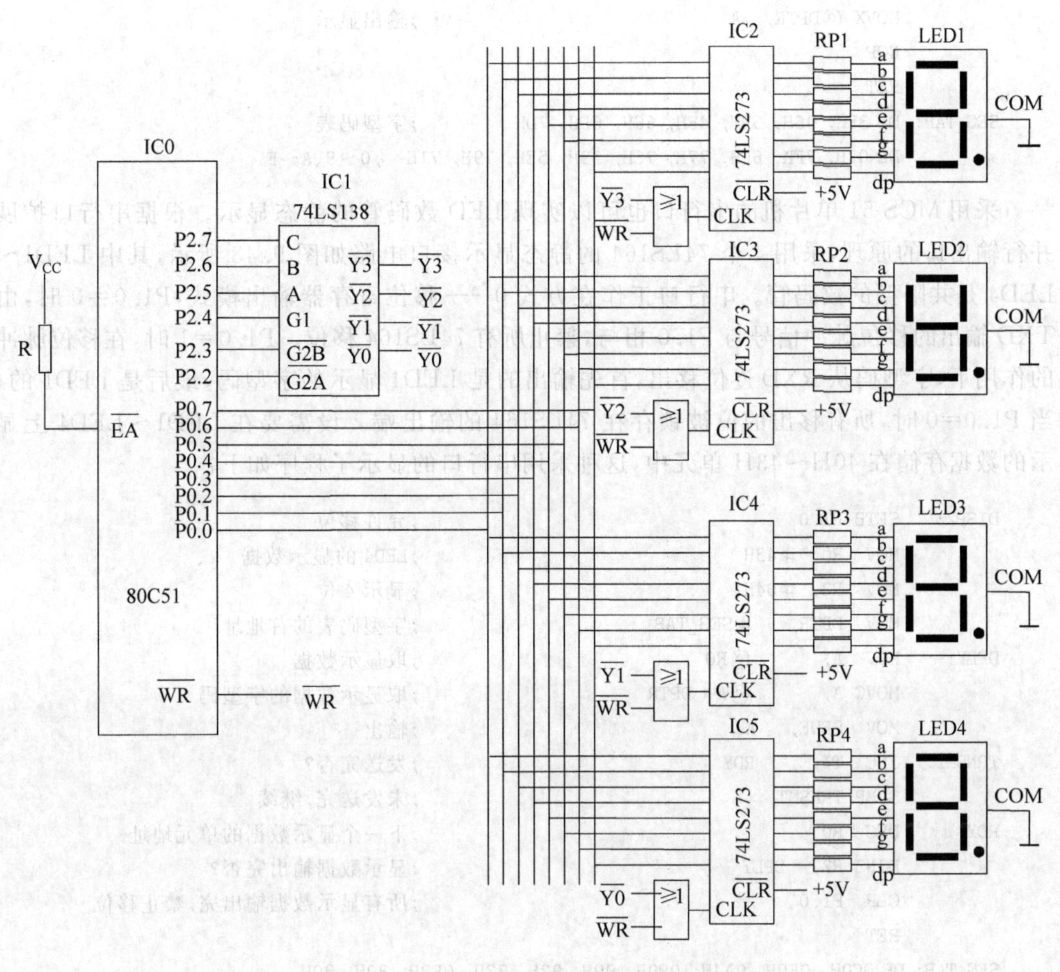

图9.42　多位LED数码管静态显示接口电路

```
        ACALL DISP1                    ;LED3 显示
        INC   R1                       ;显示缓冲区地址
        MOV   R3,     #50H             ;IC3 口地址
        MOV   R2,     #00H
        ACALL DISP1                    ;LED2 显示
        INC   R1                       ;显示缓冲区地址
        MOV   R3,     #70H             ;IC2 口地址
        MOV   R2,     #00H
        ACALL DISP1                    ;LED1 显示
        NOP                            ;
        RET
                                       ;显示一位子程序
DISP1:  MOV   A,      @R1              ;取显示信息
        MOV   DPTR,   #SEG_TAB         ;字型码表的首地址
        MOVC  A,      @A+DPTR          ;通过显示信息查其字型码
        MOV   DPL,    R2               ;取输出口地址
        MOV   DPH,    R3
```

```
          MOVX @DPTR,  A                                    ;输出显示
          NOP
          RET
SEG_TAB:  DB 3FH, 06H, 5BH, 4FH, 66H, 6DH, 7DH              ;字型码表
          DB 07H, 7FH, 6FH, 77H, 7CH, 39H, 5EH, 79H, 71H   ;0～9、A～F
```

采用MCS-51单片机的串行口也可以实现LED数码管的静态显示。根据串行口扩展并行输出口的原理,采用4个74LS164的静态显示接口电路如图9.43所示,其中LED1～LED4是共阳型的数码管。串行口工作在方式0——移位寄存器输出模式,P1.0=0时,由TXD输出的移位脉冲信号与P1.0相与,禁止所有74LS164移位。P1.0=1时,在移位脉冲的作用下,字型码从RXD逐位移出,首先输出的是LED4显示的字型码,最后是LED1的;当P1.0=0时,所有移出的位被锁存在74LS164的输出端。设需要在LED1～LED4上显示的数据存储在40H～43H单元中,这种采用串行口的显示子程序如下:

```
DISP2:    SETB P1.0                                 ;允许移位
          MOV  R0, #43H                             ;LED4的显示数据
          MOV  R2, #04H                             ;显示4位
          MOV  DPTR,   #SEG_TAB                     ;字型码表的首地址
DPLY:     MOV  A,      @R0                          ;取显示数据
          MOVC A,      @A+DPTR                      ;取显示数据的字型码
          MOV  SBUF,   A                            ;输出
TRNSMT:   JBC  TI,     RDY                          ;发送完否?
          SJMP TRNSMT                               ;未发送完,继续
RDY:      DEC  R0                                   ;下一个显示数据的单元地址
          DJNZ R2,  DPLY                            ;显示数据输出完否?
          CLR  P1.0                                 ;所有显示数据输出完,禁止移位
          RET
SEG_TAB: DB 0C0H, 0F9H, 0A4H, 0B0H, 99H, 92H, 82H, 0F8H, 80H, 90H
         DB 88H, 83H, 0C6H, 0A1H, 86H, 8EH          ;以下为显示字型码表,0～9,A～F
```

(2) 多位LED数码管的动态显示

动态显示时,对于每一个LED显示器来说,每隔一段时间才被点亮一次,因此,显示器的亮度一方面与导通电流有关,另一方面也与点亮时间和间隔时间有关。调整电流和时间参数,可以实现亮度较高且稳定的显示效果。因此,在硬件设计时,应考虑提升输出接口的驱动能力;软件设计时,选择适当的循环间隔时间和显示器的点亮时间。一般情况下,减少循环间隔时间,可以提高扫描速度,适当延长单个数码管的点亮时间,可以改善动态显示的亮度,但是其带来的后果是显示程序占用CPU的时间更多,导致CPU利用率下降。

图9.44是一个6位LED数码管的动态显示接口电路,它采用74LS273扩展两个输出口,一个用于输出字型码,输出口地址为0FEFFH,另一个用于控制显示位置,其地址为0FDFFH,RP1为电阻排,LED数码管为共阴型。程序调用显示1位子程序DISP,调用时R0指出显示数据所在的单元,R2内容为显示位置。DISPLY1为显示6位子程序,该子程序执行时,自左向右显示存储在显示缓冲区30H～35H单元的6位数据,因此,显示起始位的初值为11111110,当显示位置R2的内容为10111111时,则6位全部显示完毕。定义SEG_OUT为0FEFFH,BIT_OUT为0FDFFH,显示程序如下:

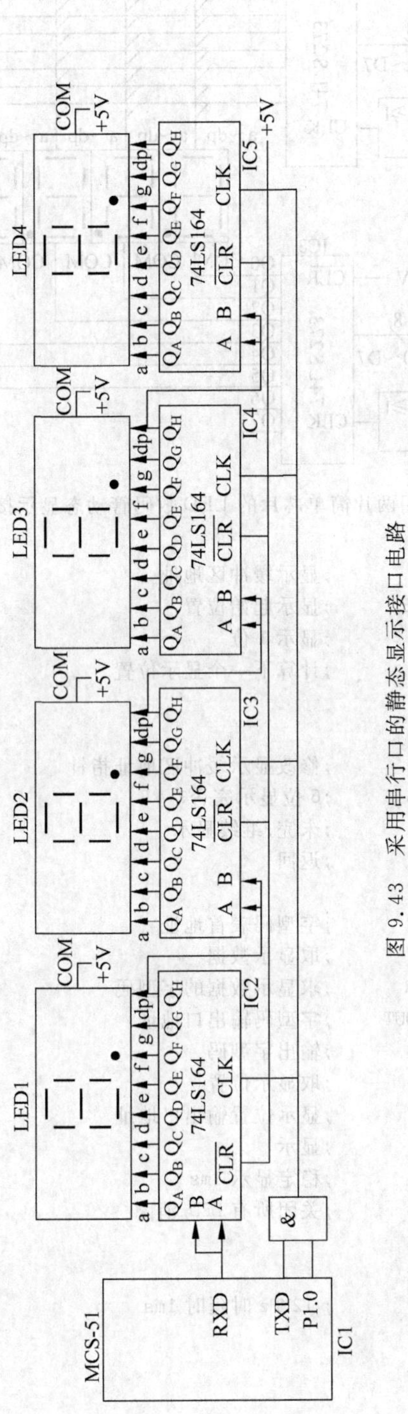

图 9.43　采用串行口的静态显示接口电路

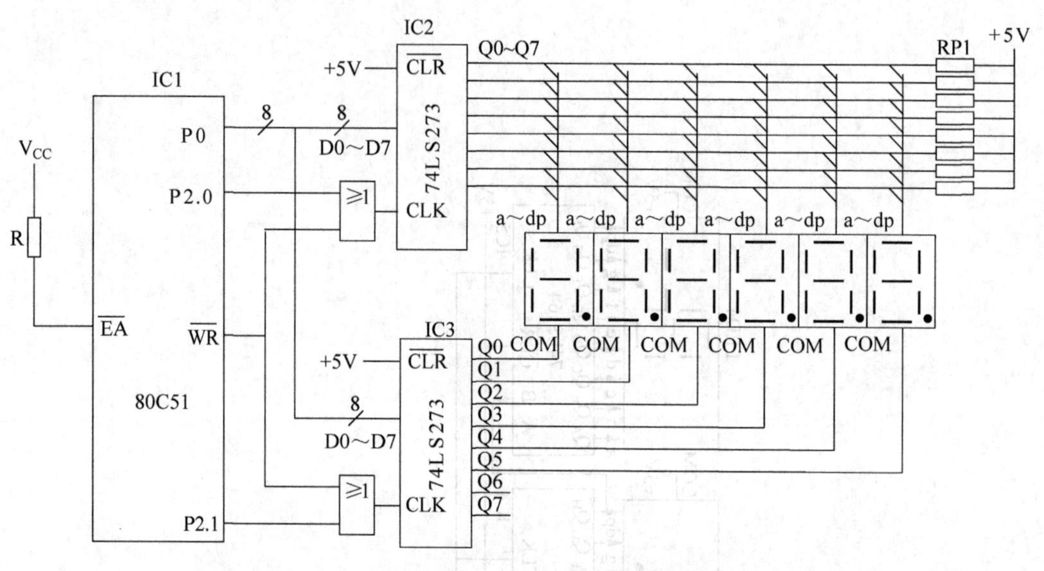

图 9.44 采用两片简单芯片的 LED 数码管动态显示接口电路

```
DSPLY1:  MOV R0, #30H            ;显示缓冲区地址
         MOV R2, #11111110B      ;显示起始位置
REDO:    ACALL DISP              ;显示1位
         MOV A,R2                ;计算下一个显示位置
         RL A
         MOV R2, A
         INC R0                  ;修改显示缓冲区地址指针
         XRL A, #10111111B       ;6位显示完否?
         JNZ REDO                ;未完,继续显示
         RET                     ;返回
  ;显示一位子程序
DISP:    MOV DPTR, #LED_SEG      ;字型码表首地址
         MOV A,@R0               ;取显示数据
         MOVC A,  @A + DPTR      ;求显示数据的字型码
         MOV DPTR,  #SEG_OUT     ;字型码输出口地址
         MOVX @DPTR,  A          ;输出字型码
         MOV A,  R2              ;取显示位置
         MOV DPTR, #BIT_OUT      ;显示位置输出口地址
         MOVX @DPTR,  A          ;显示
         ACALL DL1MS             ;稳定显示1ms
         MOV A, #0FFH            ;关闭所有LED,消隐
         MOVX @DPTR,  A
         RET
DL1MS:   MOV R5, #200            ; 12MHz时延时1ms
DEL:     NOP
         NOP
         NOP
         DJNZ R5,DEL
         RET
  ;字型码表
LED_SEG: DB 3FH,06H,5BH,4FH,66H,6DH,7DH,07H      ;0,1,2,3,4,5,6,7
```

```
DB 7FH,6FH,77H,7CH,39H,5EH,79H,71H        ;8,9,A,B,C,D,E,F
DB 3EH, 50H, 40H, 08H, 00H                ;U, r,  -,  _, BLANK
```

在上述程序中，每个显示位稳定显示1ms，反复调用DSPLY1，由于人的视角停留，如同所有数据同时出现在显示器上。当稳定显示时间或调用DSPLY1的间隔过长时，会出现循环显示的现象。

(3) 单片机应用系统的数据显示

在单片机内部数据运算是以二进制方式进行的，因此，需要单片机处理的数据信息必须转换成二进制数据或二进制编码；但在应用系统输出结果时，人们希望以最熟知的十进制数据格式显示，因此，需要进行必要的转换，运算结果显示处理的流程图如图9.45所示。输出结果时，首先把它转换为十进制数（BCD码）形式，然后再按位分离，并以分离BCD码的形式存放在显示缓冲区中，这是因为字型码只能提供单个字符的字型编码。显示时，数据的显示顺序可以灵活处理，可以由高到低（自左向右），也可以由低到高（自右向左），不论是动态还是静态显示不会影响显示效果。显示子程序的一般结构如图9.46所示。

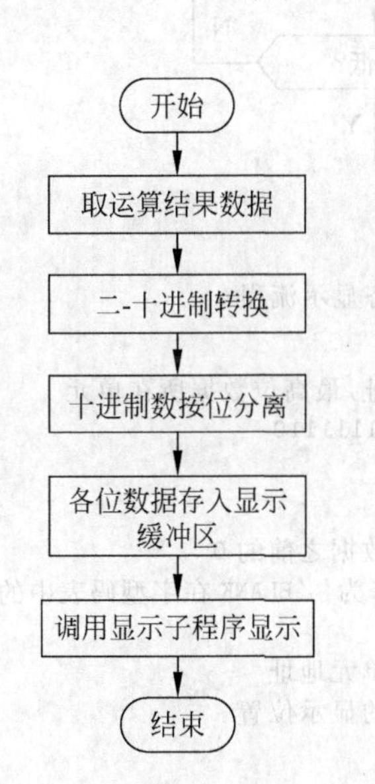

图9.45 运算结果显示处理的流程图

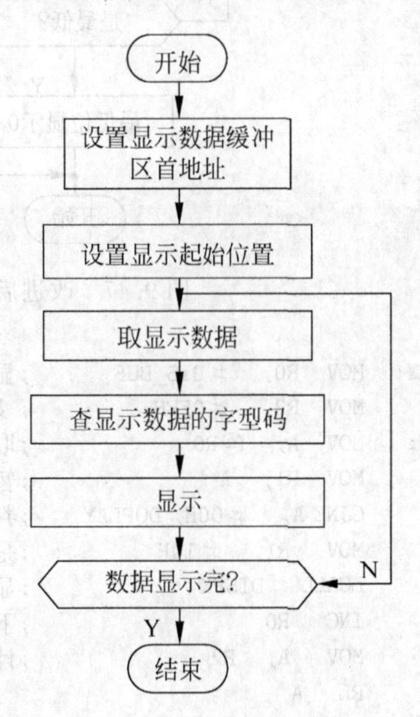

图9.46 显示子程序的一般结构

如果显示数据含有小数部分，显示数据中小数点的处理可采用两种方法。一种为硬件方法，此种方法的前提是小数点是固定的，如显示金额，小数点后保留两位有效数字，可以把个位数的LED数码管的小数点显示字段dp始终强制为点亮状态，即共阳型时，dp端接地，共阴型时，把dp上拉到高电平。另一种方法为软件方法，在个位的显示字型码中合成小数点dp的点亮信息。例如，用共阴型LED数码管显示器显示数据“2.0”，“2”的字型码为5BH，综合dp的点亮信息可以采用指令“ORL　A, #80H”。共阳型时，字型码的最高位清零即可。

在应用系统中，显示的位数一般是固定的。同一种类数据不论数据大小，存储的格式是完全相同的，对于一个数值较小的数，在显示时，如果不予处理，则最高位非0数字左边的位会显示为0，如6位显示器显示数据123时，会出现“000123”。这与人们的表示数据的习惯不符,应当予以处理。以图 9.44 电路为基础,改进后的 6 位数据动态显示程序流程图(见图 9.47)。DISPLAY 子程序调用显示 1 位子程序 DISPX,其中 SEG_OUT 和 BIT_OUT 分别是字型码输出口和显示位置输出口的地址,R1 和 R2 内容为显示数据和显示位置。另外,每位显示完后,显示器切换显示数据时,使所有 LED 数码管熄灭,以实现消隐功能。程序如下:

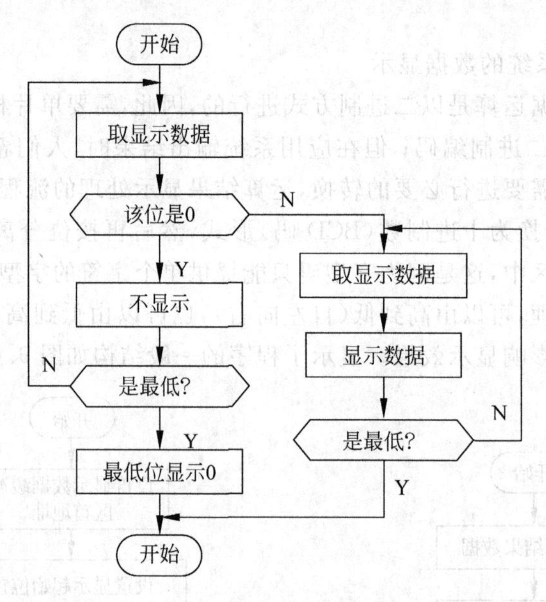

图 9.47 改进后的 6 位数据动态显示流程

```
DISPLAY:  MOV  R0,  #DIS_BUF      ;显示缓冲区首地址,最高位数据所在单元
          MOV  R2,  #0FEH         ; 显示初始位置,11111110
DIPLAY:   MOV  A,  @R0            ;取显示数据
          MOV  R1,  A             ;暂存显示数据
          CJNE A,  #00H, DOPLAY   ;判断最高位非 0 数据之前的 0
          MOV  R1,  #14H          ;是 0, 不显示,14H 为' 'BLANK 在字型码表中的序号
          LCALL  DISPX            ;显示位被熄灭
          INC  R0                 ;下一位数据所在单元地址
          MOV  A,  R2             ;计算下一位数据的显示位置
          RL  A
          MOV  R2,  A
          XRL  A,  #10111111B     ;判断显示缓冲区所有单元是否检查完毕
          JNZ  DIPLAY
          MOV  A,  #00            ;所有单元内容都是 00 时,最低位显示 0
          MOV  R1,  A
          MOV  R2,  #11011111B    ;最低位的显示位置
          LCALL  DISPX            ;显示
          RET
DOPLAY:   MOV  A,  @R0            ; 最高位非 0 数据之前的 0 已处理完毕
          MOV  R1,  A             ; 取其余数据位显示
          LCALL  DISPX
          INC  R0
          MOV  A,  R2
          RL  A
          MOV  R2,  A
          XRL  A,  #10111111B
```

```
            JNZ   DOPLAY
            RET
; 显示1位子程序
DISPX:      MOV   DPTR,   #LED_SEG     ;字型码表首地址
            MOV   A,   R1              ;取显示数据
            MOVC   A,   @A+DPTR        ;查显示数据的字型码
            MOV   DPTR,   #SEG_OUT     ;
            MOVX   @DPTR,   A          ;输出字型码
            MOV   A,   R2
            MOV  DPTR,   #BIT_OUT      ;
            MOVX   @DPTR,   A          ;输出显示位置,显示
            ACALL   DL1MS              ;延时
            ACALL  BLK_LED             ;显示数据切换时,关闭显示,消隐
            RET
LED_SEG:    DB  3FH,06H,5BH,4FH,66H,6DH,7DH,07H    ;0,1,2,3,4,5,6,7
            DB  7FH,6FH,77H,7CH,39H,5EH,79H,71H    ;8,9,A,B,C,D,E,F
            DB  3EH, 50H, 40H, 08H, 00H            ;U, r, -, _, BLANK.  字型码表
;关闭显示子程序,使所有的显示器熄灭.
BLK_LED:    CLR A
            MOV   DPTR,#SEG_CON
            MOVX @DPTR,   A
            CLR   A
            MOV   DPTR,#BIT_CON
            MOVX @DPTR,   A
            ACALL DL1MS
            RET
```

另外,在应用系统中,系统出现故障时需要提示,要求显示器输出含有特定意义的字符串。LED数码管显示字符串的原理与显示数字的原理相同,由于字符串是事先定义好的,因此,可以用字符在字型码表中的序号来获取字型码,在指定的显示位置上显示。另一种方法是直接输出字符的字型码。前者可以与数字显示共用一个子程序。如在图9.42的电路的左边3位显示Err,若字符E在字型码表中的序号为0EH,r为11H,空白符(BLANK)的序号为14H,那么,显示时,存放在显示缓冲区的序列是:0EH,11H,11H,14H,14H,14H,调用DISPLAY即可实现Err提示功能。

9.4.3　键盘和显示器共用的接口设计

在单片机应用系统中,键盘和显示器往往同时使用,为节省I/O口线,可将键盘和显示电路做在一起,构成实用的键盘、显示电路。另外,还可采用专用键盘/显示器控制芯片,如Intel 8279,它具有显示器自动扫描、按键识别和键值输出等功能。本节仅介绍采用I/O口扩展键盘和显示器的设计方法。

图9.48是用8155接口构成键盘、显示接口电路的示意图,显示器采用共阴型LED数码管,PB口输出字型码,PA口输出显示位置,同时,还用它用作键盘的列线,PC口用作键盘行扫描线,构成了4×8键盘。LED显示器采用动态显示,在电路中采用了驱动器以增强接口的驱动能力。由于键盘与显示共用一个接口电路,在软件设计中应综合考虑键盘查询与动态显示,键盘采用逐列扫描查询工作方式,通常可将键盘扫描程序中的去抖动延时子程序用显示子程序代替。图9.49为显示和键盘扫描处理程序设计流程图,与图9.36对比,图9.49用显示子程序代替了原来的延时20ms消抖子程序DL20MS。

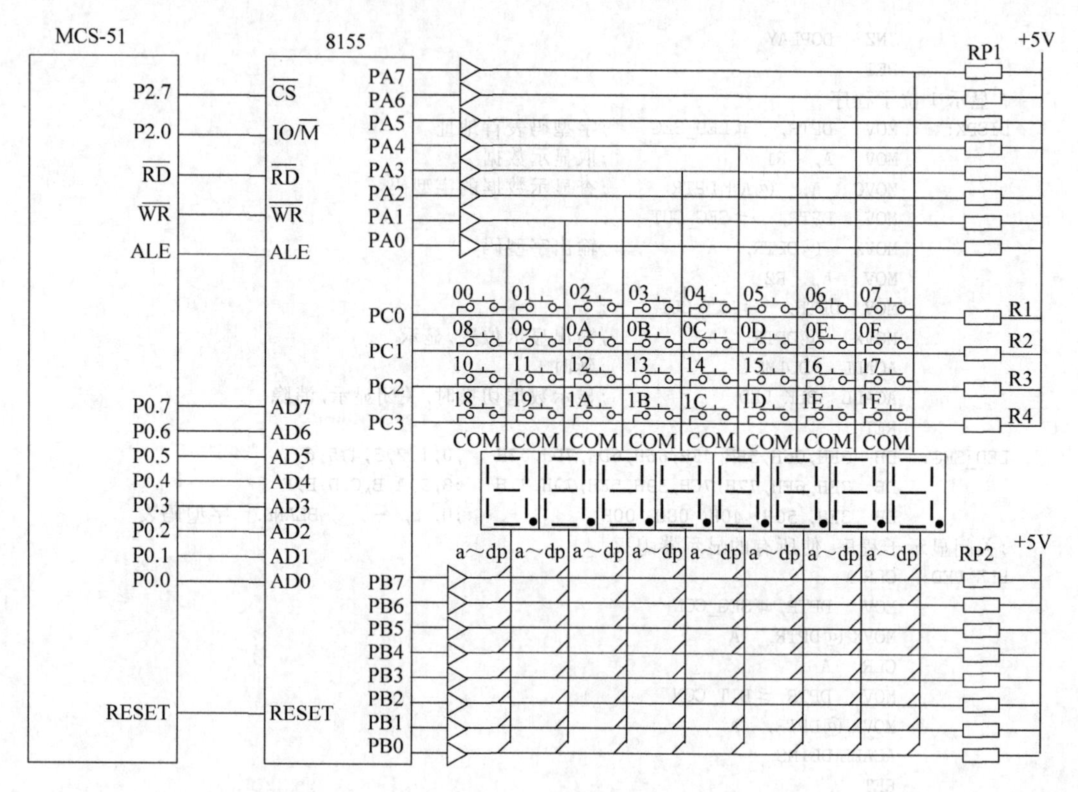

图 9.48 8155构成的键盘、显示接口电路

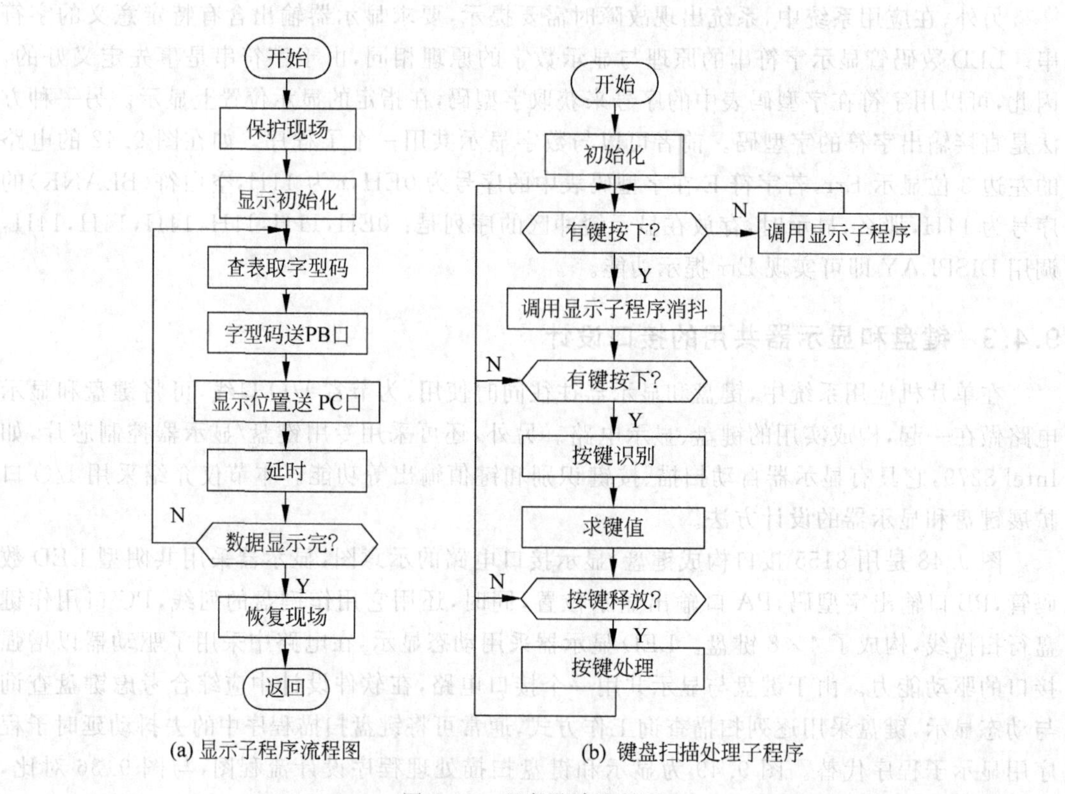

(a) 显示子程序流程图　　(b) 键盘扫描处理子程序

图 9.49 程序设计流程图

9.5 A/D和D/A转换接口技术

在计算机控制系统中，为了实现测控要求，常常需要处理模拟量，如温度、压力、流量、位移等，由于计算机只能处理二进制数和二进制编码，这就需要把这些模拟量变成数字量，以便进行加工和处理。另一方面，控制系统中用于调节和控制的执行机构，如电动比例阀、电液比例阀等，需要电压或电流进行驱动，以实现对被控对象的控制，又需要把计算机输出的数字量转换为模拟量。模拟量变成数字量的过程称为模/数(Analog-to-digital，A/D)转换，数字量转换成模拟量的过程称为数/模(Digital-to-analog，D/A)转换。实现这类转换的器件称为A/D转换器和D/A转换器。

9.5.1 A/D转换接口技术

A/D转换器(Analog-Digital Converter，ADC)是一种能把输入的模拟电压或电流变成与其成正比的数字量的芯片。A/D转换器的种类较多，目前常用的有逐次比较式、双积分式、计数器(电压/频率式，V/F)式A/D转换器。计数器式A/D转换器(V/F变换器)转换速度较慢；双积分式A/D转换器抗干扰能力强，转换精度很高，但速度较慢，它常用于对采样速度要求不高的场合，如数字式测量仪表；逐次逼近式A/D转换器是一种转换速度较快、转换精度较高的A/D转换器，使用范围较广。Σ-Δ式A/D转换器具有积分式和逐次比较式的双重优点，信噪比高、串模干扰抑制能力强、分辨率高、线性度好。

按照A/D转换器输出数字量的位数来分，A/D转换器有8位、10位、12位、16位等。A/D转换器的数字量位数与其分辨率有关，它定义为A/D转换器的满量程电压与2^N的比值，其中N为A/D转换器的位数。例如，满量程为5V的8位A/D转换器的分辨率约为0.02V，即输入模拟量每变化0.02V，数字量的最低位变化1个数字量，若模拟量的变化低于0.02V，数字量不会改变。A/D转换器的位数越多，分辨率越高。

按照接口形式来分，有串行接口和并行接口的A/D转换器。本节主要讨论并行接口的A/D转换器的接口和程序设计方法。

1. 8位A/D转换芯片ADC0809

ADC0809是一种8通道的8位A/D转换器，可实现8路模拟信号的分时转换，每个通道均能转换出8位数字量，转换时间为100μs左右。ADC 0809内部逻辑结构和管脚图如图9.50所示。ADC0809是一个逐次比较型转换器，它由地址锁存与译码电路、高阻抗斩波比较器、带有256个电阻分压器的树开关网络、控制逻辑、逐次逼近寄存器和三态输出锁存器构成，如图9.50(a)所示。8路模拟量输入IN0～IN7共用一个A/D转换器，地址锁存与译码电路对ADDA、ADDB、ADDC的输入状态进行锁存和译码，其输出用于控制8路模拟量开关实现通道选择。当某路模拟量输入时，该路信号通过多路开关被引入A/D转换器进行逐次比较转换，并不断地修正逐次比较寄存器的数值，直到转换结束，然后把逐次比较寄存器的数据送入三态输出锁存器，并输出转换结束标志EOC=1。当输出控制OE有效时，从D0～D7输出转换结果。在8路模拟量开关的控制下，在任何时刻IN0～IN7通道只能有一路进行A/D转换。ADC0809的工作时序如图9.51所示。ADC0809芯片有28个引脚，如图9.50(b)所示。下面介绍它的引脚及其功能。

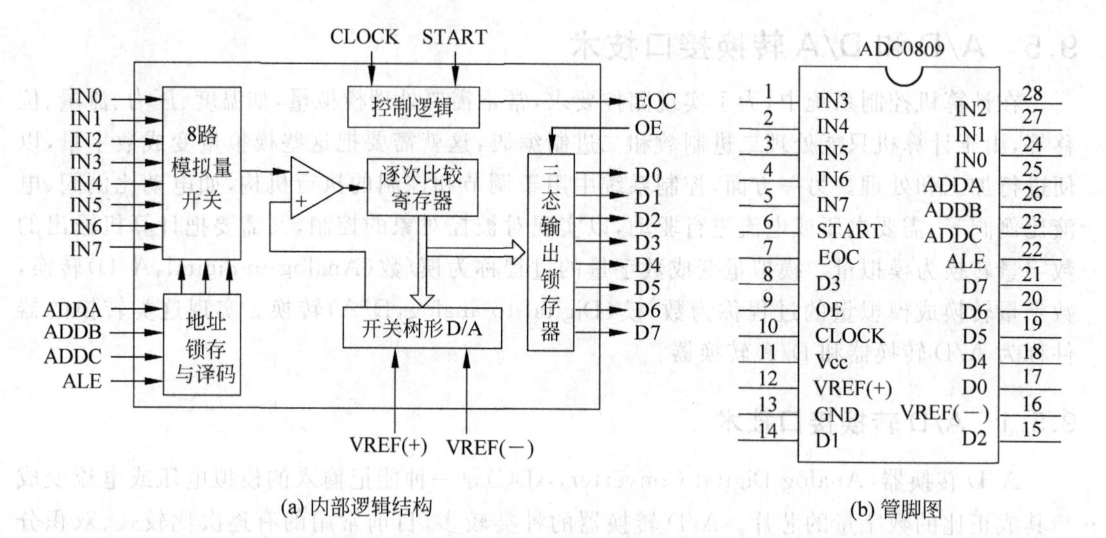

(a) 内部逻辑结构　　(b) 管脚图

图 9.50　ADC 0809 内部逻辑结构和管脚图

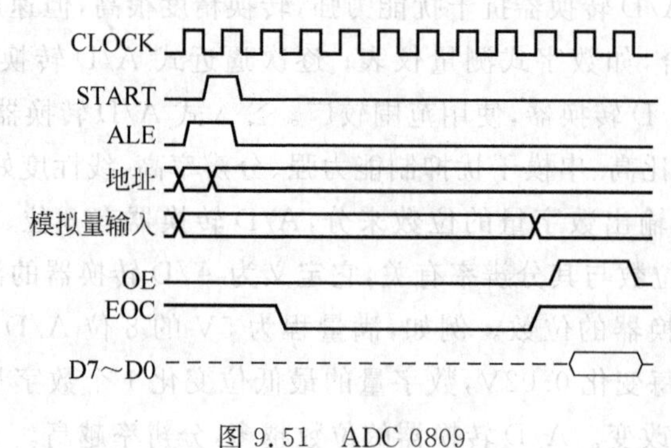

图 9.51　ADC 0809

(1) IN0～IN7：8 路模拟量输入通道，单极性，电压范围为 0～5V。

(2) ADDA，ADDB，ADDC：多路开关地址选择输入，用于选择模拟量输入通道。ADDA，ADDB，ADDC 编码与输入通道的对应关系见表 9.15。

表 9.15　输入通道的选择

ADDC	ADDB	ADDA	通道
0	0	0	IN0
0	0	1	IN1
0	1	0	IN2
0	1	1	IN3
1	0	0	IN4
1	0	1	IN5
1	1	0	IN6
1	1	1	IN7

(3) ALE：地址锁存允许，输入。在 ALE 上跳沿把 ADDA、ADDB、ADDC 的状态锁入地址锁存器中。

(4) START：A/D转换启动，输入。在START上跳沿时，ADC0809所有内部寄存器被清零；START下跳沿时，开始进行A/D转换；在A/D转换期间，START应保持低电平。

(5) D7～D0：数据输出。D7～D0为三态缓冲输出形式，可与数据总线直接相连。D0为最低位，D7为最高位。

(6) OE：输出允许，输入。用于控制ADC0809的三态输出锁存器把转换的数据输出到D7～D0上。OE＝0时，D7～D0呈高阻状态；OE＝1时，D7～D0输出转换结果。

(7) CLOCK：时钟信号，输入。ADC 0809的内部没有时钟电路，所需时钟信号由外部提供。通常使用频率为500kHz的时钟信号。

(8) EOC：A/D转换结束，输出。在A/D转换过程中，EOC为低电平；A/D转换结束时，EOC为高电平。EOC的状态可作为查询A/D转换器状态的标志，也可以作为中断请求信号。

(9) 电源：数字部分电源采用＋5V直流电源供电，V_{CC}为＋5V电源正极，GND为电源地。

VREF(＋)为基准电源的正极，VREF(－)为基准电源的地。基准电源用来与输入的模拟信号进行比较，作为逐次逼近的基准。典型值为＋5V。

ADC0809的模拟量和数字量之间的对应关系见表9.16，表中数字量为二进制数。

表9.16　模拟量与数字量的对应关系

模拟量(V)	数字量
0	00000000
$\frac{1}{256}\times 5$	00000001
$\frac{2}{256}\times 5$	00000010
$\frac{3}{256}\times 5$	00000011
…	…
$\frac{127}{256}\times 5$	01111111
…	…
$\frac{255}{256}\times 5$	11111111

2. 单片机与ADC0809的接口技术

(1) 采用单片机总线扩展ADC0809的接口及程序设计。

图9.52是MCS-51单片机与ADC0809的接口电路，用地址总线的低3位选择模拟量输入通道；由于ADC0809的数据输出D0～D7带有三态缓冲器，因此，可直接与P0口相连。另外，把ADC0809的启动A/D转换信号START和地址锁存允许ALE短接，在选定输入通道的同时启动A/D转换。ADC0809没有设置单独的片选端，因此采用综合方法使START、ALE和OE包含单片机的读/写控制和片选信息，用P2.6＝0作为片选。A/D转

换所需的时钟信号是单片机 ALE 的 2 分频后的信号，假设本系统晶振为 6MHz，则 2 分频信号为 500kHz。转换结束 EOC 经反相器与 P3.3($\overline{\text{INT1}}$)相连。根据图 9.52 的连接关系，模拟量输入通道 IN0～IN7 的地址分配如图 9.53 所示。在图 9.53 中，如果默认未用地址线状态为 1 时，IN0～IN7 的地址为 0BFF8H～0BFFFH。

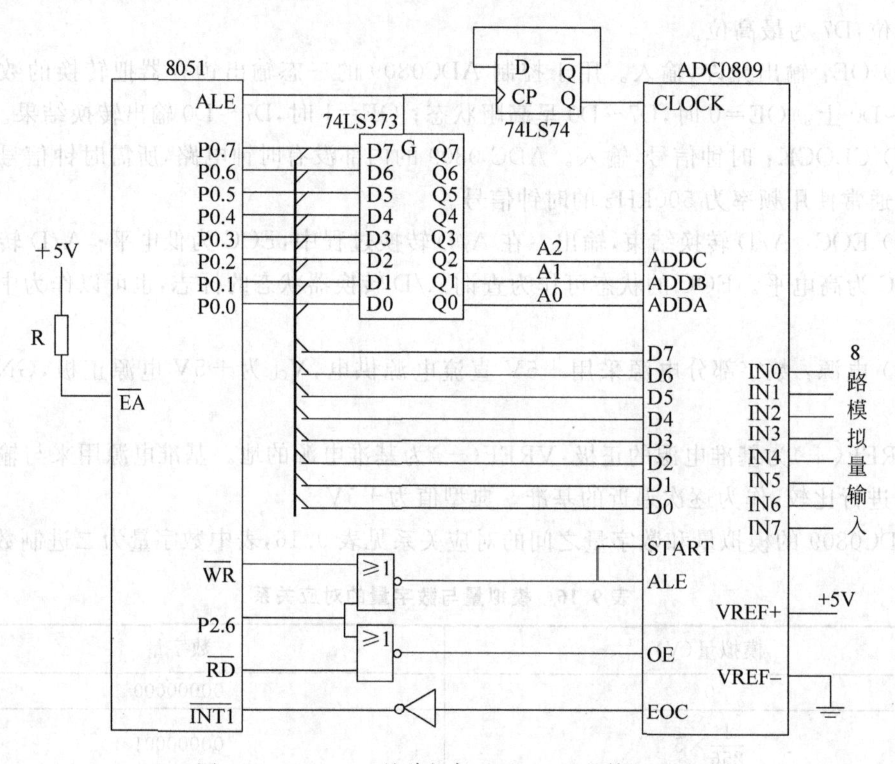

图 9.52 MCS-51 单片机与 ADD0809 的接口电路

单片机引脚	P2.7	P2.6	P2.5	P2.4	P2.3	P2.2	P2.1	P2.0	P0.7	P0.6	P0.5	P0.4	P0.3	P0.2	P0.1	P0.0	地址
地址总线	A15	A14	A13	A12	A11	A10	A9	A8	A7	A6	A5	A4	A3	A2	A1	A0	
ADC0809														C	B	A	
IN0	×	0	×	×	×	×	×	×	×	×	×	×	×	0	0	0	BFF8
IN1	×	0	×	×	×	×	×	×	×	×	×	×	×	0	0	1	BFF9
IN2	×	0	×	×	×	×	×	×	×	×	×	×	×	0	1	0	BFFA
IN3	×	0	×	×	×	×	×	×	×	×	×	×	×	0	1	1	BFFB
IN4	×	0	×	×	×	×	×	×	×	×	×	×	×	1	0	0	BFFC
IN5	×	0	×	×	×	×	×	×	×	×	×	×	×	1	0	1	BFFD
IN6	×	0	×	×	×	×	×	×	×	×	×	×	×	1	1	0	BFFE
IN7	×	0	×	×	×	×	×	×	×	×	×	×	×	1	1	1	BFFF

图 9.53 输入通道 IN0～IN7 的地址分配

MCS-51 单片机控制 ADC0809 可以采用以下 3 种方式：延时等待、查询和中断。

① 延时等待方式

转换时间是 A/D 转换器的一项指标。ADC0809 的转换时间为 100～130us。所谓延时等待方式，就是利用延时方法等待 A/D 转换器转换结束。具体方法如下：启动 A/D 转换后，采用软件延时方法等待一段时间，等待的时间稍大于 A/D 转换时间，以能够保证 A/D 转换器有足够的时间完成转换，待延时结束，直接读取转换数据。这种方式硬件连接简单，编程简单，容易实现。但 CPU 耗时较多。

下面采用延时等待的方法对 8 路模拟信号轮流转换，并依次把转换结果数据存放在 30H 开始的数据存储区，程序如下：

```
SAM1:  MOV   R1,   #30H
       MOV   DPTR, #0BFF8H      ;P2.6 = 0, 指向通道 IN0
       MOV   R7,   #08H         ;模拟通道个数
LOOP:  MOVX @DPTR,  A           ;启动 A/D 转换,P2.6 = 0 且WR = 0,与(A)无关
       MOV   R6,   #0AH
DLAY:  NOP
       NOP
       NOP
       NOP
       DJNZ R6,DLAY             ;延时等待约 120μs
       MOVX A,   @DPTR          ;读取转换结果,P2.6 = 0 且RD = 0
       MOV   @R1,A              ;存转换结果
       INC   DPTR               ;指向下一个通道
       INC   R1                 ;修改数据区指针
       DJNZ R7,LOOP
       RET
```

② 查询方式

A/D 转换结束后，ADC0809 输出一个转换结束标志信号 EOC，这个信号可以作为待检测信号，用来确定 A/D 转换是否结束。查询方式的方法如下：启动 A/D 转换之后，CPU 就查询 EOC 引脚的状态，若 EOC 为低电平，表示 A/D 转换正在进行，则继续查询；当查询到 EOC 变为高电平，则可以读取转换结果。在图 9.52 中，EOC 信号经反相器接到 P3.3，也可以直接与输入口相连。下面采用查询方式对 IN4 接入的模拟信号进行转换，并把转换结果数据存放在寄存器 R6 中，程序如下：

```
SAM2:  MOV DPTR, #0BFFCH      ;P2.6 = 0, IN4 通道地址
       MOVX @DPTR,  A         ;启动 A/D 转换,P2.6 = 0 且WR = 0,与(A)无关
WAITC: JB   P3.3,WAITC        ;EOC = 0, P3.3 为 1; EOC = 1, P3.3 = 0, 转换结束
       MOVX A,   @DPTR        ;读取转换结果,P2.6 = 0 且RD = 0
       NOP
       MOV   R6,   A          ;存转换结果
       RET
```

③ 中断方式

采用中断方式控制 A/D 转换时，把转换结束信号 EOC 作为中断触发信号，一旦转换结束，即可向 CPU 请求中断，CPU 响应中断后，在中断服务程序读取转换结果。采用中断方式，A/D 转换器在转换时不需要 CPU 查询转换是否结束、或等待其结束，因此，不占用 CPU 的时间，实时性强。图 9.52 是采用中断方式控制 ADC0809 转换的一种实现方法。由于 MCS-51 单片机的外部事件中断($\overline{INT0}$/$\overline{INT1}$)的触发方式为低电平或下跳沿触发，因此，把 EOC 反相以便使 EOC 能够触发中断，这样，当 A/D 转换进行时，EOC=0，$\overline{INT1}$引脚位为

高电平,转换结束时,EOC=1,$\overline{INT1}$引脚为低电平,每完成一次转换,在$\overline{INT1}$引脚出现一次高电平到低电平的跳变,或者是出现一次低电平,具备触发中断的外部条件。需要指出的是,A/D转换启动是被动的,因此,要产生EOC的中断请求,必须预先启动A/D转换。

下面采用中断方式对8路模拟信号巡回采样,把结果存储到以30H单元开始的内部数据存储区中。程序如下:

```
;主程序
      ORG 0000H
      AJMP MAIN
      ORG 0013H                ;中断入口地址
      AJMP SAMP
      ORG 0100H
MAIN:   MOV SP,#60H
        MOV R0,#30H         ;置数据区首地址指针
        MOV R6,#00H         ;指向模拟量输入通道0,通道地址的低8位
        SETB IT1            ;INT1边沿触发
        SETB EX1            ;允许INT1中断
        SETB EA             ;开放CPU中断
        MOV DPH,#0BFH       ;P2.6=0,通道地址的高8位
        MOV DPL,R6          ;模拟通道0
        MOVX @DPTR,A        ;启动A/D转换
        NOP
LOOP:   NOP                 ;模拟应用处理程序
        AJMP LOOP
;中断处理程序
SAMP:   PUSH PSW            ;保护现场
        PUSH ACC
        PUSH DPL
        PUSH DPH
        MOV DPH,#0BFH       ;P2.6=0
        MOV DPL,R6          ;组装16位通道地址
        MOVX A,@DPTR        ;读A/D转换结果
        MOV @R0,A           ;存转换结果
        INC R0              ;修改数据区指针
        INC R6              ;模拟通道地址加1
        CJNE R6,#08,EXIT;8个通道全采样完了吗?
        MOV R6,#00H         ;8路巡检结束,重新采样模拟量输入通道IN0
        MOV R0,#30H         ;重设数据区首地址指针
EXIT:   MOV DPL,R6          ;指向下一个指定的模拟量输入通道
        MOVX @DPTR,A        ;启动A/D转换
        POP DPH             ;恢复现场
        POP DPL
        POP ACC
        POP PSW
        RETI
```

另外,单片机应用系统也经常采用定时采样。在图9.52中要求每隔50ms对IN4接入的模拟信号采样1次,即采样周期为50ms。下面采用定时器/计数器T0的方式1、以中断方式实现采样,程序中调用了前面查询方式的子程序SAM2,采样值存放在R6中。

```
;主程序
        ORG 0000H
      LJMP MAIN
      ORG 000BH
      LJMP   SAMP         ;中断处理程序入口
      ORG 0030H
MAIN:  MOV SP,   #60H
      MOV TMOD, #01H    ;T0,方式 1
      MOV TH0, #3CH     ;晶振 12MHz,定时 50ms
      MOV TL0, #B0H
      MOV IE, #82H      ; 开放中断
      MOV IP, #00H      ;优先级
      SETB   TR0
PROCE: …                ;在应用程序中从 R6 中取值即可得到最近时刻的转换值
      LJMP PROCE
      ;定时采样中断处理程序
SAMP:  PUSH     ACC     ;保护现场
      PUSH     PSW
      PUSH     DPL
      PUSH     DPH
      MOV TH0, #3CH     ;重装初始值
      MOV TL0, #B0H
      ACALL SAM2        ;A/D 转换,转换结果在(R6)中
      POP   DPH         ;恢复现场
      POP   DPL
      POP   PSW
      POP   ACC
      RETI
```

(2) 采用单片机I/O口扩展ADC0809的接口及程序设计

图9.54为采用单片机的I/O口扩展的ADC0809接口电路。与图9.52相比,它不需要构建单片机的地址和数据总线,控制信号START、OE分别由单片机的P3.3和P3.4产生,P3.3用来检测A/D转换结束信号EOC,通道地址由P3.5～P3.7提供,转换结果由P1口接入单片机。这种扩展方法不使用单片机的三总线,因此,启动和读取转换结果无须使用MOVX指令。在程序设计时,需要用程序模拟图9.51的工作时序,以实现通道选择、启动转换、读取结果等操作。下面为以查询方式实现指定通道A/D转换的子程序,调用子程序时通道地址存放在累加器A中,返回的转换结果存储在ADValue单元中,子程序中ADDR_A、ADDR_B、ADDR_C分别代表P3.5、P3.6和P3.7,EOC、OE、ST分别代表P3.2、P3.3和P3.4,DAT表示P1口,系统晶振频率为12MHz。

```
ADC_SUB:  CLR ST
          CLR OE
          ANL A, #00000111B          ;提取通道地址
          SWAP A                      ;
          RL A                        ;把通道地址移到 A 的高三位
          ORL P3, A                   ;通道地址从 P3.5,P3.6,P3.7 输出
          NOP
          SETB ST                     ;启动 A/D 转换,锁存通道地址
          NOP
```

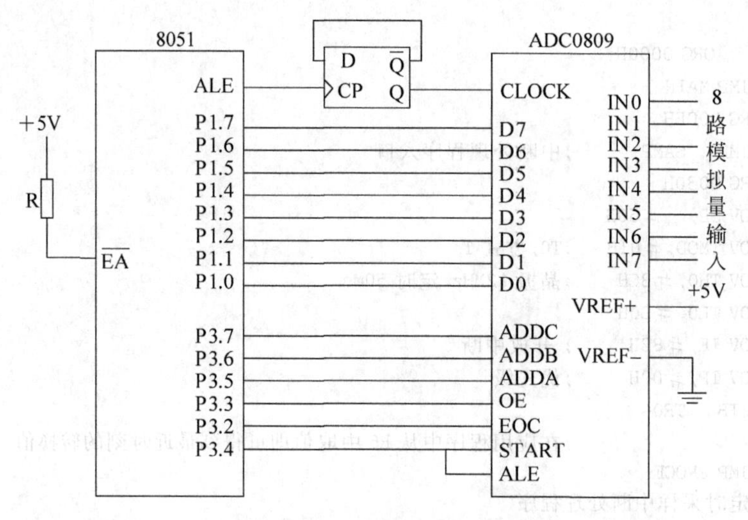

图 9.54　采用单片机 I/O 口扩展的 ADC0809 接口电路

```
          NOP
          CLR ST                          ;
          NOP                             ;A/D 转换已启动
CONVT:    JNB EOC,CONVT                   ;判断 A/D 转换是否结束
          NOP
          NOP
          SETB OE                         ;输出 OE 高电平
          NOP
          NOP
          MOV A,DAT                       ;读 A/D 转换结果
          MOV ADValue,A                   ;存结果
          NOP
          CLR OE                          ;读结果结束
          RET
```

9.5.2 D/A 转换接口技术

D/A 转换器(Digital-to-analog converter,DAC)是把二进制数字量转换成模拟量的芯片。在控制系统中,DAC 用于实现控制被控对象,CPU 按照预先设置的控制算法计算出控制量,由 DAC 输出,再通过执行机构就可以完成控制任务。另外,DAC 也可以作为波形发生器,用软件产生所需要的波形。

从输出信号的形式来看,DAC 有电流和电压两种形式。电流输出形式的 DAC 可以在其输出端增加电流—电压转换电路,把电流转换为电压输出。

从芯片内部是否带输入数据锁存器来看,可分为带锁存器和不带锁存器的 DAC。由于 D/A 转换过程中,要求输入的数字量在这段时间内保持不变,因此,转换数据必须锁存,直到新的数据到来。对于不带锁存器的 DAC,必须有独立的输出接口电路与它连接。

通常,用输入数据位数来描述 DAC,常用的有 8 位、10 位、12 位、14 位、16 位等。输入数据的位数与 DAC 的分辨率有关。分辨率是指输出满量程值与 2^N 的比值(N 是二进制输入数据的位数),它是表示 DAC 输出对输入数字量变化灵敏程度的一个参数,位数越多,其分辨率越高。从输入数据的格式来看,DAC有串行和并行之分。本节将介绍一种并行接口DAC的使用方法。

1. 8位D/A转换器DAC0832

DAC0832是一种8位D/A转换器,电流形式输出;当需要电压输出时,应外接运算放大器,把输出电流转换为电压。DAC0832内部结构和引脚如图9.55所示。如图9.55(a)所示,它由输入锁存器、DAC寄存器、D/A转换电路及转换控制电路构成,其内部转换电路采用R-2R梯形电阻网络。输入寄存器和DAC寄存器可以实现两次缓冲,在输出模拟量的同时,还可以接收新的数据,这样,可提高转换速度。另外,在多个芯片工作时,也可实现多路模拟信号同步输出。它的工作时序如图9.56所示。

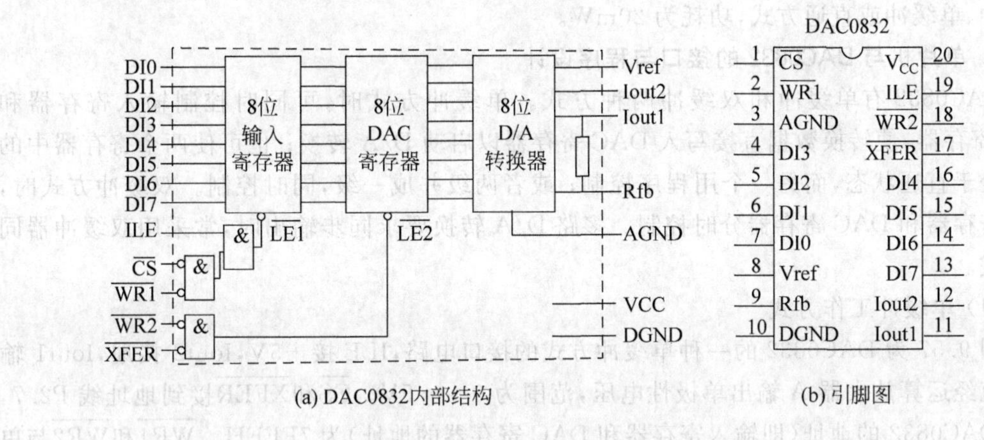

图9.55 DAC0832的内部结构和引脚图

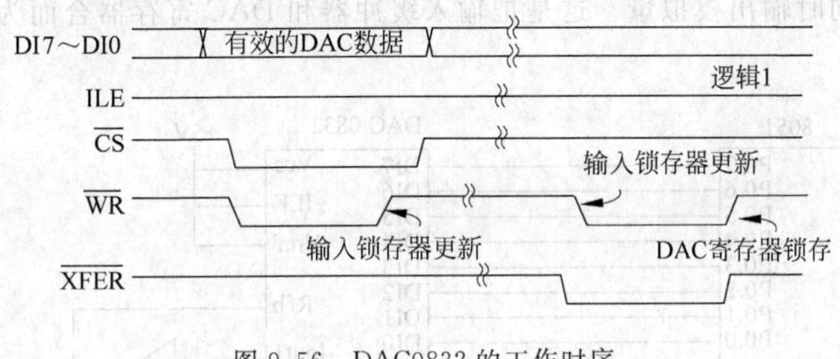

图9.56 DAC0832的工作时序

DAC0832采用20脚双列直插式封装,如图9.55(b)所示,引脚说明如下:

(1) DI7～DI0:8位转换数据输入。用于接收转换数据。

(2) $\overline{CS}$:片选信号,输入,低电平有效。

(3) ILE:数据锁存允许,输入,高电平有效。

(4) $\overline{WR1}$:DAC0832第一级输入寄存器的写入控制,输入,低电平有效。当$\overline{CS}$为低电平、ILE为高电平、$\overline{WR1}$为低电平时把DI7～DI0的8位二进制数送入输入寄存器。

(5) $\overline{XFER}$:数据传送控制,输入,低电平有效。

(6) $\overline{WR2}$:DAC寄存器的写入控制,输入,低电平有效。当$\overline{XFER}$为低电平时,$\overline{WR2}$为低电平,输入寄存器的状态被传送到DAC寄存器中,D/A转换开始。

(7) 模拟量输出：Iout1 和 Iout2 电流输出端。当 DI7～DI0 全为 1 时，输出电流最大；DI7～DI0 为全 0 时输出电流最小。Iout1 与 Iout2 之和为常数。

(8) Rfb：反馈电阻端。DAC0832 芯片内部有 1 个反馈电阻，可作为外部运算放大器的反馈电阻，得到转换电压的输出。

(9) 电源

V_{CC}和 DGND 为数字部分电源正极和地，数字部分电源为＋5V 直流电源。

Vref 和 AGND 为基准电源的正极和地，基准电源是外加高精度电压源，它直接影响 D/A 转换的精度。电压范围为－10V～＋10V。

DAC0832 的输出电流的线性度可在满量程下调节，转换时间为 1μs，数据输入可采用双缓冲、单缓冲或直通方式，功耗为 20mW。

2. 单片机与 DAC0832 的接口与程序设计

DAC0832 有单缓冲和双缓冲两种方式。单缓冲方式时，可同时控制输入寄存器和 DAC 寄存器，使转换数据直接写入 DAC 寄存器以启动 D/A 转换；也可使两个寄存器中的一个处于直通状态，而另一个用程序控制；或者两级并成一级，同时控制。双缓冲方式时，输入寄存器和 DAC 寄存器分时控制。多路 D/A 转换要求同步输出时，常采用双缓冲器同步方式。

(1) 单缓冲工作方式

图 9.57 为 DAC0832 的一种单缓冲方式的接口电路，ILE 接＋5V，Iout2 接地，Iout1 输出电流经运算放大器 A 输出单极性电压，范围为 0～－5V。$\overline{CS}$和$\overline{XFER}$接到地址线 P2.7，因此 DAC0832 的地址(即输入寄存器和 DAC 寄存器的地址)为 7FFFH。$\overline{WR1}$和$\overline{WR2}$与单片机的$\overline{WR}$连接，CPU 对 DAC0832 执行一次写操作，就可把数据直接写入 DAC 寄存器，启动 D/A 转换，同时输出模拟量。这是把输入缓冲器和 DAC 寄存器合而为一、同时控制的方式。

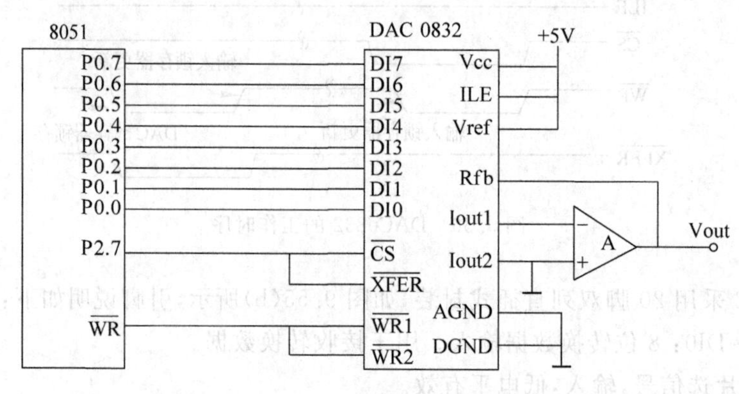

图 9.57　DAC0832 单缓冲方式接口电路

图 9.57 中，数字量和模拟电压之间的转换关系为：

$$Vout = -\frac{X}{2^8}Vref \tag{9.1}$$

其中 X 为待转换的数字量，因为 Vref 接＋5V，DAC0832 的分辨率为$\frac{Vref}{2^8}\approx0.02V$。应用

图 9.57 电路，在 Vout 端输出一个锯齿波的程序如下：

```
START:   MOV   DPTR,#7FFFH          ;0832 口地址
         MOV   A,#00H               ;初始值为 0
LOOP:    MOVX   @DPTR,A             ;送到 0832
         INC   A
         AJMP   LOOP
```

在 A 的内容从 00H 变化到 0FFH 的过程中，D/A 转换器输出台阶式的斜坡，台阶的持续时间为 LOOP 标号开始的 3 条指令的执行时间。当 A 的内容为 0FFH 时，再执行“INC A”指令，它的内容变为 00H，如此循环，就可在 Vout 端输出锯齿波。显然，在 MOVX 指令之后插入延时，可以调节信号的周期。

如果在 Vout 端输出一个三角波，程序如下：

```
         MOV   DPTR,#7FFFH          ;指向 0832
         MOV   R2,#0FFH             ;循环次数
         MOV   A,#00H               ;赋初值
LOOP1:   MOVX  @DPTR,A              ;D/A 转换输出
         INC    A
         DJNZ   R2,LOOP1
         MOV   R2,#0FEH
LOOP2:   DEC    A
         MOVX  @DPTR,A
         DJNZ   R2,LOOP2
         ALMP   LOOP1
```

值得一提的是，图 9.57 输出的单极性电压波形的幅值在 0～－5V 之间，要输出正极性电压波形与接口电路和程序没有关系，一种解决方法是提供－5V 基准电源，Vref 接－5V 即可；另一种是再加一级运算放大器实现倒相，如图 9.58 所示。另外，在许多应用场合有时需要用双极性电压，如在反馈控制系统中，由偏差产生的控制量不仅与数值大小有关，而且与极性有关，在这种情况下需要 D/A 转换器输出电压为双极性。D/A 转换器双极性输出也与接口电路和程序无关，在图 9.57 单极性输出电路的基础上，再加一级放大电路，并配置适当的电阻网络，即可实现双极性电压输出，如图 9.59 所示，Vout 的电压为：

$$\mathrm{Vout} = -\left(\frac{2\mathrm{R}}{\mathrm{R}}\mathrm{Vol} + \frac{2\mathrm{R}}{2\mathrm{R}}\mathrm{Vref}\right) = -(2\mathrm{Vol} + \mathrm{Vref}) \tag{9.2}$$

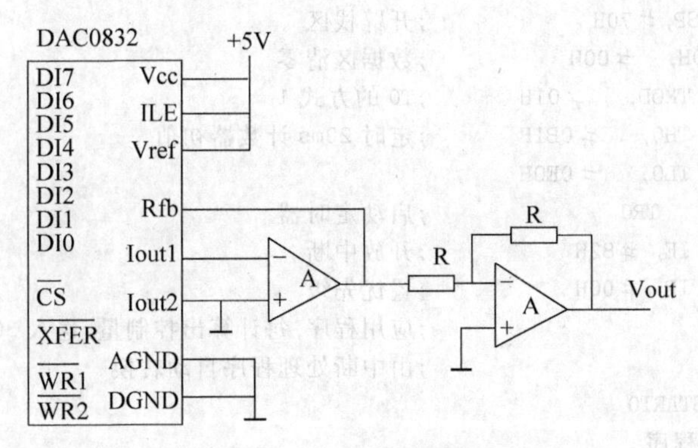

图 9.58　正极性电压输出电路

当 Vol＝0V 时，Vout 为－5V；Vol＝＋2.5V 时，Vout 为 0V；Vol＝－5V 时，Vout 为＋5V。图 9.58 和图 9.59 电路输出的锯齿波波形如图 9.60 所示。

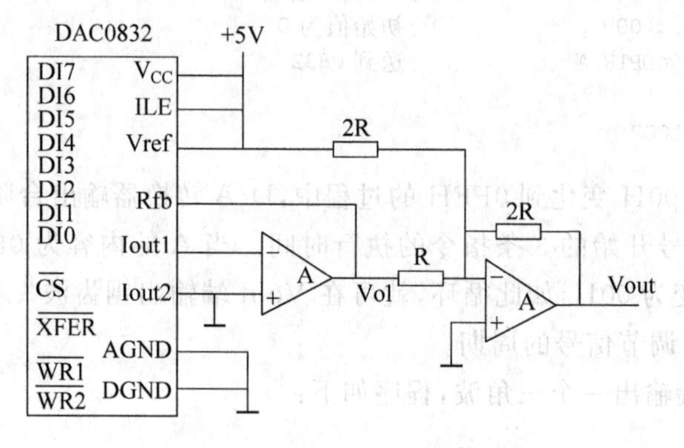

图 9.59 双极性电压输出电路

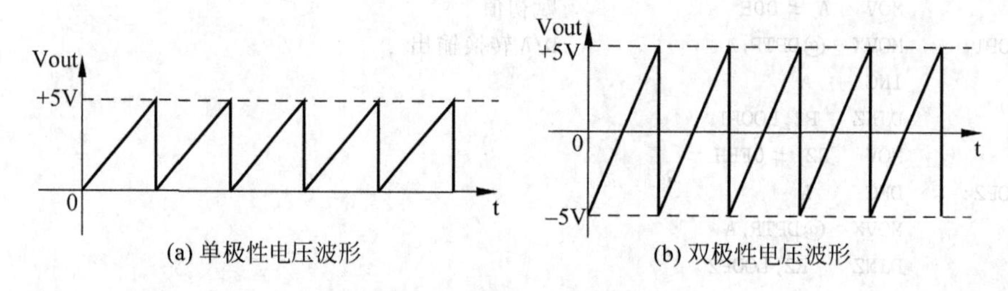

图 9.60 锯齿波电压波形

在控制系统中，有时需要定时输出控制量。设控制量存放在内部 RAM 的 30H 单元，控制系统每隔 20ms 输出一次控制量，系统的晶振频率为 12MHz，基于图 9.57 的定时输出模拟量程序如下：

```
        ;主程序
            ORG 0000H
            LJMP    MAIN
              ORG 000BH
            LJMP    DA_CNVT             ;定时转换中断程序入口地址
              ORG 0030H
MAIN:       MOV  SP, #70H               ;开辟栈区
            MOV 30H,   #00H             ;数据区清零
            MOV   TMOD,    #01H         ;T0 的方式 1
            MOV   TH0,    #0B1H         ;定时 20ms 计数器初值
            MOV   TL0,    #0E0H
            SETB    TR0                 ;启动定时器
            MOV   IE, #82H              ;开放中断
            MOV   IP, #00H              ;置优先级
START0:     …                           ;应用程序，每计算出控制量，送入 30H 单元
                                        ;由中断处理程序自动转换
            LJMP START0
        ;中断处理程序
DA_CNVT:     PUSH    ACC                ;保护现场
```

```
PUSH    PSW
PUSH    DPL
PUSH    DPH
MOV     TH0,#0B1H            ;重装计数器初值
MOV     TL0,#0E0H
MOV     DPTR,#7FFFH          ;DAC0832 口地址
MOV     A,  30H              ;取转换数据
MOVX    @DPTR,A              ;转换,输出模拟量
NOP
POP     DPH                  ;恢复现场
POP     DPL
POP     PSW
POP     ACC
RETI                         ;中断返回
```

(2) 双缓冲工作方式

双缓冲方式用于多路 D/A 转换系统，用于实现多路模拟信号同步输出的目的。例如使用单片机控制数字示波器等，需要施加在示波器的 X、Y 偏转电压同步输出，这样才能使示波器在新的位置上显示出图形的轨迹。图 9.61 是双缓冲方式时 DAC0832 与单片机的接口电路。在这种方式下，数字量的输入锁存和 D/A 转换输出是分两步完成的，即 CPU 的数据总线分时地向各路 D/A 转换器输入要转换的数字量并锁存在各自的输入寄存器中，然后 CPU 对所有的转换器发出控制信号，使各个转换器的输入寄存器中的数据同时送入各自的 DAC 寄存器，实现同步转换。

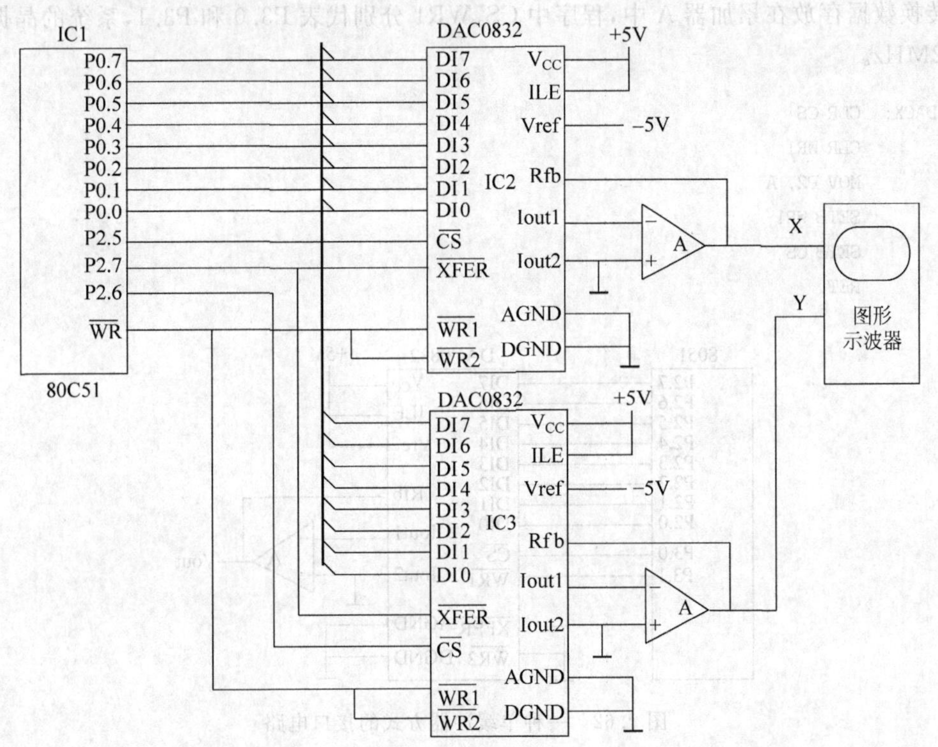

图 9.61　DAC0832 与单片机的双缓冲接口电路

图9.61中,用P2.5作为IC2的输入寄存器片选,则IC2第一级输入寄存器的地址为0DFFFH,P2.6作为IC3的输入寄存器片选,它的地址为0BFFFH,IC2和IC3的DAC寄存器(第二级)的传输控制端$\overline{\text{XFER}}$都用P2.7来选通,它们的地址都是7FFFH。0832的输出分别接示波器的X、Y偏转放大器。设X、Y偏转数字量分别存放在内部RAM的X_Data和Y_Data单元,同步输出X、Y偏转信号的子程序如下:

```
DAC2:   MOV DPTR,#0DFFFH
        MOV A,X_Data
        MOVX @DPTR,A          ;X数据写入IC2的输入寄存器
        MOV DPTR,#0BFFFH
        MOV A,#Y_Data
        MOVX @DPTR,A          ;Y数据写入IC3的输入寄存器
        MOV DPTR,#07FFFH
        MOVX @DPTR,A          ;XY输入寄存器的内容同时写入DAC寄存器
        RET
```

(3) 采用输出口驱动的DAC0832接口及程序设计

图9.62为采用单片机的输出口驱动的DAC0832接口电路。在电路中,把DAC0832当作一个不带锁存器的D/A转换器,转换数据由P2口锁存,P3.0和P3.1用于输出片选$\overline{\text{CS}}$和写控制信号$\overline{\text{WR1}}$。与图9.57相比,这种扩展方法没有使用单片机的三总线,因此不需要构建单片机的地址和数据总线,启动转换时无须使用MOVX指令,需要用模拟图9.56所示的工作时序来实现输出数据和转换启动的操作。下面为该接口电路的D/A转换子程序,转换数据存放在累加器A中,程序中CS、WR1分别代表P3.0和P3.1,系统的晶振频率为12MHz。

```
DACX:   CLR CS
        CLR WR1
        MOV P2, A
        SETB WR1
        SETB CS
        RET
```

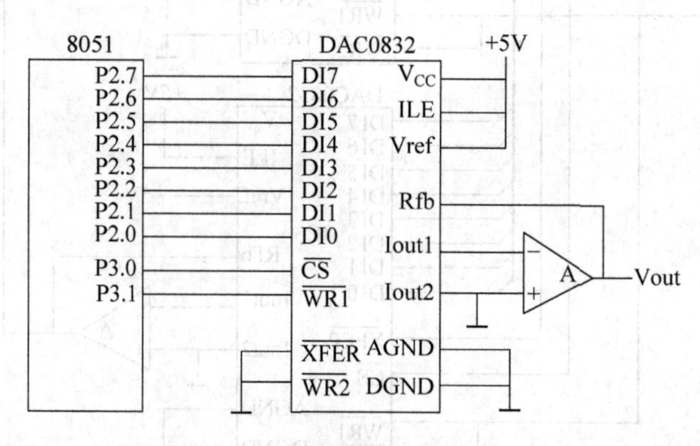

图9.62 一种单缓冲器方式的接口电路

9.6　I/O接口的综合扩展

单片机应用系统中,有时需要扩展多种接口以满足检测与控制的需要。图 9.63 为一个单片机应用系统原理图。系统扩展了 8155 用于开关量 I/O 口和数据存储器、ADC0809 和 DAC0832 用于模拟量处理。在图 9.63 中,P2.5、P2.6 作为译码器 74LS139 的输入,P2.7 为 0 时,译码器被选中。由于 P2.0 与 8155 的 $IO/\overline{M}$ 相连,因此 8155 片内 RAM 的地址范围是 0000H～00FFH,命令/状态寄存器地址为 0100H,PA、PB、PC 口地址分别为 0101H、0102H、0103H,定时器/计数器的低 8 位和高 8 位寄存器地址分别为 0104H 和 0105H;ADC0809 的 8 个模拟量通道 IN0～IN7 的地址为 2000H～2007H;DAC0832 的口地址为 4000H。另外,74LS139 预留 1 个输出 $\overline{Y3}$ 可作为其他芯片的片选信号。

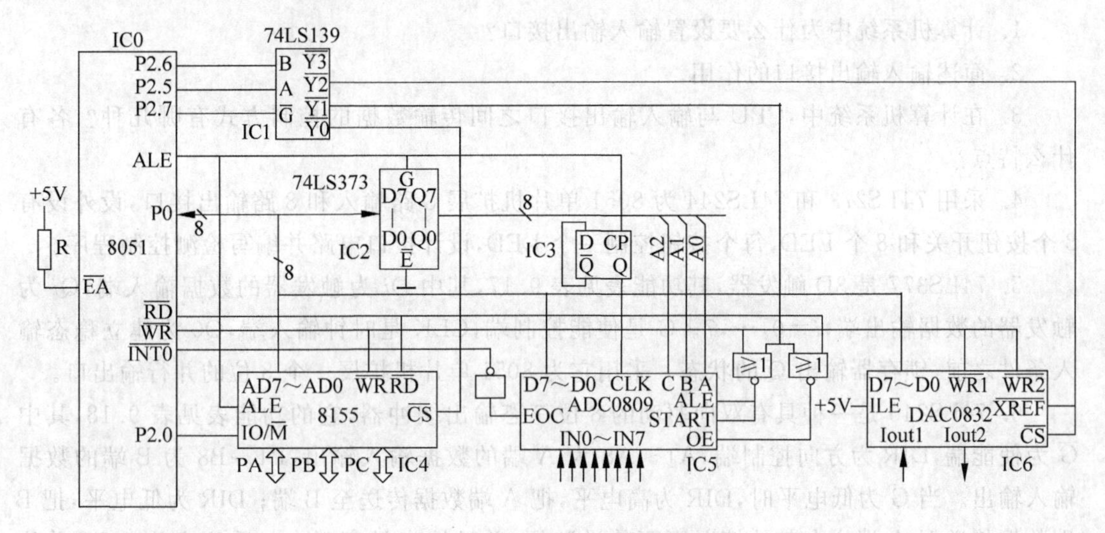

图 9.63　单片机应用系统原理图

9.7　本章小结

接口是 CPU 与外设进行数据传输的桥梁。它可以实现单片机与外设之间的速度匹配、数据锁存、数据缓冲和数据转换。CPU 与 I/O 接口之间传输数据的控制方式有:无条件方式、条件方式、中断方式和 DMA 方式。

在 MCS-51 单片机中,外部 I/O 口和外部 RAM 统一编址,共享 64KB 的地址空间。外部 I/O 口扩展可以采用锁存器、缓冲器等简单的芯片,触发器、锁存器常用于扩展输出口,可控的三态缓冲器常被用于扩展输入口。另一类为可编程接口芯片,通过对芯片编程可以设置 I/O 接口的功能,如 8155、8255,它们具有多种工作方式。

键盘和显示器是常用的人机联系设备。键盘由多个按键组成,可分为独立式和矩阵式两种形式。键盘处理程序具备按键确认、处理多键同时按下和按键连击、识别按键、输出键值等功能。程序设计可采用程序扫描、定时扫描和中断扫描等方式。

LED 显示器的显示有动态和静态两种方法。在静态显示时,各个 LED 数码管相互独立,公共端 COM 接地(共阴极)或接电源正极(共阳极),每个数码管的显示字段控制端分别与一个并行输出口相连,输出口输出字型码即可显示出相应的字符。动态显示时,各个

LED数码管一位一位地轮流显示。在电路上,各个数码管的显示字段控制端并联在一起,由一个并行口控制;各个LED数码管的公共端作为位选,由另外的输出口控制。动态显示时,每个时刻只选通一个数码管,并送出相应的字型码,然后让该位稳定地显示一段短暂的时间,如此循环,即可在各个数码管上显示需要显示的字符。

A/D转换是把输入的模拟电压或电流变成数字量,D/A转换是把二进制表示的数字量转换成模拟量。它们是计算机控制系统不可缺少的部分。单片机控制A/D转换器工作可以采用以下三种方式:延时等待、查询和中断。D/A转换器极性和输出量程与D/A接口和程序无关。

9.8 复习思考题

1. 计算机系统中为什么要设置输入输出接口?

2. 简述输入输出接口的作用。

3. 在计算机系统中,CPU与输入输出接口之间传输数据的控制方式有哪几种?各有什么特点?

4. 采用74LS273和74LS244为8051单片机扩展8路输入和8路输出接口,设外设有8个按钮开关和8个LED,每个按钮控制一个LED,设计接口电路并编写检测控制程序。

5. 74LS377是8D触发器,其功能表见表9.17,其中Di为触发器的数据输入端,Qi为触发器的数据输出端,$i=0,\cdots,7$。$\overline{G}$是使能控制端,CLK是时钟输入端,Q0为建立稳态输入条件之前,锁存器输出Q的状态。采用它为8051单片机扩展一个8位的并行输出口。

6. 74LS245是一种具有双向驱动的8位三态输出缓冲器,它的功能表见表9.18,其中$\overline{G}$为使能端,DIR为方向控制端,A1~A8为A端的数据输入输出,B1~B8为B端的数据输入输出。当$\overline{G}$为低电平时,DIR为高电平,把A端数据传送至B端;DIR为低电平,把B端数据传送至A端。在其他情况下不传送数据,并且输出呈高阻态。采用它为8051单片机扩展一个8位的输入口。

表9.17 74LS377功能表

$\overline{G}$	CLK	D_i	Q_i
H	×	×	Q0
L	↑	H	H
L	↑	L	L
×	L	×	Q0

表9.18 74LS245功能表

$\overline{G}$	DIR	操作
L	L	A→B
L	H	B→A
H	×	A、B隔离,高阻

7. 采用8155芯片为8051单片机系统扩展接口,外设为开关组(8个开关组成)和8个LED,每个开关对应一个LED。现需要读取开关组的状态,并把其状态存储到8155芯片

RAM中,若开关组的开关全部断开,则不记录。设计接口电路并编写检测程序。

8. 采用8255芯片为8051单片机系统扩展接口,外设为开关组(8个开关组成)和8个LED,每个开关对应一个LED。现需要每隔50ms读取一次开关组的状态,并把其状态存储到内部RAM中。设计接口电路并编写检测程序。假设系统晶振频率为12MHz。

9. 简述矩阵键盘的行列扫描和线反转法原理。

10. 一个简单计数器的电路原理图如图9.64所示。要求每按一次S键,计数器计数一次,计数值送至P1口显示,采用单只数码管显示,计16次后从0开始。

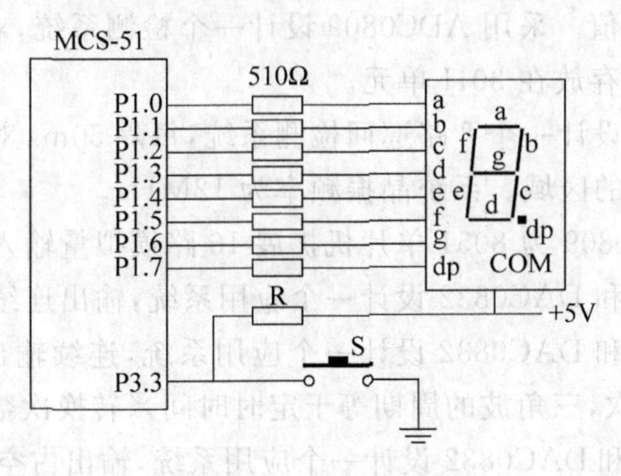

图9.64 习题10电路图

11. 简述LED数码管的静态显示和动态显示原理。

12. 用P1和P3口作为输出口,设计LED数码管显示系统,在显示器上显示HELLO。

13. 一个显示电路如图9.65所示。请采用串行口方式0实现LED数码管的动态显示,在显示器上自左向右动态显示654321,每个字符保持时间为0.1s。

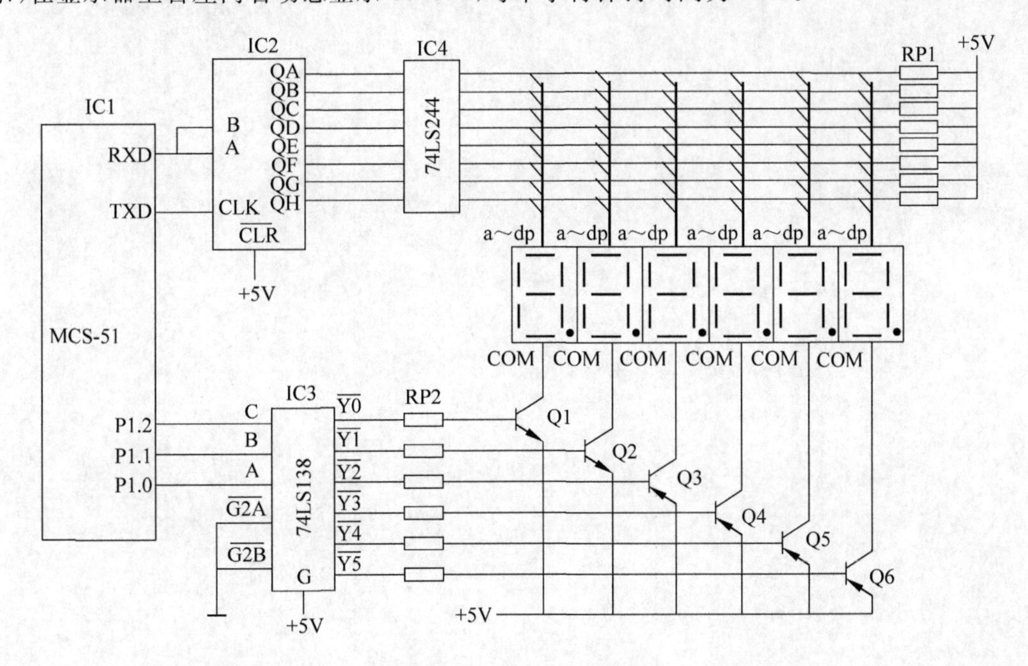

图9.65 习题13电路图

14. 采用8155或8255扩展I/O口,设计一个显示电路显示654321。

15. 一个单片机的键盘显示系统采用3×4矩阵式键盘、8位LED数码管显示器。12个按键定义为数字键0～9、功能键ENTER和STOP。系统工作时,输入一组数值,按下ENTER键后,新数值替换原来的显示值在显示器上循环显示,按下STOP键,循环显示终止,显示数据被清除。设计硬件电路并编写相应的程序。

16. 简述A/D和D/A的作用。

17. 在检测系统中,通常采用均值滤波的方法来消除检测数据的随机干扰,即连续采样多次,取平均值作为测量值。采用ADC0809设计一个检测系统,对IN5通道接入的模拟量采样8次,把它们的均值存放在30H单元。

18. 采用ADC0809设计一个8路巡回检测系统,每隔50ms对8个回路检测一次,并把采样值存储在40H开始的区域。系统晶振频率为12MHz。

19. 采用两片ADC0809为8051单片机扩展16路模拟量输入通道。

20. 用8051单片机和DAC0832设计一个应用系统,输出连续的三角波。

21. 用8051单片机和DAC0832设计一个应用系统,连续输出周期为5.12s的三角波(提示:每10ms转换一次,三角波的周期等于定时时间×转换次数)。

22. 用8051单片机和DAC0832设计一个应用系统,输出占空比为50%的双极性方波,幅值在−5～+5V之间。

第10章

串行总线扩展技术

数据的串行传输连线少，采用串行总线扩展技术可以使应用系统的硬件设计简化，尺寸减小，同时使更改和扩充更为容易。目前，单片机应用系统中常用的串行扩展总线有：I^2C (Inter IC BUS)总线、SPI(Serial Peripheral Interface)总线、Microwire 总线及单总线(1-Wire BUS)。串行扩展总线的应用是单片机目前发展的一种趋势。

MCS-51 单片机利用并行口线可以模拟多种串行总线的时序信号，因此可以利用串行接口的芯片资源。本章仅介绍 I^2C 总线和 SPI 总线的原理和扩展方法。

10.1 I^2C 总线扩展技术

10.1.1 I^2C 总线

I^2C 总线是 Philips 公司开发的一种简单的双向 2 线制串行总线，其目的是为了提高硬件效率和简化电路设计，实现器件之间的有效控制。采用 I^2C 总线设计的优点在于：功能框图中的模块与外围器件对应，使开发设计直接由功能框图快速地过渡到系统样机。另外，由于外围器件直接"挂在"I^2C 总线上，不需要设计总线接口，增加和删减系统中的外围器件不会影响总线和其他器件的工作，系统功能改进和升级方便。另外，集成在器件中的寻址和数据传输协议可以使系统完全由软件来定义。目前，I^2C 总线已成为广泛应用的工业标准之一。

1. 主机与从机

I^2C 总线采用 2 线制传输，一根是数据线 SDA(Serial Data Line)；另一根是时钟线 SCL (Serial Clock Line)，所有 I^2C 器件都连接在 2 根线上，总线上的器件具有唯一的地址。

I^2C 总线是一个多主机总线，即总线上可以有一个或多个主机(Master)，总线运行由主机控制。主机是指启动数据的传送、发出时钟信号和终止信号的器件。通常，主机由单片机或其他微处理器担任。被主机访问的器件叫从机(Slave)，它可以是其他单片机或外围芯片，如：A/D、D/A、存储器或 LCD 驱动芯片。

I^2C 总线支持多主(Multi-mastering)和主从(Master-slave)两种工作方式。在多主方式下，I^2C 总线上有多个主机。I^2C 总线需通过硬件和软件仲裁来确定主机对总线的控制权。由于存在总控制权的仲裁问题，使得 I^2C 总线的协议模拟比较困难，一般采用具有 I^2C 总线接口的单片机作为主机。

主从工作方式下，系统中只有一个主机，总线上的其他器件都具有 I^2C 总线接口。此时 I^2C 总线上只有主机能对这些器件进行读写访问，因此不存在总线的竞争等问题，单片机只需模拟主机发送和接收时序就可以完成对从机进行的读写操作。在主从方式下，由于 I^2C 总线的时序可以模拟，使 I^2C 总线的使用不受主机是否具有 I^2C 总线接口的制约。MCS-51 系列单片机本身不具有 I^2C 总线接口，本节重点介绍用它的 I/O 口线模拟 I^2C 总线扩展外围器件的方法。在这种方式下，应用系统是以单片机为主机、其他外围器件为从机构成的单主机系统，如图 10.1 所示。

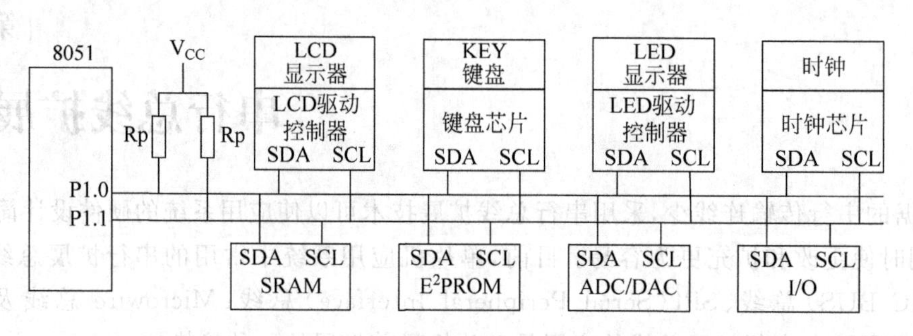

图 10.1 单主机系统 I²C 总线扩展示意图

2. I²C 总线的数据传输

SDA 和 SCL 二者都是双向的,它们通过电流源或上拉电阻连接到电源正极,上拉电阻通常选 5～10kΩ。总线处于空闲状态时,二者都为高电平。在标准模式下,I²C 总线数据传输速率为 100kbit/s,快速模式下为 400kbit/s,高速模式下可达 3.4Mbit/s。I²C 总线上连接的器件个数是由电容负载确定的,而不是取决于电流负载能力,通常总线负载能力为 400pF。

1) 数据位的传送

I²C 总线上主机与从机之间一次传送的数据称为帧,它由启动信号、若干个数据字节、应答位和停止信号组成。数据传送的基本单为一位数据。

SCL 的一个时钟周期只能传输一位数据。在 SCL 时钟线为高电平期间,SDA 上的数据必须稳定。当 SCL 变为低电平时,SDA 的状态才能改变,如图 10.2 所示。

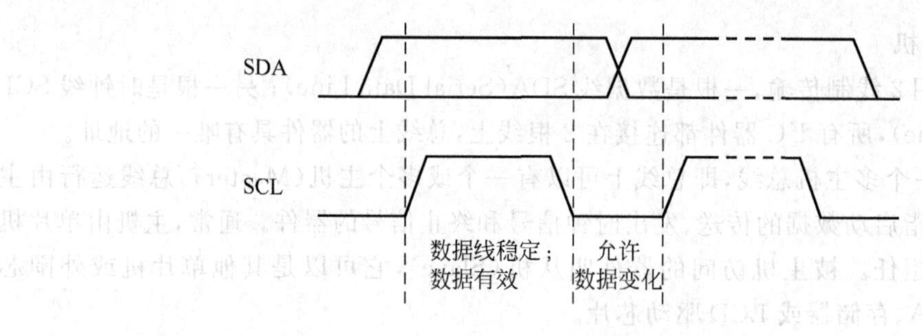

图 10.2 一位数据传输

2) 启动与停止状态

I²C 总线传输过程中,当 SCL 为高电平时,SDA 出现高电平到低电平跳变,表示 I²C 总线传输数据开始,这种状态为起始状态(START,S 状态)。如图 10.3 所示。I²C 总线传输过程中,当 SCL 为高电平时,SDA 出现低电平到高电平跳变时,标志着 I²C 总线传输数据结束,这种状态为停止状态(STOP,P 状态),如图 10.3 所示。

S 状态和 P 状态是由主机发出的。总线上出现 S 状态后,标志着总线处于"忙"状态。如果总线上出现 P 状态,在该状态出现一段时间后,总线处于"闲"状态。

对于无 I²C 总线接口的器件,为了检测 S 状态和 P 状态,模拟 I²C 总线时必须在每个 SCL 时钟周期内至少两次采样 SDA。

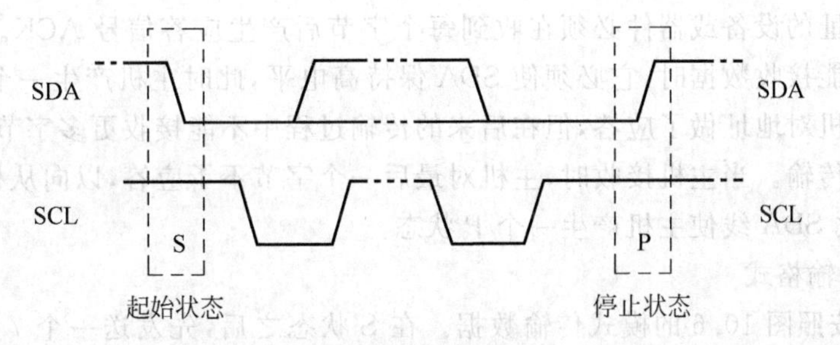

图 10.3　I^2C 总线的启动与停止状态

3）传输数据

传输到 SDA 上的数据必须为 8 位。每次传输的字节数不受限制，每个字节后必须跟一个应答(Acknowledge，ACK)位。数据传输时，首先传送最高位，如图 10.4 所示，如果从机暂时不能接收下一个字节数据，例如从机响应内部中断，可使 SCL 保持低电平，迫使主机处于等待状态，当从机准备就绪后，再释放 SCL，使数据传输继续进行。图 10.4 中，ACK 为应答时钟，S 表示起始状态，Sr 表示重新起始状态，P 表示停止状态。

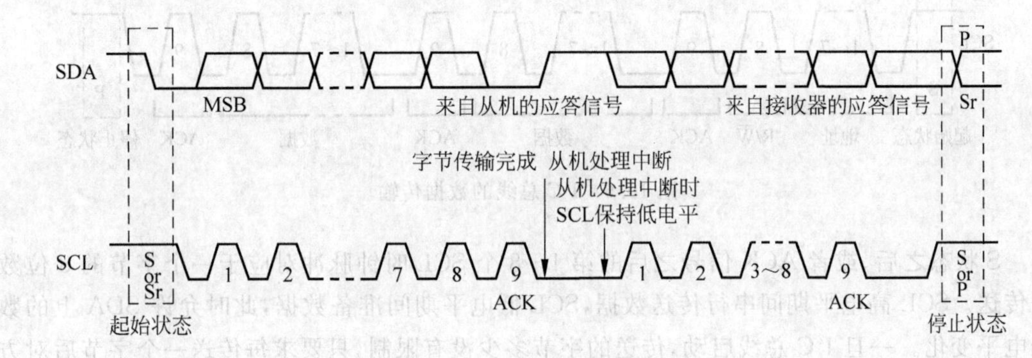

图 10.4　I^2C 总线的数据传输

4）应答

在每个字节传送完毕后，必须有一个应答位 ACK。ACK 由主机产生。在 ACK 时钟有效期间，发送设备把 SDA 置为高电平，接收设备必须把 SDA 置为低电平，并且在此期间保持低电平状态，以便产生有效的 ACK，如图 10.5 所示。

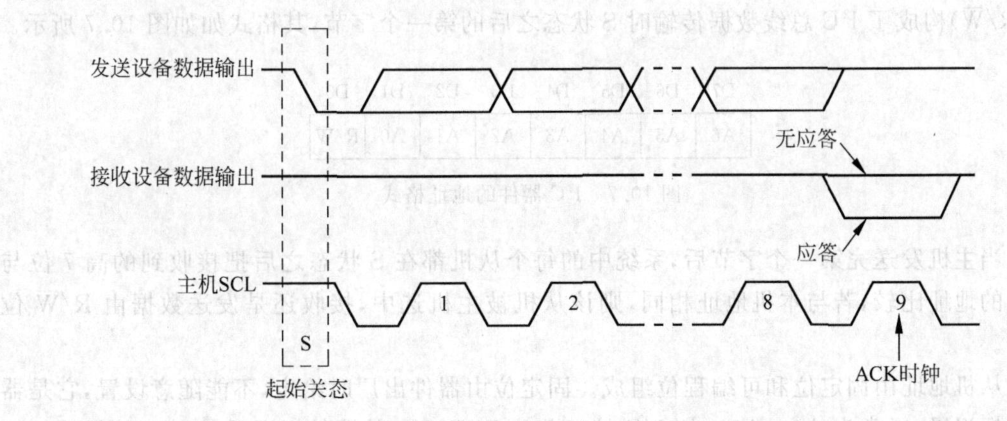

图 10.5　I^2C 总线的应答时序

通常被寻址的设备或器件必须在收到每个字节后产生应答信号 ACK。如果从机正在处理中断而不能接收数据时，它必须使 SDA 保持高电平，此时主机产生一个 P 状态使传输结束。如果从机对地址做了应答，但在后来的传输过程中不能接收更多字节的数据，主机也必须结束数据传输。当主机接收时，主机对最后一个字节不予应答，以向从机指出数据传输结束，从机释放 SDA 线使主机产生一个 P 状态。

5）数据传输格式

I^{2}C 总线按照图 10.6 的模式传输数据。在 S 状态之后，先发送一个 7 位从机地址，接着第 8 位是数据方向位 R/$\overline{W}$，R/$\overline{W}$=0 表示发送，R/$\overline{W}$=1 表示接收数据。每一次数据传输总是由主机产生 P 状态而结束。如果主机还希望在总线上继续传输数据，则不需要发出 P 状态，而是发出新的 S 状态和从机地址。

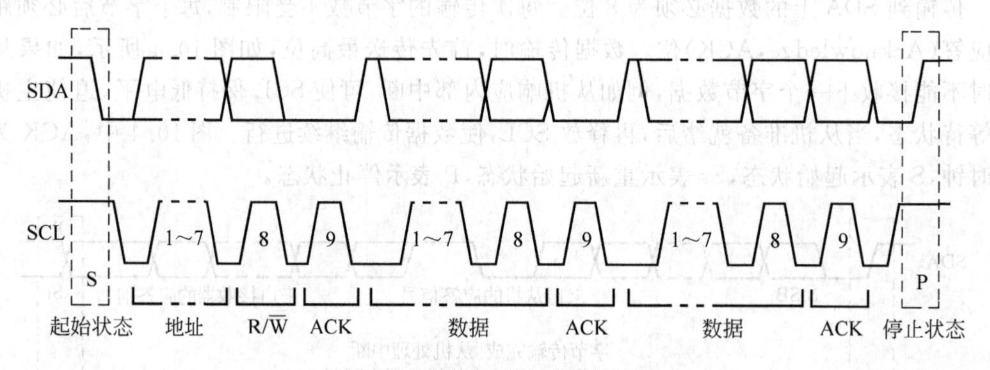

图 10.6　I^{2}C 总线的数据传输

S 状态之后、或者 ACK 信号之后的第 1～8 个 SCL 时钟脉冲对应于一个字节的 8 位数据传送。SCL 高电平期间串行传送数据，SCL 低电平期间准备数据，此时允许 SDA 上的数据电平变化。一旦 I^{2}C 总线启动，传送的字节多少没有限制，只要求每传送一个字节后对方回应一个 ACK。发送时，最先发送的是数据的最高位。每次传送以 S 状态开始，以 P 状态结束。每传送完一个字节，主机都可以控制 SCL 使传送暂停。

6）I^{2}C 总线的寻址

连接在 I^{2}C 总线的每个器件都具有唯一的地址。在任何时刻，I^{2}C 总线上只能有一个主机获得总线控制权，分时地实现点对点的数据传送。器件地址由 7 位组成，它与一位方向位(R/$\overline{W}$)构成了 I^{2}C 总线数据传输时 S 状态之后的第一个字节，其格式如如图 10.7 所示。

D7	D6	D5	D4	D3	D2	D1	D0
A6	A5	A4	A3	A2	A1	A0	R/$\overline{W}$

图 10.7　I^{2}C 器件的地址格式

当主机发送完第一个字节后，系统中的每个从机都在 S 状态之后把接收到的高 7 位与本机的地址比较，若与本机地址相同，则该从机被主机选中，接收还是发送数据由 R/$\overline{W}$ 位确定。

从机地址由固定位和可编程位组成。固定位由器件出厂时给定，不能随意设置，它是器件的标识码，通常为 A6～A3。如 I/O 接口芯片 PCF8574 的器件标识码 0100。从机地址中的可编程位(A3～A0)为器件的芯片地址，系统中使用了多个相同的器件时，可编程位为这些器件提供了不同的地址；这些可编程位也规定了 I^{2}C 总线上同类芯片最多允许使用的个数，如在同一系统中最多可使用 8 个 PCF8574。

$R/\overline{W}$：表示数据传送方向。$R/\overline{W}=1$ 时，主机接收；$R/\overline{W}=0$ 时，主机发送。

7）MCS-51 单片机的 I^{2}C 总线模拟

MCS-51 单片机没有 I^{2}C 总线接口，只能采用虚拟 I^{2}C 总线方式，用于主从系统。虚拟 I^{2}C 总线接口是利用 MCS-51 单片机的 I/O 口线作为 SDA 和 SCL，用软件延时的方法实现 I^{2}C 总线传输数据的时序要求。I^{2}C 总线的典型信号包括：起始状态(S 状态)、停止状态(P 状态)、应答信号(低电平 ACK)、无应答信号(高电平 $\overline{ACK}$)。设系统晶振频率为 12MHz，作为 I^{2}C 总线的 SDA 的 I/O 口线定义为 VSDA，作为时钟线 SCL 的 I/O 口线定义为 VSCL。下面为模拟 I^{2}C 总线典型信号的子程序。

(1) 图 10.8 为 S 状态的时序，起始信号模拟程序 START 如下：

```
        CLR   VSDA
START:  SETB  VSDA                      ;起始 I²C 总线
        SETB  VSCL
        NOP
        NOP
        NOP
        NOP
        CLR   VSDA
        NOP
        NOP
        NOP
        NOP
        CLR   VSCL
        RET
```

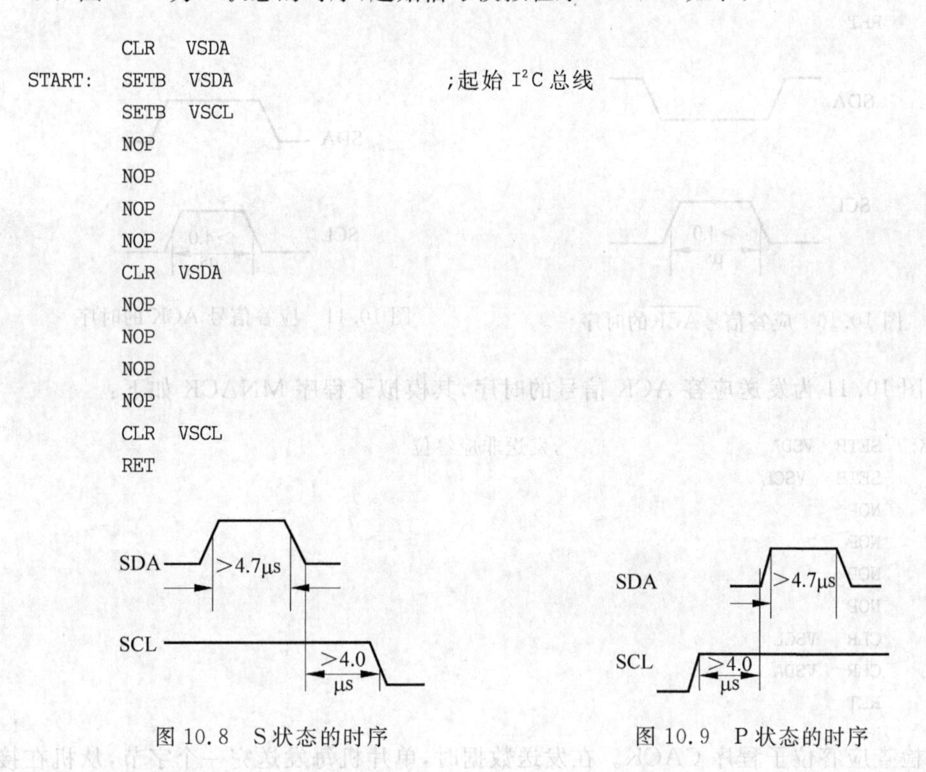

图 10.8　S 状态的时序　　　　图 10.9　P 状态的时序

(2) 图 10.9 为 P 状态的时序，其模拟子程序 STOP 如下：

```
STOP:   CLR   VSDA                      ;停止 I²C 总线数据传送
        SETB  VSCL
        NOP
        NOP
        NOP
        NOP
        SETB  VSDA
        NOP
        NOP
```

```
        NOP
        NOP
        CLR  VSDA
        CLR  VSCL
        RET
```

(3) 图 10.10 为发送应答$\overline{\text{ACK}}$信号的时序,其模拟子程序 MACK 如下:

```
MACK:   CLR   VSDA              ;发送应答位
        SETB  VSCL
        NOP
        NOP
        NOP
        NOP
        CLR   VSCL
        SETB  VSDA
        RET
```

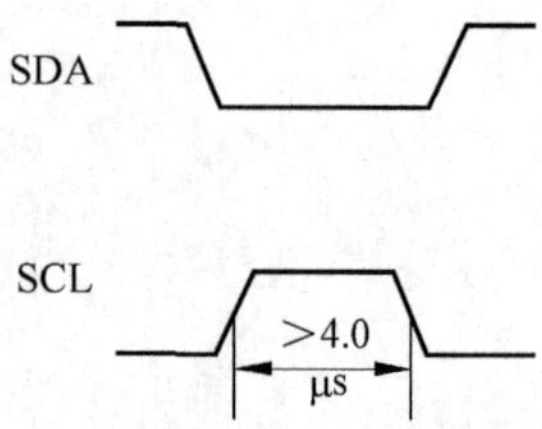

SDA

SCL

>4.0 μs

图 10.10 应答信号$\overline{\text{ACK}}$的时序

SDA

SCL

>4.0 μs

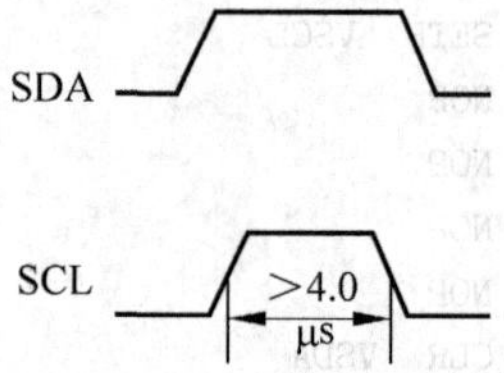

图 10.11 应答信号 ACK 的时序

(4) 图 10.11 为发送应答 ACK 信号的时序,其模拟子程序 MNACK 如下:

```
MNACK:  SETB  VSDA              ;发送非应答位
        SETB  VSCL
        NOP
        NOP
        NOP
        NOP
        CLR   VSCL
        CLR   VSDA
        RET
```

(5) 检查应答位子程序 CACK。在发送数据时,单片机每发送完一个字节,从机在接收到该字节后必须向主机返回一个应答位 ACK,表明该字节接收完毕。子程序中以用户标志位 F0 作为标志,F0 状态为 0,表示从机接收到主机发送的字节,否则,F0 的状态为 1。

```
CACK:   SETB  VSDA              ;应答位检查
        SETB  VSCL
        CLR   F0
        MOV   C,VSDA
        JNC   CEND
        SETB  F0
CEND:   CLR   VSCL
        RET
```

(6) 发送一个字节数据子程序 WRBYT。调用该子程序时,待发送数据存放在累加器A中。该子程序使用了R0和C。

```
WRBYT:      MOV  R0,#08H           ;向VSDA线上发送一个字节数据
WLP:        RLC  A
            JC   WR1
            AJMP WR0
WLP1:       DJNZ R0,WLP
            RET
WR1:        SETB  VSDA
            SETB  VSCL
            NOP
            NOP
            NOP
            NOP
            CLR  VSCL
            CLR  VSDA
            AJMP WLP1
WR0:        CLR   VSDA
            SETB VSCL
            NOP
            NOP
            NOP
            NOP
            CLR   VSCL
            AJMP  WLP1
```

(7) 接收一个字节数据子程序 RDBYT。调用该子程序从 VSDA 上读取8位数据,结果存储在寄存器R2中。子程序使用了累加器A、R0和C。

```
RDBYT:      MOV  R0,#08H           ;从VSDA线上读取一个字节数据
  RLP:      SETB VSDA
            SETB  VSCL
            MOV  C,VSDA
            MOV  A,R2
            RLC A
            MOV R2,A
            CLR  VSCL
            DJNZ R0,RLP
            RET
```

10.1.2 A/D——MAX128

1. MAX128的结构及引脚功能

MAX128是一种多量程、12位数据采集芯片,+5V单电源供电,采用2线制串行接口,与I^2C完全兼容。它的内部结构和DIP封装的管脚排列如图10.12所示。

MAX128由多路开关、跟踪/保持、12位逐次逼近A/D转换器、基准电压调节电路和串行接口逻辑电路等组成,如图10.12(a)所示。MAX128具有8个通道,可通过编程选择4种模拟量输入范围,其输入范围与外部基准V_{REF}有关。在A/D转换器中把采样的模拟量

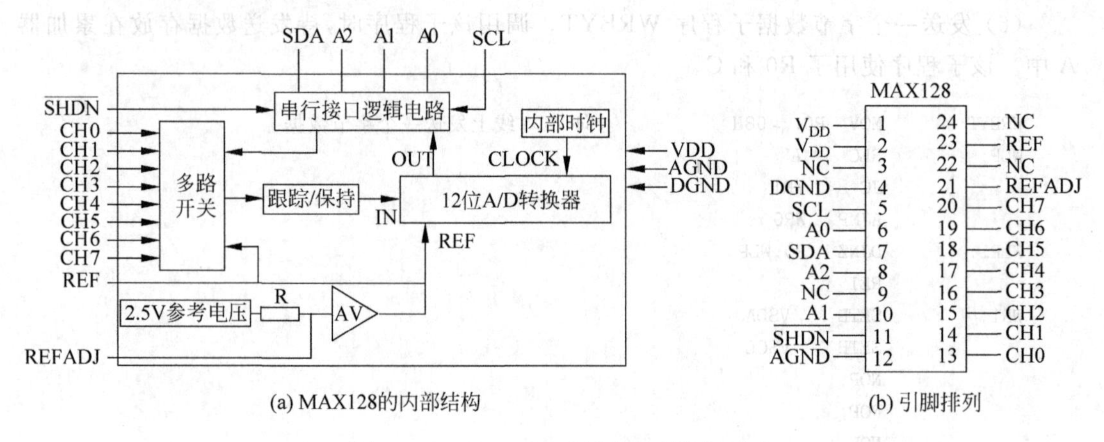

图 10.12　MAX128 内结构与引脚排列

进行量化编码转换成数字量,并存放到输出寄存器中。转换结果经过并行/串行转换器转换成串行数据从 SDA 引脚输出。

MAX128 的 DIP 封装有 24 个引脚,其排列如图 10.12(b)所示,管脚功能如下:

(1) V_{DD}为+5V 电源,DGND 为数字地,它们为 MAX128 提供工作电源。V_{DD}通常与模拟地 AGND 之间并接一个 0.1μF 的电容。

(2) AGND 为模拟地。

(3) REFADJ 为电压基准源输出/外部调节引脚。通常在 REFADJ 与 AGND 之间并接一个 0.01μF 的电容。

(4) REF 为外部基准电压输入/基准电压缓冲器输出。内部基准模式时,基准电压缓冲器提供 4.096V 的电压,可在 REFADJ 引脚外部调节。在外部模式时,把 REFADJ 接到 V_{DD}使内部基准电压无效,同时把外部基准电压接到 REF 引脚。

(5) CH0～CH7 为 8 路模拟量输入通道。

(6) SCL 为 I^2C 串行时钟输入。

(7) SDA 为 I^2C 总线串行数据 I/O。

(8) A0、A1、A2 为 MAX128 器件地址选择。

(9) $\overline{SHDN}$:关断模式输入。当它为低电平时,MAX128 处于完全掉电模式(FULLPD);当它为高电平时,MAX128 正常工作。

另外,NC 为无用引脚,使用 MAX128 时,它们无须处理。

2. MAX128 的工作过程

1) MAX128 的地址

MAX128 的从机地址为 7 位,器件标识码为 0101,器件地址由 A0、A1、A2 引脚的状态确定。

2) 命令字

MAX128 命令字节包含 8 位,如图 10.13 所示,其中最高位为起始状态 S、SEL2、SEL1、SEL0 用于选择模拟量输入通道,RNG 用于选择通道满量程范围,BIP 为单极性或双极性转换模式选择位,PD1、PD0 用于选择省电模式。命令字各位的定义见表 10.1～表 10.3。

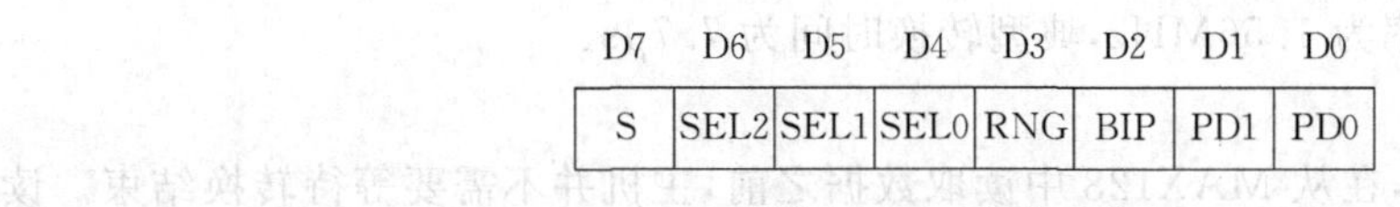

图 10.13 命令字格式

表 10.1 通道选择

SEL2	SEL1	SEL0	通道号
0	0	0	CH0
0	0	1	CH1
0	1	0	CH2
0	1	1	CH3
1	0	0	CH4
1	0	1	CH5
1	1	0	CH6
1	1	1	CH7

表 10.2 电压量程与极性选择

RNG	BIP	输入量程
0	0	0 至 $V_{REF}/2$
1	0	0 至 V_{REF}
0	1	$\pm V_{REF}/2$
1	1	$\pm V_{REF}$

表 10.3 掉电模式选择

PD1	PD0	模　式
0	×	正常操作
1	0	待机省电模式(STBYPD)
1	1	完全掉电模式(FULLPD)

3）启动 A/D 转换

如图 10.14 所示，主机发出 S 状态、随后发出 7 位从机地址及读写控制位 R/$\overline{W}$=0，开始 A/D 转换周期。一旦 MAX128 接收到 7 位地址和读写控制位 R/$\overline{W}$，若判断地址与本器件地址一致，则把 SDA 拉为低电平一个时钟周期返回给主机一个 ACK 应答信号(ACK=0)。然后，主机向 MAX128 发送命令字，在此之后，MAX128 再把 SDA 拉为低电平一个时钟周期返回给主机另外一个 ACK 应答信号，主机通过发送一个 P 状态结束本次写入操作。

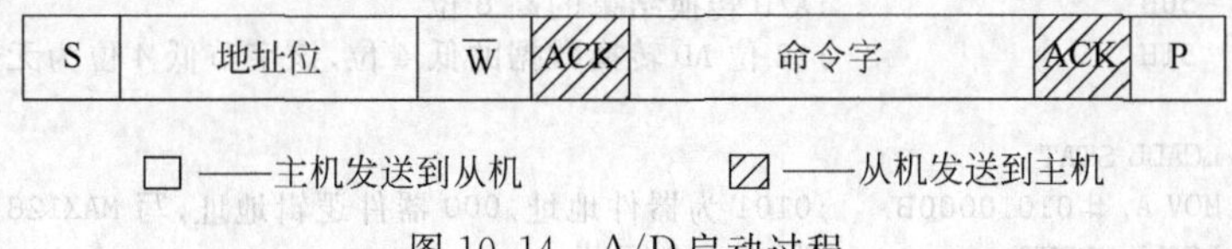

图 10.14 A/D启动过程

若读写控制位 R/$\overline{W}$ 被设为 0，当 MAX128 接收到命令字的第 2 位 BIP 时立即启动采样过程，在接收到 P 状态时，结束本次采集过程。A/D 转换在采样过程之后立即启动。

MAX128 的内部转换频率为 1.56MHz,典型转换时间为 7.7μs。

4) 读转换结果

一旦 A/D 转换启动,在从 MAX128 中读取数据之前,主机并不需要等待转换结束。读取转换结果的过程如图 10.15 所示。与 A/D 启动过程相同,主机读取 A/D 转换结果的过程以发送 S 状态开始,随后发送 7 位地址和读写控制位 $R/\overline{W}=1$,一旦 MAX128 接收到 7 位地址和读写控制位,并且判断地址与本器件地址一致,就把 SDA 拉为低电平一个时钟周期返回给主机一个 ACK 应答信号(ACK=0),随后发送 A/D 转换结果的高 8 位(D11~D7),在此字节发送之后,把总线释放给主机,主机接收到高 8 位后,发送一个应答信号 ACK=0。MAX128 接收到 ACK 后,立即发送转换结果的第二个字节(高 4 位为 D3~D0,其余 4 位为 0)。主机接收到第二个字节后随即发送 $\overline{ACK}=1$ 应答信号,以表示该字节数据已收到。最后主机发送一个 P 状态,结束此次读周期。

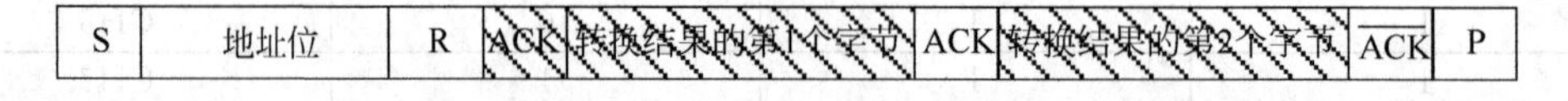

□ ——主机发送到从机　　▨ —— 从机发送到主机

图 10.15　读 A/D 转换结果过程

3. MAX128 与 MCS-51 单片机的接口设计

MAX128 与 MCS-51 单片机的接口电路如图 10.16 所示,分别用 P1.0,P1.1 作为 SCL 和 SDA。系统晶振频率为 12MHz。下面是对通道 CH0 的模拟量转换的子程序,读取的转换结果高字节存于 ADMSB 中,低字节存于 ADLSB 中。

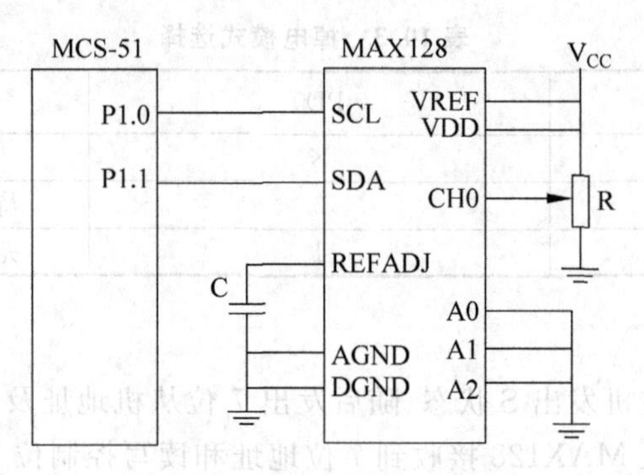

图 10.16　MAX128 与 MCS-51 单片机的接口电路

```
VSDA    BIT      P1.1             ;I2C 总线的 SDA
VSCL    BIT      P1.0             ;I2C 总线的 SCL
ADMSB   EQU   50H                 ;A/D 转换结果的高 8 位
ADLSB   EQU   51H                 ;12 位 AD 转换数据的低 4 位,该字节低 4 位为无效数据

AD_READ:    LCALL STAT
            MOV A,#01010000B      ;0101 为器件地址,000 器件逻辑地址,写 MAX128 操作
            LCALL WRBYT           ;写入一个字节
            LCALL CACK            ;检查应答位
ACKO:       JB F0,ACKO            ;
            MOV A,#10001000B      ;命令字节,选择通道 CH0
            LCALL WRBYT           ;写入一个字节
```

```
         LCALL CACK          ;检查应答位
ACK1:    JB F0,ACK1          ;
         LCALL STOP          ;以上为 MAX128 初始化
         LCALL DELAY100MS    ;延时 100ms
         LCALL STAT
         MOV A,#01010001B    ;0101 为器件地址,选择对 MAX128 读操作
         LCALL WRBYT         ;写入一个字节
         LCALL CACK          ;检查应答位
ACK2:    JB F0,ACK2
         LCALL DELAY10MS     ;延时 10ms 转换时间
         LCALL RDBYT         ;读取一个字节
         MOV ADMSB,A         ;存放高字节
         LCALL MACK          ;发送应答标志位
         LCALL RDBYT         ;读取一个字节
         ANL A,#0F0H
         MOV ADLSB,A         ;存放低字节
         LCALL MNACK         ;发送非应答位/数据
         LCALL STOP          ;发送结束 IIC 信号
         RET
```

10.1.3 D/A——MAX5822

1. MAX5822 片内结构及引脚功能

MAX5822 是一种双路电压输出的 12 位 D/A 转换器,兼容 I²C 总线,工作时钟频率可达 400kHz。它可工作于 2.7～5.5V。如图 10.17(a)所示,MAX5822 由串行接口、掉电电路和两路 12 路的 D/A 转换器组成。每一路 D/A 转换器由输入寄存器、DAC 寄存器、单位增益输出缓冲器和 12 位电阻网络构成。工作时,串行接口把地址和控制位解码,然后把输入数据传输到指定的输入寄存器或 DAC 寄存器。输入数据可以直接写入 DAC 寄存器,直接更新 D/A 转换器输出,或者先写入输入寄存器而不改变 D/A 转换器的输出。只要 MAX5822 得电,两个输入寄存器可保持数据不变。

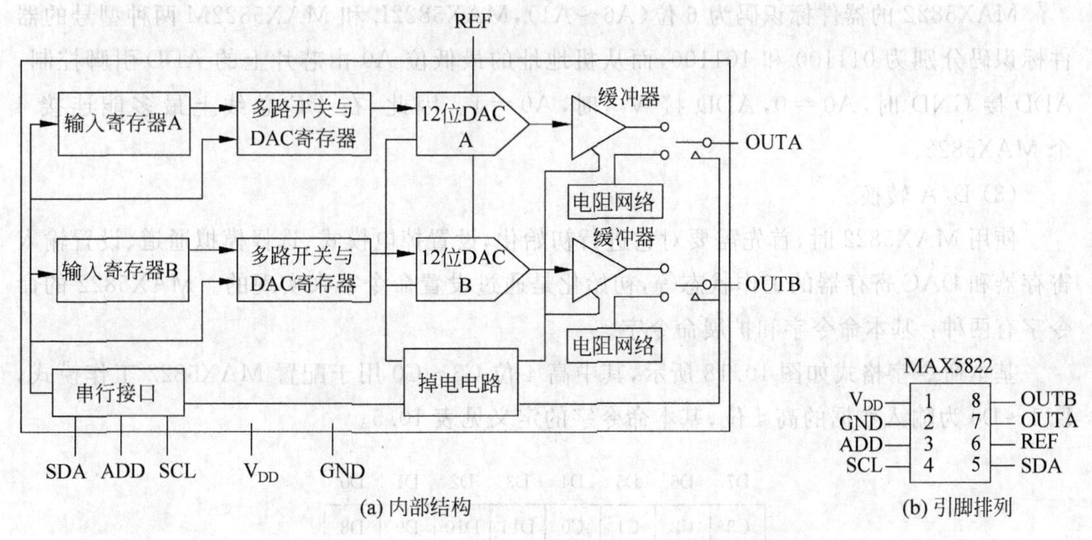

(a) 内部结构　　(b) 引脚排列

图 10.17　MAX5822 的内部结构和引脚排列

MAX5822采用μMAX封装,8个引脚图排列如图10.17(b)所示,它们的功能介绍如下:V_{DD}和GND为芯片的电源和地。ADD为地址选择,高电平设定从机地址最低位为1,低电平设定从机地址最低位为0。SCL和SDA分别为串行时钟和串行数据总线接口。REF为基准电压输入。OUTA和OUTB分别为A,B两路模拟量输出。

MAX5822输入数据为标准二进制,输出电压V_{OUT}与输入数据D的关系为:$V_{OUT}=\frac{V_{REF}\times D}{4096}$,其中$D$为0~0FFFH。

2. MAX5822工作过程

(1) 掉电模式

MAX5822具有三种低功耗掉电模式,通过PD1、PD2这两位设置,见表10.4。这三种模式都可以实现:关闭输出缓冲器,断开DAC寄存器与REF的连接,使电源电流降至1μA、基准电流降至1μA以下。在掉电模式期间,输入数据被保持在输入寄存器和DAC寄存器中。MAX5822被唤醒后,DAC输出将被恢复到以前的值。

MAX5822电源关断时,DAC寄存器被清零,输出缓冲器关闭,输出通过100kΩ终端电阻接地。上电之后,在未启动D/A转换之前必须先使用唤醒命令。

表10.4 掉电模式设置

模式	PD1	PD0	功　能
唤醒	0	0	上电,DAC输出恢复到原来的值
0	0	1	掉电模式0,DAC输出浮空,输出为高阻抗
1	1	0	掉电模式1,DAC输出通过1kΩ电阻接地
2	1	1	掉电模式2,DAC输出通过100kΩ电阻接地

(2) 从机地址

MAX5822的器件标识码为6位(A6~A1),MAX5822L和MAX5822M两种型号的器件标识码分别为011100和101100,而从机地址的最低位A0由芯片上的ADD引脚控制,ADD接GND时,A0=0,ADD接V_{DD}时,A0=1。因此,在I^2C总线上最多能连接4个MAX5822。

(3) D/A转换

使用MAX5822时,首先需要对它进行初始化,设置掉电模式、选择模拟通道、设置输入寄存器和DAC寄存器的工作状态等,初始化是通过设置命令字来实现的。MAX5822的命令字有两种:基本命令字和扩展命令字。

基本命令字格式如图10.18所示,其中高4位C3~C0用于配置MAX5822工作模式,D11~D8为输入数据的高4位,基本命令字的定义见表10.5。

D7	D6	D5	D4	D3	D2	D1	D0
C3	C2	C1	C0	D11	D10	D9	D8

图10.18 基本命令字格式

表 10.5 基本命令字定义

序号	C3	C2	C1	C0	D11	D10	D9	D8	功能
1	0	0	0	0	DAC 数据				把新数据装载到 A 通道输入寄存器和 DAC 寄存器，A 通道输入寄存器的数据被传送到 DAC 寄存器，A、B 两个通道的输出被更新
2	0	0	0	1	DAC 数据				把新数据装载到 B 通道输入寄存器和 DAC 寄存器，B 通道输入寄存器的数据被传送到 DAC 寄存器，A、B 两个通道的输出被同时更新
3	0	1	0	0	DAC 数据				把新数据装载到 A 通道输入寄存器，A、B 两个通道的输出保持不变
4	0	1	0	1	DAC 数据				把新数据装载到 B 通道输入寄存器，A、B 两个通道的输出保持不变
5	1	0	0	0	DAC 数据				把 A、B 通道输入寄存器中的数据分别传送给 DAC 寄存器，A、B 两个通道的输出被同时更新。新数据被装入 A 通道的输入寄存器
6	1	0	0	1	DAC 数据				把 A、B 通道输入寄存器中的数据分别传送给 DAC 寄存器，A、B 两个通道的输出被同时更新。新数据被装入 B 通道的输入寄存器
7	1	1	0	0	DAC 数据				把新数据装入 D/A 转换器，同时更新 A、B 通道的输出，A、B 两个通道的输入寄存器和 DAC 寄存器内容被更新
8	1	1	0	1	DAC 数据				新数据装入 A、B 两个通道的输入寄存器，转换器输入保持不变
9	1	1	1	0	×	×	×	×	更新 A、B 两个通道的 D/A 转换器输出，MAX8522 忽略 D11～D8 不能发送数据字节
10	1	1	1	1	0	0	0	0	扩展命令字模式，下一个字节为掉电寄存器的内容
11	1	1	1	1	0	0	0	1	读 A 通道 D/A 转换器一个数据
12	1	1	1	1	0	0	1	0	读 B 通道 D/A 转换器一个数据

扩展命令字用于设置 MAX5822 的掉电模式，主机发送扩展命令字时，先发送基本命令字 1111000O，随后的字节为扩展命令字。扩展命令字的格式如图 10.19 所示，其中 A、B 为模拟通道选择位，A=1 时，选择 A 通道，B=1 时，选择 B 通道；PD1 和 PD0 用于设置掉电模式，定义见表 10.4。

D7	D6	D5	D4	D3	D2	D1	D0
×	×	×	×	B	A	PD1	PD0

图 10.19 扩展命令字的格式

在初始化时，首先需要用唤醒命令激活所选的通道，另外，设置所选通道的掉电模式。初始化时，主机写入扩展命令字的过程如图 10.20 所示。主机在发送从机地址之后，待 MAX5822 应答后，开始发送两个命令字节，第一个字节的基本命令字为 11110000B，告知 MAX5822 随后的字节是扩展命令字，待其应答后，发送初始化命令字，MAX5822 接收到第二个字节后，对 D/A 转换器进行初始化。

完成初始化以后，D/A 转换器就可以使用了，从机发送数据及启动 D/A 的过程如

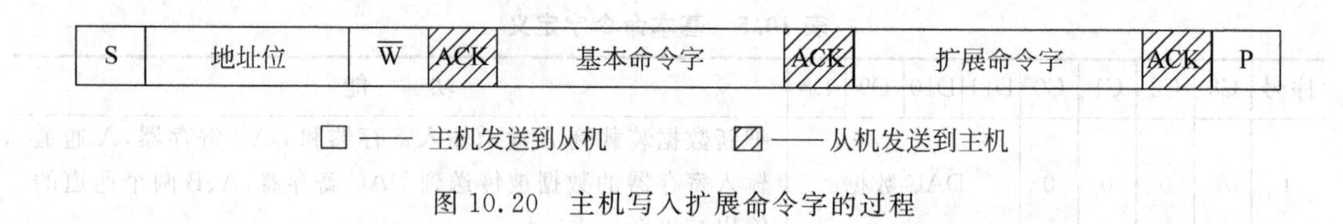

图 10.20　主机写入扩展命令字的过程

图 10.21 所示。主机发送的第一个字节为所选 MAX5822 的地址，待其应答后，随后第二、第三个字节，包括 4 位命令字和 12 位数据，MAX5822 接收到第二个字节后设置 D/A 转换通道的工作模式，待第三个字节到达后，随即启动 D/A 转换，把模拟量输出到芯片的输出端。

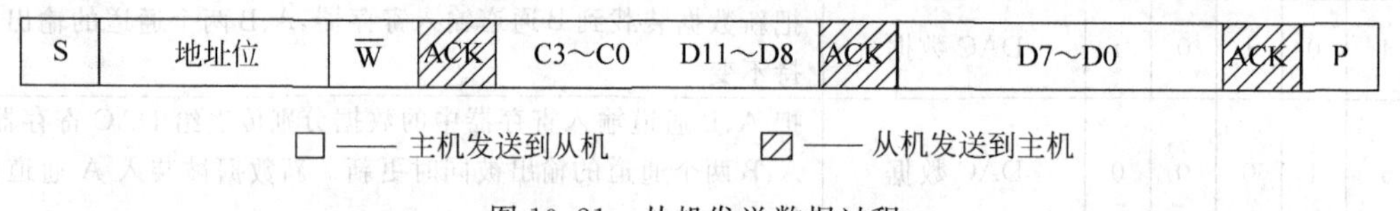

图 10.21　从机发送数据过程

MAX5822 具有读工作方式，在此种方式下，它把其内部的 DAC 寄存器的内容输出到总线上。这种工作方式的过程如图 10.22 所示。主机首先发送要读取的 D/A 芯片地址——从机地址，待其应答后，再发送命令字，通过命令字指定读取的 D/A 转换器。再次接收到 D/A 芯片的应答后，插入一个重起始状态 Sr，进入读 DAC 寄存器过程。读 DAC 寄存器过程包括三步，第一，主机发送 D/A 芯片地址和读命令；第二，主机接收 D/A 芯片发送的 DAC 寄存器的高 8 位，其中最高 2 位为随机位(未定义)，随后的 2 位为 PD1 和 PD0，低 4 位转换数据的 D11～D8；第三，主机接收 D/A 芯片发送的 DAC 寄存器的低 8 位，它们是转换数据的低 8 位，为 D7～D0。

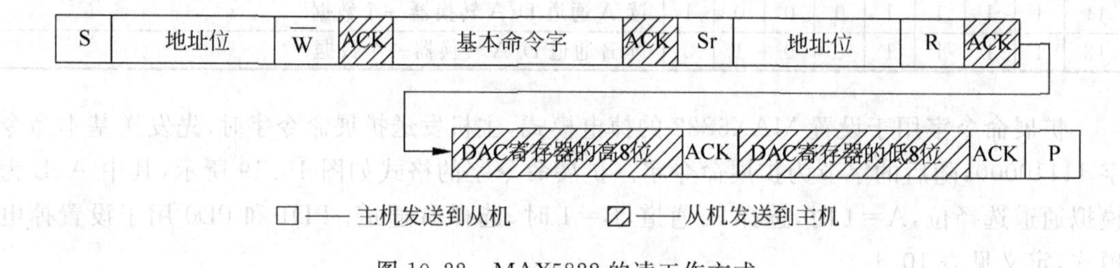

图 10.22　MAX5822 的读工作方式

3. MAX5822 与 MCS-51 单片机的接口设计

MAX5822 与 MCS-51 单片机的接口电路如图 10.23 所示。图 10.23 中分别用 P1.0、P1.1 作为 MAX5822 的 IO SCL 和 SDA。系统晶振频率为 12MHz。

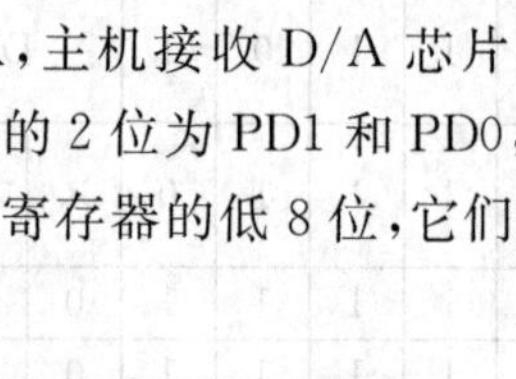

MCS-51　MAX5822
P1.0　SCL
P1.1　SDA

图 10.23　MAX5822 与 MCS-51 单片机接口电路

(1) MAX5822 初始化程序。在初始化程序中，把 MAX5822 的两个通道唤醒。

```
Initial_5822:
        MOV SLA,#01110000B        ;0111000 为器件地址
        LCALL STAT                ;启动总线
        MOV A,SLA
```

```
            LCALL WRBYT             ;写入地址
            LCALL CACK              ;检查应答位
ACK0:       JB F0,ACK0
            MOV A, #0F0H            ;扩展命令模式字节
            LCALL WRBYT             ;写入一个字节
            LCALL CACK              ;检查应答位
ACK1:       JB F0, ACK1
            MOV A, #0CH             ;#00001100B  打开 A、B 通道
            LCALL WRBYT             ;写入一个字节
            LCALL CACK              ;检查应答位
ACK2:       JB F0, ACK2
            LCALL STOP              ;发送 P 状态
            RET
```

(2) MAX5822 更新输出数据程序

将需要更新数据的高字节置于 UDB,低字节置于 LDB,从机地址存于 SLA,数据发送完成后自动更新 MAX5822 的 A、B 两通道模拟数据。

```
Send_5820:  LCALL STAT          ;启动 I²C 总线
            MOV A,SLA
            LCALL WRBYT         ;写入一个字节
            LCALL CACK          ;检查应答位
ACK00:      JB F0, ACK00
            MOV A,UDB           ;高字节
            LCALL WRBYT         ;写入一个字节
            LCALL CACK          ;检查应答位
ACK01:      JB F0, ACK01
            MOV A,LDB           ;低字节
            LCALL WRBYT         ;写入一个字节
            LCALL CACK          ;检查应答位
ACK02:      JB F0, ACK02
            LCALL STOP          ;发送 P 状态
            RET
```

下面程序调用了上述两个子程序,用 A、B 两个通道分别输出方波信号:

```
      VSDA    BIT     P1.1            ;定义虚拟 I²C 总线数据线端口
      VSCL    BIT     P1.0            ;定义虚拟 I²C 总线时钟线端口
      SLA     EQU     50H             ;器件地址
      AUDB    EQU     30H             ;A 通道高字节
      ALDB    EQU     31H             ;A 通道低字节
      BUDB    EQU     32H             ;B 通道高字节
      BLDB    EQU     33H             ;B 通道低字节
      UDB     EQU     34H             ;高字节
      LDB     EQU     35H             ;低字节
MAIN:   MOV SLA, #01110000B           ;0111 为 MAX5822 器件标识码,000 为器件地址位
        LCALL Initial_5822            ;MAX5822 初始化
START:  MOV AUDB, #0FH                ;A 通道方波峰高字节
        MOV ALDB, #0FFH               ;A 通道方波峰低字节
        MOV BUDB, #10H                ;B 通道方波谷高字节
```

```
MOV BLDB, # 00H                ;B 通道方波谷低字节
MOV UDB, AUDB
MOV LDB, ALDB
LCALL Send_5820                ;写入 MAX5822 A 通道数据
MOV UDB, BUDB
MOV LDB, BLDB
LCALL Send_5820                ;写入 MAX5822 B 通道数据
LCALL DELAY10MS                ;延时 10ms
MOV AUDB, # 00H                ;A 通道方波谷高字节
MOV ALDB, # 00H                ;A 通道方波谷低字节
MOV BUDB, # 1FH                ;B 通道方波峰高字节
MOV BLDB, # 0FFH               ;B 通道方波峰低字节
MOV UDB, AUDB
MOV LDB, ALDB
LCALL Send_5820                ;发送两个字节数据
MOV UDB, BUDB
MOV LDB, BLDB
LCALL Send_5820                ;发送两个字节数据
LCALL DELAY10MS                ;延时 10ms
JMP START
```

10.2 SPI 总线扩展技术

10.2.1 SPI 总线

SPI(Serial Peripheral Interface)总线是 Motorola 公司提出的一种同步串行外设接口。SPI 总线使用同步协议传送数据，接收或发送数据时由主机产生的时钟信号控制。SPI 总线由 4 根信号线构成：

MOSI(Master Out Slave In)：主机发送从机接收。

MISO(Master In Slave Out)：主机接收从机发送。

SCLK 或 SCK(Serial Clock)：串行时钟。

$\overline{\text{CS}}$(Chip Select for the peripheral)：外围器件的片选。有的微控制器设有专用的 SPI 接口的片选，称为从机选择($\overline{\text{SS}}$)。

MOSI 信号由主机产生，接收者为从机，MOSI 也被命名为 SI 或 SDI；ISO 信号由从机发出，在一些芯片上也被标记为 SO 或 SDO；CLK 或 SCK 由主机发出，用来同步数据传送；$\overline{\text{CS}}$($\overline{\text{SS}}$)信号也由主机产生，用来选择从机器件或装置。SPI 总线信号线基本连接关系如图 10.24 所示。

主机和从机都使用移位寄存器进行数据传送。当主机把数据通过移位寄存器从 MOSI 线移出时，从机则把数据移入它的移位寄存器，如图 10.25 所示。SPI 总线也支持全双工通信模式。用 SPI 总线也可以发送多个字节，在这种模式下，主机连续地把多字节数据按位移出。在传输过程中，从机的片选$\overline{\text{CS}}$必须保持低电平。

SPI 总线系统有以下几种形式：一个主机和多个从机、多个从机相互连接构成多主机系统(分布式系统)、一个主机与一个或几个 I/ O 设备构成的系统等。

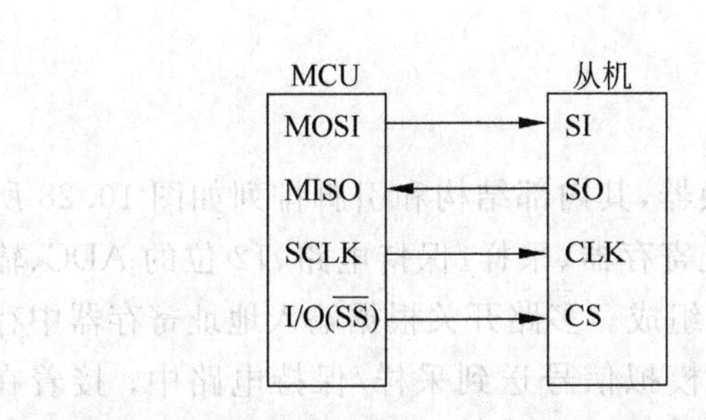

图 10.24 SPI 总线信号线基本连接关系

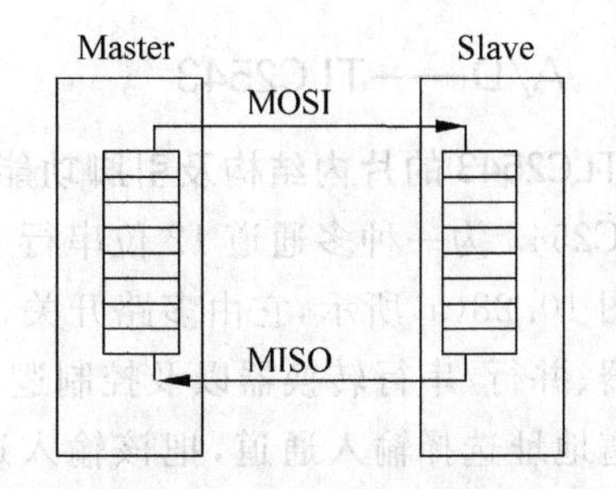

图 10.25 SPI 总线通信原理

有些 SPI 接口芯片支持多个芯片级联的方式。如图 10.26 所示，主机和三个 SPI 芯片串联连接，主机发送三个字节的信息，第一个字节发送到 C，第二个字节到 B，第三个字节到 A。显然，有多个字节操作的 SPI 接口芯片不能用于这种级联方式，如存储器芯片。

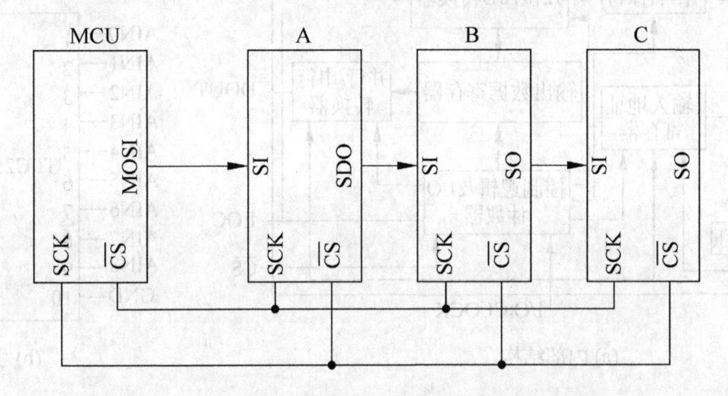

图 10.26 SPI 接口芯片支持多个芯片级联的方式

在大多数应用场合，可使用一个微控制器作为主机来控制数据传送，并向一个或几个外围器件传送数据。从机只有在主机发命令时才能接收或发送数据，这种主从方式的 SPI 总线接口系统的典型结构如图 10.27 所示，图中 MCU 为微控制器，IC1～IC3 为 SPI 总线接口芯片。当一个主机通过 SPI 与多个芯片相连时，必须使用每个芯片的片选 $\overline{\text{CS}}$，确保不发生访问冲突。

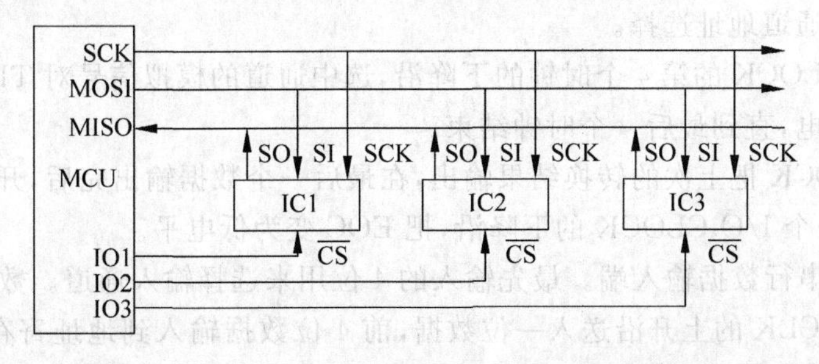

图 10.27 主从方式的 SPI 总线接口系统的典型结构

MCS-51 单片机虽然不带 SPI 串行总线接口，但可以使用软件来模拟 SPI 总线的操作时序。对于不同的 SPI 串行接口外围芯片，它们的时钟时序是稍有差异的。本节介绍几种常见的 SPI 接口芯片与 MCS-51 单片机的接口和 SPI 总线程序的模拟实现方法。

10.2.2 A/D——TLC2543

1. TLC2543的片内结构及引脚功能

TLC2543为一种多通道12位串行A/D转换器,其内部结构和引脚排列如图10.28所示。如图10.28(a)所示,它由多路开关、输入地址寄存器、采样/保持电路、12位的ADC、输出寄存器、并行/串行转换器以及控制逻辑电路等组成。多路开关根据输入地址寄存器中存放的通道地址选择输入通道,把该输入通道中的模拟信号送到采样/保持电路中;接着在A/D转换器中把采样得的模拟量进行量化编码转换成数字量,并锁存到输出寄存器中。最后,转换结果经过并行串行转换器转换成串行数据从DOUT引脚输出。

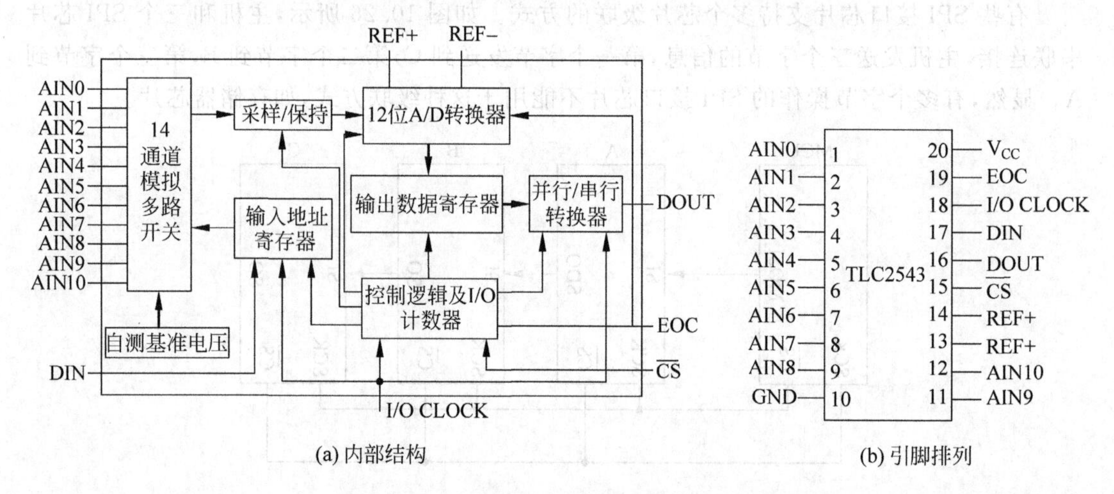

图10.28 TLC2543的片内结构与引脚排列

TLC2543的DIP封装有20个引脚,如图10.28(b)所示。引脚功能介绍如下:

(1) AIN0~AIN10为11路模拟量输入通道输入,在使用4.1MHz的时钟时,外设的输出阻抗应小于或等于30Ω。

(2) I/O CLOCK为输入输出同步时钟,它有4种功能:

① 在I/O CLOCK的前8个上升沿,把命令字输入到TLC2543的数据输入寄存器,其中前4个是输入通道地址选择。

② 在I/O CLOCK的第4个时钟的下降沿,选中通道的模拟信号对TLC2543芯片中的电容阵列进行充电,直到最后一个时钟结束。

③ I/O CLOCK把上次的转换结果输出,在最后一个数据输出完后,开始下一次转换。

④ 在最后一个I/O CLOCK的下降沿,把EOC变为低电平。

(3) DIN为串行数据输入端。最先输入的4位用来选择输入通道。数据传送时最高位在前,每一个COCLK的上升沿送入一位数据,前4位数据输入到地址寄存器,后4位用来设置TLC2543的工作方式。

(4) DOUT为串行数据输出端,输出的数据有三种长度可供选择:8位、12位和16位,其输出顺序可在TLC2543的工作方式中设定。DOUT在$\overline{CS}$为电平时呈高阻状态,在$\overline{CS}$为低电平时,DOUT引脚输出有效。

(5) $\overline{CS}$为片选信号。CS引脚出现一个从高到低的变化时,复位芯片内部寄存器,同时使DIN、DOUT和I/O CLOCK有效。$\overline{CS}$引脚出现一个从低到高的变化时，DIN、DOUT和I/O CLOCK失效。

(6) EOC为A/D转换结束信号，在命令的最后一个CLOCK下降沿变低，A/D转换结束后，EOC由低电平变为高电平。

(7) REF＋、REF－为基准电压正极和负极。最大输入电压取决于正、负参考电压的差值。

(8) V_{CC}为芯片工作电源＋5V正极，GND为电源地。

2. TLC2543的时序

TLC2543有两种时序。一种是使用片选信号$\overline{CS}$的时序，时序如图10.29所示。此种方式下，每次转换都将$\overline{CS}$变为低电平，开始写入命令字，直到DOUT移出所有数据位，再将$\overline{CS}$变为高电平。待转换结束后，再将$\overline{CS}$变为低电平，进行下一次转换。另一种为不使用片选信号$\overline{CS}$的时序，在第一次转换将$\overline{CS}$变为低电平后，$\overline{CS}$便持续为低电平，以后的各次转换都从转换结束信号EOC上升沿开始，如图10.30所示。8位、16位与12位数据的时序基本相同，它们只是在转换周期前减少或者增加4个时钟周期。

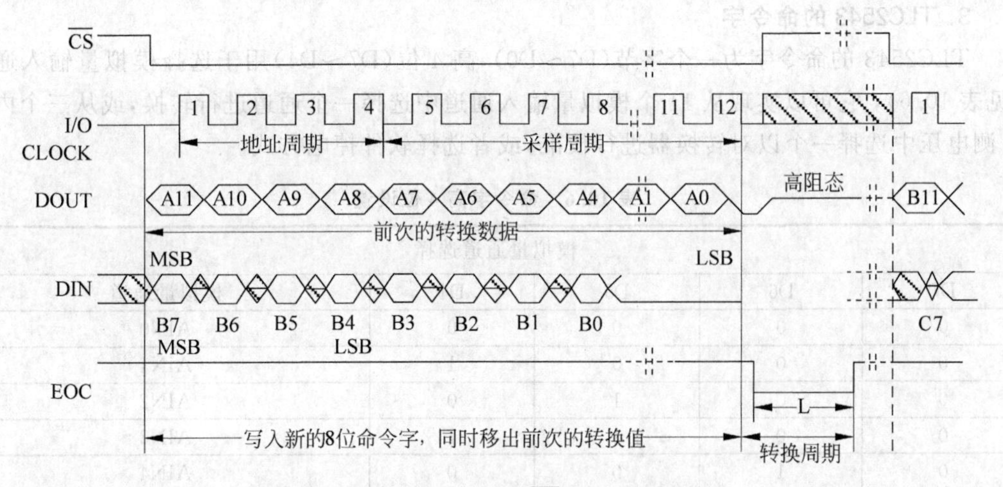

图10.29　使用片选信号$\overline{CS}$高位在前的时序

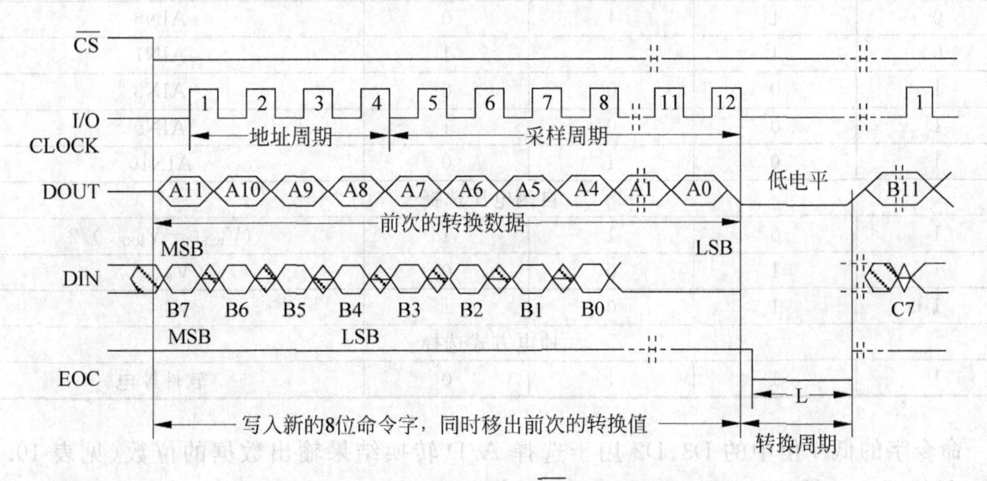

图10.30　不使用片选信号$\overline{CS}$高位在前的时序

TLC2543 的工作过程分为两个周期：I/O 周期和 A/D 转换周期。TLC2543 工作时，$\overline{CS}$必须为低电平。若$\overline{CS}$为高电平，DOUT 立即变为高阻状态，为其他的共享数据总线的器件让出数据总线。经过一段保持时间后，I/O CLOCK 与 DIN 被禁止。当$\overline{CS}$再次为低电平时，开始一个新的 I/O 周期。在 I/O 周期，由 DIN 引脚输入一个 8 位命令字，包括 4 位模拟通道地址(D7～D4)、两位数据长度选择(D3～D2)，输出数据的高位在前或低位在前的选择位(D1)以及单极性或双极性输出选择位(D0)的 8 位数据流。输入输出时钟序列加在 I/O CLOCK 端，以传送数据到输入数据寄存器中。

TLC2543 的工作状态由 EOC 指示。复位状态 EOC 为高电平，只有在 I/O 周期的最后一个 CLOCK 脉冲的下降沿之后，EOC 才变为低电平，标志着转换周期开始。转换完成后，转换结果锁存到输出数据寄存器，EOC 变为高电平，它的上升沿使转换器返回到复位状态，开始下一个 I/O 周期。

模拟量输入的采样开始于 I/O CLOCK 的第 4 个下降沿，而保持则在 I/O CLOCK 的最后一个下降沿之后。I/O CLOCK 的最后一个下降沿也使 EOC 变低并开始转换。TCL2543 的 I/O CLOCK 的间隔一般不得小于 1.425μs。

3. TLC2543 的命令字

TLC2543 的命令字为一个字节(D7～D0)，高 4 位(D7～D4)用于选择模拟量输入通道(见表 10.6)，它可以实现从 11 个模拟量输入通道中选择一个通道进行转换，或从三个内部自测电压中选择一个以对转换器进行校准，或者选择软件掉电方式。

表 10.6 命令字高 4 位设置

模拟量通道选择				
D7	D6	D5	D4	模拟量通道
0	0	0	0	AIN0
0	0	0	1	AIN1
0	0	1	0	AIN2
0	0	1	1	AIN3
0	1	0	0	AIN4
0	1	0	1	AIN5
0	1	1	0	AIN6
0	1	1	1	AIN7
1	0	0	0	AIN8
1	0	0	1	AIN9
1	0	1	0	AIN10
自测电压选择				
1	0	1	1	$(V_{BEF+} - V_{REF+})/2$
1	1	0	0	V_{REF-}
1	1	0	1	V_{REF+}
掉电方式选择				
1	1	1	0	软件掉电

命令字的低 4 位中的 D3、D2 用于选择 A/D 转换结果输出数据的位数(见表 10.7)。A/D 转换器内部转换结果为 12 位，选择 12 位数据长度时，所有的位都被输出；选择 8 位数

据长度时，低4位被截去，转换精度降低，用以实现8位串行接口快速通信；而选择16位时，在转换结果的低位增加了4个被置为0的填充位，可方便地与16位串行接口通信。

表 10.7 A/D转换结果输出位数

D3	D2	输出数据位数
×	0	12位
0	1	8位
1	1	16位

命令字中的D1位用于选择输出数据的传送方式。当D1位为0时，A/D转换结果以高位在前的方式从DOUT输出；当D1位为1时，则以低位在前的方式从DOUT输出。命令字最低位D0用于设置A/D转换结果的数据格式是以单极性还是双极性的二进制数补码表示。当D0位为0时，A/D转换结果以二进制数形式表示；当D0位为1时，则以二进制数补码形式表示。

4. TLC2543与MCS-51单片机的接口设计

TLC2543与MCS-51单片机的接口电路如图10.31所示，分别用P1.0、P1.1、P1.2、P1.3作为TLC2543的IO CLOCK(即IO CLK)、DIN、DOUT和$\overline{CS}$。系统晶振频率为12MHz。下面是模拟量通道AIN0的12位A/D转换子程序，数据传送时高位在前，子程序发送命令字并接收上一次的转换结果，子程序返回时，转换结果存储在寄存器R6和R7中，其中(R6)存储高8位。

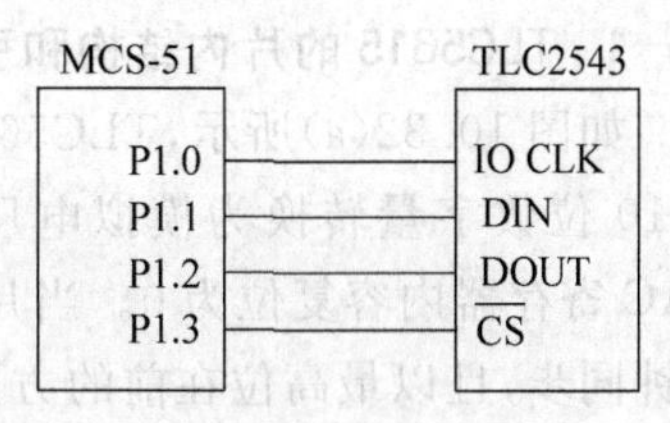

图 10.31 TLC2543与单片机的接口电路

```
TLC_12AD:  MOV    A,  #00000000B         ;设置通道选择和工作模式(IN0,12位)
           CLR    P1.3                   ;置CS为低
           MOV    R5,    #12             ;12位转换结果
LOOP:      MOV    P1,    #04H            ;置P1.2为输入
           MOV    C,  P1.2               ;读入1位转换结果
           RLC    A                      ;1位结果移入,同时移出1位命令字
           MOV    P1.1,    C             ;输出1位命令字
           SETB   P1.0                   ;产生1个时钟脉冲
           NOP
           CLR    P1.0
           CJNE   R5,  #04,  LOP1        ;已移入8位转换结果了吗?
           MOV    R6,  A                 ;高8位存入R6
           CLR    A                      ;继续移入转换结果的剩余4位
LOP1:      DJNZ   R5,    LOOP            ;
           ANL    A,  #0FH               ;屏蔽无用位信息
           SWAP   A
           MOV    R7,  A                 ;存低4位转换结果到R7的高4位
           RET
```

下面调用上述子程序从AIN0通道采集16个数据，存储在20H单元开始的RAM区中：

```
       MOV    P1,    #04H                ;P1.2为输入
       MOV    R2,    #16                 ;转换10次
```

```
        MOV   R0, #20H          ;置数据缓冲区指针
        CLR   P1.0              ;初始化 I/O CLOCK 为低
        SETB  P1.3              ;初始化CS为高
CONT:   ACALL TLC_12AD          ;调转换子程序
        MOV   A, R7
        MOV   @R0, A
        INC   R0
        MOV   A, R7
        INC   R0
        DJNZ  R2, CONT
        RET
```

10.2.3 D/A——TLC5615

TLC5615 是具有 SPI 串行接口的数模(D/A)转换器,其输出为电压型,最大输出电压是基准电压值的 2 倍,输出电压和基准电压极性相同,转换时间 12.5μs,最大功耗 1.75mW。

1. TLC5615 的片内结构和引脚功能

如图 10.32(a)所示,TLC5615 采用一个固定增益为 2 的运放电路缓冲的电阻串网络,把 10 位数字量转换为模拟电压。上电复位时,TLC5615 的上电复位和控制逻辑电路把 DAC 寄存器内容复位为 0。当片选$\overline{CS}$为低电平时,输入数据被读入 16 位移位寄存器,它由时钟同步,且以最高位在前的方式在 SLCK 的上升沿把数据移入输入寄存器。然后,在$\overline{CS}$的上升沿把数据传送到 DAC 寄存器中,并进行 D/A 转换。

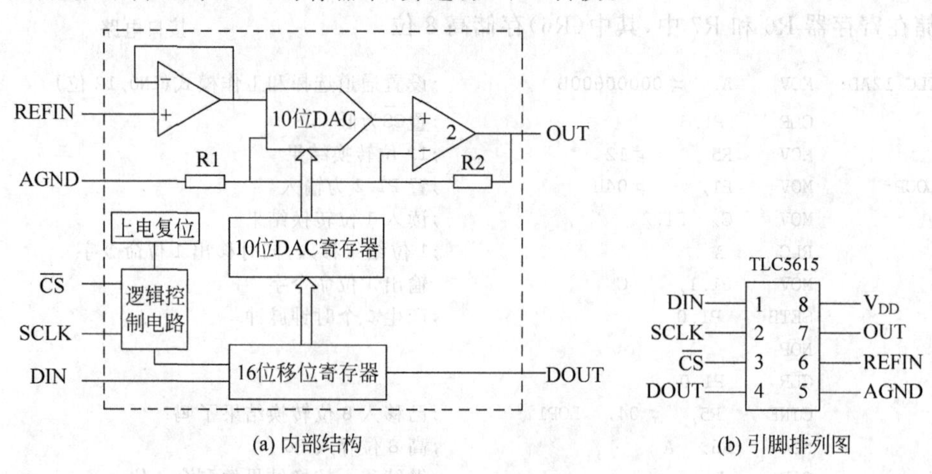

图 10.32 TLC5615 内部结构和引脚排列

TLC5615 的 DIP 封装为 8 个引脚,如图 10.32(b)所示,其中,DIN 为串行数据输入;SCLK 为串行时钟输入;$\overline{CS}$为芯片的片选,低电平有效;OUT 为 D/A 转换器的模拟电压输出,而 DOUT 为用于多个芯片级联时的串行数据输出;AGND 为芯片的模拟地;REFIN 为基准电压输入;由 V_{DD} 提供芯片的+5V 工作电源。

2. TLC5615 的时序

TLC5615 的时序如图 10.33 所示。当片选$\overline{CS}$为低电平时,输入数据通过 DIN 由时钟

SCLK 同步输入，而且高位在前，低位在后。数据输入时，SCLK 的上升沿把串行输入数据 DIN 移入内部的 16 位移位寄存器中；然后，在 SCLK 的下降沿，输出到串行数据 DOUT；片选$\overline{CS}$的上升沿时，把数据传送至 DAC 寄存器。

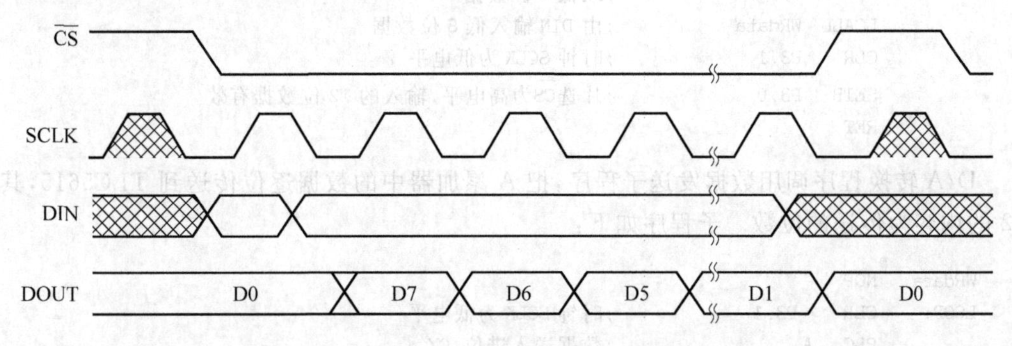

图 10.33　TLC5615 的时序图

当片选$\overline{CS}$为高电平时，串行输入数据 DIN 不能由时钟同步送入移位寄存器；输出数据 DOUT 保持最近的数值不变，不进入高阻状态。此时，要串行输入数据和输出数据必须满足两个条件：第一是 SCLK 的有效跳变；第二是片选$\overline{CS}$为低电平。当片选$\overline{CS}$为高电平时，输入时钟 SCLK 应当为低电平。

串行数模转换器 TLC5615 的使用有两种方式，即级联方式和非级联方式。如不使用级联方式，DIN 只需输入 12 位数据。在 DIN 输入的 12 位数据中，前 10 位为 TLC5615 输入的 D/A 转换数据，输入时高位在前，低位在后，因为 TLC5615 的 DAC 输入锁存器为 12 位，后两位必须写入零。如果使用 TL5615 的级联功能，来自 DOUT 的数据需要输入 16 位时钟下降沿，因此，完成一次数据输入需要 16 个时钟周期，输入的数据也应为 16 位。输入的数据中，前 4 位为高虚拟位，中间 10 位为 D/A 转换数据，最后两位为零。

3. TLC5615 与 MCS-51 单片机的接口设计

图 10.34 为 TLC5615 和单片机的接口电路，用 P3.0、P3.1、P3.2 口分别控制 TLC5615 的片选$\overline{CS}$、串行时钟输入 SCLK 和串行数据输入 DIN。把待转换的 12 位数据存放在寄存器 R6 和 R7 中，R6 存放高 4 位，R7 存放低 8 位。D/A 转换程序如下：

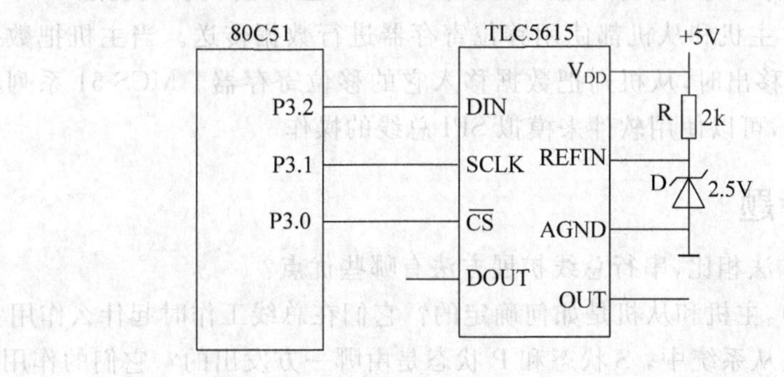

图 10.34　TLC5615 与 89C51 的接口电路

```
TLC_DA:  CLR   P3.0          ;片选CS有效
         MOV   R2,  #04      ;将要送入的前 4 位数据位数
         MOV   A,   R6       ;(R6)中数据格式为：0000XXXX
```

```
        SWAP   A              ;A中高4位和低4位互换,以便左移输出
        LCALL  WRdata         ;由DIN输入前4位数据
        MOV    R2,   #08      ;将要送入的后8位数据位数
        MOV    A,  R7         ;取低8位数据
        LCALL  WRdata         ;由DIN输入低8位数据
        CLR    P3.1           ;时钟SCLK为低电平
        SETB   P3.0           ;片选CS为高电平,输入的12位数据有效
        RET
```

D/A 转换程序调用数据发送子程序,把 A 累加器中的数据逐位传送到 TLC5615,其中 R2 的内容为传送的位数。子程序如下:

```
WRdata: NOP
LOOP:   CLR    P3.1           ;时钟SCLK为低电平
        RLC   A               ;数据送入进位,CY
        MOV   P3.2,  C        ;数据移入TLC5615的DIN
        SETB   P3.1           ;时钟SCLK为高电平
        DJNZ   R2,  LOOP
        RET
```

10.3 本章小结

采用串行总线扩展技术可以简化系统的硬件设计,减小系统的尺寸,另外,也使系统便于更改和扩充。

I^2C 总线采用2线制传输:数据线 SDA 和时钟线 SCL,所有 I^2C 器件都连接在 SDA 和 SCL 上,每一个器件具有唯一的地址。I^2C 总线支持多主和主从两种工作方式。在主从方式下,I^2C 总线的时序可以模拟。MCS-51 系列单片机本身不具有 I^2C 总线接口,可以采用 MCS-51 单片机的 I/O 口线模拟 I^2C 总线扩展外围器件。在这种方式下,应用系统是以 MCS-51 单片机为主机、其他外围器件为从机构成的单主机系统。

SPI 总线使用同步协议传送数据,接收或发送数据时由主机产生的时钟信号控制。SPI 接口可以连接多个 SPI 芯片或装置,主机通过选择它们的片选(CS)来分时访问不同的芯片。SPI 总线有4根信号线:主机发送从机接收 MOSI、主机接收从机发送 MISO、串行时钟 SCLK 和片选 $\overline{CS}$。主机和从机都使用移位寄存器进行数据传送。当主机把数据通过移位寄存器从 MOSI 线移出时,从机则把数据移入它的移位寄存器。MCS-51 系列单片机没有 SPI 串行总线接口,可以使用软件来模拟 SPI 总线的操作。

10.4 复习思考题

1. 与并行扩展方法相比,串行总线扩展方法有哪些优点?
2. 在 I^2C 总线中,主机和从机是如何确定的?它们在总线工作时起什么作用?
3. 在 I^2C 总线主从系统中,S 状态和 P 状态是由哪一方发出的?它们的作用是什么?
4. 简述 I^2C 总线的数据传输过程。
5. 简述 I^2C 总线的从机地址的格式,在工作过程中器件是如何识别对它的读写操作的?
6. 采用 MAX128 监测8路模拟量,已知所有模拟量的电压范围为 0～5V,设计程序对

8 路模拟量循环检测，并把结果存在内部 RAM 的 40H 单元开始的区域。

7. 单片机应用系统采用 MAX128 作为 A/D 转换器，现要求每隔 50ms 对 CH6 通道采样一次，并把采样值存在 R6 和 R7 中。

8. MAX5822 几种掉电方式有什么不同？

9. 简述 MAX5822 的初始化过程和启动 D/A 转换的过程。

10. 如何读取 MAX5822 的 DAC 寄存器的内容？

11. 采用 MAX5822 的 B 通道产生连续三角波，信号的幅值范围为 0～5V。

12. 单片机应用系统采用 MAX5822 作为 D/A 转换器，现要求每隔 20ms 启动一次通道 A，把存储在 data 和 data＋1 单元的 12 位数据转换为模拟量。

13. 简述 SPI 总线的特点。

14. 采用 TLC2543 对 8 路模拟量检测，已知所有模拟量的电压范围为 0～5V，设计程序实现循环检测，并把结果存在内部 RAM 的 40H 单元开始的区域。

15. 单片机应用系统采用 TLC2543 作为 A/D 转换器，现要求每隔 50ms 对 AIN5 通道连续采样 8 次，并把采样的均值存在 R6 和 R7 中。

16. 采用 TLC2543 和 TLC5615 组成 1 个 A/D-D/A 测试系统。由 D/A 转换器连续输出模拟量 0～5V，再由 A/D 转换器将模拟量转换为数字量，当 A/D 转换器转换的数值与 D/A 转换器输入的数字量相差 50H 时，进行报警处理，完成硬件和程序设计。

1. MCS-51单片机指令集

序号	指令助记符	指令代码	字节	机器周期
1	ADD A，Rn	28H-2FH	1	1
2	ADD A，direct	25H，direct	2	1
3	ADD A，@Ri	26H-27H	1	1
4	ADD A，#data	24H，data	2	1
5	ADDC A，Rn	38H-3FH	1	1
6	ADDC A，direct	35H，direct	2	1
7	ADDC A，@Ri	36H-37H	1	1
8	ADDC A，#data	34H，data	2	1
9	SUBB A，Rn	98H-9FH	1	1
10	SUBB A，direct	95H，direct	2	1
11	SUBB A，@Ri	96H-97H	1	1
12	SUBB A，#data	94H，data	2	1
13	INC A	04H	1	1
14	INC Rn	08H-0FH	1	1
15	INC direct	05H，direct	2	1
16	INC @Ri	06H-07H	1	1
17	INC DPTR	A3H	1	2
18	DEC A	14H	1	1
19	DEC Rn	18H-1FH	1	1
20	DEC direct	15H，direct	2	1
21	DEC @Ri	16H-17H	1	1
22	MUL AB	A4H	1	4
23	DIV AB	84H	1	4
24	DA A	D4H	1	1
25	ANL A，Rn	58H-5FH	1	1
26	ANL A，direct	55H，direct	2	1
27	ANL A，@Ri	56H-57H	1	1
28	ANL A，#data	54H，data	2	1
29	ANL direct，A	52H，direct	2	1
30	ANL direct，#data	53H，direct，data	3	2
31	ORL A，Rn	48H-4FH	1	1
32	ORL A，direct	45H，direct	2	1
33	ORL A，@Ri	46H-47H	1	1
34	ORL A，#data	44H，data	2	1
35	ORL direct，A	42H，direct	2	1

续表

序号	指令助记符	指令代码	字节	机器周期
36	ORL direct，＃data	43H,direct,data	3	2
37	XRL A，Rn	68H-6FH	1	1
38	XRL A，direct	65H,direct	2	1
39	XRL A，@Ri	66H-67H	1	1
40	XRL A，＃data	64H,dataH	2	1
41	XRL direct，A	62H,direct	2	1
42	XRL direct，＃data	63H,direct,data	3	2
43	CLR A	E4H	1	1
44	CPL A	F4H	1	1
45	RL A	23H	1	1
46	RLC A	33H	1	1
47	RR A	03H	1	1
48	RRC A	13H	1	1
49	SWAP A	C4H	1	1
50	MOV A，Rn	E8H-EFH	1	1
51	MOV A，direct	E5H,direct	2	1
52	MOV A，@Ri	E6H-E7H	1	1
53	MOV A，＃data	74H,data	2	1
54	MOV Rn,A	F8H-FFH	1	1
55	MOV Rn，direct	A8H-AFH,direct	2	2
56	MOV Rn，＃data	78H-7FH,data	2	1
57	MOV direct，A	F5H,direct	2	1
58	MOV direct，Rn	88H-8FH,direct	2	2
59	MOVdirect1,direct2	85H,direct2,direct1	3	2
60	MOV direct，@Ri	86H-87H	2	2
61	MOV direct，＃data	75H,direct,data	3	2
62	MOV @Ri，A	F6H-F7H	1	1
63	MOV @Ri，direct	A6H-A7H,direct	2	2
64	MOV @Ri，＃data	76H-77H,data	2	1
65	MOV DPTR，＃data16	90H,dataH,dataL	3	2
66	MOVC A，@A＋DPTR	93H	1	2
67	MOVC A，@A＋PC	83H	1	2
68	MOVX A，@Ri	E2H-E3H	1	2
69	MOVX A，@DPTR	E0H	1	2
70	MOVX @Ri，A	F2H-F3H	1	2
71	MOVX @DPTR，A	F0H	1	2
72	PUSH direct	C0H,direct	2	2
73	POP direct	D0H,direct	2	2
74	XCH A，Rn	C8H-CFH	1	1
75	XCH A，direct	C5H,direct	2	1

续表

序号	指令助记符	指令代码	字节	机器周期
76	XCH A，@Ri	C6H-C7H	1	1
77	XCHD A，@Ri	D6H-D7H	1	1
78	CLR C	C3H	1	1
79	CLR bit	C2H	2	1
80	SETB C	D3H	1	1
81	SETB bit	D2H	2	1
82	CPL C	B3H	1	1
83	CPL bit	B2H	2	1
84	ANL C，bit	82H,bit	2	2
85	ANL C，/bit	B0H,bit	2	2
86	ORL C，bit	72H,bit	2	2
87	ORL C，/bit	A0H,bit	2	2
88	MOV C，bit	A2H,bit	2	1
89	MOV bit，C	92H,bit	2	2
90	JC rel	40H,rel	2	2
91	JNC rel	50H,rel	2	2
92	JB bit，rel	20H,bit,rel	3	2
93	JNB bit，rel	30H,bit,rel	3	2
94	JBC bit，rel	10H,bit,rel	3	2
95	ACALL addr11	(a10a9a8) 10001,$addr_{7\text{-}0}$	2	2
96	LCALL addr16	12H，$addr_{15\text{-}8}$，$addr_{7\text{-}0}$	3	2
97	RET	22H	1	2
98	RETI	32H	1	2
99	AJMP addr11	(a10a9a8) 00001,$addr_{7\text{-}0}$	2	2
100	LJMP addr16	02H,$addr_{15\text{-}8}$，$addr_{7\text{-}0}$	3	2
101	SJMP rel	80H,rel	2	2
102	JMP @A＋DPTR	73H	1	2
103	JZ rel	60H,rel	2	2
104	JNZ rel	70H,rel	2	2
105	CJNE A，direct，rel	B5H,direct,rel	3	2
106	CJNE A，#data，rel	B4H,data,rel	3	2
107	CJNE Rn，#data，rel	B8H-BFH,data,rel	3	2
108	CJNE @Ri，#data，rel	B6H-B7H,data,rel	3	2
109	DJNZ Rn，rel	D8H-DFH,rel	2	2
110	DJNZ direct，rel	D5H,direct,rel	3	2
111	NOP	00H	1	1

说明：

Rn：工作寄存器，n=0～7。@Ri：地址寄存器，i=0～1。direct：单元地址，8位二进制数。data：8位二进制数据。bit：位地址，8位二进制数。rel：相对量，补码，8位二进制数。addr11/ addr16：11位/16位地址。a10a9a8：地址的第10、第9、第8位。$addr_{7\text{-}0}$：地址的第7位～第0位，低8位地址。$addr_{15\text{-}8}$：地址的第15位～第8位，高8位地址。

2. 影响标志位的指令

序号	助记符	Cy	OV	AC
1	ADD	×	×	×
2	ADDC	×	×	×
3	SUBB	×	×	×
4	MUL	0	×	—
5	DIV	0	×	—
6	DA	×	—	—
7	RRC	×	—	—
8	RLC	×	—	—
9	SETB C	1	—	—
10	CLR C	0	—	—
11	CPL C	×	—	—
12	ANL C，bit	×	—	—
13	ANL C，/bit	×	—	—
14	ORL C，bit	×	—	—
15	MOV C，bit	×	—	—
16	CJNE	×	—	—

说明：×表示影响标志位的状态，—表示不影响。

参 考 资 料

[1] 段晨东. 单片机原理及接口技术. 北京：清华大学出版社，2008

[2] V Udayashankara, M S Mallikarjunaswamy. 8051 Microcontroller: hardware, software & applications. Tata McGraw-Hill Publishing Company Limited, 2009

[3] Subrata Ghoshal. 8051 Microcontroller: Internals, Instructions, Programming & Interfacing. Dorling Kindersley(India) Pvt. Ltd., 2010

[4] Muhammad Ali Mazidi, Janice Gillispie Mazidi, Rolin D. McKinlay. The 8051 Microcontroller and Embedded Systems: Using Assembly and C (2nd Edition). Prentice Hall Inc, 2006

[5] MCS®-51 Microcontroller Family User's Manual. Intel Corporation, 1994

[6] Matthew Chapman. The Final Word on The 8051. http://www.8052.it/download/final_word.pdf

[7] Atmel 8051 Microcontrollers Hardware Manual (Rev. 4316D-8051-05/05). Atmel Corporation, 2005

[8] C51 Family——Architectural Overview of the C51 Family(Rev E). Temic Semiconductors, 1995

[9] STC12C5A60S2 系列单片机器件手册. http://www.stcmcu.com/datasheet/stc/STC-AD-PDF/STC12C5A60S2.pdf

[10] 霍孟友. 单片机原理与应用. 北京：机械工业出版社，2004

[11] IS80C51/IS80C31 CMOS Single Chip 8-Bit Microcontroller. Integrated Silicon Solution, Inc., 1998

[12] 张毅刚. 单片机原理及应用. 北京：高等教育出版社，2004

[13] 李广第，朱月秀，王秀山. 单片机基础(修订本). 北京：北京航空航天大学出版社，2001

[14] 赖麒文. 8051 单片机嵌入式系统应用. 北京：科学出版社，2002

[15] 潘新民，王燕芳. 微型计算机控制技术(第 2 版). 北京：电子工业出版社，2011

[16] The I²C Bus Specification (Version 2.1). Philips Semiconductors, 2000

[17] I²C Logic Selection Guide——Advanced I²C Devices: Innovation in a Mature Technology. Philips Semiconductors, 2005

[18] Application Note: An10216-01: I²C Manual. Philips Semiconductors, 2003

[19] TLC2543C, TLC2543I, TLC2543M, 12-BIT Analog-to-digital converters with serial control and 11 analog inputs. Texas Instruments Incorporated, 1997

[20] TLC5615C, TLC5615I, 10-Bit Digital-To-Analog Converters. Texas Instruments Incorporated, 2003.

[21] SPI Block Guide, V03.06. Motorola, Inc., 2001

[22] Daisy-Chaining SPI Devices. http://www.maximintegrated.com/appnotes/index.mvp/id/3947

[23] MAX127/MAX128, Multirange, +5V, 12-Bit DAS with 2-Wire Serial Interface. http://datasheets.maximintegrated.com/en/ds/MAX127-MAX128B.pdf

[24] MAX5822, Dual, 12-Bit, Low-Power, 2-Wire, Serial Voltage-Output DAC. http://datasheets.maximintegrated.com/en/ds/MAX5822.pdf